"十三五"国家重点图书出版规划项目
材料科学研究与工程技术系列

材料成型工艺基础

翟封祥 主 编
曲宝章 李荣华 副主编
黄光烨 主 审

哈爾濱工業大學出版社

内 容 简 介

本书主要内容包括,金属材料的液态成型加工工艺、金属材料的塑性成型加工工艺、金属材料的连接成型加工工艺、非金属工程材料成型加工工艺、表面成型及强化技术简介、材料成型方法的选择等。本书在编写中注重精炼,既对已编教材有一定的继承性,又体现了先进制造技术的发展和专业培养的要求,是编者多年教学经验的积累和工程实践的结晶。本书条理清楚,内容翔实,实例较多,图文并茂。

本书是高等工科院校机械类各专业的教材,还是相关工程技术人员的参考书。

图书在版编目(CIP)数据

材料成型工艺基础/翟封祥主编. —哈尔滨:哈尔滨工业大学出版社,2018.2(2023.3 重印)
ISBN 978-7-5603-4978-7

Ⅰ.①材… Ⅱ.①翟… Ⅲ.①工程材料-成型-工艺-高等学校-教材 Ⅳ.①TB3

中国版本图书馆 CIP 数据核字(2014)第 257381 号

材料科学与工程
图书工作室

责任编辑 张秀华
封面设计 卞秉利
出版发行 哈尔滨工业大学出版社
社 址 哈尔滨市南岗区复华四道街 10 号 邮编 150006
传 真 0451-86414749
网 址 http://hitpress.hit.edu.cn
印 刷 哈尔滨久利印刷有限公司
开 本 787mm×1092mm 1/16 印张 15.75 字数 380 千字
版 次 2018 年 2 月第 1 版 2023 年 3 月第 3 次印刷
书 号 ISBN 978-7-5603-4978-7
定 价 30.00 元

前　言

“材料成型工艺基础”是研究金属和非金属工程材料成型工艺的技术基础课。在培养学生的工程意识、创新思想、运用规范的工程语言和解决工程实际问题的能力方面,尤其具有其他课程不能替代的重要作用。

随着我国制造业的迅速发展,随着制造业市场对专业人才的需要,对高等教育的人才培养提出了新的要求。不仅要注重培养学生获取知识的能力,更要注重学生全面素质的提高。本书在课程内容和体系上进行了一定的探索,更新了部分内容,并十分注意各章节的内在联系,对机械制造中的传统工艺方法进行了精心取舍,优选了较为成熟的新技术、新工艺。

本书力求简明扼要,重点突出,既注意与实习教材的有机衔接,又避免简单重复;既注重培养学生的专业兴趣,又展示了专业的发展前景。本书对原体系有所调整,内容上增加了计算机应用、表面技术等新工艺和新技术,特别是在选材及选择成型工艺方面增加了许多实例,给学生以一定的启发。

本书由翟封祥担任主编,曲宝章、李荣华担任副主编。翟封祥负责全书的统稿。本书由黄光烨教授主审。

参加本书编写的有:翟封祥(第1~3章,第5~11章,第14章),黄光烨(第4章,第13章),曲宝章(第12章,第17、18章),李荣华(第15章),孙兰英(第16章)。

在本书的编写过程中,得到了任瑞明教授的指导,同时吸收了许多教师对编写工作提出的宝贵意见,在此一并表示由衷的感谢。

在编写过程中还参考了大量的有关教材、手册、学术杂志等,所用参考文献均已列于书后,在此对有关作者表示衷心感谢。

由于受编者理论水平和教学经验所限,书中难免有疏漏与欠妥之处,恳请读者批评指正,以便共同搞好教材建设工作。

编　者

2017年9月

目　录

第1篇　金属液态成型加工工艺

第2篇　金属的塑性成型加工工艺

第 3 篇　金属材料的连接成型加工工艺

第 4 篇　非金属材料的成型加工工艺

第 5 篇　表面成型及强化技术简介

第 6 篇　材料成型方法的选择

第1篇

金属液态成型加工工艺

金属液态成型工艺是将金属进行熔炼，得到所需成分并具有足够的流动性的液态金属，然后将液态金属浇入到铸型的型腔中，冷却凝固后得到具有与型腔一样形状和尺寸的铸件。金属液态成型工艺俗称铸造，其历史悠久，应用广泛。其特点为：

(1)最适合铸造形状复杂，特别是具有复杂内腔的毛坯或零件；

(2)铸件的大小几乎不受限制，铸件壁厚可由0.5 mm到1 m，重量可从几克到几百吨；

(3)适用于铸造的材料范围广，价格低廉。

铸造在机械制造中应用极其广泛，在现代各种类型的机器设备中，如机床、内燃机等铸件所占的比例很大。但铸件存在着许多不足，如铸件内部组织粗大，成分不均匀，力学性能较差，而且铸造工艺复杂，铸件质量不稳定，废品率高，生产条件差。

近几十年来，铸造技术发展迅速，出现了各种新工艺、新设备，不仅可以生产出各种各样结构的铸件，而且铸件的质量和性能也大大提高，铸造应用范围也日益扩大。

本篇讲述液态成型加工工艺，其中第1章主要讲述液态成型的基础理论，液态合金铸造性能与铸件质量；第2章介绍常用铸造合金的性能和应用；第3章讲述各种铸造方法的特点、应用和铸造新技术；第4章以砂型铸造为例讲述铸件结构工艺性和铸造工艺图。

第1章　液态成型理论基础

液态成型的过程首先是充满型腔,然后凝固成型,这两个过程对铸件质量有很大影响。充满型腔的过程会影响到铸件的形状和尺寸;凝固过程决定了铸件内部组织和铸件的力学性能。

本章首先简要介绍凝固组织的特点和凝固方式,着重分析液态金属的铸造性能和铸件质量。

1.1　液态金属的凝固

1.1.1　凝固组织

在铸造生产中,液态金属一般高于熔点100～300 ℃,在铸造条件下比较容易凝固成型。金属的凝固过程也是一个结晶过程,包括形核和晶体长大两个基本过程。

凝固组织宏观上指的是晶粒的形态、大小和分布等情况,微观上指的是晶粒内部结构的形状、大小和分布等情况。凝固组织对铸件的力学性能影响很大,一般情况下,晶粒越细小均匀,铸件的强度、硬度越高,塑性和韧性也越好。

影响凝固组织的主要因素有炉料、铸件的冷却速度和生产工艺。炉料的成分与组织状态对凝固组织有直接影响。冷却速度快,形核数目多,晶粒细小。在铸造生产中,常采用孕育处理,即在浇注时向液态金属中加入一定量的孕育剂作为形核核心,细化晶粒。

1.1.2　铸件的凝固方式

在铸件凝固过程中,其断面上一般存在三个区域,即固相区、凝固区和液相区,其中,对铸件质量影响较大的主要是液相和固相并存的凝固区的宽窄。铸件的“凝固方式”就是依据凝固区的宽度S来划分的,如图1.1(b)所示。铸件的凝固方式有:

(1)逐层凝固

如图1.1(a)所示,纯金属或共晶成分合金在凝固过程中因不存在液、固并存的凝固区,所以断面上外层的固相和内层的液相由一条界限(凝固前沿)清楚地分开。随着温度的下降,固相层不断加厚、液相层不断减少,直达铸件的中心,这种凝固方式称为逐层凝固。

(2)糊状凝固

如图1.1(c)所示,如果合金的结晶温度范围很宽,且铸件断面上的温度分布较为平坦,则在凝固的某段时间内,铸件表面并不存在固体层,而液、固并存的凝固区贯穿整个断面。由于这种凝固方式与水泥类似,即先呈糊状而后凝固,故称为糊状凝固。

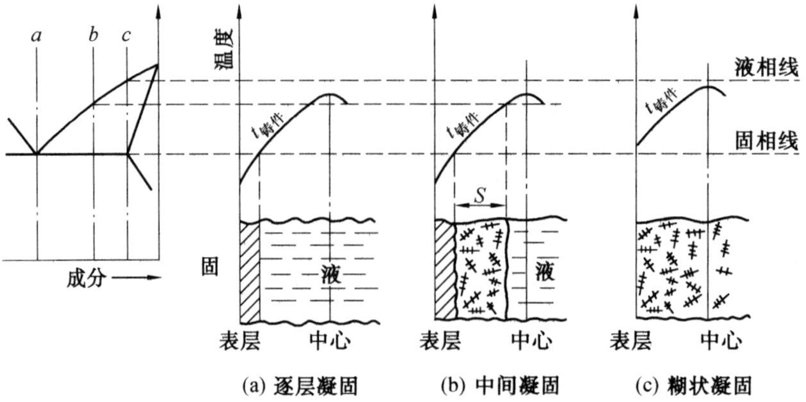

图 1.1　铸件的凝固方式

(3) 中间凝固

如图 1.1(b) 所示，大多数合金的凝固介于逐层凝固和糊状凝固之间，称为中间凝固方式。

铸件质量与其凝固方式密切相关。一般地说，逐层凝固时，铸件质量好，而糊状凝固时，难以获得结晶紧实的铸件。

影响铸件凝固方式的因素：

(1) 合金的结晶温度范围

合金的结晶温度范围越小，凝固区域越窄，越倾向于逐层凝固。如砂型铸造时，低碳钢为逐层凝固；高碳钢、锡青铜因结晶温度范围变宽，为糊状凝固。

(2) 铸件断面的温度梯度

在合金结晶温度范围已定的前提下，凝固区域的宽窄取决于铸件断面的温度梯度，如图 1.2 所示。若铸件的温度梯度由小变大（图中 $T_1 \rightarrow T_2$），则其对应的凝固区由宽变窄（$S_1 \rightarrow S_2$）。

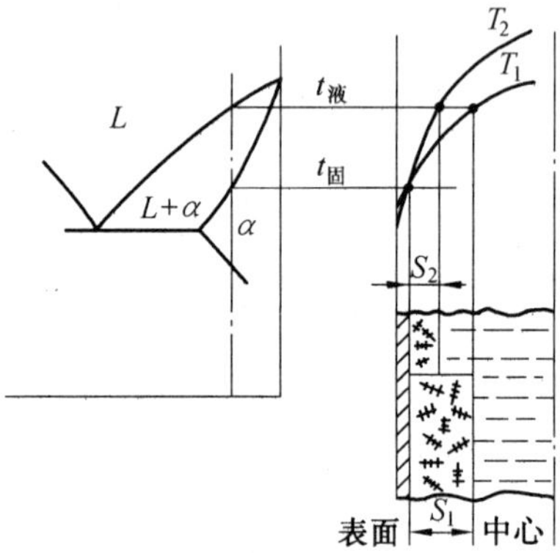

图 1.2　温度梯度对凝固方式的影响

铸件断面的温度梯度主要取决于：

① 合金的性质　合金的凝固温度越低，导热率越高，结晶潜热越大，铸件内部温度均匀化能力越大，铸件断面温度梯度越小（如多数铝合金）。

② 铸型的蓄热能力　铸型蓄热能力越强，对铸件的激冷能力越强，铸件断面温度梯度越大。

③ 浇注温度　浇注温度越高，带入铸型中热量增多，铸件的温度梯度减小。

通过以上讨论可以得出，倾向于逐层凝固的合金（如灰口铸铁、铝硅合金等）铸造性能好。倾向于糊状凝固合金（如锡青铜、铝铜合金、球墨铸铁等）铸造性能差，应采用适当的工艺措施，以减小其凝固区域宽度。

1.2　液态合金的铸造性能

液态合金的铸造性能是指在铸造过程中,获得形状完整、内部质量良好的铸件的能力。合金的铸造性能包括合金的流动性、收缩性、吸气性等。合金铸造性能是选择铸造材料,确定铸件的铸造工艺方案及进行铸件结构设计的依据。

1.2.1　合金的流动性

1. 合金的流动性

液态金属本身的流动能力称为“流动性”,是合金的铸造性能之一。与金属的成分、温度、杂质含量及其物理性质有关。

2. 充型能力的概念

液态合金充满型腔,获得形状完整、轮廓清晰的铸件的能力,称为“充型能力”。

充型能力首先取决于金属本身的流动性,同时还受铸型性质、浇注条件、铸件结构等因素的影响。换句话说,流动性好的合金充型性力强;流动性差的合金充型能力也就较差,但是可以通过改善外界条件提高其充型能力。例如提高充型压力可以改善充型能力。

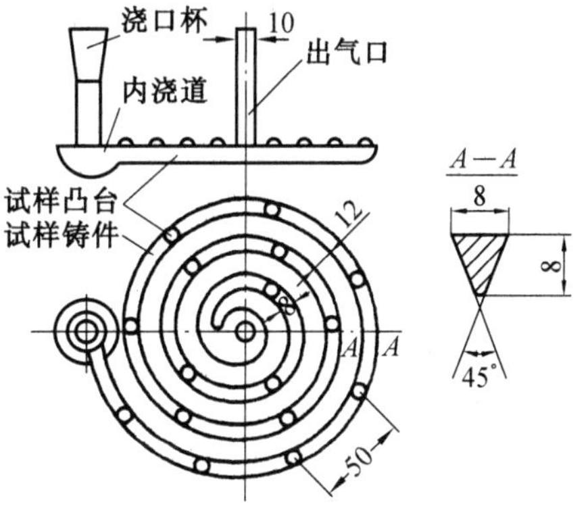

图 1.3　螺旋形标准试样

由于影响充型能力的因素很多,很难对各种合金在不同的铸造条件下的充型能力进行比较,所以常用在固定的试样结构和铸型性质及相同的浇注条件下所测定的流动性来表示合金的充型能力。

熔融合金的流动性通常以“螺旋形试样”(图 1.3)长度来衡量。在相同的浇注条件下,将液态合金浇注到螺旋形标准试样所形成的铸型中,浇注冷凝后,测出其实际螺旋线长度,测得的螺旋线长度越长,表明合金的流动性越好。

3. 影响合金流动性的因素

(1)合金的种类

不同合金因其结晶特性、粘度不同,其流动性亦不同。常用铸造合金中灰铸铁、硅黄铜的流动性最好,铝合金次之,铸钢最差。

(2)合金的成分

纯金属和共晶成分合金的结晶为逐层凝固,结晶的固体层内表面比较光滑,如图 1.4(a),对金属液的阻力较小。同时,共晶成分合金的凝固温度最低,相对说来,合金的过热度大,推迟了合金的凝固,故流动性最好。其他成分合金一般为中间凝固,经过液、固并存的两相区,由于初生的树枝状晶体使已结晶固体层内表面粗糙,如图1.4(b),合金的流动性变差。合金成分越远离共晶成分,结晶温度范围越宽,流动性越差。

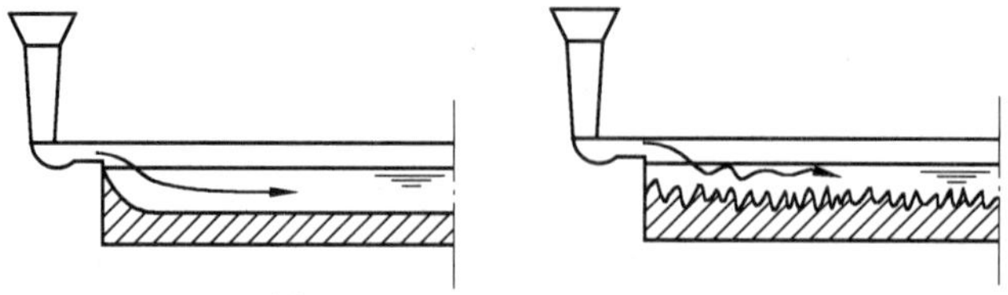

图 1.4 不同成分合金的流动性

(3)浇注条件

① 浇注温度 浇注温度对合金流动性的影响很显著。浇注温度越高，液态金属的粘度越低，且因其过热度高，金属液含热量多，保持液态时间长，有利于提高合金的流动性。但浇注温度过高，铸件容易产生缩孔、缩松、粘砂、气孔等缺陷，故在保证充型能力足够的前提下，浇注温度不要过高。通常，灰口铸铁的浇注温度为 1 200 ~ 1 380 ℃，铸钢为 1 520 ~ 1 620 ℃，铝合金为 680 ~ 780 ℃。

② 充型压力 液态合金在流动方向上所受的压力越大，充型能力越好。砂型铸造时，充型压力是由直浇道所产生的静压力形成的，故直浇道的压力必须适当。而压力铸造、离心铸造因增加了充型压力，充型能力较强，金属液的流动性也较好。

(4)铸型的充填条件

① 铸型的蓄热能力 铸型的蓄热能力表示铸型从熔融合金中吸收并传出热量的能力。铸型材料的比热容和导热系数越大，对熔融金属的激冷能力越强，合金在型腔中保持流动的时间减少，合金的流动性越差。

② 铸型温度 浇注前将铸型预热到一定温度，减少了铸型与熔融金属间的温度差，减缓了合金的冷却速度，延长合金在铸型中流动时间，合金流动性提高。

③ 铸型中的气体 在金属液的热作用下，型腔中的气体膨胀，型砂中的水分汽化，煤粉和其他有机物燃烧，将产生大量气体，如果铸型排气能力差，浇注时产生的大量气体来不及排出，气体压力将增大，必然阻碍熔融金属的充型。铸造时，为了减少气体的压力，一方面应尽量减少气体产生，另一方面，要增加铸型的透气性或在远离浇口的最高部位开设出气口，使型腔及型砂中的气体顺利排出。

④ 铸型结构 当铸件壁厚过小，壁厚急剧变化、结构复杂，或有大的水平面时，均会使合金充型困难。因此，在进行铸件结构设计时，铸件的形状应尽量简单，壁厚应大于规定的最小允许壁厚。对于形状复杂、薄壁、散热面大的铸件，应尽量选择流动性好的合金或采取其他相应措施。

1.2.2 合金的收缩性

1. 合金的收缩

铸造合金从浇注、凝固直至冷却到室温的过程中，其体积或尺寸缩减的现象，称为收缩。收缩是合金的物理本性，在铸造过程中，因收缩可能会导致铸件产生缩孔、缩松、应力、变形和裂纹等缺陷。因此，必须研究收缩规律，采取工艺措施以获得健全铸件。

如图 1.5 所示，合金 I 从浇注温度冷却至室温的收缩过程中，其收缩经历三个阶段。

液态收缩　从浇注温度($T_{浇}$)到凝固开始温度(即液相线温度 $T_{液}$)间的收缩。

凝固收缩　从凝固开始温度到凝固终了温度(即固相线温度 $T_{固}$)间的收缩。

固态收缩　从凝固终止温度到室温($T_{室温}$)间的收缩。

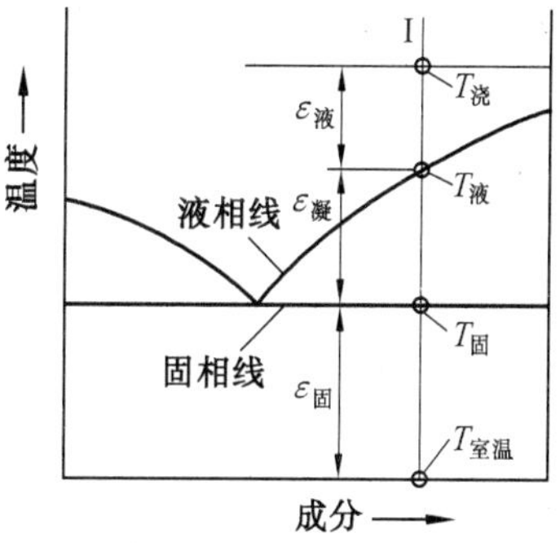

图 1.5　收缩三阶段

合金的总收缩率为上述三种收缩的总和。

合金的液态收缩和凝固收缩表现为合金体积的缩减,常用体收缩率表示,它们是形成铸件缩孔和缩松的基本原因。合金的固态收缩,虽然也是体积缩小,但直观地表现为铸件轮廓尺寸的减少,因此,用铸件单位长度上的收缩量,即线收缩率来表示。固态收缩是铸件产生内应力、变形和裂纹的基本原因。

2. 影响合金收缩的因素

(1)化学成分　碳素钢的含碳量增加,其液态收缩增加,而固态收缩略减。灰铸铁中的碳、硅含量增多,其石墨化能力越强,石墨的比体积大,能弥补收缩,故收缩越小。硫可阻碍石墨析出,使收缩率增大。适当地增加锰,锰与铸铁中的硫形成 MnS,抵消了硫对石墨化的阻碍作用,使铸铁收缩率减小。但含锰量过高,铸铁的收缩率又有所增加。

(2)浇注温度

浇注温度越高,过热度越大,使液态收缩增加,合金的总收缩率加大。对于钢液,通常浇注温度提高 100 ℃,体收缩率增加约 1.6%,因此浇注温度越高,形成缩孔倾向越大。

(3)铸件结构和铸型条件

铸件在铸型中的冷凝过程中往往不是自由收缩,而是受阻收缩。其阻力来源于:

①铸件各部分的冷却速度不同,引起各部分收缩不一致,相互约束而对收缩产生阻力。

②铸型和型芯对收缩的机械阻力。

因此,铸件的实际收缩率比自由收缩率要小一些。铸件结构越复杂,铸型硬度越大,型芯骨越粗大,则收缩阻力亦越大。

3. 铸件的缩孔与缩松

液态金属在铸型内的冷凝过程中,由于液态收缩和凝固收缩所引起的体积缩减,如得不到金属液体补充(称为补缩),则会在铸件最后凝固的部位形成一些孔洞。按照孔洞的大小和分布不同,可分为缩孔和缩松两类。

(1)缩孔的形成

缩孔是在铸件最后凝固的部位形成容积较大而且集中的孔洞。缩孔多呈倒圆锥形,内表面粗糙,通常隐藏在铸件的内层,但在某些情况下,可暴露在铸件的上表面,呈明显的凹坑。

缩孔形成过程如图 1.6 所示。液态金属充满铸型后,如图 1.6(a)所示,由于铸型吸热,靠近型壁的一层金属冷却快,先凝固而形成铸件外壳,壳中金属液的收缩因被外壳阻碍,不能得到补缩,故其液面开始下降,如图 1.6(b)所示。铸件继续冷却,凝固层加厚,内部剩余的液体由于液态收缩和补充凝固层的收缩,使体积缩减,液面继续下降,如图

1.6(c)所示，如此过程一直延续到凝固终了，结果在铸件最后凝固的部位形成了缩孔，如图1.6(d)、(e)所示。依凝固条件不同，缩孔可隐藏在铸件表皮下(此时缩孔顶上表皮呈凹陷)，亦可露在铸件表面(明缩孔)。

纯金属和共晶成分的合金，易形成集中的缩孔。

(2)缩松的形成

细小而分散孔洞称为缩松。常分散在铸件壁厚的轴线区域、厚大部位、冒口根部和内浇口附近。当缩松与缩孔的容积相同时，缩松的分布面积要比缩孔大得多。缩松隐藏于铸件内部，外观上不易发现。缩松分为宏观缩松和显微缩松。宏观缩松是用肉眼或放大镜可以看出的分散细小缩孔。显微缩松是分布在晶粒之间的微小缩孔，要用显微镜才能观察到，这种缩松分布面积更为广泛，甚至遍布铸件整个截面。

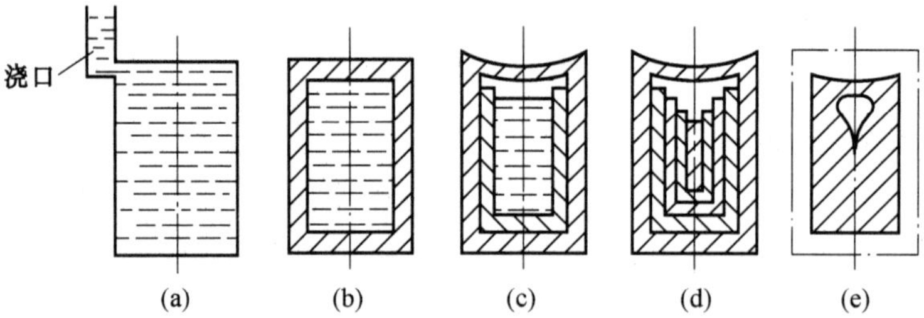

图1.6　缩孔的形成过程

缩松的形成过程如图1.7所示。铸件首先从外层开始凝固，因凝固前沿凹凸不平，如图1.7(a)所示，当两侧的凝固前沿向中心汇聚时，汇聚区域形成一个同时凝固区。在此区域内，剩余液体被凹凸不平的凝固前沿分隔成许多小液相区，如图1.7(b)所示。最后，这些数量众多的小液相区，在凝固收缩时，因得不到补缩而形成了缩松，如图1.7(c)所示。凝固温度范围大的合金，结晶时为糊状凝固，凝固中树枝状晶体将金属液分隔成彼此孤立的小熔池，凝固时难以得到补缩，形成显微缩松。

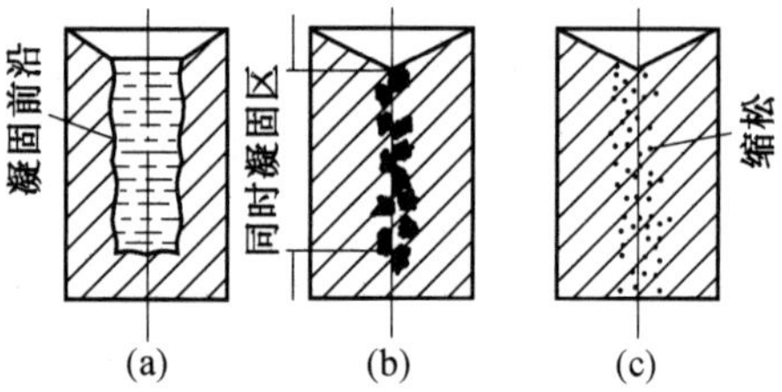

图1.7　缩松的形成过程

(3)缩孔和缩松的防止

① 缩孔的防止　铸件上的缩孔将削减其有效截面积，大大降低铸件的承载能力，必须根据技术要求，采取适当的工艺措施，予以防止。

防止铸件内部出现缩孔的工艺措施是使铸件实现定向凝固。所谓定向凝固(也称顺序凝固)就是在铸件上可能出现缩孔的厚大部位安放冒口，在远离冒口的部位安放冷铁，使铸件上远离冒口的部位先凝固，靠近冒口的部位后凝固，冒口本身最后凝固，如图1.8所示。定向凝固使铸件先凝固部位的收缩由后凝固部位的金属液来补缩；后凝固部位的收缩由冒口中的金属液补缩，将缩孔转移到冒口之中。冒口为铸

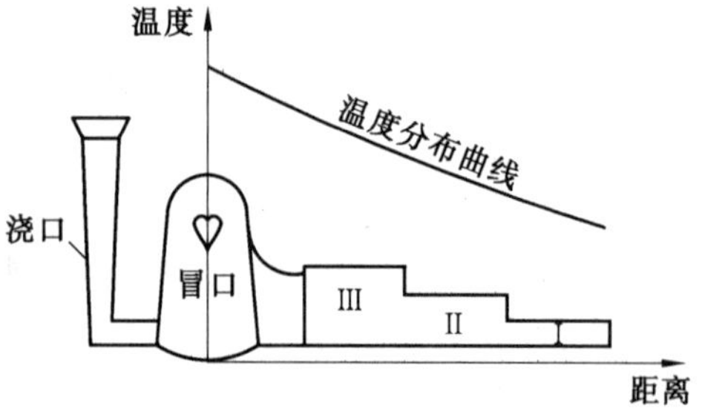

图1.8　顺序凝固

件的多余部分，清理铸件时予以去除，即可得到无缩孔的致密铸件。冷铁的作用是是加快铸件局部的冷却速度，实现铸件的定向凝固。

对形状复杂有多个热节（铸件上热量集中，内接圆直径较大的部位）的铸件，为实现定向凝固，往往要采用多个冒口，并配合冷铁同时使用。如图 1.9 所示的阀体铸件断面上有五个热节，其底部凸台处热节不便安放冒口，上部的冒口又难以对该处进行补缩，故在该处设置外冷铁，相当于局部金属型，因冷却快，使厚大凸台反而先凝固；其余四个热节，分别由四个冒口（明冒口及暗冒口）进行补缩，实现了定向凝固。

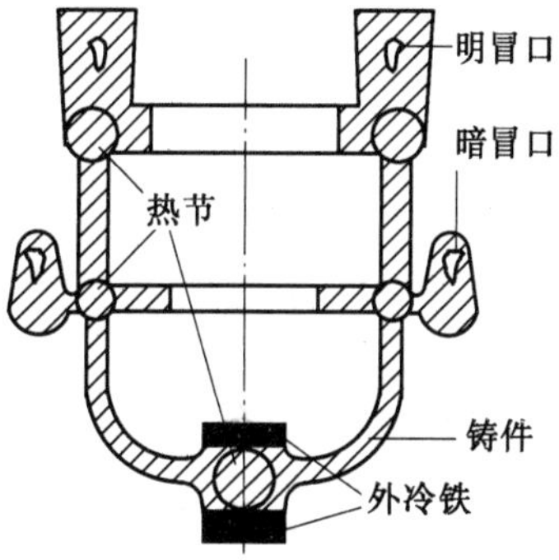

图 1.9　阀体铸件的顺序凝固

② 缩松的防止　铸件上的缩松对铸件承载能力的影响比集中缩孔要小，但它易影响铸件的气密性，使铸件渗漏。因此，对于气密性要求高的油缸、阀体等承压铸件，必须采取工艺措施防止缩松。然而，防止缩松比防止缩孔要困难得多，不仅因它难以发现，且因缩松常出现在凝固温度范围大的合金所制造的铸件中，即使采用冒口对其热节处补缩，由于发达的树枝状晶体堵塞了补缩通道，而使冒口难以发挥补缩作用。目前生产中多采用在热节处安放冷铁或在局部砂型表面涂敷激冷涂料，加大铸件的冷却速度；或加大结晶压力，以破碎树枝状晶体，减少其对金属液流动的阻力，从而达到部分防止缩松的效果。

4. 铸件的内应力、变形和裂纹

铸件在凝固末期，其固态收缩若受到阻碍，铸件内部将产生内应力。这些内应力有时是在冷却过程中暂存的，有时则一直保留到室温，前者称为临时应力，后者称为残余应力。铸造内应力是铸件产生变形和裂纹的根本原因。

（1）铸造内应力的分类

铸造内应力按产生的原因不同，分为热应力、收缩应力和相变应力三种。铸件中的铸造内应力，就是这三种应力的矢量和。

① 热应力　铸件在凝固和冷却过程中，不同部位由于不均衡的收缩而引起的应力，称热应力。热应力主要是指铸件冷却过程中，由于冷却速度不同而引起不均衡收缩所产生的应力。

现以图 1.10 所示的应力框铸件来说明热应力的形成过程。应力框由一根粗杆Ⅰ和两根细杆Ⅱ组成。图 1.10 上部表示了杆Ⅰ和杆Ⅱ的冷却曲线，$T_{临}$ 表示金属弹塑性临界温度。在 $t_0 \sim t_1$ 时段，铸件处于高温阶段，两杆均处于塑性状态，尽管杆Ⅰ和杆Ⅱ的冷却速度不同，收缩不一致要产生应力，但铸件可以通过两杆的塑性变形使应力很快自行消失。在 $t_1 \sim t_2$ 间，此时杆Ⅱ温度较低，已进入弹性状态，但杆Ⅰ仍处于塑性状态。杆Ⅱ由于冷却快，收缩大于杆Ⅰ，在横杆作用下将对杆Ⅰ产生压应力，如图 1.10(b) 所示。处于塑性状态的杆Ⅰ受压应力作用产生压缩塑性变形，使杆Ⅰ、杆Ⅱ的收缩一致，应力随之消失，如图 1.10(c) 所示。在 $t_2 \sim t_3$ 时段，当进一步冷却到更低温度时，杆Ⅰ和杆Ⅱ均进入弹性状态，此时杆Ⅰ温度较高，冷却时还将产生较大收缩，杆Ⅱ温度较低，收缩已趋停止，在最后阶段冷却时，杆Ⅰ的收缩将受到杆Ⅱ强烈阻碍，因此杆Ⅰ受拉，杆Ⅱ受压，并保留到室温，形成了残余应力，如图 1.10(d)所示。

热应力使冷却较慢的厚壁处或心部受拉深,冷却较快的薄壁处或表面受压缩。铸件的壁厚差别越大,合金的线收缩率或弹性模量越大,热应力越大。顺序凝固时,由于铸件各部分冷却速度不一致产生较大的热应力,铸件容易出现变形和裂纹,应予以考虑。

② 收缩应力　铸件在固态收缩时,因受到铸型、型芯、浇冒口、砂箱等外力的阻碍而产生的应力称收缩应力,一般铸件冷却到弹性状态后,收缩受阻才会产生收缩应力,而且收缩应力常表现为拉应力或切应力。形成应力的原因一经消除(如铸件落砂或去除浇口后),收缩应力也就随之消失,所以收缩应力是一种临时应力。但是,在落砂前,如果铸件的收缩应力与热应力(特别是在厚壁处)共同作用,其瞬间内应力大于铸件的抗拉强度时,铸件会产生裂纹。图1.11为铸件产生收缩应力的示意图。

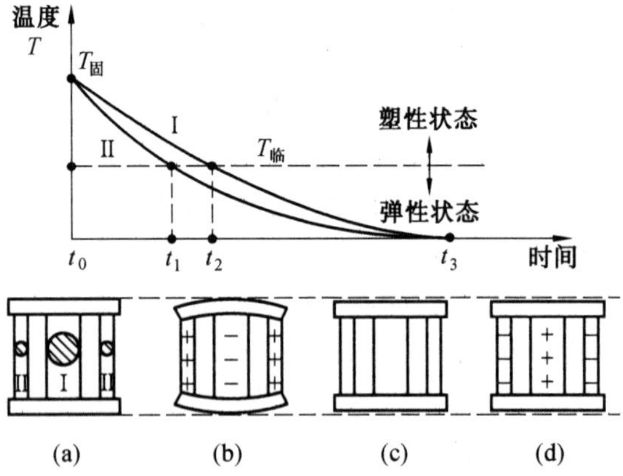

图1.10　热应力的形成

+表示拉应力;-表示压应力

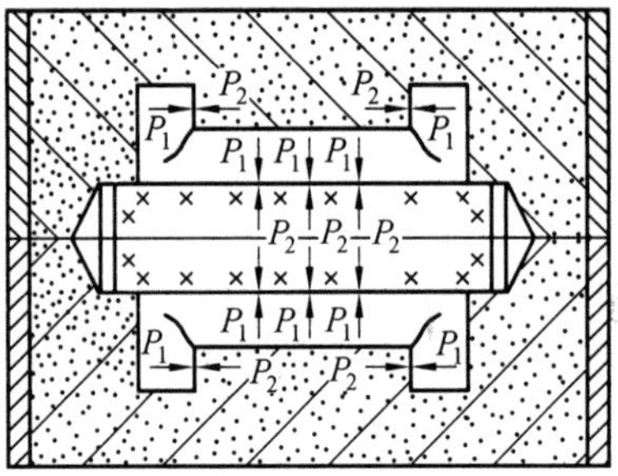

图1.11　铸件产生收缩应力示意图

P_1—铸件对砂型作用力;

P_2—砂型对铸件反作用力

③ 相变应力　固态下发生相变的合金,由于部分冷却速度不同,达到相变温度的时刻不同,而且发生相变的程度也不同,由此而产生的应力称为相变应力。相变应力与热应力共同作用,对铸件质量有一定影响。

(2)减少和消除铸造内应力的措施

① 合理地设计铸件结构　铸件形状越复杂,各部分壁厚相差越大,冷却时温度越不均匀,铸造应力越大。因此,在设计铸件时应尽量使铸件形状简单、对称、壁厚均匀。

② 合理选用合金　尽量选用线收缩率小、弹性模量小的合金。

③ 采取同时凝固的工艺　所谓同时凝固是指采取一定的工艺措施，使铸件各部分无温差或温差尽量小，几乎同时进行凝固，如图 1.12 所示。

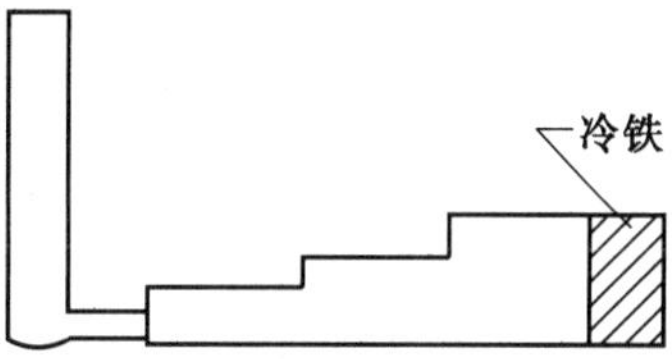

图 1.12　铸件同时凝固原则

铸件如按同时凝固原则凝固，各部分温差较小，不易产生热应力和热裂，铸件变形较小；同时凝固不必设置冒口，工艺简单，节约金属；但同时凝固的铸件中心易出现缩松，影响铸件致密性。所以，同时凝固主要用于收缩较小的一般灰铸铁和球墨铸铁件；壁厚均匀的薄壁铸件；倾向于糊状凝固的、气密性要求不高的锡青铜铸件等。

④ 减少收缩应力　在型芯砂中加锯末、焦炭粒，控制舂砂的紧实度等，提高铸型、型芯的退让性，可减少收缩应力。

⑤ 对铸件进行时效处理　对铸件进行时效处理是消除铸造内应力的有效措施。时效处理分自然时效、热时效和共振时效等。所谓自然时效，是将铸件置于露天场地半年以上，让其缓慢地发生变形，内应力消除。热时效（人工时效）又称去应力退火，是将铸件加热到 550 ~ 650 ℃，保温 2 ~ 4 h，随炉慢冷至 150 ~ 200 ℃，然后出炉。共振时效是将铸件在其共振频率下震动 10 ~ 60 min，以消除铸件中的残留应力。热时效比较可靠、迅速，重要精密铸件，如机床床身、内燃机缸体、缸盖等必须进行热时效处理。

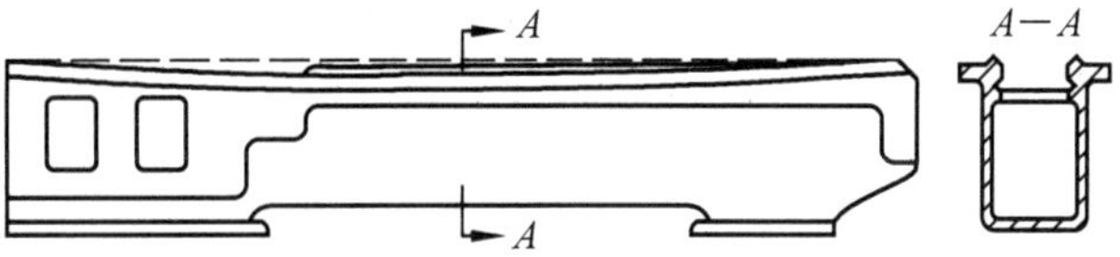

图 1.13　车床床身挠曲变形示意图

（3）铸件的变形与防止

由前面论述可知，当铸件厚薄不均时，因冷却速度不同，各处的温度不均匀，在铸件中将产生热应力。处于应力状态的铸件是不稳定的，将自发地通过变形来减小内应力，趋于稳定状态。图 1.13 为车床床身，导轨部分较厚，铸后产生拉应力，侧壁较薄，铸后产生压应力。变形的结果，导轨面中心下凹，侧壁凸起。图 1.14 为平板形铸件的变形，平板中心冷却比四周慢，铸后产生拉应力，而四周产生压应力，当平板上、下面有温差时，就可能产生挠曲变形。图 1.15 是皮带轮的变形。皮带轮结构特点是轮缘和轮辐比轮毂薄，当轮毂进入弹性状态时，轮缘和轮辐的温度比轮毂低，轮毂的继续收缩受到轮缘和轮辐的阻碍，轮缘受压应力，轮毂和轮辐受拉应力，如图 1.15（b）所示，P_1 为轮毂和轮辐把轮缘向里拉的力，P_2 是铸型阻碍轮缘收缩的力，结果有可能把轮缘拉成波浪形。在切削加工时，A 处可能会出现加工余量不足，B 处加工后轮缘可能变得过薄。

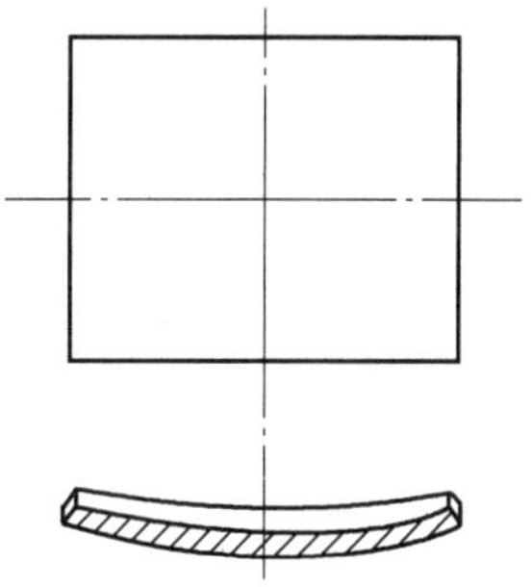

图 1.14　平板形铸件的变形

铸件的变形往往使铸件精度降低，严重时可能使铸件报废，必须予以防止。由于铸件变形是由铸造应力引起的，除了前面所介绍的同时凝固和时效处理外，生产中也常采用反变形工艺，在模型上预先作出相当于铸件变形量的反变形量，待铸件冷却后收缩变形正好被抵消。

(4)铸件裂纹与防止

当铸造应力超过材料的抗拉强度时,铸件便产生裂纹。裂纹是严重的铸造缺陷,必须设法防止。裂纹按形成的温度范围分为热裂和冷裂两种。

① 热裂　热裂一般是在凝固末期,金属处于固相线附近的高温时形成的,在金属凝固末期,固体的骨架已经形成,但树枝状晶体间仍残留少量液体,此时合金如果收缩,就可能将液膜拉裂,形成裂纹。另一方面的研究也表明,合金在固相线温度附近的强度、塑性非常低,铸件的收缩如果稍受铸型、型芯或其他因素的阻碍,产生的应力很容易超过该温度时的强度极限,导致铸件开裂。热裂纹的特征是裂纹短,缝隙较宽,形状曲折,裂口表面氧化较严重。热裂常发生在铸件的拐角处和截面厚度突变处等应力集中的部位或铸件最后凝固区的缩孔附近或尾部。

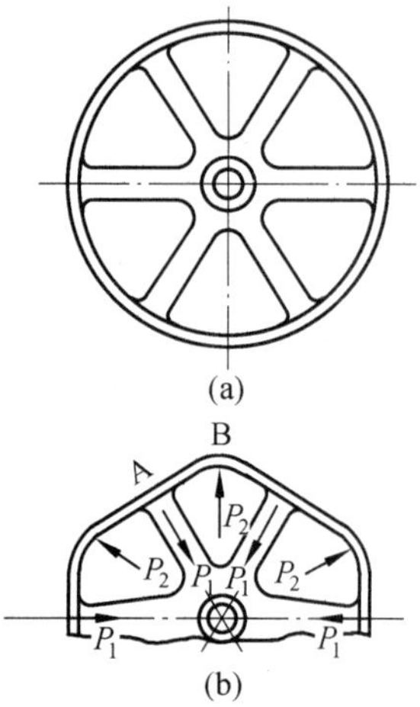

图 1.15　皮带轮的变形

铸件结构不合理、合金的收缩大、型(芯)砂退让性差以及铸造工艺不合理等均可能引发热裂。钢和铁中的硫、磷降低了钢和铁的韧性,使热裂倾向大大提高。因此,合理调整合金成分(如严格控制钢和铸铁中的硫、磷含量);合理设计铸件结构;采取同时凝固的工艺和改善型(芯)砂退让性等,都是防止热裂的有效措施。

② 冷裂　冷裂的特征是铸件冷却到低温处于弹性状态时,铸造应力超过合金的强度极限而产生的,裂纹细小,呈连续直线状,具有金属光泽或微氧化色。冷裂常出现在铸件受拉应力部位,特别是内尖角、缩孔、非金属夹杂物等应力集中处。有些冷裂纹在落砂时并没有发生,但因内部已有很大的残留应力,在铸件的清理、搬动时受震动或出砂后受激冷才产生裂纹。

铸件的冷裂倾向与铸造内应力和合金的力学性能有密切关系。凡是使铸造内应力增大的因素,都能使铸件冷裂倾向增大;凡是使合金的强度、韧性降低的因素,也能使铸件的冷裂倾向增大。磷增加钢的冷脆性,使钢的冲击韧性下降,而且磷含量超过 0.5%,往往有大量网状磷共晶体出现,使钢强度、韧性下降,冷裂倾向增大。钢中的锰、铬、镍等元素可提高钢的强度,但降低了钢的导热系数,加大了铸件的铸造内应力,使钢的冷裂倾向增加。灰口铸铁、白口铸铁、高锰钢等塑性较差的合金较易产生冷裂倾向;塑性好的合金因内应力可通过其塑性变形自行缓解,故冷裂倾向小。

为防止铸件的冷裂,除应设法减小铸造内应力外,还应控制钢、铁的含磷量,防止冷却过快。

1.2.3　合金的吸气性

一般液态金属在高温下会吸收大量气体,若在其冷凝过程中不能逸出,则在冷凝后将使铸件内形成气孔缺陷。气孔形状一般为球形、椭球形或梨形,内表面比较光滑、明亮或带有轻微氧化色。气孔破坏了金属的连续性,减少其承载的有效截面积,特别是冲击韧性和疲劳强度显著降低,并在气孔附近引起应力集中,因而降低了铸件的力学性能。

按照气体的来源,气孔可分为侵入气孔、析出气孔和反应气孔三类。

1. 侵入气孔

在浇注过程中，砂型及型芯被加热，所含的水分蒸发，有机物及附加物挥发产生大量气体侵入金属液而形成的气孔称为侵入气孔。侵入气孔一般位于砂型及型芯表面附近，尺寸较大，呈椭圆形或梨形。图1.16所示铸件孔中的气孔，就是因型芯排气不畅所致。

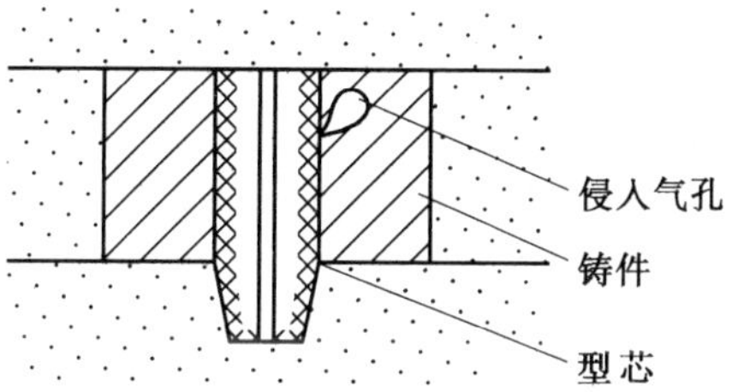

图1.16　侵入气孔

防止侵入气孔的主要途径是降低型砂及芯砂的发气量和增强铸型的排气能力。

2. 析出气孔

溶解于金属液中的气体在冷凝过程中，因气体溶解度下降而析出，并在铸件中形成的气孔称为析出气孔。析出气孔的特征是气孔的尺寸较小，分布面积较广，甚至遍布整个铸件截面，析出气孔在铝合金中最为多见，其直径多小于1 mm，故常称为“针孔”。针孔不仅降低合金的力学性能，并将严重影响铸件的气密性，导致铸件承压时渗漏。

防止析出气孔的基本途径是烘干和洁净炉料，使炉料入炉前不含水、油锈等污物；减少金属液与空气接触，并控制炉气为中性气氛。

3. 反应气孔

液态金属与铸型材料、芯撑、冷铁或熔渣之间发生化学反应产生气体而形成的气孔称为反应气孔。反应气孔多分布在铸件表层下1~2 mm处，也称为皮下气孔，如图1.17所示。

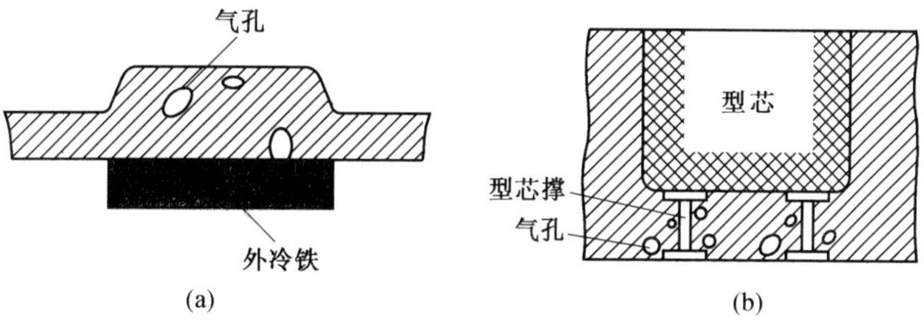

图1.17　反应气孔

防止反应气孔的主要措施是清除冷铁、型芯撑表面锈蚀、油污，并保持干燥。

1.3　铸件质量与检验

由上面的分析可知，铸造生产中容易出现多种铸造缺陷，影响到铸件的使用，在铸造生产中必须采取一定的工艺措施对铸件质量进行控制并做好铸件质量检验工作。

1.3.1 铸件的质量

铸件质量是指铸件本身能满足用户要求的程度,它包括外观质量、内在质量和使用质量。

(1)外观质量

铸件的外观质量是指铸件表面质量和达到用户要求的程度。它包括铸件的表面粗糙度、表面质量、尺寸公差、形位偏差和质量偏差等。

(2)内在质量

铸件的内在质量是指一般不能用肉眼检查出来的铸件内部质量和达到用户要求的程度。它包括铸件的化学成分、物理和力学性能、金相组织,以及存在于铸件内部的孔洞、裂纹、夹杂物等质量。

(3)使用质量

铸件的使用质量是指铸件能满足使用要求的性能,如在强力、高速、磨耗、腐蚀、高热等不同条件下的工作性能、切削性能、焊接性能、运转性能以及工作寿命等。

1.3.2 铸件质量检验

根据用户要求和图纸技术条件等有关协议的规定,用目测、量具、仪表或其他手段检验铸件是否合格的操作过程称铸件质量检验。铸件质量检验是铸件生产过程中不可缺少的环节。

根据铸件质量检验结果,可将铸件分为合格品、返修品和废品三类。铸件的质量符合有关技术标准或交货验收技术条件的为合格品;铸件的质量不完全符合标准,但经返修后能够达到验收条件的可作为返修品;如果铸件外观质量和内在质量不合格,不允许返修或返修后仍达不到验收要求的,只能作为废品。

1. 铸件外观质量检验

(1)铸件形状和尺寸检测

利用工具、夹具、量具或划线检测等手段检查铸件实际尺寸是否落在铸件图规定的铸件尺寸公差带内。

(2)铸件表面粗糙度的评定

利用铸造表面粗糙度比较样块评定铸件实际表面粗糙度是否符合铸件图上规定的要求。评定方法可按 GB/T15056—1994 进行。

(3)铸件表面或近表面缺陷检验

用肉眼或借助于低倍放大镜检查暴露在铸件表面的宏观质量。如飞边、毛刺、抬型、错箱、偏心、表面裂纹、粘砂、夹砂、冷隔、浇不到等。也可以利用磁粉检验、渗透检验等无损检测方法检查铸件表面和近表面的缺陷。

2. 铸件内在质量检验

(1)铸件力学性能检验

铸件力学性能检验包括常规力学性能检验,如测定铸件抗拉强度、屈服点、断后伸长率、断面收缩率、挠度、冲击韧性、硬度等;非常规力学性能检验,如断裂韧性、疲劳强度、高温力学性能、低温力学性能、蠕变性能等。除硬度检测外,其他力学性能的检验多用试块或破坏抽验铸件本体进行。

(2)铸件特殊性能检验

铸件特殊性能检验包括对铸件的耐热性、耐腐蚀性、耐磨性、减振性、电学性能、磁学性能、压力密封性能等的检验。

(3)铸件的化学分析

铸件的化学分析是对铸造合金的成分进行测定,铸件化学分析常作为铸件验收条件之一。

(4)铸件显微检验

铸件显微检验是对铸件及铸件断口进行低倍、高倍金相观察,以确定内部组织结构、晶粒大小以及内部夹杂物、裂纹、缩松、偏析等。铸件显微检验往往是用户提出要求时才进行。

(5)铸件内部缺陷的无损检验

铸件内部缺陷的无损检验是用射线探伤、超声波探伤等无损检测方法检查铸件内部的缩孔、缩松、气孔、裂纹等缺陷,并确定缺陷大小、形状、位置等。

复习思考题

1. 什么叫铸造?铸造生产有何特点?

2. 合金的流动性决定于哪些因素?流动性不好对铸件质量有何影响?

3. 何谓合金的收缩?影响合金收缩的因素有哪些?

4. 冒口补缩的原理是什么?冷铁是否可以补缩?其作用与冒口有何不同?某工厂铸造一批哑铃常出现如图 1.18 所示缩孔,你有什么措施可以防止?

5. 何谓同时凝固原则和顺序凝固原则?试对图 1.19 所示的阶梯式铸件设计冒口系统和冷铁位置,使其实现顺序凝固。

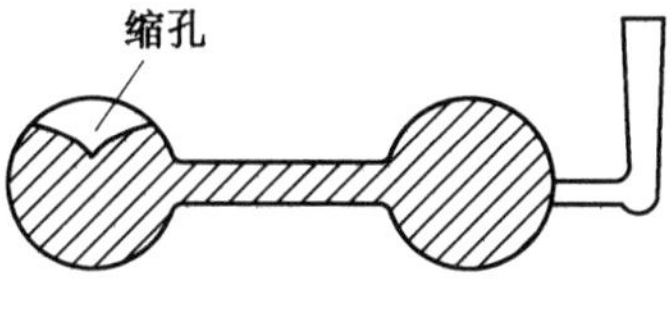

图 1.18　哑　铃

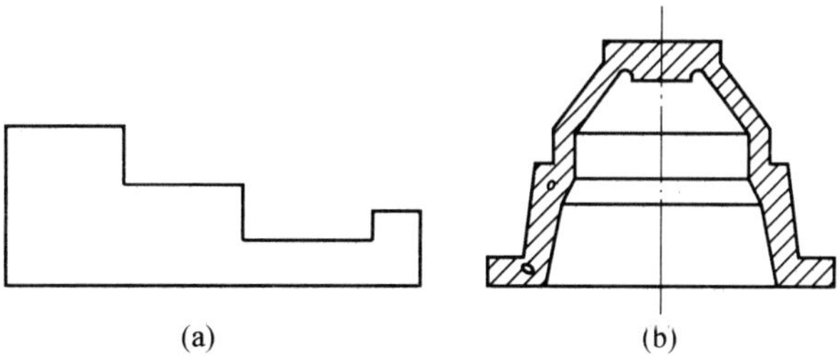

图 1.19　阶梯式铸件

6. 铸件的凝固方式依照什么来划分?哪些合金倾向逐层凝固?在铸件化学成分一定的前提下,铸件的凝固方式是否还能加以改变?

7. 怎样区分铸件裂纹的性质？用什么措施防止裂纹？分析图 1.20 带轮和飞轮产生冷裂的原因。

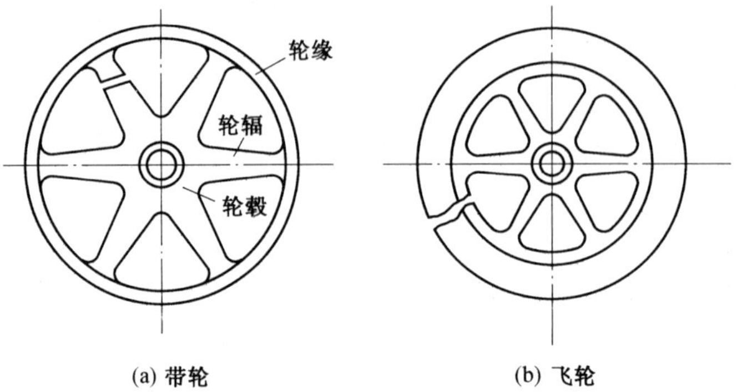

图 1.20　轮形铸件的冷裂

8. 铸件的气孔有哪几种？下列情况各容易产生哪种气孔？熔化铝时铝料油污过多；起模时刷水过多；舂砂过紧；芯撑有锈。

9. 试对图 1.21 所示轨道铸件分析应力的形成原因，并用虚线表示铸件的变形状态。

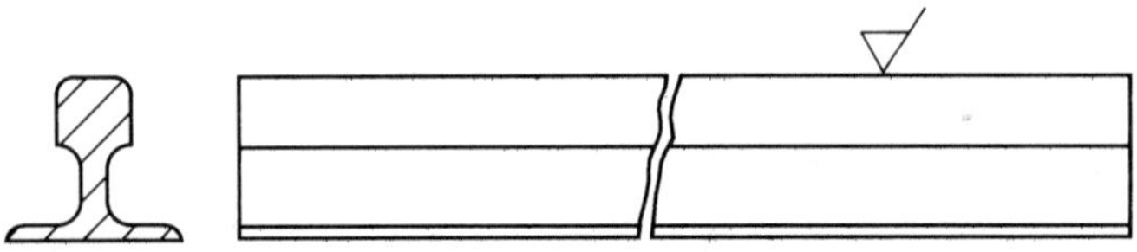

图 1.21　轨　道

第 2 章　常用铸造合金

液态成型用的金属材料通常称为铸造合金，除了少数几种特别难熔的合金外，几乎所有的合金都能用于铸造生产。常用的铸造合金有铸铁、铸钢、铸造铜合金和铸造铝合金等，其中铸铁的应用最广。

2.1　铸　铁

铸铁是含碳量（质量分数）大于 2.11% 的铁碳合金。工业用铸铁除含碳以外，还含有少量 Si，Mn，S，P 等。铸铁是机械制造中应用最广的金属材料。在铸造生产中，铸铁件的产量占铸件总产量的 80% 以上。一般机器中，铸铁件的质量常占机器总质量的 50% 以上。

2.1.1　铸铁的分类

铸铁按碳的存在形式不同，分为以下几种。

1. 白口铸铁

合金中的碳，除微量溶于铁素体外，其他的全部以渗碳体（Fe_3C）形式存在。因断口呈银白色，故称白口铸铁。白口铸铁的组织中含有大量的共晶莱氏体，莱氏体非常硬、脆，难以切削加工，工业中很少用白口铸铁制作机器零件。

2. 灰口铸铁

合金中的碳除微量溶于铁素体外，其他全部或大部分以石墨的形式存在。因断口呈灰色，故称灰口铸铁。灰口铸铁是机械工业中应用最广的铸铁。

灰口铸铁又根据石墨形态的不同，可分为：

① 普通灰口铸铁，简称灰铸铁，其石墨呈片状；

②可锻铸铁，其石墨呈团絮状；

③球墨铸铁，其石墨呈球状；

④蠕墨铸铁，其石墨呈蠕虫状。

3. 麻口铸铁

麻口铸铁的组织中既存在有石墨，又有渗碳体，介于灰口铸铁与白口铸铁之间，因断口有黑白相间的麻点，故称麻口铸铁。麻口铸铁由于含有较多渗碳体，很硬脆，难以切削加工，故也很少直接用它来制造机件。

根据铸铁的化学成分不同，还可分为普通铸铁和合金铸铁，所谓合金铸铁就是加入一定数量的钒、钛、铬、铜等元素，使它们具有特殊的耐热、耐腐蚀、耐磨损等性能。

2.1.2　铸铁的石墨化

1. 石墨化过程

铸铁中析出石墨的过程称为铸铁的石墨化。当铸铁中碳、硅质量分数较低，冷却速度较快时，合金结晶时按 $Fe-Fe_3C$ 相图析出 Fe_3C。这时获得的是白口铸铁。灰铸铁、球墨铸铁及蠕墨铸铁中碳、硅质量分数较高，在冷却速度较慢的条件下结晶时，将按照铁－石墨相图析出石墨。

图 2.1 为铁碳合金的两种相图。其中 L 为液相；A 为奥氏体；F 为铁素体；G 为石墨；虚线为 Fe-G 相图不同于 $Fe-Fe_3C$ 相图的部分。

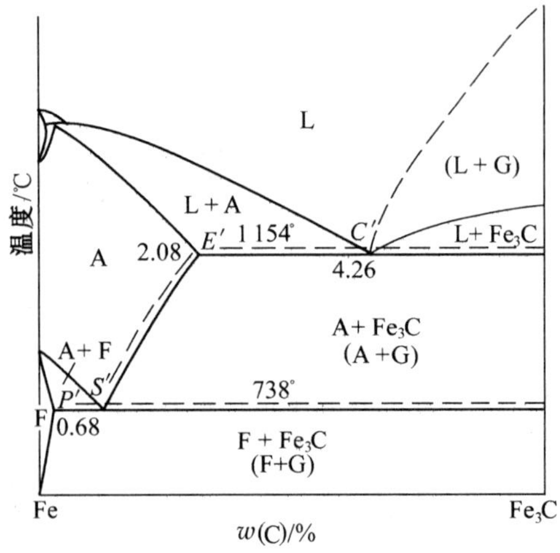

图 2.1　铁碳合金的两种相图

按照 Fe-G 相图，铸铁的石墨化过程可分成三个阶段。

第一阶段，即在 1 154 ℃时通过共晶反应而形成石墨

$$L_{C'} \xrightarrow{1\,154℃} A_{E'} + G$$

第二阶段，即在 1 154 ~ 738 ℃范围内冷却时，自奥氏体中沿 E′S′线不断析出二次石墨。

第一、二阶段称为高温石墨化过程。如要高温石墨化过程都得到充分进行，就可得到灰口铸铁。

第三阶段，即在 738 ℃时通过共析反应而形成石墨

$$A_{S'} \xrightarrow{738\ ℃} F_{P'} + G$$

如果铸铁在第一阶段、第二阶段石墨化过程充分进行后，第三阶段按 $Fe-Fe_3C$ 相图转变，即 $A_{S'} \xrightarrow{727\ ℃} (F_P' + Fe_3C)$，这时铸铁的基体为珠光体组织；如果第三阶段按 Fe-G 相图转变，这时铸铁的基体组织为铁素体；如果第三阶段石墨化过程进行不充分，铸铁基体组织中既有铁素体，又有珠光体。因此，灰口铸铁按基体组织可分为珠光体灰铸铁，铁素体加珠光体灰铸铁，铁素体灰铸铁三种。

2. 影响铸铁石墨化的因素

(1)铸铁成分的影响

碳和硅是铸铁中有效地促进石墨化的元素。在一定冷却条件下，碳、硅两元素对石墨化的共同影响可以用图 2.2 表示。其中Ⅰ区属于白口铸铁；Ⅱ区属于麻口铸铁；Ⅲ、Ⅳ、Ⅴ区分别属于珠光体、珠光体加铁素体、铁素体灰铸铁。由图可知，要想得到灰铸铁件，碳、硅质量分数应比较高。一般铸铁碳质量分数为 2.8% ~4.0%，硅质量分数为 1% ~3%。

除碳、硅外，促进石墨化过程的元素还有铝、钛、镍、铜等，但其作用不如碳和硅强烈，在生产合金铸铁时，常以这些元素作为合金元素。

铸铁中的硫和锰、铬、钨、钼等碳化物形成元素都是阻碍石墨化过程的。硫不仅强烈地阻止石墨化，而且还会降低铸铁的力学性能，其质量分数一般控制在 0.15% 以下。锰

与硫易形成 MnS 进入熔渣,可削弱硫的有害作用。锰的质量分数一般在 0.6% ~1.3% 范围内。磷对石墨化影响不显著,但它能降低铸铁的韧性,其质量分数常限制在 0.3% 以下。

(2)冷却速度的影响

冷却速度对铸铁石墨化过程影响很大。铸铁中碳的石墨化是碳原子在铸铁中析出和集聚的过程。冷却越慢,越有利于石墨的形成并且容易形成粗大片状石墨。冷却速度较快时,碳原子析出不充分,集聚较慢,只有部分碳原子以细石墨片析出,而另一部分碳原子以渗碳体析出,使铸铁基体中出现珠光体。当冷却速度很大时,石墨化过程不能进行,碳原子全部以渗透碳体析出,而产生白口组织。

铸铁的冷却速度主要受铸型的冷却条件及铸件壁厚的影响。如金属型比砂型导热快,冷却速度大,使石墨化受到严重阻碍,易获得白口组织;而砂型冷却慢,易获得不同的组织。例如铸造冷硬轧辊、矿车车轮,就是采用局部金属型(其余用砂型)激冷铸件的表面,使其产生耐磨的白口组织。

当铸型材料相同时,铸件的壁厚不同,其组织和性能也不同。在厚壁处,因冷却慢易形成铁素体基体和粗大的石墨片,力学性能较差;而壁厚较薄处,冷却较快,易获得硬脆的白口或麻口组织。实际生产中,一般是根据铸件的壁厚(重要铸件是指其重要部位的厚度,一般铸件则取其平均壁厚),选择恰当的铁水化学成分(主要指碳、硅),以满足所需的铸件组织。图 2.3 表示在一般砂型铸造条件下,铸件的壁厚和铸铁中碳、硅质量分数对石墨化过程的影响。在生产中,在工艺条件不易改动的情况下,对于不同壁厚的铸件,常根据这一关系调整铸铁中的碳、硅质量分数,以保证得到所需要的灰口组织。

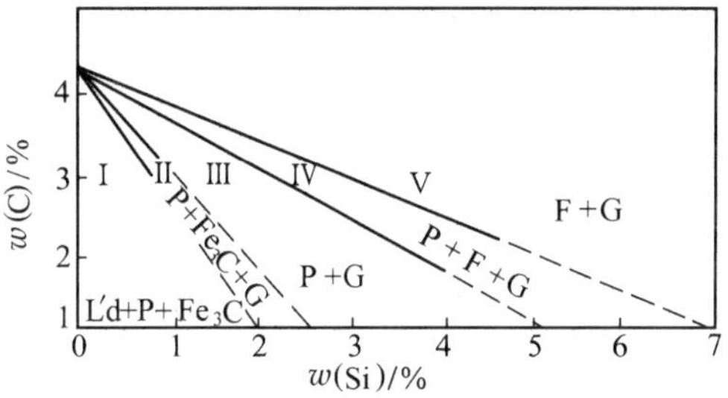

图 2.2　碳、硅质量分数对铸件组织的影响

(壁厚为 50 mm)

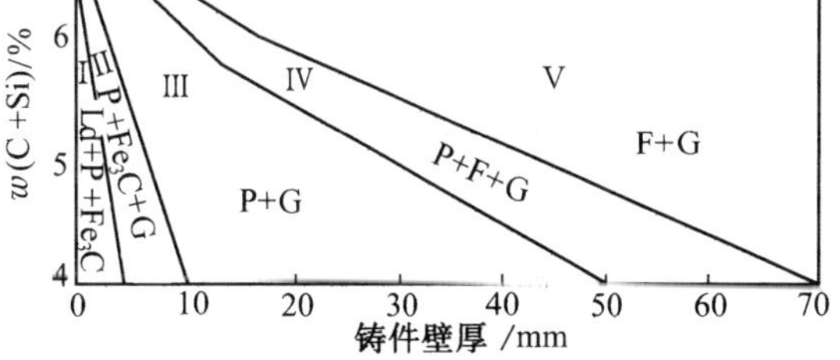

图 2.3　壁厚和碳、硅质量分数对铸铁石墨化的影响

2.1.3　灰铸铁

1. 灰铸铁的组织与性能

灰铸铁的显微组织一般是由珠光体、珠光体-铁素体、铁素体的基体上分布着片状石墨所组成的(图 2.4)。灰铸铁的组织结构可以视为在钢的基体中嵌入了大量石墨片。

(a) 铁素体灰铸铁　(b) 珠光体-铁素体灰铸铁　(c) 珠光体灰铸铁

图 2.4　灰铸铁的显微组织

1—铁素体;2—片状石墨;3—珠光体

(1) 力学性能

灰铸铁的抗拉强度和弹性模量均比钢低得多,通常 σ_b 仅 120 ~ 250 MPa,而塑性和韧性趋近于零,属于脆性材料。

灰铸铁的机械性能差并非金属基体的原因。铸铁中硅、锰的质量分数均较钢高,它们溶于铁素体后使铁素体得到强化(σ_b400 MPa、100 HB),故铸铁的基体性能优于钢。显然,铸铁的机械性能差是由于石墨造成的。铸铁中的石墨与天然石墨没有什么区别,其性能特征是软而脆,强度极低(σ_b<20 MPa, HB ≈ 3,塑性近于零)。由于石墨的密度小,约 2.25 g/cm^3,为铁的 1/3,因此,铸铁中质量分数为 3% 左右的游离碳就可形成体积分数为 10% 左右的石墨。所以,可将灰铸铁视为布满裂纹的钢。

由于石墨的存在,减少了承载的有效面积,在拉应力的作用下,金属基体实际承受的应力比平均应力大。同时,在石墨片的边缘处形成了缺口,造成应力集中,其应力的峰值远远超过了平均应力。这样,尽管工件的承载不是甚大,但在石墨边缘处的实际应力却已很大,促使材料从局部开裂,并迅速扩展,形成了脆性断裂,这就是铸铁抗拉强度低,基体强度利用率仅 30% ~ 50%,脆性大的原因。

灰铸铁的力学性能与其石墨的数量、大小、形状和分布密切相关。石墨越多,越粗大,分布越不均或呈方向性,对基体的割裂越严重,其力学性能就越差。必须看到,灰铸铁的抗压强度受石墨的影响较小,它的抗压强度与钢相近,一般达 60 ~ 80 MPa,所以灰口铸铁一般作为抗压件使用。

(2) 工艺性能

灰铸铁属于脆性材料,不能锻造和冲压,同时,焊接时产生裂纹的倾向大;焊接区常出现白口组织,使焊后难以切削加工,故可焊性较差。但灰铸铁的铸造性能优良,铸件产生缺陷的倾向小。此外,由于石墨的存在,切削加工时呈崩碎切屑,通常不需切削液,故切削加工性能好。

(3) 减振性

敲击铸铁时声音低沉,余音比钢短很多,这是由于石墨对机械振动起缓冲作用,阻止了振动能量传播的结果。灰铸铁的减振能力为钢的 5 ~ 10 倍,是制造机床床身、机座的好材料。

(4)耐磨性

灰铸铁摩擦面上形成了大量显微凹坑,能起储存润滑作用,使摩擦副内容易保持油膜的连续性。同时,石墨本身也是良好的润滑剂,当其脱落在摩擦面上时,可起润滑作用。因此,灰铸铁的耐磨性比钢好,适于制造导轨、衬套、活塞环等。

(5)缺口敏感性

由于石墨已使灰铸铁基体形成了大量缺口,因此外来缺口(如键槽、刀痕、锈蚀、夹渣、微裂纹等)对灰铸铁的疲劳强度影响甚微,故其缺口敏感性低,从而增加了零件工作的可靠性。

灰铸铁的力学性能除取决于石墨的数量、大小和分布等因素外,还与金属基体的类别密切相关。珠光体为基体的灰铸铁,由于珠光体的力学性能较好,其强度、硬度稍高,可用来制造较为重要的机件。珠光体加铁素体为基体的灰铸铁,强度虽然稍低,但其铸造性能、切削加工性能和减振性能较好,用途最广。铁素体为基体的灰铸铁,其石墨片一般比较粗大,虽然铁素体的塑性、韧性较好,但对铸铁的改善作用不大,相反铁素体使铸铁的强度、硬度下降,生产中很少应用。

2. 灰铸铁的孕育处理

孕育处理是提高灰铸铁性能的有效方法,其过程是先熔炼出相当于白口或麻口组织($w(C)=2.7\%\sim3.3\%$,$w(Si)=1.0\%\sim2.0\%$)的高温铁水(1 400~1 450 ℃),然后向铁水中冲入少量细颗粒状或粉末状孕育剂。孕育剂占铁水质量的0.25%~0.6%,该孕育剂的材料一般是硅质量分数为75%的硅铁。孕育剂在铁水中形成大量弥散的石墨结晶核心,使石墨化作用骤然提高,从而得到细晶粒珠光体和分布均匀的细片状石墨组织。经过孕育处理的铸铁叫孕育铸铁。

孕育铸铁的强度、硬度显著提高($\sigma_b=250\sim350$ MPa,HB=170~270),但因石墨仍为片状,故其塑性、韧性仍然很低。孕育铸铁的另一优点是冷却速度对其组织和性能的影响很小,因此,铸件上厚大截面的性能较均匀。

孕育铸铁适用于静载下,要求较高强度、耐磨或气密性的铸件,特别是厚大铸件,如重型机床床身、气缸体、缸套及液压件等。

3. 灰铸铁件的生产特点及牌号

(1)灰铸铁件的生产特点

灰铸铁一般在冲天炉中熔炼,成本低廉。因灰铸铁接近共晶成分,凝固中又有石墨化膨胀补偿收缩,故流动性好,收缩小,铸件的缩孔、缩松、浇不到、热裂、气孔倾向均较小,灰铸铁件一般不需冒口补缩,也较少应用冷铁,通常采用同时凝固。

灰铸铁件一般不通过热处理来提高其力学性能,这是因为灰铸铁组织中粗大石墨片对基体的破坏作用,不能依靠热处理改善金属基体来消除和改善。仅对精度要求高的铸件进行时效处理,以消除内应力,防止加工后变形,以及进行软化退火,以消除白口,降低硬度,改善切削加工性能。

(2)灰铸铁的牌号

灰铸铁的牌号用"灰铁"的汉语拼音"HTXXX"表示,数值表示其最低抗拉强度(MPa)。依照国标GB9439—1988《灰铸铁分级》,灰铸铁共分为HT 100~HT 350六个牌号,如表2.1所示。

表 2.1 灰铸铁的抗拉强度、特性及应用举例

牌　号	铸件壁厚/mm		抗拉强度 σ_b/MPa	特性及应用举例
	不小于	不大于	不小于	
HT 100	2.5 10 20 30	10 20 30 50	130 100 90 80	铸造性能好、工艺简便,铸造应力小,不用人工时效处理,减振性优良。适用于负荷小,对摩擦、磨损无特殊要求的不加工或简单加工的零件。如盖、外罩、油盘、手轮、支架、底板、重锤等
HT 150	2.5 10 20 30	10 20 30 50	175 145 130 120	性能特点和 HT100 基本相同,适用于承受中等载荷的零件。如机座支架、齿轮箱、刀架、轴承座、带轮、耐磨轴套、液压泵进油管、机油壳、法兰等
HT 200	2.5 10 20 30	10 20 30 50	220 195 170 160	强度较高,耐磨、耐热性较好,减振性好;铸造性能较好,但需进行人工时效处理。适用于承受较大载荷和要求一定的气密性或耐蚀性等较为重要的零件。如气缸、衬套、棘轮、链轮、飞轮、齿轮、机座、机床床身、汽缸体、汽缸盖、活塞环、刹车轮、联轴器盘、油缸、泵体、阀体等
HT 250	4.0 10 20 30	10 20 30 50	270 240 220 200	
HT 300	10 20 30	20 30 50	290 250 230	高强度、高耐磨性的一级灰铸铁,其强度和耐磨性均优于以上牌号的铸铁,但白口倾向大,铸造性能差,铸后需进行人工时效处理。适用于要求保持高度气密性的零件。如剪床、压力机、自动车床和其他重型机床的床身、机座、机架、主轴箱、卡盘及受力较大的齿轮、凸轮、衬套、大型发动机的曲轴、汽缸体、缸套、汽缸盖等
HT 350	10 20 30	20 30 50	340 290 260	

HT 100,HT 150,HT 200 属于普通灰铸铁,广泛用于一般机件。

HT 250 ~ HT 350 是经过孕育处理后的孕育铸铁,用于要求较高的重要件。

必须指出,因灰铸铁的性能不仅取决于化学成分,还与铸件壁厚有关,故选择铸铁牌号时,亦必须考虑铸件壁厚。例如,有壁厚分别为 8 mm,25 mm 的两种铸铁件,均要求 $\sigma_b = 150$ MPa时,则壁厚 25 mm 的铸件,应选牌号 HT 200 的铸铁,而壁厚 8 mm 的铸件,则应选牌号 HT 150 的铸铁。

2.1.4 球墨铸铁

通过向灰铸铁的铁水中加入一定量的球化剂(如镁、钙及稀土元素等)进行球化处理,并加入少量的孕育剂(硅铁或硅钙合金)以促进石墨化,在浇注后可获得具有球状石墨的球墨铸铁。球墨铸铁具有优良的力学性能、切削加工性能和铸造性能,生产工艺简便,成本低廉,应用日益广泛。

1. 球墨铸铁的化学成分和组织

球墨铸铁原铁水的化学成分为:$w(C) = 3.6\% \sim 4.0\%$,$w(Si) = 1.0\% \sim 1.3\%$,$w(Mn) \leqslant 0.6\%$,$w(S) \leqslant 0.06\%$,$w(P) \leqslant 0.08\%$。其特点是高碳,低硅,低锰、硫、磷。高碳是为了提高铁水的流动性,消除白口和减少缩松,使石墨球化效果好。硫与球化剂中的

镁、稀土元素化合,促使球化衰退;磷可降低球墨铸铁的塑性和韧性;应尽量减少铁水中硫、磷含量。经过球化和孕育处理后,球墨铸铁中的 Si 质量分数增加(2.0% ~2.8%),此外还有一定量的镁(0.03% ~0.05%)、稀土元素(0.02% ~0.04%)残留。

球墨铸铁的铸态组织由珠光体、铁素体、球状石墨,以及少量自由渗碳体组成。控制化学成分,可以得到珠光体占多数的球墨铸铁(称铸态珠光体球墨铸铁),或铁素体占多数的球墨铸铁(称铸态铁素体球墨铸铁)。经过不同热处理,可以分别获得珠光体、铁素体、珠光体加铁素体、贝氏体、马氏体等基体的球墨铸铁,如图 2.5 所示。

(a) 铁素体球墨铸铁　(b) 珠光体－铁素体球墨铸铁　(c) 珠光体球墨铸体

图 2.5　球墨铸铁的显微组织

1—铁素体;2—球状石墨;3—珠光体

2. 球墨铸铁的球化和孕育处理

球化和孕育处理是制造球墨铸铁的关键,必须严格控制。球化剂的作用是使石墨呈球状析出。纯镁是主要的球化剂,但其密度小(1.73 g/cm^3)、沸点低(1 107 ℃),若直接加入铁水中,将立即沸腾,使镁严重烧损,球化剂的利用率大大降低。球化处理时铁水包上需要密封,铁水表面加压 0.7 ~0.8 MPa 的压力,操作麻烦。稀土元素镧(La)、铈(Ce)、钕(Nd)等 17 种,其球化作用虽比镁弱,但熔点高、沸点高、密度大,并有强烈的脱硫、去气能力,还能细化晶粒,改善铸造性能。球化剂的加入量根据球化剂种类、铁水温度、铁水化学成分和铸件大小而定。

孕育剂的主要作用是促进石墨化,防止球化元素所造成的白口倾向。同时通过孕育还可使石墨球圆整、细化,改善球墨铸铁的力学性能。常用的孕育剂硅质量分数为 75% 的硅铁,加入量为铁水质量的 0.4% ~1.0%。

应用较普遍的球化处理工艺有冲入法和型内球化法。冲入法首先将球化剂放在铁水包底部的“堤坝”内,如图 2.6(a)所示,在其上面铺以硅铁粉和草灰,以防止球化剂上浮,并使球化作用缓和。铁水分两次冲入,第一次冲入量为 1/2 ~1/3,使球化剂与铁水充分反应,扒去熔渣。最后将孕育剂置于冲天炉出铁槽内,再冲入剩余的铁水,进行孕育处理。

处理后的铁水应及时浇注,否则球化作用衰退会引起铸件球化不良,从而降低性能。为了克服球化衰退现象,进一步提高球化效果,并减低球化剂用量,近年来采用了型内球化法,如图 2.6(b)所示。它是将球化剂和孕育剂置于浇注系统内的反应室中,铁水流过时与之作用而产生球化。型内球化法最适合在大批量生产的机械化流水线上浇注球铁件。

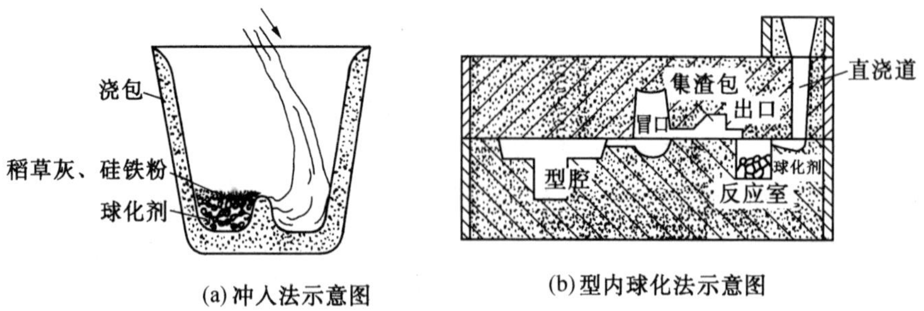

图 2.6　球化处理方法

3. 球墨铸铁的生产特点

球墨铸铁一般也在冲天炉中熔炼，铁水出炉温度应高于 1 400 ℃，以防止球化及孕育处理操作后铁水温度过低，使铸件产生浇不到等缺陷。球墨铸铁较灰铸铁易产生缩孔、缩松、皮下气孔、夹渣等缺陷，因而在铸造工艺上要求较严格。

球墨铸铁碳当量高，接近共晶成分，且凝固收缩率低，而缩孔、缩松倾向却很大，这是由其凝固特点所决定的。球墨铸铁一般为糊状凝固方式，在浇注后的一定时间内，其铸件凝固的外壳强度甚低，而球状石墨析出时的膨胀力却很大，致使初始形成的铸件外壳向外胀大，造成铸件内部液态金属的不足，于是在铸件最后凝固的部位产生缩孔和缩松。

为了防止球墨铸铁件产生缩孔、缩松缺陷，应采用如下工艺措施。

① 增加铸型刚度，阻止铸件向外膨胀，并可利用石墨化向内膨胀，产生“自补缩”的效果，以达到防止或减少铸件缩孔或缩松的效果。如生产中常采用增加铸型紧实度，中、小型铸件采用干型或水玻璃快干型，并牢固夹紧砂型等措施来防止铸型型壁移动。

②在热节处安放冒口或冷铁。球墨铸铁件易出现气孔，其原因是铁水中残留的镁或硫化镁与型砂中的水分发生下列反应所致，即

$$Mg+H_2O = MgO+H_2\uparrow$$

$$MgS+H_2O = MgO+H_2S\uparrow$$

生成的 H_2、H_2S 部分进入金属液表层，成为皮下气孔。为防止皮下气孔，除应降低铁水含硫量和残余镁量外，还应限制型砂水分和采用干型。

多数球墨铸铁件铸后要进行热处理，以保证应有的力学性能。常用的热处理为退火和正火。退火的目的是获得铁素体基体，以提高球铁的塑性和韧性。正火的目的是获得珠光体基体，以提高强度和硬度。

4. 球墨铸铁的牌号

球墨铸铁牌号用汉语拼音“QTXXX-XX”表示，前一组数字表示最低抗拉强度，后一组数字表示最低断后延伸率。球墨铸铁的牌号、性能及应用见表 2.2。

由于球状石墨对基体的割裂作用和应力集中现象大为减轻，基体强度利用率高达 70% ~ 90%，因此球墨铸铁的力学性能显著提高，尤为突出的是屈强比（$\sigma_{0.2}/\sigma_b \approx 0.7 \sim 0.8$）高于碳钢（$\sigma_{0.2}/\sigma_b \approx 0.6$），珠光体球铁的屈服强度超过了 45 钢，显然，对于承受冲击载荷不大的零件，用球铁代替钢是完全可靠的。

表 2.2　球墨铸铁的牌号、性能及用途举例

铸铁牌号	σ_b/MPa	$\sigma_{0.2}$/MPa	δ/%	主要特性	用途举例
QT400-18 QT400-15	400 400	250 250	18 15	焊接性及切削加工性能好，韧性高，脆性转变温度低	①农机具，犁铧、犁柱、收割机及割草机上的导架、差速器壳、护刃器； ②汽车、拖拉机的轮毂、驱动桥壳体、离合器壳、差速器壳、拨叉等； ③通用机械，拨阀门的阀体、阀盖、压缩机上高低压汽缸等； ④其他，铁路垫板、电机机壳、齿轮箱、飞轮壳等
QT450-10	450	270	10	同上，但塑性略低而强度与小能量冲击力较高	
QT500-7	500	350	7	中等强度与塑性，切削加工性尚好	①内燃机的机油泵齿轮； ②汽轮机中温汽缸隔板、铁路机车车辆轴瓦； ③机器座架、传动轴、飞轮、电动机机架等
QT600-3	600	420	3	中高强度，低塑性，耐磨性比较好	①大型内燃机的曲轴，部分轻型柴油机和汽油机的凸轮轴、汽缸套、连杆、进排气门座等； ②农机具脚踏脱粒机齿条，轻负荷齿轮、畜力犁铧； ③部分磨床、铣床、车床的主轴； ④空压机、气压机、冷冻机、制氧机、泵的曲轴、缸体、缸套； ⑤球磨机齿轮、矿车轮、桥式起重机大小滚轮、小型水轮机主轴等
QT700-2 QT800-2	700 800	490 560	2 2	有较高的强度和耐磨性，塑性及韧性较低	
QT900-2	900	840	2	有高的强度和耐磨性，较高的弯曲疲劳强度，接触疲劳强度和一定的韧性	①农机上的犁铧、耙片； ②汽车上的螺旋伞齿轮、转向节、传动轴； ③拖拉机上的减速齿轮； ④内燃机曲轴、凸轮轴

实验证明，球墨铸铁有良好的抗疲劳性能。如弯曲疲劳强度（带缺口试样）与 45 钢相近，且扭转疲劳强度比 45 钢高 20% 左右，因此，完全可以代替铸钢或锻钢制造承受交变载荷的零件。

球墨铸铁的塑性、韧性虽低于钢，但其他力学性能可与钢媲美，而且还具有灰铸铁的许多优点，如良好的铸造性能、减振性、切削加工性、耐磨性能及低的缺口敏感性等。

此外，球墨铸铁还可用热处理进一步提高其性能，因多数球墨铸铁的铸态基体为珠光体加铁素体的混合组织，很少是单一的基体组织，有时还存在自由渗碳体，且形状复杂还有残余应力。因此，球铁热处理主要是为了改善其金属基体，以获得所需的组织和性能，这点与灰铸铁不同。球铁热处理后的性能见表 2.3。

表 2.3　球墨铸铁不同热处理后的力学性能

球墨铸铁类型	热处理	σ_b/MPa	δ/%	α_k/J · cm^{-2}	硬　度	备　注
铁素体球墨铸铁	退　火	400 ~ 500	12 ~ 25	60 ~ 120	121 ~ 179HBS	可代替碳素钢，如 30 钢，40 钢
珠光体球墨铸铁	正　火 调　质	700 ~ 950 900 ~ 1200	2 ~ 5 1 ~ 5	20 ~ 30 5 ~ 30	229 ~ 302HBS 32 ~ 43HRC	可代替碳素钢、合金结构钢，如 45 钢，35CrMo，40CrMnMo
贝氏体球墨铸铁	等温淬火	1200 ~ 1500	1 ~ 3	20 ~ 60	38 ~ 50HRC	可代替合金结构钢，如 20CrMnTi

球墨铸铁熔炼及铸造工艺均比铸钢简便，成本低，投产快，在一般铸造车间即可生产。目前球铁在机械制造中已得到了广泛的应用，它已成功地部分取代了可锻铸铁、铸钢及某些有色金属件，甚至用珠光体球墨铸铁取代了部分载荷较大受力复杂的锻件，例如，汽车、拖拉机、压缩机上的曲轴等。

球墨铸铁含硅量高，其低温冲击韧性较可锻铸铁差，又因球化处理会降低铁水温度，故在薄壁、小件的生产中质量不如可锻铸铁稳定。

2.1.5　可锻铸铁

可锻铸铁又称玛钢或玛铁；它是将白口铸铁在退火炉中经过长时间高温石墨化退火，使白口组织中的渗碳体分解，而获得铁素体或珠光体基体加团絮状石墨的铸铁，改变其金相组织或成分而获得的有较高韧性的铸铁称可锻铸铁。团絮状石墨对基体的割裂作用比灰铸铁小，因而其抗拉强度，尤其塑性和韧性比灰铸铁高，可锻铸铁比球墨铸铁的力学性能差。

1. 可锻铸铁的分类及应用

按退火方法不同，可锻铸铁可分为黑心可锻铸铁、珠光体可锻铸铁、白心可锻铸铁三种，如图 2.7 所示。

(a) 铁素体可锻铸铁　　(b) 珠光体可锻铸铁

图 2.7　可锻铸铁显微组织

(1) 铁素体可锻铸铁

将白口铸铁的坯件在中性气氛下经石墨化退火，使白口铸铁中的渗碳体分解成团絮状石墨，然后缓冷，使石墨化第三阶段充分进行，得铁素体可锻铸铁。该铸铁因断口中部呈黑绒状，俗称黑心可锻铸铁。铁素体可锻铸铁的塑性、韧性高，耐蚀性好，有一定强度，多用于制造受冲击、振动和扭转等负荷的零件。

(2) 珠光体可锻铸铁

白口铸铁在中性气氛下石墨化退火后快速冷却，使石墨化第三阶段被抑制，获珠光体基体而命名。珠光体可锻铸铁强度、硬度高，有一定塑性，可用来制造要求高强度的耐磨件。但现逐渐被球墨铸铁代用，产量较少。

(3) 白心可锻铸铁

将白口铸件的坯件在氧化气氛中长时间脱碳退火得白心可锻铸铁，因断口呈银白色而命名。白心可锻铸铁力学性能较差,我国很少应用。

2. 可锻铸铁的生产特点

为获得可锻铸铁,首先必须获得 100% 的白口铸铁坯件,因此,必须采用含碳、硅量很低的铁水,通常 $w(C)=2.4\% \sim 2.8\%$, $w(Si)=0.4\% \sim 1.4\%$。铁水流动性差,收缩大,容易产生缩孔、缩松和裂纹等缺陷。铸造时铁水的浇注温度应较高(>1 360 ℃),铸型及型芯应有较好的退让性,并设置冒口,以获得完全的白口组织。如果铸出的坯件中已出现石墨(即呈麻口或灰口),则退火后不能得到团絮状石墨(仍为片状石墨)的铸铁。

可锻铸铁件的石墨化退火工艺是,先清理白口铸铁坯件,然后将其置于退火箱内,并加盖用泥密封,再送入退火炉中,缓慢加热到 900 ~ 980 ℃的高温,保温 10 ~ 20 h,再按规范冷至室温(对于黑心可锻铸铁还要在 700 ℃以上进行第二阶段保温)。石墨化退火的总周期一般为 30 ~ 50 h,因此,可锻铸铁的生产过程复杂且周期长、能耗大、成本高。

3. 可锻铸铁的牌号

可锻铸铁的牌号分别以“可铁黑”,“可铁珠”、“可铁白”的汉语拼音“KTH”、“KTZ”、“KTB”与两组数字表示。两组数字分别表示试样最小抗拉强度和断后伸长率。可锻铸铁的牌号、力学性能及用途见表 2.4。

表 2.4　常用可锻铸铁的牌号、力学性能及用途

种类	牌　号	试样直径/mm	力学性能				用途举例
			σ_b/MPa	$\sigma_{0.2}$/MPa	δ/%	HBS	
			不小于				
墨心可锻铸铁	KTH300-06	12或15	300		6	不大于150	弯头、三通管件、中低压阀门等
	KTH330-08		330		8		扳手、犁刀、犁柱、车轮壳等
	KTH350-10		350	200	10		汽车拖拉机前后轮壳、减速器壳、转向节壳、制动器及铁道零件等
	KTH370-12		370		12		
珠光体可锻铸铁	KTZ450-06	12或15	450	270	6	150 ~ 200	载荷较高和耐磨损零件,如曲轴、凸轮轴、连杆、齿轮、活塞环、轴套、耙片、万向接头、棘轮、扳手、传动链条等
	KTZ550-04		550	340	4	180 ~ 250	
	KTZ650-02		650	430	2	210 ~ 260	
	KTZ700-02		700	530	2	240 ~ 290	

注:摘自国标 GB9440—1988《可锻铸铁件》。

2.1.6　蠕墨铸铁

蠕墨铸铁是近几十年来发展起来的一种新型铸铁材料。

1. 蠕墨铸铁的组织、力学性能与应用

蠕墨铸铁的组织为金属基体上均匀分布着蠕虫状石墨。在光学显微镜下,石墨短而粗,端部圆钝,形态介于片状和球状之间,形似蠕虫。在扫描电子显微镜下,石墨呈相互联系的立体分枝状。

蠕墨铸铁的力学性能介于相同基体组织的灰铸铁与球墨铸铁之间。耐磨性比灰铸铁好，减振性比球墨铸铁好，铸造性能接近于灰铸铁，切削性能也不错。蠕墨铸铁突出的优点是导热性和耐热疲劳性好，壁厚敏感性比灰铸铁小得多。当铸铁件的截面由 30 mm 增加到 200 mm 时，σ_b 约下降 20% ~30% 。

2. 蠕墨铸铁的生产特点

蠕墨铸铁的生产原理与球墨铸铁相似，铁水成分与温度要求亦相似，在炉前处理时，向高温、低硫、低磷铁水中先加入蠕化剂进行蠕化处理，再加入孕育剂进行孕育处理。蠕化剂一般采用稀土镁钛、稀土镁钙合金或镁钛合金，加入量为铁水质量的 1% ~2% 。

蠕墨铸铁的铸造性能接近灰铸铁，缩孔、缩松倾向比球铁小，故铸造工艺简便。

3. 蠕墨铸铁的牌号

蠕墨铸铁的牌号是“蠕铁”两字汉语拼音加一组数字表示，数字表示试样抗拉强度最小值。蠕墨铸铁牌号、力学性能和用途见表 2.5。

表 2.5　蠕墨铸铁的牌号、力学性能及用途

牌　号	力　学　性　能				主要基体组织	用　途　举　例
	$\sigma_b \geqslant$ /MPa	$\sigma_{0.2} \geqslant$ /MPa	$\delta \geqslant$ %	HBS		
RuT420	420	335	0.75	200 ~ 280	珠光体	活塞环、汽缸套、制动盘、玻璃模具、吸淤泵体等
RuT380	380	300	0.75	193 ~ 274	珠光体	
RuT340	340	270	1.0	170 ~ 249	珠光体+铁素体	带导轨面的重型机床件、大型齿轮箱体、起重机卷筒等
RuT300	300	240	1.5	140 ~ 217	铁素体+珠光体	排气管、变速箱体、汽缸盖、液压件、钢锭模等
RuT260	260	195	3	121 ~ 197	铁素体	增压器废气进气壳体、汽车与拖拉机的底盘零件等

注：1. RuT 代表蠕墨铸铁，后面的数字表示抗拉强度最低值。

2. 摘自国标 JB4403—1987《蠕墨铸铁件》。

蠕墨铸铁的力学性能高，导热性和耐热性优良，因而适于制造工作温度较高或具有较高温度梯度的零件，如大型柴油机的汽缸盖、制动盘、排气管、钢锭模及金属型等。又因其断面敏感性小，铸造性能好，故可用于制造形状复杂的大铸件，如重型机床和大型柴油机的机体等。用蠕墨铸铁代替孕育铸铁既可提高强度，又可节省许多废钢。

2.1.7　合金铸铁

当铸铁件要求具有某些特殊性能（如高耐磨、耐蚀等）时，可在铸铁中加入一定量的合金元素，制成合金铸铁，常用的合金铸铁有耐磨铸铁、耐热铸铁、耐蚀铸铁。

1. 耐磨铸铁

普通高磷（$w(P)=0.4\% \sim 0.6\%$）铸铁，虽可提高耐磨性，但强度和韧性差，故常在其中加入铬、锰、铜、钒、钛、钨等合金元素，构成高磷耐磨铸铁。这不仅强化和细化基体组织,并形成碳化物硬质点,进一步提高了铸铁的力学性能和耐磨性。

除高磷耐磨铸铁外,还有铬钼铜耐磨铸铁,钒钛耐磨铸铁及锰耐磨球墨铸铁等。耐磨铸铁常用作机床导轨、汽车发动机的缸套、活塞环、轴套、球磨机的磨球等零件。

2. 耐热铸铁

在铸铁中加入一定量的铝、硅、铬等元素,使铸铁表面形成致密的氧化膜,如 Al_2O_3, SiO_2, Cr_2O_3 等,保护铸铁内部不再被继续氧化。另外,这些元素的加入可提高铸铁组织的相变温度,阻止渗碳体的分解,从而使这类铸铁能够耐高温(700 ~ 1 200 ℃),耐热铸铁一般用来制造加热炉底板、炉门、钢锭模及压铸模等零件。

3. 耐蚀铸铁

在铸铁中加入硅、铝、铬、铜,钼、镍等合金元素,使铸铁表面形成耐蚀保护膜,并提高铸铁基体的电极电位。根据铸件所接触的腐蚀介质的不同,耐蚀铸铁有许多种类可供选择。它们常用于制造化工设备中的管道、阀门、泵类及盛贮器等零件。

合金铸铁的成分控制严格,铸造困难,其流动性低,易产生缩孔、气孔、出现裂纹,在铸造工艺上需采用相应的工艺措施进行防止,方能获得合格铸件。

2.2　铸　钢

铸钢是一种重要的铸造合金,其产量约占铸件总量的 15%,仅次于灰铸铁。我国铁路上铸钢的用量也较大,据统计,内燃机车上约 11% 的质量为铸钢件,电力机车、客车与货车上铸钢件约占总质量的 25%,其原因是:

①铸钢的力学性能高于各类铸铁,铸钢不仅有较好的强度,而且有较好的塑性、韧性,适用于制造形状复杂,强度、塑性、韧性要求较高的零件,如火车轮、锻锤机架和座、轧辊等;

②某些合金铸钢具有特殊的耐磨性、耐热性和耐蚀性等,适合制造道岔、牙板、履带、刀片等零件;

③焊接性能好,便于采用铸-焊联合结构制造形状复杂的巨大铸件。

2.2.1　铸钢的种类、牌号与应用

常用铸钢分为碳素铸钢和合金铸钢两大类。

1. 碳素铸钢

碳素铸钢的应用最广,其产量约占铸钢总产量的 80%。碳素铸钢有较高的强度,较好的塑性、冲击韧性、疲劳强度等,适合于用来制造受力较复杂、交变应力较大和受冲击的铸件。而且铸钢的焊接性能比铸铁好,便于采用铸-焊组合工艺制造重型零件,如重型水压机的横梁、大型轧钢机机架、大齿轮等。

碳素铸钢的牌号以“铸钢”二字的汉语拼音“ZG”加两组数字表示,第一组数字表示厚度为 100 mm 以下铸件室温时屈服点最小值,第二组数字表示该铸件的抗拉强度最小值。表 2.6 为一般工程用铸钢牌号、力学性能和应用。

表 2.6　一般工程用铸钢牌号、力学性能和应用

编　号	化学成分 w/%			力　学　性　能　最　小　值						性能特点和用途示例
							根据合同选择其一			
	C	Mn	Si	σ_b 或 $\sigma_{0.2}$ /MPa	σ_b /MPa	δ/%	ψ /%	A_{kv} /J	MPa	
ZG200-400	0.20	0.80	0.50	200	400	25	40	30	60	良好的塑性、韧性和焊接性。用于受力不大、要求韧性好的各种机器零件，如机座、变速箱等
ZG230-450	0.30	0.90	0.50	230	450	22	32	25	45	有一定强度和较好的塑性、韧性，良好的焊接性和切削加工性。制造受力不大，要求韧性好的各种机器零件，如锤座、轴承盖、外壳、犁柱、底板及阀体等
ZG270-500	0.40	0.90	0.50	270	500	18	25	22	35	较好的塑性和强度，良好的铸造性能和焊接性，应用广，用于制作轧钢机机架、轴承座、连杆、箱体、横梁、曲拐、缸体等
ZG310-570	0.50	0.90	0.60	310	570	15	21	15	30	强度和切削加工性良好。制造负荷较高的耐磨零件，常用于制作轧辊、缸体、制动轮、大齿轮等
ZG340-640	0.60	0.90	0.60	340	640	10	18	10	20	有较高的强度、硬度和耐磨性，切削加工性尚好，焊接性较差，流动性好，裂纹敏感性较大，用来制造齿轮、棘轮、叉头等

注：摘自国标 GB11352—1989《一般工程用铸造碳钢件》。

2. 合金铸钢

铸造合金钢牌号为“ZG+数字+合金元素符号+数字”。第一个数字表示碳的平均质量分数(万分数)，当碳的质量分数大于1%时，第一个数字不写；合金元素后的数字，表示该合金元素的平均质量分数(百分数)，如果铸钢中 Mn 的质量分数为0.9%～1.4%时，只写元素符号不标数字。

合金铸钢按合金元素的量分为低合金铸钢和高合金铸钢两类。低合金铸钢中合金元素总质量分数小于或等于5%，它的力学性能比碳钢高，因而能减轻铸钢重量，提高铸件

使用寿命。我国主要采用的是锰系、锰硅系及铬系铸钢系列。如 ZG40Mn，ZG30MnSi，ZG30Cr1MnSi1，ZG40Cr1 等。低合金铸钢主要用来制造齿轮、水压机工作缸、水轮机转子，甚至某些轴类零件等。

高合金铸钢中合金元素总质量分数大于 10%。由于合金元素含量高，这种铸钢一般都具有耐磨、耐热和耐腐蚀等特殊性能。如 ZGMn13 中 Mn 的质量分数约为 13%，具有特殊耐磨性能，常用来制造铁路道岔、推土机刀片、履带板等耐磨零件。ZG10Cr18Ni9 为铸造不锈钢，常用来制造耐酸泵体等耐腐蚀零件。

2.2.2 铸钢件的生产特点

1. 钢的熔炼

铸钢的熔炼必须采用炼钢炉，如平炉、电弧炉、感应电炉等。在一般铸钢车间里，广泛采用三相电弧炉来炼钢。

近些年来，感应电炉在我国得到迅速发展。感应电炉能炼各种高级合金钢及含碳较低的钢，其熔炼速度快、能源消耗少，且钢水质量高，适于小型铸钢件生产。

2. 铸钢的铸造工艺

铸钢的熔点高，流动性差，收缩大，钢液易氧化、吸气，易产生粘砂、冷隔、浇不到、缩孔、气孔、变形、裂纹等缺陷，铸造性能差。因此，在铸造工艺上应采取相应措施，以确保铸钢件质量。

铸钢所用型（芯）砂必须具有较高的耐火度、高强度、良好的透气性和退让性。原砂一般采用颗粒较大、均匀的石英砂，大铸件往往采用人工破碎的纯净石英砂。为提高铸型强度、退让性，多采用干型或水玻璃砂快干型，近年来也有用树脂自硬砂型。为了防止粘砂，铸型表面要涂以耐火度较高的石英粉或锆砂粉涂料。

为防止铸件产生缩孔、缩松，铸钢大都采用顺序凝固原则，冒口、冷铁应用较多。此外，应尽量采用形状简单、截面积较大的底注式浇注系统，使熔融钢液迅速、平稳地充满铸型。对薄壁或易产生裂纹的铸钢件，应采用同时凝固原则，即常开设多个内浇道，让钢液均匀，迅速地充满铸型。

铸钢件铸后晶粒粗大，组织不均，常常出现硬而脆的魏氏组织，有较大的铸造应力，使铸钢件的塑性下降，冲击韧性降低。为了细化晶粒，消除魏氏组织，消除铸造应力，铸钢件铸后必须进行热处理。

3. 铸钢件的热处理

铸钢的热处理通常为退火或正火。退火主要用于碳质量分数大于或等于 0.35% 或结构特别复杂的铸钢件。这类铸件塑性差，铸造应力大，铸件易开裂。正火主要用于碳质量分数小于 0.35% 的铸钢件，因碳含量低，塑性较好，冷却时不易开裂。

2.3 铸造有色金属及合金

有色金属及其合金具有优越的物理性能和化学性能，因此，也常用来制造机械零件，常用的铸造有色金属有铝合金、铜合金、镁合金、锌合金、钛合金及轴承合金等。

2.3.1 铸造铝合金

1. 铸造铝合金的分类、性能及应用

铝合金的牌号由“ZAl(铸铝)+主加元素符号+主加元素质量分数(百分数)”组成。

铝合金密度小，熔点低，导电性、导热性和耐蚀性优良。铸造铝合金按合金成分可分为铝硅合金、铝铜合金、铝镁合金和铝锌合金等。

铝硅合金中硅质量分数一般为10%～13%，其成分接近共晶成分(Si质量分数为11.6%)。合金熔点较低，流动性较好，线收缩率低，热裂倾向小，气密性好，具有优良的力学性能、物理性能和切削加工性能。适用于制造形状复杂的薄壁件或气密性要求较高的零件，如内燃机车上的调速器壳、机油泵体、鼓风机叶轮、滤清器转子等。

铝铜合金的铸造性能较差，耐蚀性也较低，但它具有较高的室温和高温力学性能，应用仅次于铝硅合金，常用来制造活塞、金属型等。

铝镁合金耐蚀性最好，密度最小，强度最高，但铸造工艺较复杂，常用于制造水泵体、航空和车辆上的耐蚀性或装饰性部件。

铝锌合金耐蚀性差，热裂倾向大，但强度较高，一般用来制造汽车发动机配件、仪表元件等。

2. 铝合金的生产特点

铝是活泼金属元素，熔融状态的铝易于氧化和吸气。铝氧化生成的Al_2O_3熔点高(2 060 ℃)，密度比铝液稍大，呈固态夹杂物悬浮在铝液中很难清除，容易在铸件中形成夹渣。在冷却过程中，熔融铝液中析出的气体常被表面致密的Al_2O_3薄膜阻碍，在铸件中形成许多针孔，影响了铸件的致密性和力学性能。

为避免氧化和吸气，常用密度小、熔点低的熔剂(NaCl、KCl、Na_3AlF_6等)将铝液与空气隔绝，并尽量减少搅拌。在熔炼后期应对铝液进行去气精炼。精炼是向熔融铝液中通入氯气，或加六氯乙烷、氯化锌等，以形成Cl_2、$AlCl_3$等气泡，使溶解在铝液中的氢气扩散到气泡内析出。在这些气泡上浮过程中，将铝液中的气体、Al_2O_3杂物带出液面，使铝液得到净化。

铸造铝合金熔点低，一般用坩埚炉熔炼。砂型铸造时可用细砂造型，以降低铸件表面粗糙度。为防止铝液在浇注过程中的氧化和吸气，通常采用开放式浇注系统，并多开内浇道。直浇道常用蛇形，使合金液迅速平衡地充满型腔，不产生飞溅、涡流和冲击。

各种铸造方法都可用于铝合金铸造，当生产数量较少时，可用砂型铸造；大量生产或制造重要铸件，常采用特种铸造。金属型铸造效率高、质量好；低压铸造只用于要求致密性高的耐压铸件生产；压力铸造可用于薄壁复杂小件生产。

2.3.2　铸造铜合金

1. 铜合金的分类、性能及应用

铸造铜合金的牌号是由“ZCu(铸铜)+主加元素符号+主加元素质量分数(百分数)”组成。它分为铸造黄铜和铸造青铜两大类。

铸造黄铜是以锌为主要合金元素的铜基合金,只有铜、锌两个元素构成的黄铜称普通黄铜。特殊黄铜除铜锌外,还有铝、硅、锰、铅等合金元素。普通黄铜的耐磨性和耐蚀性很差,工业上用的多为特殊黄铜。

黄铜的力学性能主要取决于锌含量,当锌的质量分数小于 47% 时,随合金中锌量增加,合金的强度、塑性显著提高。超过 47% 仍继续增加锌,将使黄铜的性能下降。锌是很好的脱氧剂,能使合金的结晶温度范围缩小,提高流动性,并避免铸件产生分散的缩松。

特殊黄铜强度和硬度高,耐蚀性、耐磨性或耐热性好,铸造性能或切削加工性能好,故特殊铸造黄铜可用来制造耐磨、耐蚀零件,如内燃机车的轴承、轴套、调压阀座等。

铜与除锌以外的元素所构成的铜合金统称青铜,以锡为主要元素的青铜称锡青铜,其他为特殊青铜,如铝青铜、铅青铜等。锡能提高青铜的强度和硬度,锡青铜结晶温度范围宽,以糊状凝固方式凝固,所以合金流动性差,易产生缩松,不适于制造气密性要求较高的零件。但青铜的耐磨性、耐蚀性比黄铜高,常用来制作重要的轴承、轴套和蜗轮、齿轮等。

2. 铜合金的生产特点

铜合金在熔炼时突出的问题也是容易氧化和吸气,氧化生成的氧化亚铜(Cu_2O)溶于铜中使合金塑性变差。熔炼时常加入硼砂或碎玻璃等熔剂使铜液与空气隔离。在熔炼锡青铜时,要先加 0.3% ~0.6% 的磷铜对铜液进行脱氧,然后加锡。锌是很好的脱氧剂,熔炼黄铜时一般不再另行脱氧。

铜的熔点低,密度大,流动性好,砂型铸造时一般采用细砂造型。用坩埚炉熔炼铸造黄铜结晶温度范围窄,铸件易形成集中缩孔,铸造时应采用顺序凝固的原则,并设置较大冒口进行补缩。锡青铜以糊状凝固方式凝固,易产生枝晶偏析和缩松,应尽量采用同时凝固。在开设浇口时,为使熔融金属流动平稳,防止飞溅,常采用底注式浇注系统。

复习思考题

1. 影响铸铁石墨化的主要因素是什么？为什么铸铁牌号不用化学成分来表示？
2. 试从石墨的存在来分析灰铸铁的性能？
3. 灰铸铁最适于制造什么样铸件？为什么？
4. 什么是孕育铸铁？它与普通灰铸铁有何区别？如何获得孕育铸铁？
5. 球墨铸铁是如何获得的？为什么说球墨铸铁是“以铁代钢”的好材料？
6. 可锻铸铁是如何获得的？为什么它只适于制作薄壁小铸件？
7. 试叙述铸钢的铸造性能及铸造工艺特点？
8. 铸造铝合金和铜合金熔炼时常采用什么炉子？其熔炼和铸造工艺有何特点？
9. 蠕墨铸铁适用于何种结构的铸件？为什么？
10. 下列铸件应选用哪类铸造合金？为什么？车床床身,摩托车发动机,压气机曲轴,火车车轮,自来水龙头,汽缸套。

第3章　铸造方法及其发展

传统的铸造方法是砂型铸造，为提高铸件表面质量和内部质量，从改变铸型材料和造形工艺入手发展了许多特种铸造方法，如熔模铸造、金属型铸造、陶瓷型铸造、压力铸造等。而且随着计算机在铸造成型工艺中越来越多的应用，铸造技术有了很大发展。

本章主要讲述各种铸造方法的特点和应用，简要介绍几种铸造新技术和计算机在铸造成型中的应用。

3.1　砂型铸造

砂型铸造是利用型砂制造铸型的铸造方法，它适用于各种形状、大小及各种合金铸件的生产。掌握砂型铸造是合理选择铸造方法和正确设计铸件的基础。

造型方法按使用设备的不同，分为手工造型和机器造型两大类。

3.1.1　手工造型

全部用手工或手动工具完成的造型方法称手工造型。手工造型目前在铸造生产中应用很广，它操作灵活，适应性强，设备简单，生产准备时间短，成本低。但手工造型铸件质量较差，生产率低，劳动强度大，要求工人技术水平高。手工造型主要用于单件、小批量生产，特别是形状复杂或重型铸件的生产。手工造型的方法很多，各种手工造型方法的特点和应用见表3.1。

3.1.2　机器造型

用机器全部地完成或至少完成紧砂操作的造型工序称机器造型。机器造型可大大地提高劳动生产率，改善劳动条件，对环境污染小。机器造型铸件的尺寸精度和表面质量高，加工余量小，生产批量大时铸件成本较低。因此，机器造型是现代化铸造生产的基本形式。

机器造型一般都需要专用设备、工艺装备及厂房等，投资大，生产准备时间长，并且还需要其他工序（如配砂、运输、浇注、落砂等）全面实现机械化的配套才能发挥其作用。机器造型只适于成批和大批量生产，只能采用两箱造型，或类似于两箱造型的其他方法，如射砂无箱造型等。机器造型时应尽量避免活块、挖砂造型等。在设计大批量生产铸件和制定铸造工艺方案时，必须注意机器造型的工艺要求。

表3.1　各种手工造型方法的特点和适用范围

造型方法名称		主 要 特 点	适 用 范 围
按模样特征分类	整模造型	模样为整体模,分型面是平面,铸型型腔全部在半个铸型内,造型简单,铸件精度和表面质量较好	最大截面位于一端并且为平面的简单铸件的单件、小批量生产
	分模造型	模样为分开模,型腔一般位于上、下两个半型中,造型简便,节省工时	适用于套类、管类及阀体等形状较复杂的铸件的单件、小批量生产
	挖砂造型	模样虽为整体,但分型面不为平面。为了取出模样,造型时用手工挖去阻碍起模的型砂。其造型费工时,生产率低,要求工人技术水平高	用于分型面不是平面的铸件的单件、小批量生产
	假箱造型	为了克服上述挖砂造型的缺点,在造型前特制一个底胎(假箱),然后在底胎上造下箱。由于底胎不参加浇注,故称做假箱。此法比挖砂造型简单,且分型面整齐	用于成批生产需挖砂的铸件
	活块造型	当铸件上有妨碍起模的小凸台、肋板时,制模时将它们做成活动部分。造型起模时先起出主体模样,然后再从侧面取出活块。造型生产率低,要求工人技术水平高	主要用于带有突出部分难以起模的铸件的单件、小批量生产
	刮板造型	用刮板代替模样造型。大大节约木材,缩短生产周期。但造型生产率低,要求工人技术水平高,铸件尺寸精度差	主要用于等截面或回转体大、中型铸件的单件、小批量生产。如大皮带轮、铸管、弯头等
按砂箱特征分类	两箱造型	铸型由上箱和下箱构成,操作方便	是造型的最基本方法,适用于各种铸件,各种批量
	三箱造型	铸件的最大截面位于两端,必须用分开模、三个砂箱造型,模样从中箱两端的两个分型面取出。造型生产率低,且需合适的中箱(中箱高度与中箱模样的高度相同)	主要用于手工造型,单件、小批量生产具有两个分型面的中、小型铸件
	脱箱造型(无箱造型)	采用活动砂箱造型,在铸型合箱后,将砂箱脱出,重新用于造型 浇注时为了防止错箱,需用型砂将铸型周围填紧,也可在铸型上加套箱	用于小铸件的生产。由于砂箱无箱带,砂箱尺寸多小于:400 mm×400 mm×150 mm
	地坑造型	在地面砂床中造型,不用砂箱或只用上箱。减少了制造砂箱的投资和时间。操作麻烦,劳动量大,要求工人技术较高	生产要求不高的中、大型铸件,或用于砂箱不足时批量不大的中、小铸件生产

3.2　特种铸造

特种铸造是指与普通砂型铸造有显著区别的一些铸造方法,如金属型铸造、熔模铸造、压力铸造、低压铸造、离心铸造、陶瓷型铸造、壳型铸造、磁型铸造等。这些特种铸造方法应用较早,在提高铸件精度和表面质量,改善合金性能,提高劳动生产率,改善劳动条件和降低铸造成本等方面,各有其优越之处。

3.2.1　金属型成型

液态金属在重力作用下浇入金属铸型获得铸件的铸造方法,称金属型铸造。与砂型不同的是,金属型可以反复使用,故金属型铸造又称“永久型铸造”。

1. 金属型的结构

金属型的结构有整体式、水平分型式、垂直分型式和复合分型式几种,其中垂直分型式便于开设内浇道和取出铸件,容易实现机械化,所以应用较多。

金属型一般用铸铁或铸钢制造,型腔采用机械加工方法制成,形状简单,不妨碍抽芯的铸件内腔可用金属芯获得,复杂的内腔多采用砂心。为了使金属芯能在铸件凝固后迅速取出,金属型结构中常设有抽芯机构。对于有侧凹的内腔,为便于抽芯,金属芯可由几块组合而成。图 3.1 为铸造铝合金活塞垂直分型式金属型简图。其左、右半型用铰链连接,以便迅速开合铸型,组合金属芯便于形成有侧凹的内腔。当铸件冷却后,首先抽出中间的楔形中心芯 2,再取出两侧的侧芯 1,3。

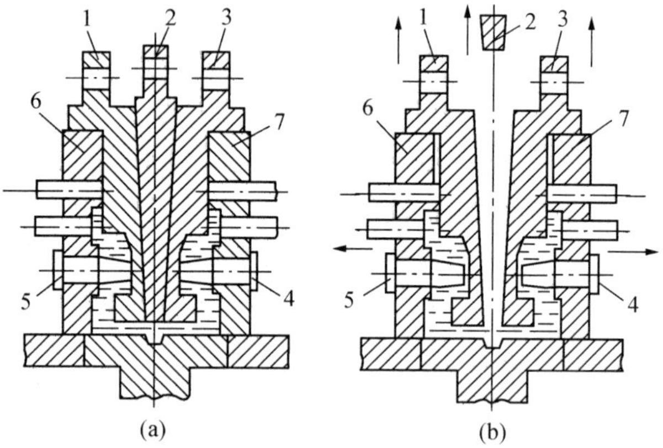

图 3.1　铸造铝活塞简图

1—左侧芯;2—楔形中心芯;3—右侧芯;4—右活塞孔芯

5—左活塞孔芯;6—左半型;7—右半型

金属型排气困难,除可利用铸型上的排气孔排气外,还必须在金属型的分型面上开设排气槽,槽深 0.2 ~ 0.4 mm,一般由型腔沿分型面一直挖到金属型边缘。在型腔内气体容易聚集的地方还应设置通气塞。

2. 金属型的铸造工艺

由于金属型没有退让性和透气性,铸型导热快,其生产工艺与砂型铸造有许多不同。

(1)金属型应保持合理的工作温度

在生产铸铁件时,金属型的工作温度应保持在 250 ~ 300 ℃,有色金属铸件应保持在 100 ~ 250 ℃。合理的工作温度可减缓铸型冷却速度;减少熔融金属对铸型的“热击”作用,延长金属型使用寿命;提高熔融金属的充型能力,防止产生浇不到、冷隔、气孔、夹杂等缺陷。对于铸铁件,合理的工作温度有利于促进铸铁的石墨化,防止产生“白口”。为保持合理工作温度,在浇注前,金属型应进行预热。当铸型温度过高时,必须利用铸型上的散热装置(气冷或水冷)散热。

(2)喷刷涂料

浇注前必须向金属型型腔和金属心表面喷刷涂料。其目的是可以防止高温的熔融金属对型壁直接进行冲击,保护型腔。利用涂层的厚薄,可调整和减缓铸件各部分的冷却速度。同时还可利用涂料吸收和排除金属液中的气体,防止气孔产生。不同合金采用的涂料也不同,铝合金铸件常用氧化锌粉、滑石粉和水玻璃组成的涂料;灰铸铁件常用石墨、滑石粉、耐火粘土、桃胶和水组成的涂料，并在涂料外面喷刷一层重油或乙炔烟，浇注时可产生还原性隔热气膜，以降低铸件表面粗糙度值。

(3)控制开型时间

由于金属型没有退让性，铸件应尽早从铸型中取出。通常铸铁件出型温度为 780 ~ 950 ℃，有色金属只要冒口基本凝固即可开型。开型温度过低，合金收缩量大，除可能产生较大内应力使铸件开裂外，还可能引起“卡型”使铸件取不出。而且由于金属型温度升高，延长了冷却金属型的时间，使生产率下降。但是开型过早，也会因铸件强度低而产生变形。开型时间常常要通过实验来确定。

(4)提高浇注温度和防止铸铁件产生“白口”

由于金属型导热能力强，合金的浇注温度比砂型铸造适当提高 20 ~ 30 ℃。铝合金为 680 ~ 740 ℃；锡青铜为 1100 ~ 1150 ℃，灰铸铁为 1300 ~ 1380 ℃。

为防止灰铸铁件产生白口组织，其壁厚一般应大于 15 mm；铁水中碳、硅的总含量应高于 6%；同时还应采用孕育处理。对于已经产生白口的铸铁件，要利用自身余热及时进行退火处理。

3. 金属型铸造的特点及应用

①实现了一型多铸，省去了配砂、造型、落砂等工序，节约了大量的造型材料、造型工时、场地，改善了劳动条件，提高了生产率。而且便于实现机械化、自动化生产。

②金属型铸件的尺寸精度高，表面质量好，铸件的切削余量小，节约了机械加工的工时，节省了金属。

③金属型冷却速度快，铸件组织细密，力学性能好。

④铸件质量较稳定，废品率低。

金属型铸造的主要缺点是：金属型制造成本高、周期长，铸造工艺要求严格，不适于单件、小批量生产。由于金属型冷却速度快，不宜铸造形状复杂和大型薄壁件。

金属型铸造主要用于大批量生产形状简单的有色金属铸件和灰铸铁件，如内燃机车上的铝合金活塞、汽缸体、油泵壳体、铜合金轴瓦、轴套等。

3.2.2　熔模铸造

液态金属在重力作用下浇入由蜡模熔失后形成的中空型壳中成型，从而获得精密铸件的方法称为熔模铸造或失蜡铸造。

1. 熔模铸造的工艺过程

熔模铸造的工艺过程包括：制造蜡模、制壳、脱蜡、焙烧、浇注等，其基本工艺过程如图 3.2 所示。

(1)制造蜡模

制造蜡模是熔模铸造的重要过程，它不仅直接影响铸件的精度，且因每生产一个铸件就要消耗一个蜡模，所以，对铸件成本也有相当的影响，蜡模制造步骤如下：

① 压型制造　压型是用于压制蜡模的专用模具。压型应尺寸精确、表面光洁，且压型的型腔尺寸必须包括蜡料和铸造合金的双重收缩量，以压出尺寸精确、表面光洁的蜡模。

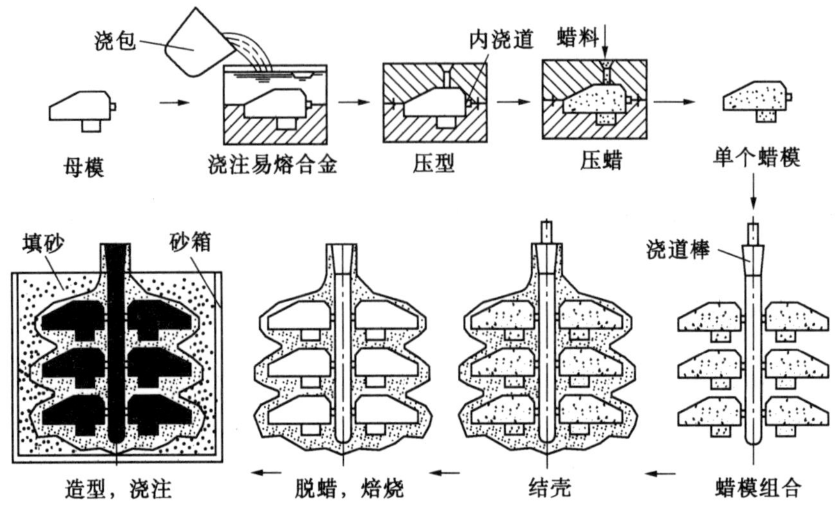

图 3.2　熔模铸造工艺过程

压型的制造方法随铸件的生产批量不同，常用的有机械加工压型和易熔合金压型两种。

机械加工压型是用钢或铝，经机械加工后组装而成，这种压型使用寿命长，成本高，仅用于大批生产。易熔合金压型是用易熔合金（如锡铋合金）直接浇注到考虑了双重收缩量（有时还考虑双重加工余量）的母模上，取出母模而获得压型的型腔。这种压型使用寿命可以达数千次，制造周期短、成本低，适于中、小批量生产。单件小批生产中，还可采用石膏压型、塑料（环氧树脂）或硅橡胶压型。

② 蜡模压制　蜡模材料可用蜡料、硬脂酸等配制而成。高熔点蜡料亦可加入可熔塑料。常用的蜡料是 50% 石蜡和 50% 硬脂酸，其熔点为 50 ~ 60 ℃。制蜡模时，先将蜡料熔为糊状，然后以 0.2 ~ 0.4 MPa 的压力，将蜡料压入压型内，待蜡凝固后取出，修去毛刺，即获得附有内浇口的单个蜡模。

③ 蜡模组装配　因熔模铸件一般较小，为提高生产率，减少直浇道损耗，降低成本，通常将多个蜡模组焊在一个涂有蜡料的直浇道模上，构成蜡模组，以便一次浇出许多铸件。

(2) 制壳

制壳是在蜡模组上涂挂耐火材料层，以制成较坚固的耐火型壳。制壳要经几次浸挂涂料、撒砂、硬化、干燥等工序。

① 浸涂料　将蜡模组浸入由细耐火粉料（一般为石英粉，重要件用刚玉粉或锆英粉）和粘结剂（水玻璃或硅溶胶等）配成的涂料中（粉液比约为 1:1），使蜡模表面均匀覆盖涂料层。

② 撒砂　对浸涂后的蜡模组撒干砂，使其均匀粘附一层砂粒。

③ 硬化、风干　将浸涂后并粘有干砂的模组浸入硬化剂（20% ~ 25% NH_4CL 水溶液中）浸泡数分钟，使硬化剂与粘结剂产生化学作用，分解出硅酸溶胶，将砂粒牢固粘结，使砂壳迅速硬化。在蜡模组上便形成 1 ~ 2 mm 厚的薄壳。硬化后的模壳应在空气中风干，使其不要太湿，也不要过分干燥，然后再进行第二次浸涂料等结壳过程，一般需要重复

4 ~ 6次(或更多次),制成 5 ~ 10 mm 厚的耐火型壳。

(3)脱蜡

将涂挂完毕粘有型壳的膜组浸泡于 85 ~ 90 ℃的热水中,使蜡料熔化,上浮而脱除(亦可用蒸汽脱蜡),便得到中空型壳。蜡料可经回收处理后再用。

(4)焙烧和浇注

将型壳送入 800 ~ 950 ℃的加热炉中进行焙烧 0.5 ~ 2 h,以彻底去除型壳中的水分、残余蜡料和硬化剂等,熔模铸件型壳一般从焙烧炉中出炉后,宜趁热浇注,以便浇注薄而复杂、表面清晰的精密铸件。

2. 熔模铸造的特点及应用

①铸件精度高,表面光洁,一般尺寸公差可达 CT 4 ~ 7,表面粗糙度 *Ra*1.6 ~ 12.5μm。

②可铸出形状复杂的薄壁铸件,铸件上的凹槽(>3 mm 宽)、小孔(ϕ≥2.5 mm)均可直接铸出。

③铸造合金种类不受限制,钢铁及有色合金均可适用。

④生产批量不受限制,单件小批、成批、大量生产均可适用。

但是熔模铸造工序复杂,生产周期长,原材料价格贵,铸件成本高。铸件不能太大、太长,否则蜡模易变形,丧失原有精度。

熔模铸造是少、无切削的先进的精密成型工艺,它最适合 25 kg 以下的高熔点、难以切削加工的合金铸件的成批大量生产。主要用于航天、飞机、汽轮机、燃气轮机叶片、泵轮、复杂刀具、汽车、拖拉机和机床上的小型精密铸件生产。

3.2.3 压力铸造

压力铸造是将液态金属在一定压力作用下注入铸型型腔而形成铸件的方法,按压力的大小和加压工艺不同又分为压力铸造、低压铸造和挤压铸造等。

1. 压力铸造

在高压作用下,将液态或半液态金属快速压入金属铸型中,并在压力下凝固而获得铸件的方法称为压力铸造。压力铸造所用的铸型叫压铸型。压铸型常用耐热的合金工具钢制造,内腔要经过精密加工,并需经过严格的热处理。

压铸所用的压力为 5 ~ 150 MPa,充型速度约 0.5 ~ 50 m/s,充型时间为 0.001 ~ 0.2 s。高压和高速是压力铸造区别于一般铸造的最基本特征。

(1)压力铸造的工艺过程

压力铸造是由压铸机来完成的。压铸机主要由压射机构和合型机构所组成。压射机构的作用是将熔融金属高压压入型腔;合型机构的作用是开合压铸型,并在压射金属时顶住动型,以防金属液从分型面喷出。压铸机的规格通常以合型力的大小表示。

图 3.3 为卧式压铸机工作过程示意图,其压铸过程是:

①注入金属　先闭合压型,用手工将定量勺内金属液通过压室上的注液孔向压室内注入;

②压铸　压射冲头向前推进,金属液被压入压型中;

③取出铸件　铸件凝固之后，抽芯机构将型腔两侧型芯同时抽出，动型左移开型，铸件则借冲头的前伸动作离开压室。此后，在动型继续打开过程中，由于顶杆停止移动，故在顶杆作用下铸件被顶出动型。

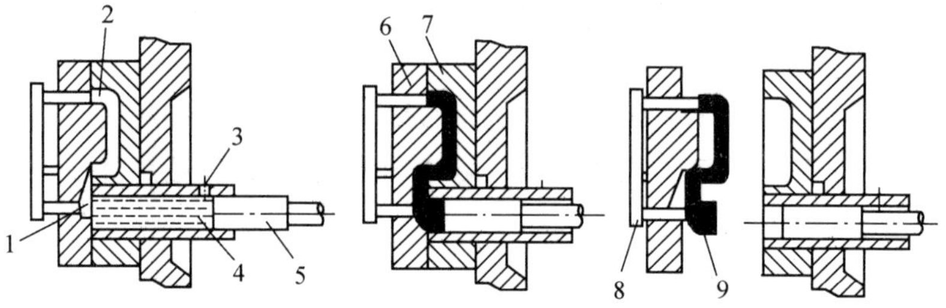

(a) 合型　(b) 压铸　(c) 开型

图 3.3　卧式压铸机的工作过程

1—浇道；2—型腔；3—浇入液态金属处；4—液态金属；5—压射冲头；
6—动型；7—定型；8—顶杆；9—铸件及余料

卧式冷压室式压铸机由于结构简单，生产率高，便于自动化等优点，应用更为广泛。

(2)压力铸造的特点及应用

①压力铸造的生产率比其他铸造方法都高，每小时可压铸 50～500 件，操作简便，易实现自动化或半自动化生产。

②压力铸造由于熔融金属是在高压下高速充型，合金充型能力强，能铸出结构复杂、轮廓清晰的薄壁、精密的铸件；可直接铸出各种孔眼、螺纹、花纹和图案等；也可压铸镶嵌件。

③铸件尺寸精度可达 CT4～8 级，表面粗糙度 *Ra* 0.8～12.5 μm。其精度和表面质量比其他铸造方法都高，可实现少、无切削加工，省工、省料、成本低。

④金属在压力下凝固，冷却速度又快，铸件组织细密，表层紧实，强度、硬度高，抗拉强度比砂型铸造提高 20%～40%。

但是，压力铸造设备和压铸型费用高，压铸型制造周期长，一般只适于大批量生产。而且由于金属充型速度高，压力大，气体难以完全排出，在铸件内常有存在于表皮下的小气孔，因而压铸件不能进行大切削余量的加工，以防孔洞外露。也不能进行热处理，否则气体膨胀使铸件表面起泡。

压力铸造目前多用于生产有色金属的精密铸件。如发动机的气缸体、箱体、化油器、喇叭壳，以及仪表、电器、无线电、日用五金中的中小型零件等。

2. 低压铸造

铸型一般安置在密封的坩埚上方，坩埚中通入压缩空气，在熔融金属的表面上造成低压(0.02～0.06 MPa)，使金属液由升液管上升填充铸型和控制凝固的铸造方法称低压铸造。低压铸造时，熔融金属所受压力较压力铸造低，是介于重力铸造(砂型、金属型铸造)和压力铸造之间的一种铸造方法。

(1)低压铸造的工艺过程

低压铸造的原理如图 3.4 所示。将熔炼好的熔融金属注入密封的电阻坩埚炉内保温,铸型(一般为金属型)经预热、喷刷涂料后安置在密封盖上,铸型朝下的浇口通过升液管与熔融金属相通。压铸时,向坩埚炉内通入干燥压缩空气,使炉内熔融金属经升液管注入型腔,增压,保持一定时间,使合金在压力作用下结晶,直至全部凝固。然后撤除压力,升液管内未凝固合金流回坩埚炉。最后开启铸型,取出铸件。

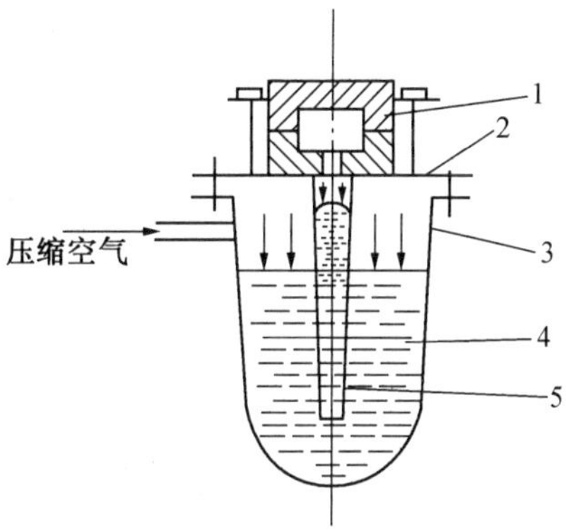

图 3.4　低压铸造的工作原理示意图

1—铸型;2—密封盖;3—坩埚;
4—金属液;5—升液管

低压铸造的金属型一般为水平分型,浇口应设在下型底部,一般不设冒口,由浇口对铸件补缩,因而浇口应开在铸件厚壁处,而且浇口的截面积也必须足够大,从而实现铸件由上向下的顺序凝固。

(2)低压铸造的特点及应用

①充型压力和速度便于控制,故可适应各种铸型,如金属型、砂型、熔模型壳、树脂壳型等。由于充型平稳,冲刷力小,且液流和气流的方向一致,故气孔、夹渣等缺陷较小。

②铸件的组织致密,力学性能较高。对于铝合金针孔缺陷的防止和提高铸件的气密性,效果尤为显著。

③由于省去了补缩冒口,使金属的利用率提高到 90% ~98% 。

④由于提高了充型能力,有利于形成轮廓清晰、表面光洁的铸件,这对于大型薄壁件的铸造尤为有利。

此外,设备较压铸简易,便于实现机械化和自动化生产。

低压铸造是 20 世纪 60 年代发展起来的新工艺,尽管其历史不长,但因上述优越性,已受到国内外的普遍重视。目前主要用来生产质量要求高的铝、镁合金铸件,如气缸体、缸盖、曲轴箱、高速内燃机活塞、纺织机零件等,并已用它成功地制出重达 30 吨的铜螺旋桨及球墨铸铁曲轴等。

3.2.4　离心铸造

将液态金属浇入高速回转(通常为 250 ~1 500 r/min)的铸型中,使其在离心力作用下充填铸型并凝固而获得铸件的方法称为离心铸造。离心铸造的铸型可用金属型,亦可用砂型、壳型、熔模样壳,甚至耐温橡胶型(低熔点合金离心铸造时)等。

1. 离心铸造的分类

(1)立式离心铸造

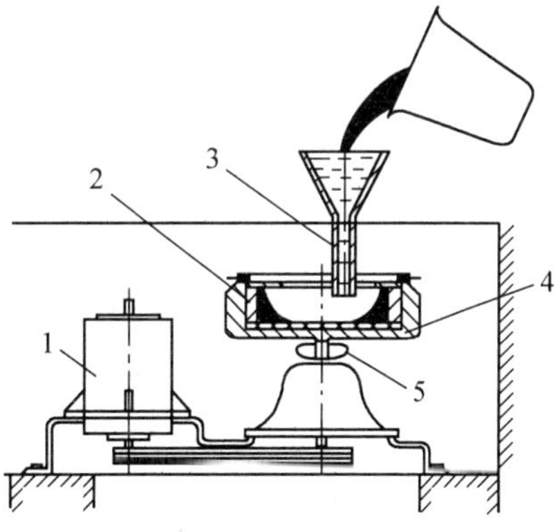

图 3.5　立式离心铸造机

1—电动机;2—金属型;3—定量浇杯;
4—外壳;5—轴承

在立式离心铸造机(图 3.5)上铸型是绕垂直轴回转,在离心力和重力共同作用下,金属液自由表面(内表面)呈抛物面,使铸件沿高度方向的壁厚不均匀(上薄、下厚)。铸件高度愈大、直径愈小、转速愈低时,其上、下壁厚差愈大。因此,立式离心铸造适用于高度不大的盘、环类铸件。

(2)卧式离心铸造

在卧式离心铸造机(图3.6)上铸型是绕水平轴回转时,由于铸件各部分的冷却、成型条件基本相同,所得铸件的壁厚在轴向和径向都是均匀的,因此,卧式离心铸造适用于铸造长度较大的套筒及管类铸件,如铜衬套、铸铁缸套、水管等。

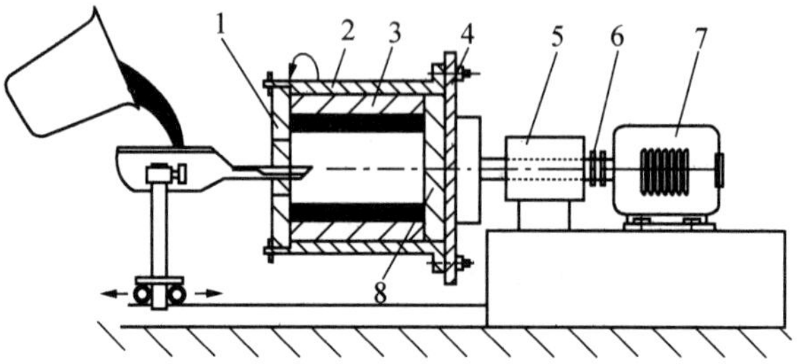

图3.6　卧式离心铸造机

1—前盖;2—金属型;3—衬套;4—后盖;5—轴承;6—联轴节;7—电动机;8—底板

(3)成型件的离心铸造

成型件的离心铸造(图3.7)是将铸型安装在立式离心铸造机上,金属液在离心力作用下充满型腔,提高了合金的流动性,利于薄壁铸件的成型。同时,由于金属是在离心力下逐层凝固,浇口取代冒口对铸件进行补缩,使铸件组织致密。

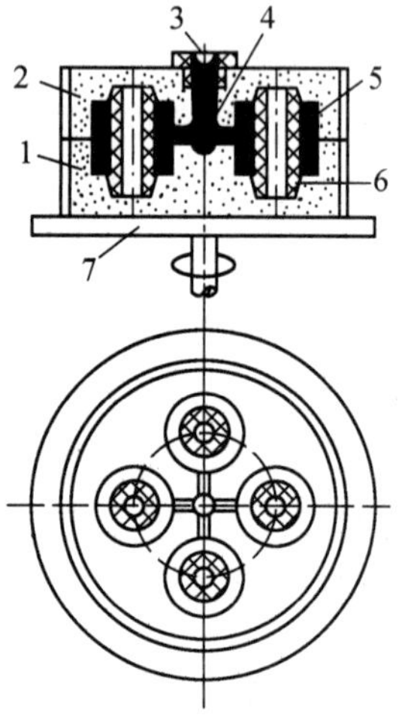

图3.7　成型件的离心铸造

1—下型;2—上型;3—浇口杯;4—补缩金属液;5—铸件;6—型芯;7—旋转工作台

2.离心铸造的特点及应用

①用离心铸造生产空心旋转体铸件时,可省去型芯及浇注系统和冒口。

②在离心力作用下密度大的金属被推往外壁,而密度小的气体、熔渣向自由表面移动,形成自外向内的顺序凝固。补缩条件好,使铸件致密,机械性能好。

③便于浇注“双金属”轴套和轴瓦。如在钢套内镶铸一薄层铜衬套,可节省价贵的铜料。

但是离心铸造铸件的内孔自由表面粗糙、尺寸误差大、质量差。不适于密度偏析大的合金(如铅青铜等)及铝、镁等轻合金。

离心铸造主要用于大批生产管、筒类铸件,如铁管、铜套、缸套、双金属钢背铜套、耐热钢辊道、无缝钢管毛坯、造纸机干燥滚筒等;还可用于轮盘类铸件,如泵轮、电机转子等。

3.2.5　陶瓷型成型

将液态金属在重力作用下注入陶瓷型中形成铸件的方法称为陶瓷型铸造。

1. 工艺过程

陶瓷型铸造工艺过程如图 3.8 所示。

(1)砂套造型

为节省昂贵的陶瓷材料和提高铸型的透气性，通常先用水玻璃砂制出砂套。制造砂套的木模 B 比铸件的木模 A 应增大一个陶瓷料的厚度，如图 3.8(a)所示。砂套的制造方法与砂型铸造相同，如图 3.8(b)所示。

(2)灌浆与胶结

灌浆与胶结即制造陶瓷面层，其过程是将铸件木模固定于平板上，刷上分型剂，扣上砂套，将配制好的陶瓷浆由浇注口注满，如图 3.8(c)所示，经数分钟后，陶瓷浆便开始胶结。陶瓷浆由耐火材料(如刚玉粉、铝矾土等)、粘结剂(硅酸乙酯水解液)、催化剂(如 $Ca(OH)_2$，MgO)、透气剂(双氧剂)等组成。

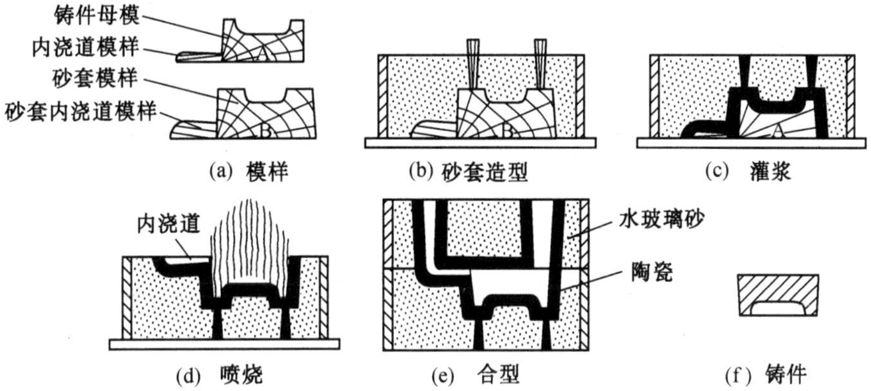

图 3.8　陶瓷型铸造工艺过程

(3)起模与喷烧

灌浆 5～15 min 后，趁浆料尚有一定弹性便可起出模样。为加速固化过程，必须用明火均匀地喷烧整个型腔，如图 3.8(d)所示。

(4)焙烧与合箱

陶瓷型要在浇注前加热到 350～550 ℃，焙烧 2～5 h，以烧去残存的乙醇、水分等，并使铸型的强度进一步提高。

(5)浇注

浇注温度可略高，以便获得轮廓清晰的铸件。

2. 陶瓷型铸造的特点及应用

①因为在陶瓷层处于弹性状态下起模，同时陶瓷型高温时变形小，故铸件的尺寸精度可达 CT 5～8 级，表面粗糙度 Ra 3.2～12.5 μm。此外，陶瓷材料耐高温，故也可浇注高熔点合金。

②陶瓷型铸件大小不受限制，从几公斤到数吨。

③在单件、小批生产条件下，投资少、生产周期短，在一般铸造车间较易实现。

陶瓷型铸造的不足是不适于批量大、重量轻或形状复杂铸件，且生产过程难以实现机械化和自动化。

陶瓷型铸造主要用于生产厚大的精密铸件，广泛用于铸造冲模、锻模、玻璃器皿模、压铸模、模板等，也可用于生产中型铸钢件。

3.2.6 壳型铸造

壳型铸造是用酚醛树脂砂制造薄壳砂型或型芯的铸造方法。

1. 覆膜砂的制备

(1)覆膜砂的组成

覆膜砂是由原砂(一般采用石英砂)、粘结剂(热塑性酚醛树脂)、硬化剂(六亚甲基四胺)、附加物(硬脂酸钙或石英粉、氧化铁粉)等组成。

(2)覆膜砂的混制

覆膜砂的混制工艺有冷法、温法及热法，其中热法是适合大量制备覆膜砂的方法。混制时，先将砂加热到140～160 ℃，加入粉状树脂与热砂混匀，树脂被加热熔化，包在砂粒表面，当砂温降到105～110 ℃时，加入六亚甲基四胺水溶液(六亚甲基四胺与水的重量比为1:1)，吹风冷却，再加入硬脂酸钙混匀，经过破碎、筛分，即得到被树脂膜均匀包覆的、像干砂一般的覆膜砂。

2. 壳型(芯)的制造过程

制壳方法有翻斗法和吹砂法两种。翻斗法用于制造壳型，吹砂法用于制造壳芯。

(1)翻斗法制造壳型

翻斗法制造壳型如图3.9所示，制壳型的过程如下：

①将金属模板预热到250～300 ℃，并在表面喷涂分型剂(乳化甲基硅油)；

②将热模板置于翻斗上，并紧固；

③翻斗翻转180°，使斗中覆膜砂落到热模板上，保持15～50 s(常称结壳时间)，覆膜砂上的树脂软化重熔，在砂粒间接触部位形成连接“桥”，将砂粒粘结在一起，并沿模板形成一定厚度、塑性状态的型壳；

④翻斗复位，未反应的覆膜砂仍落回斗中；

⑤将附着在模板上的塑性薄壳移到烘炉中继续加热30～50 s(称为烘烤时间)；

⑥顶出型壳，得到厚度为5～15 mm的壳型。

(2)吹砂法制造壳芯

吹砂法分顶吹法和底吹法两种，吹砂压力一般顶吹法为0.1～0.35 MPa，吹砂时间为2～6 s；底吹法为0.4～0.5 MPa，15～35 s。顶吹法设备较复杂，适合制造复杂的壳芯，底吹法设备较简单，常用于制造小壳芯。

3. 壳型成型的特点及应用

①覆膜砂可以较长期贮存(三个月以上)，且砂的消耗量少。

②无需捣砂，能获得尺寸精确的壳型及芯。

③壳型(芯)强度高，重量轻，易搬运。

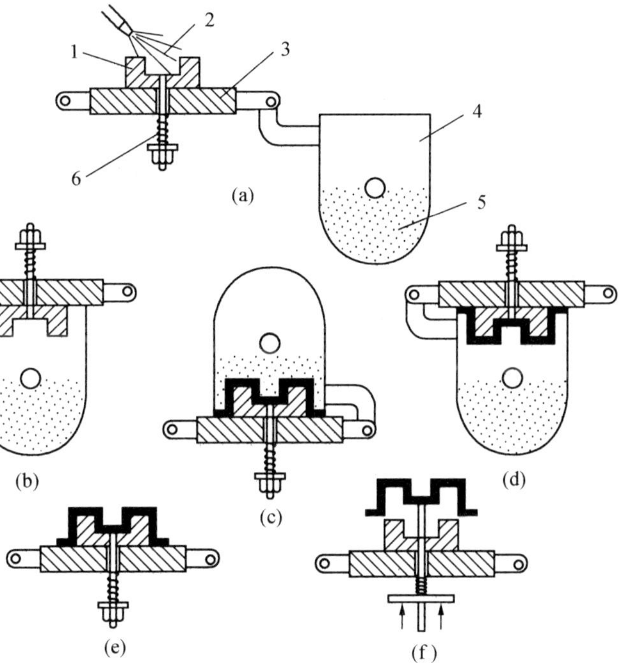

图3.9　壳型造型法示意图

1—模样;2—喷涂分开剂;3—模板;4—翻斗;5—覆膜砂;6—弹簧顶杆

④壳型(芯)透气性好,可用细原砂得到光洁的铸件表面。

⑤无需砂箱,壳型及壳芯可长期存放。

壳型铸造尽管酚醛树脂覆膜砂价格较贵,制壳的能耗较高,但在要求铸件表面光洁和尺寸精度甚高的行业仍得到一定应用。通常壳型多用于生产液压件、凸轮轴、曲轴、耐蚀泵体,履带板及集装箱角件等钢铁铸件;壳芯多用于汽车、拖拉机、液压阀体等部分铸件。

在实际生产中,应根据铸件合金的种类、铸件结构和生产条件选用合理的铸造方法。同时应注意到。铸造生产的对环境污染较大,铸造生产的环境污染,主要包括铸造车间的空气污染,铸造生产的废物污染,废水污染及铸造车间的噪声污染等。其中比较突出的是空气污染和废物污染,在生产中应采取一定措施加以治理。

3.3　液态成型新工艺

随着科学技术的发展,对液态成型的毛坯要求越来越高,少切削和无切削以及环保的工艺方法将得到广泛重视和推广,这些工艺包括挤压铸造、熔模精铸、气化模铸造等。这些新工艺特别适于铸造薄壁、复杂和轻量的零部件。

3.3.1　挤压铸造

挤压铸造简称挤铸,挤铸能够铸造大型薄壁件,如汽车门,机罩及航空与建筑工业中所用的薄板等。

1. 挤铸原理

最简单的挤压铸造法如图 3.10 所示。其主要特征是挤压铸造的压力较小(2 ~ 10 MPa),其工艺过程是在铸型中浇入一定量液态金属,上型随即向下运动,使液态金属自下而上充型,且挤压铸造的压力和速度(0.1 ~0.4 m/s)较低。无涡流飞溅现象,因此铸件致密而无气孔。

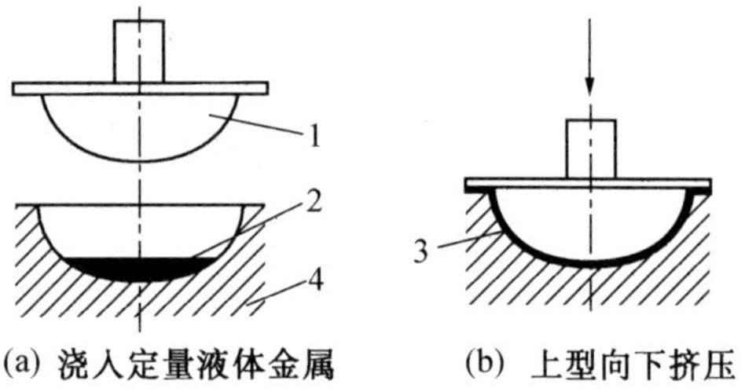

图 3.10　挤压铸造示意图

1—上型;2—金属液;3—铸件;4—下型

2. 挤铸的特点及应用

挤铸与压力铸造及低压铸造的共同点是,压力的作用是使铸件成型并产生“压实”,使铸件致密。其不同点是挤铸时没有浇口,且铸件的尺寸较大,较厚时,液流所受阻力较小,所需的压力远比压力铸造小,挤铸的压力主要用于使铸件压实而致密。

但因挤铸时液体金属与铸型接触较紧密,且高温液体金属在铸型中停留的时间较长,故应采用水冷铸型;并在型内壁上涂刷涂料,提高铸型寿命;采用垂直分型的铸型,以利开型出件和方便上涂料。

挤压铸造可以铸出大面积的高质量薄壁铝铸件及复杂空心薄壁件。

3.3.2　气化模铸造

用聚苯乙烯发泡的气化模代替木模,用干砂(或树脂砂、水玻璃砂等)代替普通型砂进行造型,并直接将高温液态金属浇到铸型中的气化模上,使气化模燃烧、气化、消失而形成铸件的方法称为气化模铸造。

1. 气化模铸造的工艺过程

气化模模样的制造—模样与浇冒口的粘合—气化模涂挂涂料和干燥—填干砂并振动紧实—浇注落砂清理。

2. 气化模铸造分类

气化模铸造分两种,一种是用聚苯乙烯发泡板材分块制作,然后粘合成气化模样,采用水玻璃砂或树脂砂造型。这类方法主要适用于单件小批量的中大型铸件的生产,如汽车覆盖件模具、机床床身等,上海地区曾成功地用气化模铸造工艺浇注了重 50 t 的铸钢件和 32.5 t 的铸铁件。另一种是将聚苯乙烯颗粒在金属模具内加热膨胀发泡,形成气化模,并采用干砂造型(简称 EPC 法),它主要适用于大批量中小型铸件的生产,如汽车、拖拉机、铸件管接头、耐磨件等。

3. 气化模铸造特点及应用

①气化模是一种少、无切削余量,精确成型的新工艺。由于采用了遇金属液即气化的泡沫塑料制作模样,无需起模,无分型面,无型芯,因而无飞边毛刺,减少了由型芯组合而

引起的铸件尺寸误差。铸件的尺寸精度和表面粗糙度接近熔模铸造,但铸件的尺寸可大于熔膜铸件。

②为铸件结构设计提供了充分的自由度。各种形状复杂的铸件模样均可采用气化模粘合,成型为整体,减少了加工装配时间,铸件成本可下降10% ~30% 。

③气化模铸造的工序比砂型铸造及熔模铸造大大简化,无需高技术等级的工人。

气化模在浇注的熔失过程中会对低碳钢产生增碳作用,使低碳钢的含碳量增加,因此不适合低碳钢生产。气化模适用于铝、铸铁(灰铁和球铁)、铜及的铸钢件生产。铸件壁厚在4 mm以上,形状只要有利于砂子将气化模紧实,结构几乎无特殊限制。最佳重量范围从几公斤到几十吨。可单件小批亦可成批大量,其中EPC法要求年产量需为数千件以上。

3.4　计算机在液态成型中的应用简介

随着科学技术在各个领域的突破,尤其是计算机的广泛应用,促进了铸造技术的飞速发展。运用计算机对铸造生产过程进行设计、仿真、模拟,可以帮助工程技术人员优化工艺设计,缩短产品制造周期,降低生产成本,确保铸件质量。

3.4.1　铸造过程的数值模拟

大部分铸造缺陷产生于充型过程和凝固过程,通过数值模拟,可以帮助工程技术人员在实际铸造前对铸件可能出现的各种缺陷及其大小、部位和发生的时间予以有效的预测,在浇注前采取对策以确保铸件的质量。目前,铸造凝固过程数值模拟的研究主要在以下几方面发展:

(1)铸件收缩缺陷判据和铸件缩孔、缩松定量预测

此方法已经在铸造厂得到应用,并取得满意的结果,尤其对大型铸钢件的预测,均与生产检验较相吻合。如图3.11所示为T型铸钢件断面的模拟等温曲线分布,由图可以准确的确定容易产生缩孔的部位,从而可以合理的设计冒口、冷铁等防止缩孔的产生。

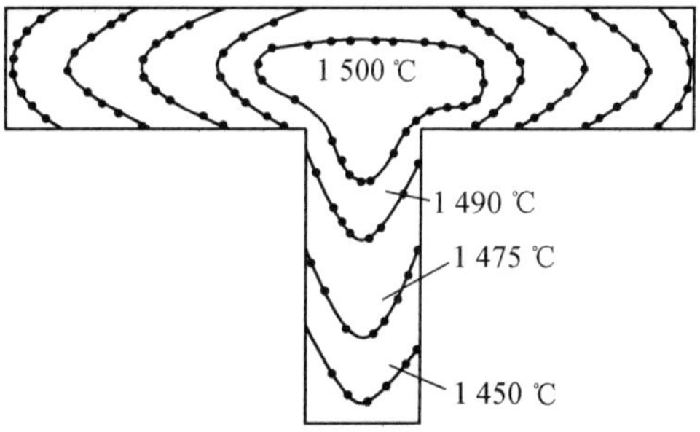

图3.11　T型铸钢件炔面的模拟等温曲线分布

(2)应力场的模拟

铸造过程应力场的数值模拟能帮助工程师预测和分析铸件裂纹、变形及残余应力,为提高铸件尺寸精度及稳定性提供了科学依据。

(3)微观组织模拟

微观模拟是一个较新的研究领域,通过计算机模拟预测铸件微观组织形成,进而预测力学性能,最终控制铸件质量。目前,微观组织模拟取得了显著成果,能够模拟枝晶生长、共晶生长、柱状晶等轴转变等。

3.4.2　铸造 CAD

铸造工艺 CAD 综合了铸件凝固数值模拟、铸造工艺计算机分析图形学和数据库等技术，将计算机的快速、准确和工艺人员的经验、思维、综合分析能力结合起来辅助铸造工作者优化铸造工艺，预测铸件质量，确定铸造工艺方案，估算铸件成本，显示并绘制铸造工艺图、工艺卡等技术文件。铸造 CAD 可以缩短工艺设计周期、提高设计水平，有利于提高产品质量和产品的更新换代。

3.4.3　快速成型技术(RPT)

快速成型技术的成型原理不同于传统的成型方法，而是一种首先将材料分层，然后累加的方法：设计者首先在计算机上绘制成所需生产零件的三维模样，然后将其按照一定厚度进行分层，将三维模型变成二维平面，再将分层后的数据进行一定的处理，加入工艺参数，产生数控代码。最后数控系统以平面加工方式有序地加工出每个薄层并使它们自动粘接成型。

RPT 集成了现代数控技术、CAD/CAM 技术、激光技术和新型材料科学成果于一体，突破了传统的加工模式，大大缩短了产品的生产周期，提高了铸件的市场竞争能力。快速成型取消了专用工具，可以制造出任意复杂形状的零件，而且将计算机辅助设计和辅助制造一体化，能在几小时或几十小时内制造出高精度的产品模样。

快速成型技术(RPT)的应用已从美国、欧洲、日本向世界各地发展。我国的华中理工大学，在吸收消化国外 RPT 的基础上，对原机器关键结构作了较大改进，于 1995 年设计制造 LOM 类型的快速成型机；同时清华大学、隆源公司及西安交通大学等又相继开发了多功能快速成型机及 SLS 和 SLA 等多种类型的快速成型机，不仅在国内销售，还远销到英国、德国、日本、印度尼西亚、泰国等国家及香港特区和台湾地区。

PRT 技术的发展促进了铸造业的发展，而且已深入到各个制造领域，已在制造业引起震撼，将会有更广泛的应用和更大的发展。

复习思考题

1. 为什么手工造型是目前的主要造型方法？机器造型有哪些特点？
2. 金属型铸造有何特点？适用于何种铸件？
3. 陶瓷型铸造有何特点？为什么在模具制造中陶瓷成型更为重要？
4. 压力铸造有何特点？适用于何种铸件？
5. 低压铸造的工作原理与压力铸造有何不同？为什么铝合金常采用低压铸造？
6. 什么是离心铸造？它在铸件制造中有哪些特点？
7. 试叙述熔模铸造成型工艺的主要工序，生产特点和适用范围？
8. 壳型铸造与普通砂型铸造有何区别？它适合于什么零件的生产？
9. 简述计算机在液态成型中的应用。

第 4 章　铸件结构与工艺设计

铸件结构应满足铸造性能和铸造工艺对铸件结构的要求,合理的铸件结构不仅能保证铸件质量,满足使用要求,还应工艺简单,生产率高,成本低。

本章以砂型铸造为例,重点讲述了铸件结构设计的要求和铸造工艺设计规程。

4.1　铸件结构设计

4.1.1　铸造工艺对铸件结构的要求

1. 铸件的外形应便于取出模型

铸件的外形在能满足使用要求的前提下,应从简化铸造工艺的要求出发,使其便于起模,尽量避免操作费时的三箱造型、挖砂造型、活块造型及不必要的外部型芯。

(1)避免外部侧凹

铸件在起模方向若侧凹,必将增加分型面的数量,这不仅使造型费工,而且增加了错箱的可能性,使铸件的尺寸误差增大。如图 4.1(a)所示的端盖,由于存有法兰凸缘,铸件产生了侧凹,使铸件具有两个分型面,所以常需采用三箱造型,或者增加环状外型芯,使造型工艺复杂。图 4.1(b)所示为改进设计后,取消了上部法兰凸缘,使铸件仅有一个分型面,因而便于造型。

(2)分型面尽量平直

平直的分型面可避免操作费时的挖砂造型或假箱造型,同时,铸件的毛边少、便于清理,因此,尽力避免弯曲的分型面。如图 4.2(a)所示的托架,原设计时忽略了分型面尽量平直的要求,在分型面上增加了外圆角,结果只得采用挖砂(或假箱)造型;图 4.2(b)为改进后的结构,便可采用简易的整模造型。

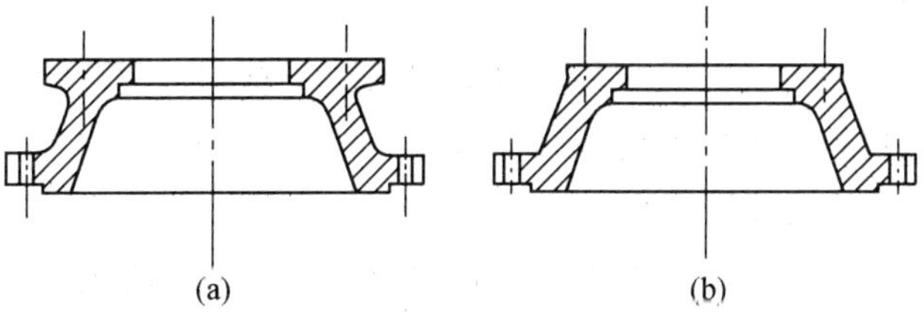

(a)　(b)

图 4.1　端盖铸件

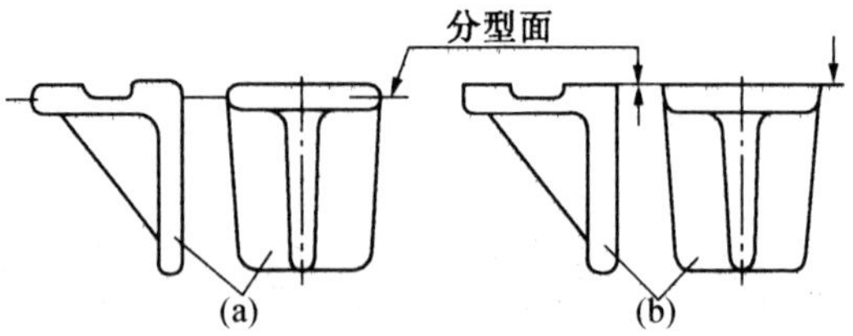

图 4.2　托架

(3)凸台、筋条的设计

设计铸件上凸台、筋条时,应考虑便于造型。如图 4.3(a)和图 4.3(b)所示凸台均妨碍起模,必须采用活块或增加型芯来克服。改成图 4.3(c)、(d)的结构避免了活块和砂芯,起模方便,简化造型。

图 4.4(a) 所示四条筋的布置,妨碍了填砂、舂砂和起模,改成图 4.4(b)所示方案布置后,克服了上述缺点,布置合理。

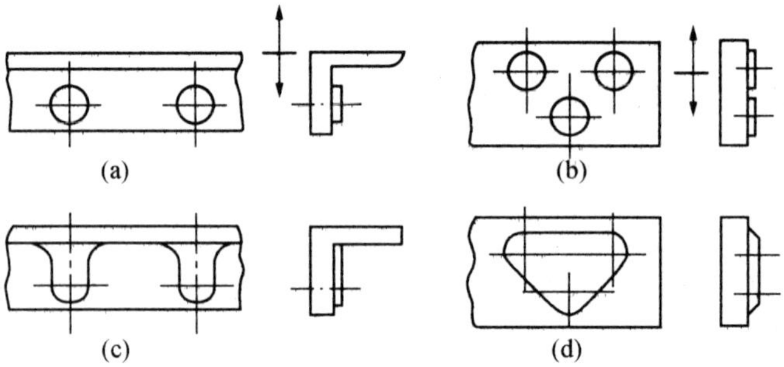

图 4.3　凸台的设计

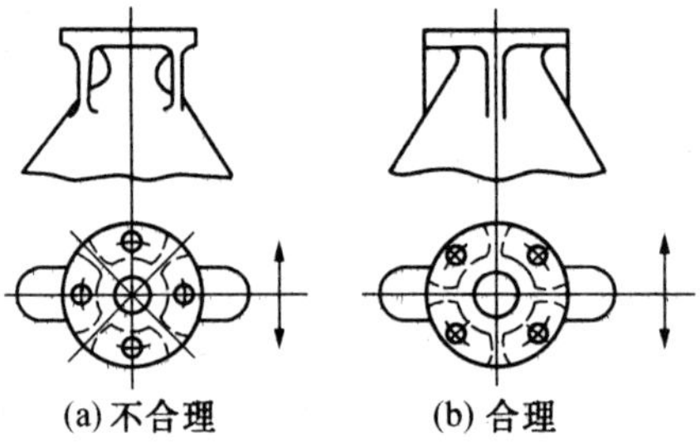

图 4.4　筋的布置

2. 合理设计铸件内腔

良好的内腔设计,既要减少型芯的数量,又要有利于型芯的固定、排气和清理,防止偏心、气孔等铸件缺陷的产生,降低铸件成本。

(1)节省型芯的设计

在铸件设计中,尤其是设计批量很小的产品时,应尽量避免或减少型芯。图 4.5(a)为一悬臂支架,它是采用中空结构,必须以悬臂型芯来形成,这种型芯须用型芯撑加固,下心费工。当改为图 4.5(b)所示的开式结构后,省去了型芯,降低了成本。图 4.6(a)的内腔设计因出口处直径小,需采用型芯,而图 4.6(b)的结构,因内腔直径 D 大于其高度 H,故可利用模样上挖孔,在起模后直接形成自带型芯,又称砂垛,上箱的砂垛称为吊砂。

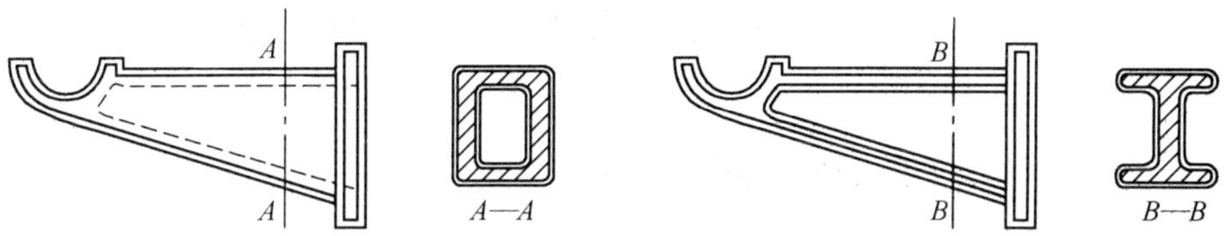

(a)　　(b)

图 4.5　悬臂支架

(2)便于型芯的固定、排气和铸件清理

图 4.7(a)为一轴承架,其内腔采用两个型芯,其中较大的呈悬臂状,须用型芯撑来加固。若改成图 4.7(b)的结构,使型芯为整体型芯,则型芯的稳定性大为提高,且下芯简便,易于排气。

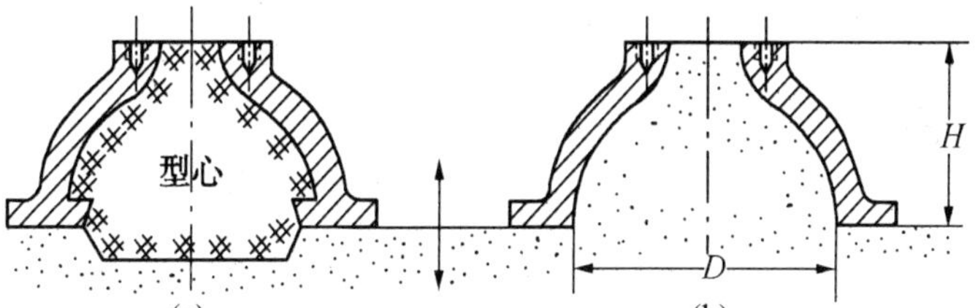

(a)　　(b)

图 4.6　内腔的两种设计

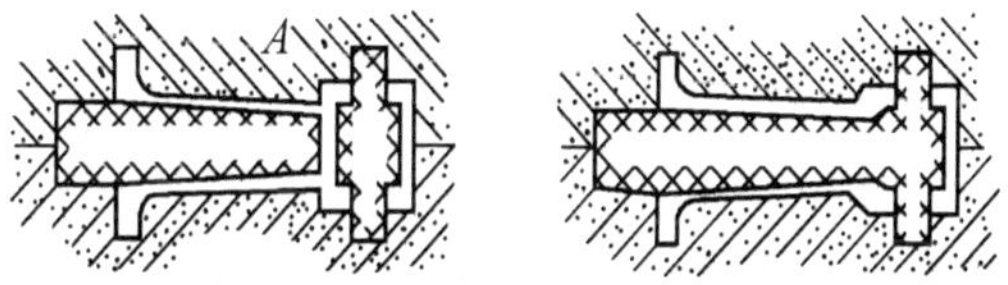

(a) 改进前　　(b) 改进后

图 4.7　轴承架

对于因型芯头不足而难以固定型芯的铸件,在不影响使用功能的前提下,为增加型芯头的数量,可设计出适当大小和数量的工艺孔。图 4.8(a)所示铸件,因底面没有型芯头,只好在图示位置加型芯撑;改为图 4.8(b)后的结构,在铸件底面上增设了两个工艺孔,这样不仅省去了型芯撑,也便于排气和清理。如果零件上不允许有此孔,以后则可用螺钉或柱塞堵住。

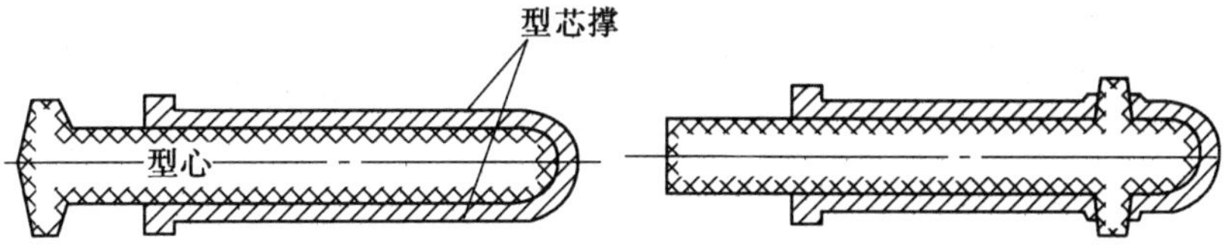

(a) 不良的设计　　(b) 良好的设计

图 4.8　增设工艺孔的结构

3. 铸件要有结构斜度

铸件上垂直于分型面的不加工表面,最好具有结构斜度,这样起模省力,铸件精度高。铸件的结构斜度与拔模斜度不容混淆。结构斜度直接在零件图上标出,且斜度值较大；拔模斜度是在绘制铸造工艺或模型图时用，对零件图上没有结构斜度的立壁应给予很小的拔模斜度(0.5°～3.0°)。

4.1.2　合金铸造性能对铸件结构的要求

铸件的结构如果不能满足合金铸造性能的要求，将可能产生浇不到、冷隔、缩孔、缩松、气孔、裂纹和变形等缺陷。

1. 铸件壁的设计

(1)铸件的壁厚应合理

流动性好的合金，充型能力强，铸造时就不易产生浇不到、冷隔等缺陷，而且能铸出铸件的最小壁厚也小。不同的合金，在一定的铸造条件下能铸出的最小壁厚也不同。设计铸件的壁厚时，一定要大于该合金的“最小允许壁厚”，以保证铸件质量。铸件的“最小允许壁厚”主要取决于合金种类、铸造方法和铸件的大小等。铸件最小允许壁厚值见表4.1。

表4.1　铸件最小允许壁厚　　/mm

铸型种类	铸件尺寸	铸　钢	灰铸铁	球墨铸铁	可锻铸铁	铝合金	铜合金
砂　型	<200×200	6～8	5～6	6	4～5	3	3～5
	200×200～500×500	10～12	6～10	12	5～8	4	6～8
	>500×500	15～20	15～25	—	—	5～7	—
金属型	<70×70	5	4	—	2.5～3.5	2～3	3
	70×70～150×150	—	5	—	3.5～4.5	4	4～5
	>150×150	10	6	—	—	5	6～8

但是，铸件壁也不宜太厚。厚壁铸件晶粒粗大，组织疏松，易产生缩孔和缩松，力学性能下降。铸件承载能力并不是随截面积增大成比例地增加。设计过厚的铸件壁，将会造成金属浪费。为了提高铸件承载能力而不增加壁厚，铸件的结构设计应选用合理的截面形状，如图4.9所示。

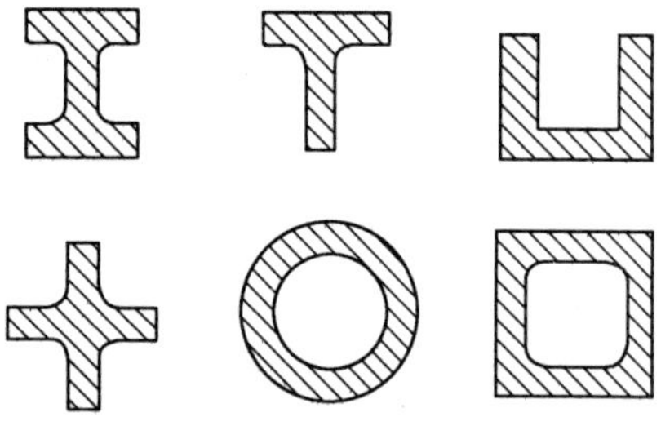

图4.9　铸件常用的截面形状

此外，铸件内部的筋或壁，散热条件比外壁差，冷却速度慢。为防止内壁的晶粒变粗和产生内应力，一般内壁的厚度应小于外壁。铸铁件外壁、内壁和加强筋的最大临界壁厚见表4.2。

(2)铸件壁厚应均匀

铸件各部分壁厚若相差过大，厚壁处会产生金属局部积聚形成热节，凝固收缩时在热节处易形成缩孔、缩松等缺陷，如图4.10(a)所示。此外，各部分冷却速度不同，易形成热应力，致使铸件薄壁与厚壁连接处产生裂纹。因此，在设计铸件时，应尽可能使壁厚均匀，以防止上述缺陷产生，如图4.10(b)所示。

表 4.2　铸铁件外壁、内壁和加强筋的最大临界壁厚

铸　铁　件		最大临界壁厚/mm			零　件　举　例
质量/kg	最大尺寸/mm	外　壁	内　壁	加强筋	
<5	300	7	6	5	盖,拨叉,轴套,端盖
6 ~ 10	500	8	7	5	档板,支架,箱体,门,盖
11 ~ 60	750	10	8	6	箱体,电机支架,溜板箱体,托架
61 ~ 100	1250	12	10	8	箱体,油缸体,溜板箱体
101 ~ 500	1700	14	12	8	油盘,带轮,镗模架
501 ~ 800	2500	16	14	10	箱体,床身,盖,滑座
801 ~ 1200	3000	18	16	12	小立柱,床身,箱体,油盘,床鞍

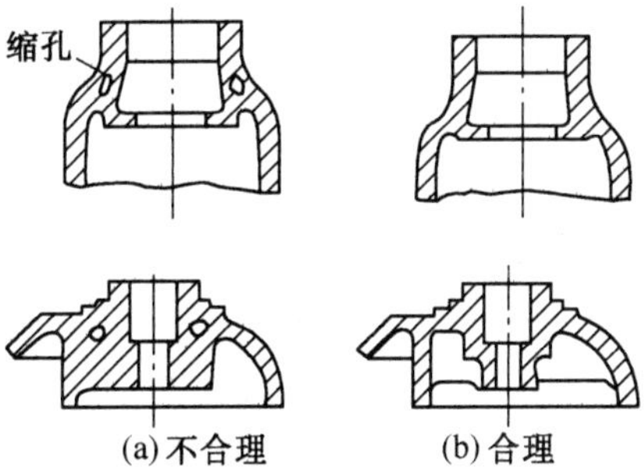

图 4.10　铸件壁厚应均匀

(3) 按顺序凝固原则设计铸件结构

对于收缩大的合金材料壁厚分布,应符合顺序凝固原则,便于合金的补缩,防止产生缩孔与缩松缺陷。

(4) 铸件壁的连接

铸件壁的连接须考虑下面几方面:

① 结构圆角　铸件壁间的转角处一般应设计出结构圆角。

铸件两壁的直角连接,会在直角处形成金属的局部积聚,内侧散热条件差,容易形成缩孔和缩松。而且在载荷的作用下,直角处内侧往往产生应力集中,内侧实际承受应力比平均应力大得多,如图 4.11 所示。另一方面,在一些合金的结晶过程中,将形成垂直于铸件表面的柱状晶。若采用直角连接,因结晶的方向性,在转角的对角线上形成了整齐的分界面,分界面上杂质、缺陷较多,使转角处成了铸件的薄弱环节,在集中应力作用下,很容易产生裂纹,如图 4.12(a) 所示。当采用圆角结构时,消除了转角的热节和应力集中,破坏了柱状晶的分界面,明显地提高了转角处的力学性能,防止了缩孔、裂纹等缺陷的产生,如图 4.12(b) 所示。

此外,结构圆角还有利于造型,浇注时避免了熔融金属对铸型的冲刷,减少了砂眼和粘砂等缺陷。铸件的外圆角还可美化铸件外形,防止尖角对人体的划伤。

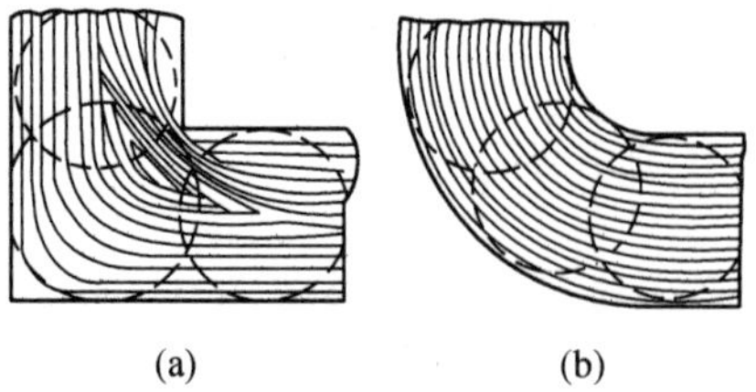

图 4.11　不同转角的热节和应力分布

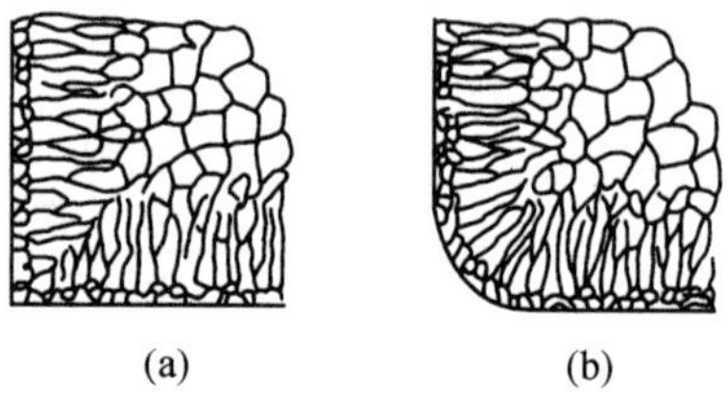

图 4.12　金属结晶的方向性

铸件内圆角的大小应与铸件的壁厚相适应，过大则增加了缩孔倾向，一般应使转角处的内接圆直径小于相邻壁厚的 1.5 倍。铸件内圆角半径 R 值见表 4.3。

表 4.3　铸件的内圆角半径 R 值　　/mm

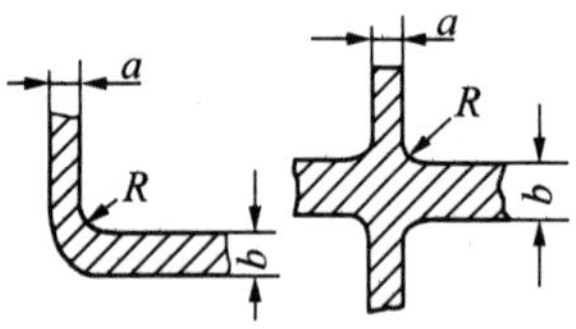	$\frac{a+b}{2}$		≤8	8～12	12～16	16～20	20～27	27～35	35～45	45～60
	R 值	铸铁	4	6	6	8	10	12	16	20
		铸钢	6	6	8	10	12	16	20	25

② 避免十字交叉和锐角连接　为了减少热节和防止铸件产生缩孔与缩松，铸件壁应避免交叉连接和锐角连接。中、小铸件可采用交错接头，大铸件宜用环形接头，如图 4.13 所示。锐角连接宜采用图 4.13(c)中的过渡形式。

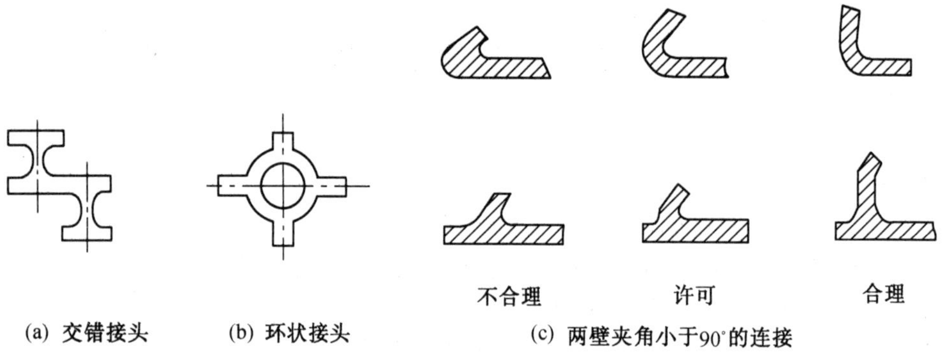

图 4.13　铸件接头结构

③ 厚壁与薄壁间连接要逐步过渡　为了减少铸件中的应力集中现象，防止产生裂纹，铸件的厚壁和薄壁连接时，应采取逐步过渡的方法，防止壁厚的突变。其过渡的形式和尺寸见表 4.4。

2. 铸件筋的设计

(1)筋的作用

① 增加铸件的刚度和强度，防止铸件变形　图 4.14(a)所示薄而大的平板，收缩时易发生翘曲变形，加上几条筋之后便可避免翘曲变形，如图 4.14(b)所示。

② 消除铸件厚大截面，防止铸件产生缩孔、裂纹　图 4.15(a)所示铸件壁较厚，容易出现缩孔；铸件厚薄不均，易产生裂纹。采用加强筋后，可防止以上缺陷，如图 4.15(b)所示。

表 4.4　几种不同铸件壁厚的过渡形式及尺寸　/mm

图　例	尺　寸		
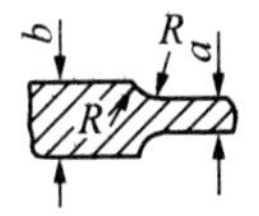	$b \leqslant 2a$	铸　铁	$R \geqslant \left(\frac{1}{6}-\frac{1}{3}\right)\left(\frac{a+b}{2}\right)$
		铸　钢	$R \approx \frac{a+b}{4}$
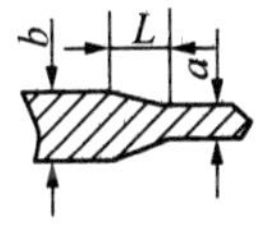	$b>2a$	铸　铁	$L \geqslant 4(b-a)$
		铸　钢	$L \geqslant 5(b-a)$
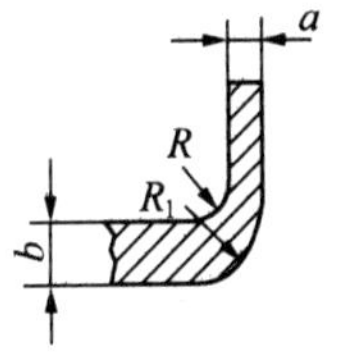	$b \leqslant 2a$	$R \geqslant \left(\frac{1}{6}-\frac{1}{3}\right)\left(\frac{a+b}{2}\right)$；$R_1 \geqslant R+\left(\frac{a+b}{2}\right)$	
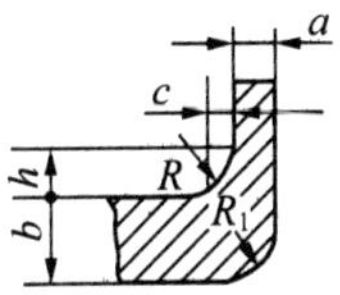	$b>2a$	$R \geqslant \left(\frac{1}{6}-\frac{1}{3}\right)\left(\frac{a+b}{2}\right)$；$R_1 \geqslant R+\left(\frac{a+b}{2}\right)$ $C \approx 3\sqrt{b-a}$；对于铸铁：$h>4C$；对于铸钢：$h \geqslant 5C$	

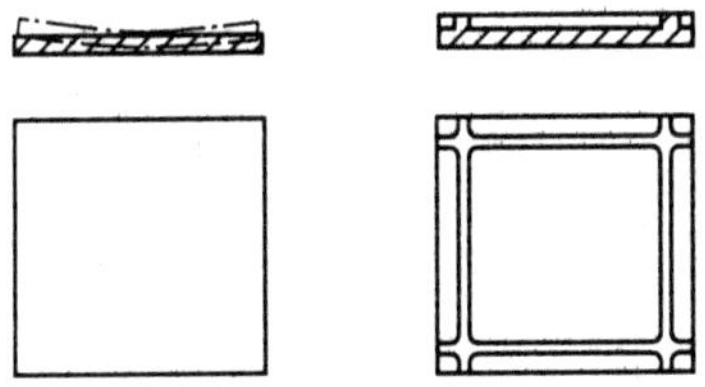
(a) 不合理　(b)合理

图 4.14　平板设计

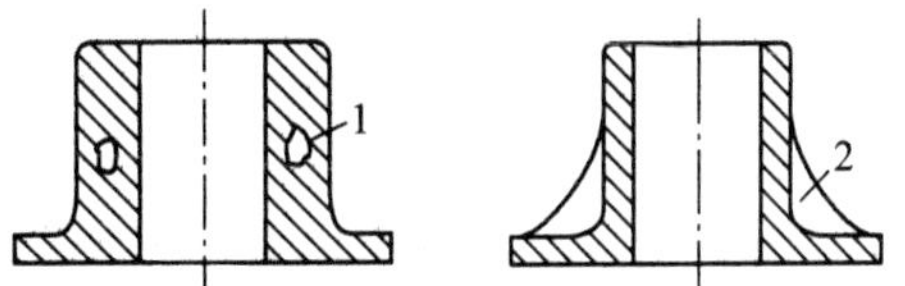

(a) 不加筋结构　(b) 加筋结构

图 4.15　利用加强筋减小铸件壁厚

1—缩孔；2—加强筋

③ 消除铸件的热裂，防止铸件产生裂纹　为了防止热裂，可在铸件易裂处设计防裂筋（图 4.16）。防裂筋的方向与收缩应力方向一致，而且筋的厚度应为连接壁厚的 1/4 ~ 1/3。由于防裂筋很薄，在冷却过程中迅速凝固，冷却至弹性状态，具有防裂效果。防裂筋通常用于铸钢、铸铝等易发生热裂的合金。

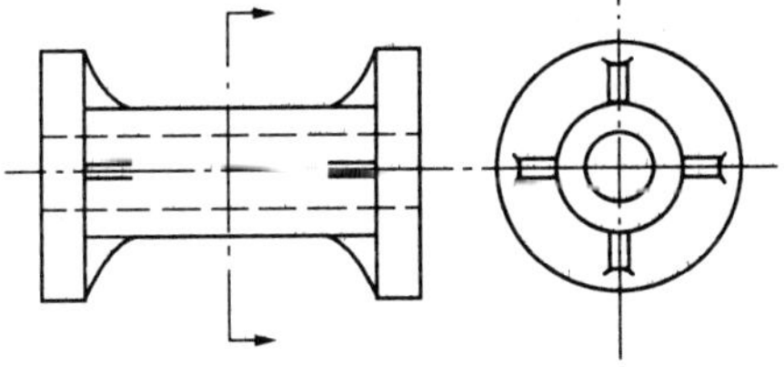

图 4.16　防裂筋的应用

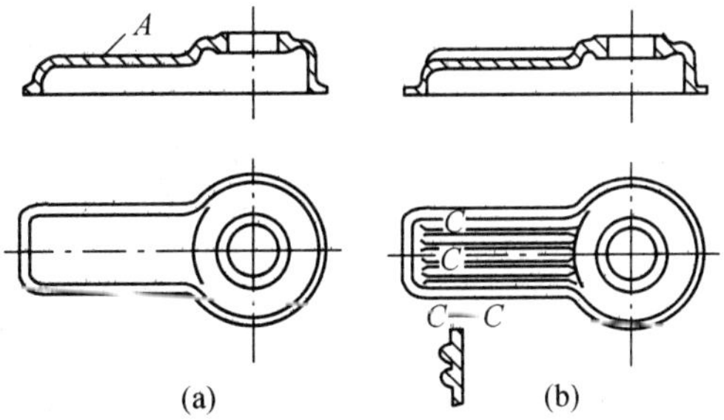

图 4.17　防止夹砂，有利于充型

④ 改善合金充型，防止夹砂缺陷　在具有大平面的铸件上设筋，可以改善合金充型和防止夹砂缺陷。图 4.17(a)所示壳体浇注时，平面 *A* 处铸型表面在熔融金属烘烤下，易“起皮”引起夹砂缺陷。若在该处增设一些矮筋，如图 4.17(b)所示，铸型表面呈波浪形，浇注时不易“起皮”，防止夹砂产生，这种筋也有利于合金充型。

(2)筋的设计

① 筋的设计应尽量分散和减少热节　筋的设计与设计铸件壁一样，设计铸造筋时要尽量分散和减少热节点；避免多条筋互相交叉；筋与壁的连接处要有圆角；垂直于分型面的筋应有斜度。受力加强筋设计成曲线形(图 4.18)，必要时还可在筋与壁的交接处开孔，减少热节，防止缩孔的产生。筋的两端与壁的交接处由于消除了应力集中，避免了裂纹的产生。

② 设计铸铁件的加强筋时，应使筋处于受压状态下使用　铸铁的抗压强度比抗拉强度高得多，接近于铸钢，因此，在设计铸铁的加强筋时，应尽量使筋在工作时承受压应力，如图 4.19 所示。

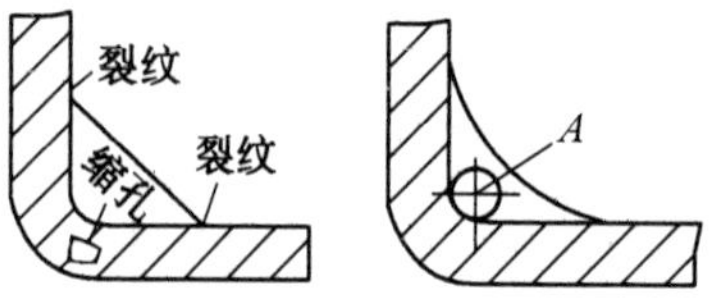

(a) 不合理　(b) 合理

图 4.18　加强筋的形状

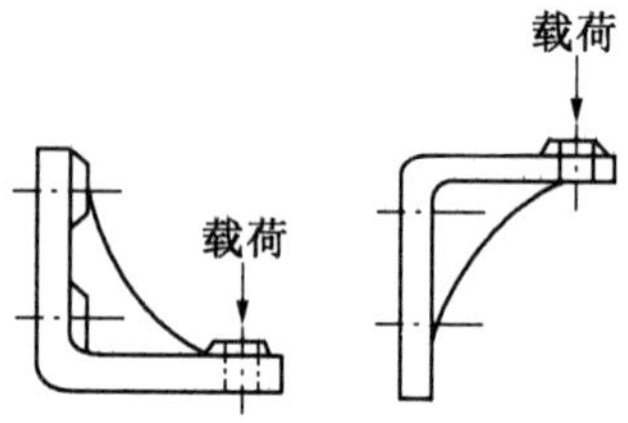

(a) 筋受拉应力　(b) 筋受拉应力

图 4.19　铸铁件加强筋的布置

③ 筋的尺寸应适当　筋的设计不能过高或过薄，否则在筋与铸件本体的连接处易产生裂纹，铸铁件还易形成白口。处于铸件内腔的筋，散热条件较差，应比表面筋设计得薄些。一般外表面上加强筋的厚度为本体厚度的 0.8 倍，内腔加强筋的厚度为本体厚度的 0.6 ~ 0.7 倍。

3. 铸件结构应尽量减少铸件收缩受阻，防止变形和裂纹

(1)尽量使铸件能自由收缩

铸件的结构应在凝固过程中尽量减少其铸造应力。图 4.20 为轮辐的设计。图 4.20(a)为偶数轮辐，由于收缩应力过大，易产生裂纹。改成图 4.20(b)所示的弯曲轮辐或图 4.20(c)所示的奇数轮辐后，利用弯曲轮辐或轮缘冷却过程中的微量变形，可明显减小铸造应力，避免产生裂纹。

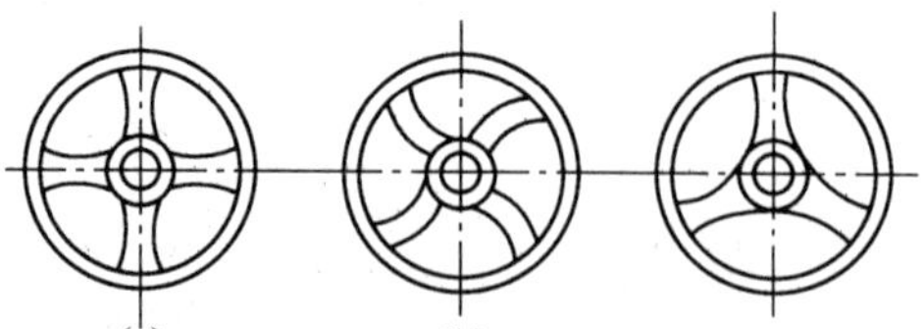
(a)　(b)　(c)

图 4.20　轮辐的设计

(2)采用对称结构防止铸件变形

如图 4.21(a)所示的铸钢梁，由于受较大热应力，产生了变形，改成工字截面后，虽然壁厚仍不均匀，但热应力相互抵消，变形大大减小。

4. 铸件结构应尽量避免过大的水平壁

铸件出现较大水平壁时，熔融金属上升较慢，不利于合金的充型，易产生浇不到、冷隔缺陷；同时水平壁型腔的上表面长时间受灼热的熔融金属烘烤，极易造成夹砂缺陷；而且大的水平壁也不利于气体、非金属杂物的排除，使铸件产生气孔、夹渣等。将水平壁改成倾斜壁，就可防止上述缺陷产生，如图 4.22 所示。

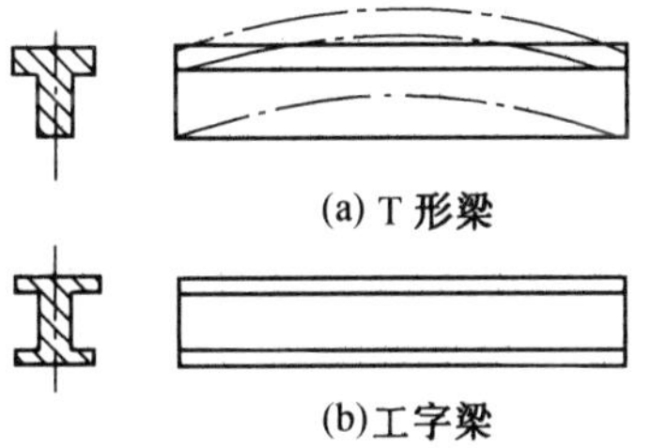

(a) T 形梁　(b)工字梁

图 4.21　铸钢梁

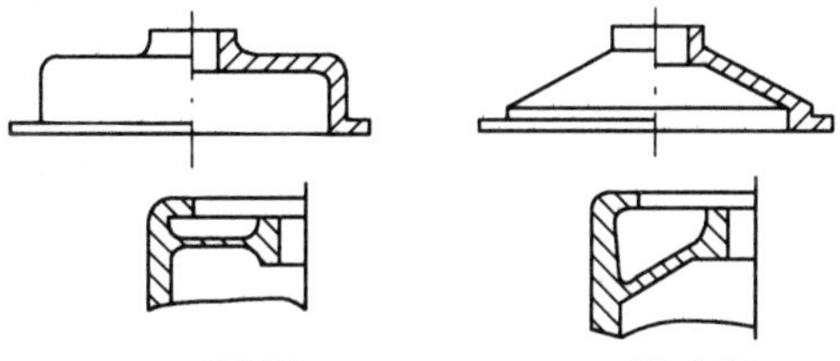

(a) 不合理　(b) 合理

图 4.22　避免较大水平壁的铸件结构

4.2　铸造工艺设计

铸造工艺设计是根据铸件结构特点、技术要求、生产批量、生产条件等确定铸造方案，编制工艺规程。其中的重点是绘制铸造工艺图，铸造工艺图是在零件图上用各种工艺符号表示出铸造工艺方案的图形，其中包括：铸件的浇注位置、铸型分型面、型芯的数量、形状及其固定方法、加工余量、拔模斜度、收缩率、浇注系统、冒口、冷铁的尺寸和布置等。

铸造工艺图是指导模型（芯盒）设计、生产准备、铸型制造和铸件检验的基本工艺文件。依据铸造工艺图，结合所选定的造型方法，便可绘制出模型图及合箱图，如图 4.23 所示。

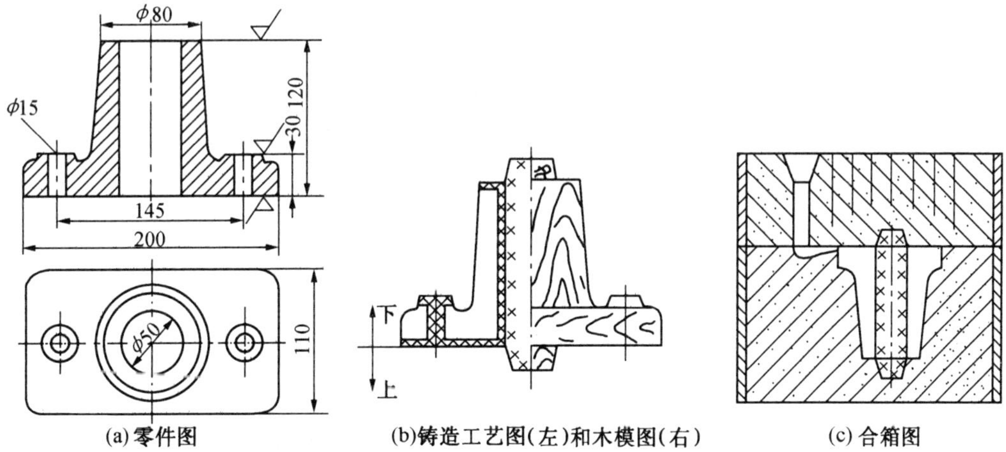

(a) 零件图　(b)铸造工艺图（左）和木模图（右）　(c) 合箱图

图 4.23　支座的铸造工艺图、模型图及合箱图

4.2.1　铸件浇注位置的选择

浇注位置是指浇注时铸件在铸型中所处的空间位置。浇注位置选择得正确与否，对铸件质量影响很大。选择时应考虑以下原则：

1. 铸件的重要加工面应朝下或位于侧面

这是因为铸件上部凝固速度慢，晶粒较粗大，易形成缩孔、缩松，而且气体、非金属夹杂物密度小，易在铸件上部形成砂眼、气孔、渣气孔等缺陷。铸件下部的晶粒细小，组织致密，缺陷少，质量优于上部。当铸件有几个重要加工面或重要面时，应将主要的和较大的加工面朝下或侧立。无法避免在铸件上部出现的加工面，应适当加大加工余量，以保证加工后铸件的质量。图 4.24 中机床床身导轨是主要工作面，浇注时应朝下。图 4.25 为吊车卷筒，主要加工面为外圆柱面，采用立式浇注，卷筒的全部圆周表面位于侧位，保证质量均匀一致。

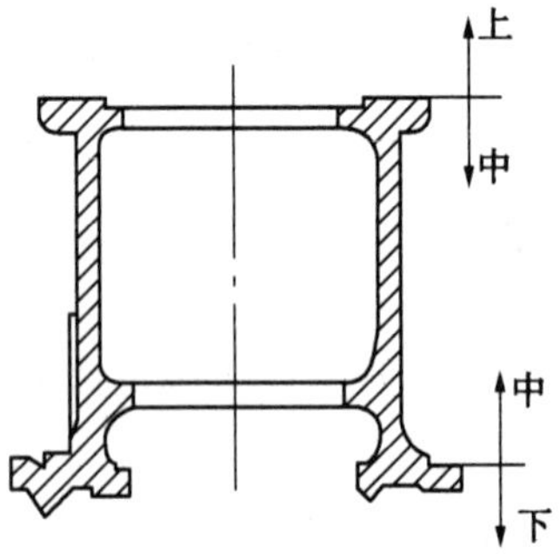

图 4.24　床身的浇注位置

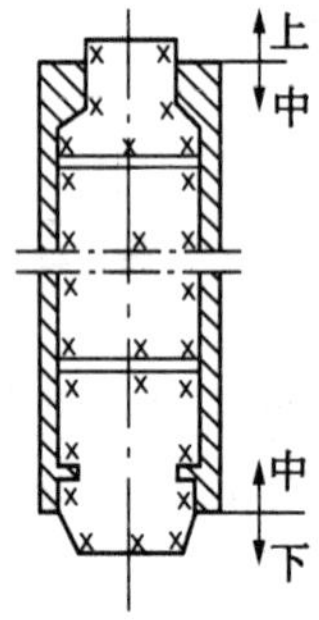

图 4.25　吊车卷筒的浇注位置

2. 铸件的宽大平面应朝下

这是因为在浇注过程中，熔融金属对型腔上表面的强烈热辐射，容易使上表面型砂急聚地膨胀而拱起或开裂，在铸件表面造成夹砂结疤缺陷，如图 4.26 所示。

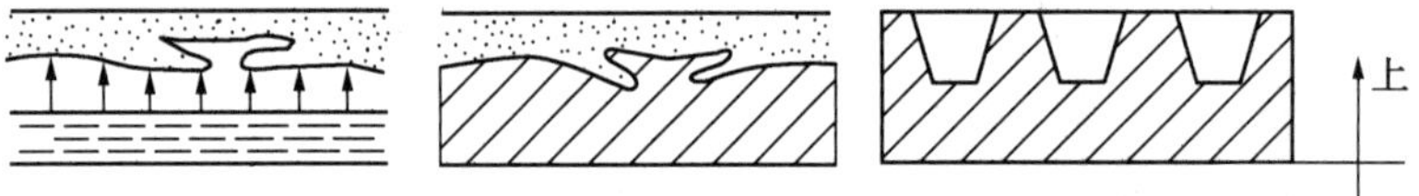

(a) 铸型拱起开裂　(b) 铸件夹砂结疤　(c) 平板的浇注位置

图 4.26　大平面在浇注时的位置

3. 面积较大的薄壁部分应置于铸型下部或垂直、倾斜位置

图 4.27(a)所示的油盘铸件，将薄壁部分置于铸型上部，易产生浇不到、冷隔等缺陷，改置于图 4.27(b)所示位置后，薄壁部分置于铸型下部，可避免出现上述缺陷。

4. 易形成缩孔的铸件，应将截面较厚的部分放在分型面附近的上部或侧面

铸件截面较厚的部分放在分型面附近的上部或侧面，便于安放冒口，使铸件自下而上顺序凝固。

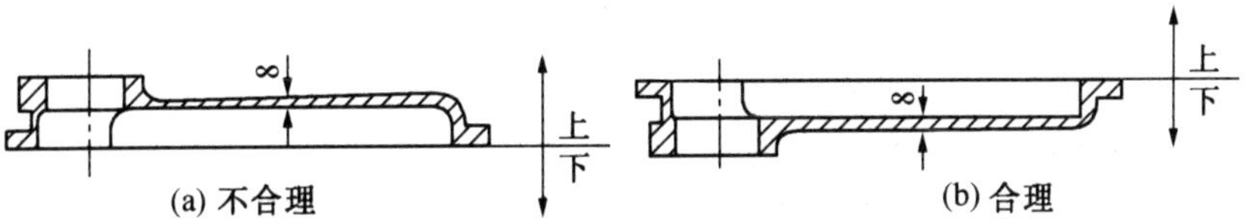

图4.27　油盘的浇注位置

5. 应尽量减少型芯的数量，便于型芯安放、固定和排气

图4.28为床腿铸件，采用图4.28(a)方案，中间空腔需一个很大芯子，增加了制芯的工作量；采用图4.28(b)方案，中间空腔由自带砂芯形成，简化了造型工艺。

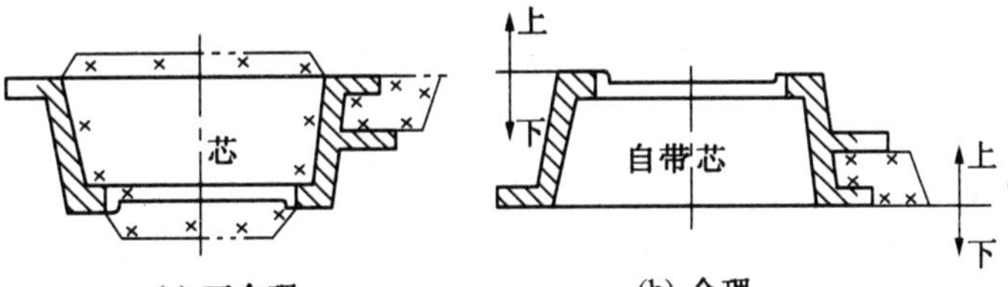

图4.28　床腿铸件的浇注位置

4.2.2　铸型分型面的选择

分型面为铸型组之间的结合面。若铸型是由上型和下型组成，分型面则是上、下型的结合面。分型面选择是否合理，对铸件的质量影响很大。选择不当还将使制模、造型、合型，甚至切削加工等工序复杂化。分型面的选择应在保证铸件质量的前提下，使造型工艺尽量简化，节省人力、物力。

分型面的选择与浇注位置的选择密切相关，一般是先确定浇注位置，再选择分型面，在比较各种分型面的利弊之后，再调整浇注位置。分型面选择应考虑以下原则：

1. 便于起模简化造型工艺

(1)分型面尽量选在最大截面处

为了便于起模，分型面应选在铸件的最大截面处。

(2)尽量减少型芯和活块数量

分型面的选择应尽量减少型芯和活块的数量，以简化制模、造型、合型等工序，如图4.29所示。

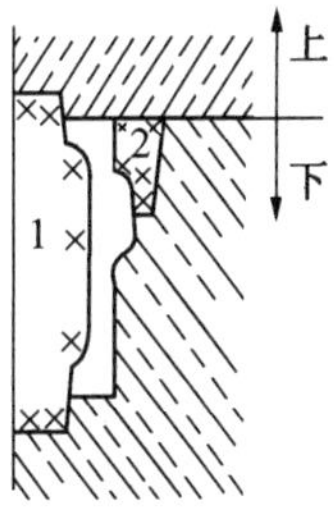

图4.29　以砂芯代替活块
1、2—砂芯

图4.30所示支架分型方案是避免活块的例子。按图中方案I，凸台必须采用四个活块制出，而下部两个活块的部位甚深，取出困难。当改用方案II时，可省去活块，仅在*A*处稍加挖砂即可。

(3)分型面应尽量平直

图4.31为起重臂分型面的选择，按图4.31(a)分型，必须采用挖砂或假箱造型；采用图4.31(b)方案分开，可采用分模造型，使造型工艺简化。

(4)尽量减少分型面

尽量减少分型面特别是机器造型时，只能有一个分型面。图4.32(a)所示的三通铸

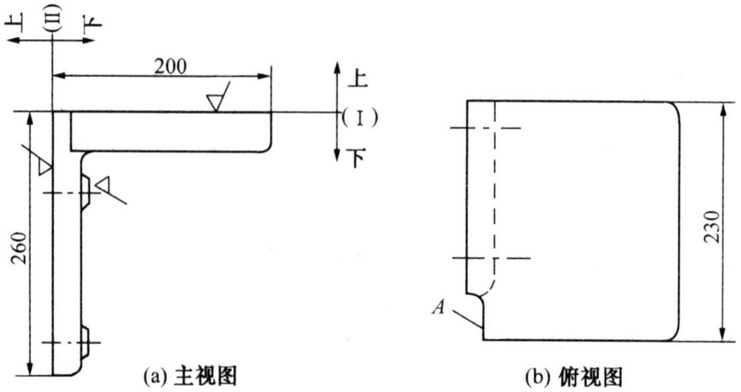

图 4.30　支架的分型方案

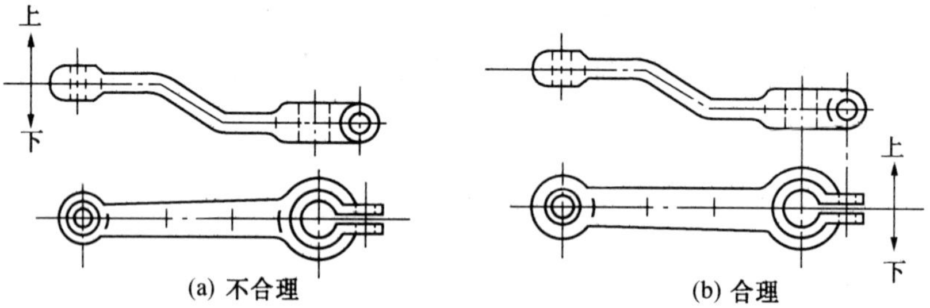

图 4.31　起重臂分型面的选择

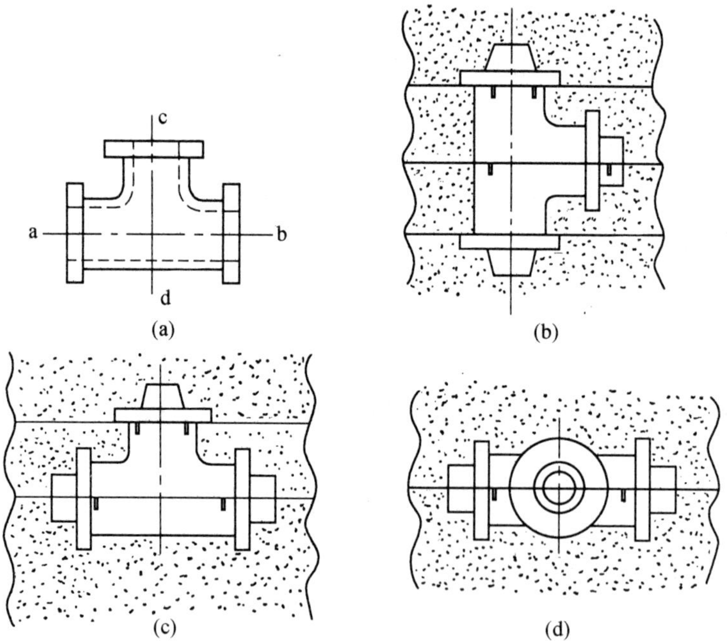

图 4.32　三通铸件的分型方案

件其内腔必须采用一个 T 字型芯来形成，但不同的分型方案，其分型面数量不同。当中心线 ab 呈垂直时，铸型必须有三个分型面才能取出模型，即用四箱造型，如图 4.32(b)所示。当中心线 cd 呈垂直时，铸型有两个分型面，必须采用三箱造型，如图 4.32(c)所示。

当中心线 ab 与 cd 都呈水平位置时，因铸型只有一个分型面，采用两箱造型即可，如图 4.32(d)所示。显然，后者是合理的分型方案。如果铸件不得不采用两个或两个以上的分型面时，这时可以像图 4.33 中一样，利用外芯等措施将分型面减少。

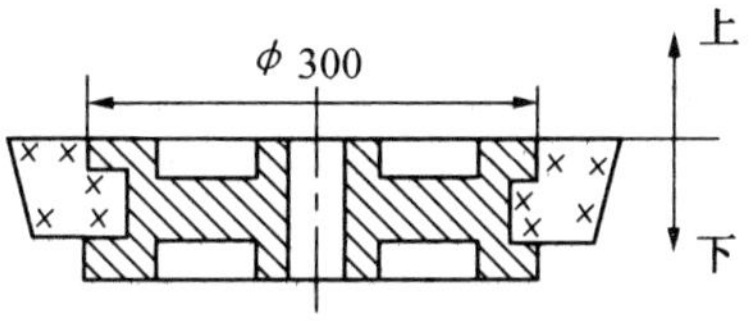

图 4.33　用型芯减少分型面

2. 铸件的重要部分放在同一砂箱中

尽量将铸件重要加工面或大部分加工面、加工基准面放在同一个砂箱中。

铸件放在同一个砂箱中，可以避免产生错箱和毛刺，保证铸件精度和减少清理工作量。图 4.34 为床身铸件，其顶部平面为加工基准面。图 4.34(a)所示，在妨碍起模的凸台处增加了外部型芯，采用整模造型使加工面和基准面在同一砂箱内，故能够保证铸件精度，是大批量生产中的合理方案。如果在单件，小批生产条件下，铸件的尺寸偏差在一定范围内可用划线来纠正，可采用图 4.34(b)所示方案。

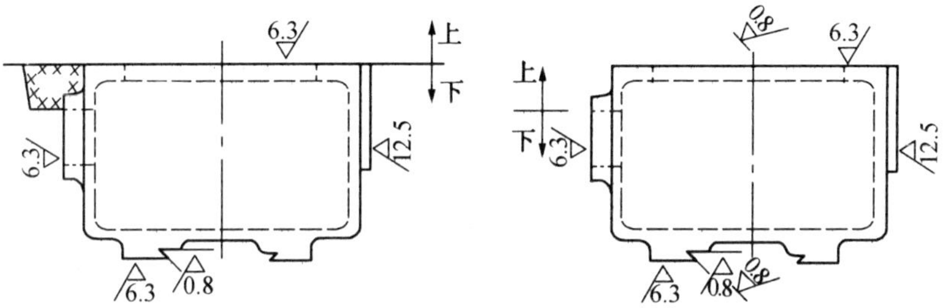

(a)　(b)

图 4.34　床身铸件

3. 注意相互间的位置

应使型腔和主要型芯位于下箱，便于下芯、合型和检查型腔尺寸。

4.2.3　工艺参数的选择

为了绘制铸造工艺图，在铸造工艺方案初步确定之后，还必须选定铸件的机械加工余量、拔模斜度、收缩率、型芯头尺寸等具体参数。

1. 机械加工余量

在铸件上为了切削加工而加大的尺寸称为机械加工余量。加工余量必须认真选取，加工余量过大，切削加工费工，且浪费金属材料；加工余量过小，零件会因残留黑皮而报废，或者因铸件表层过硬而加速刀具磨损。

机械加工余量的具体数值取决于铸件生产批量、合金的种类、铸件的大小、加工面与基准面的距离及加工面在浇注时的位置等。大量生产时，因采用机器造型，铸件精度高，故加工余量可减小；反之，手工造型误差大，加工余量应加大。铸钢件因表面粗糙，加工余量应加大；有色合金铸件价格昂贵，且表面光洁，所以加工余量应比铸铁小。铸件的尺寸越大或加工面与基准面的距离越大，铸件的尺寸误差也越大，故加工余量也应随之加大。此外，浇注时朝上的表面因产生缺陷的几率较大，其加工余量应比底面和侧面大。灰铸件的机械加工余量，见表4.5。

表4.5　灰铸铁件的机械加工余量

铸件最大尺寸/mm	浇注时位置	加工面与基准面的距离/mm					
		<50	50～120	120～260	260～500	500～800	800～1250
<120	顶面 底、侧面	3.5～4.5 2.5～3.5	4.0～4.5 3.0～3.5				
120～260	顶面 底侧面	4.0～5.0 3.0～4.0	4.5～5.0 3.5～4.0	5.0～5.5 4.0～4.5			
260～500	顶面 底、侧面	4.5～6.0 3.5～4.5	5.0～6.0 4.0～4.5	6.0～7.0 4.5～5.0	6.5～7.0 5.0～6.0		
500～800	顶面 底、侧面	5.0～7.0 4.0～5.0	6.0～7.0 4.5～5.0	6.5～7.0 4.5～5.5	7.0～8.0 5.0～6.0	7.5～9.0 6.5～7.0	
800～1250	顶面 底、侧面	6.0～7.0 4.0～5.5	6.5～7.5 5.0～5.5	7.0～8.0 5.0～6.0	7.5～8.0 5.5～6.0	8.0～9.0 5.5～7.0	8.5～10 6.5～7.5

注：加工余量数值中下限用于大批大量生产、上限用于单件小批生产。

2. 最小铸出孔与槽

铸件的孔、槽是否铸出，不仅取决于工艺上的可能性，还必须考虑其必要性。一般说来，较大的孔、槽应当铸出，以减少切削加工工时，节约金属材料，同时也可减小铸件上的热节（较小的则不必铸出，留待机械加工反而更经济）。灰铸铁件的最小铸孔（毛坯孔径）推荐如下，单件生产时，30～50 mm；成批生产时，15～30 mm；大量生产时，12～15 mm。对于零件图上不要求加工的孔、槽，无论大小、均要铸出。

3. 拔模斜度

为了使模型（或型芯）易于从砂型（或芯盒）中取出，凡垂直于分型面的立壁，制造模型时必须留出一定的倾斜度（图4.35），此倾斜度称为拔模斜度或铸造斜度。

拔模斜度的大小取决于立壁的高度、造型方法、模型材料等因素，立壁越高，拔模斜度越大，机器造型应比手工造型拔模斜度小；而木模应比金属型拔模斜度大。

为使型砂便于从模型内腔中脱出，以形成自带型芯，铸孔内壁的拔模斜度应比外壁大，通常外壁为$15'$～$3°$，内壁为$3°$～$10°$。

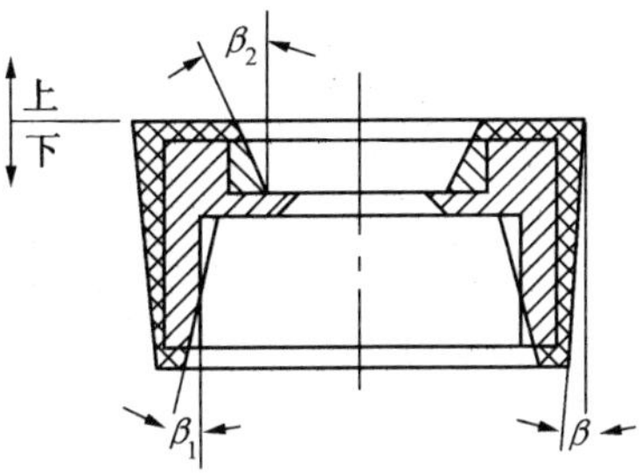

图 4.35　拔模斜度

在铸造工艺图中加工表面上的拔模斜度应结合加工余量直接标出，而不加工表面上的斜度仅需用文字注明即可。

4. 收缩率

由于合金的线收缩，铸件冷却后的尺寸将比型腔尺寸略为缩小，为保证铸件的应有尺寸。模型尺寸必须比铸件放大一个该合金的收缩量。

收缩余量的大小与铸件尺寸大小、结构的复杂程度和铸造合金的线收缩率有关，常常以铸件线收缩率 ε 表示，即

$$\varepsilon=\frac{L_{模}-L_{铸件}}{L_{模}}\times 100\%$$

式中　$L_{模}$，$L_{铸件}$——分别表示同一尺寸在模样与铸件上的长度。

在铸件冷却过程中，其线收缩不仅受到铸型和型芯的机械阻碍，同时，还存在铸件各部分之间的相互制约。因此，铸件的线收缩率除因合金种类差异外，还随铸件的形状、尺寸而定。通常，灰口铸铁为 0.7% ~1.0%，铸造碳钢为 1.3% ~2.0%，铝硅合金为 0.8% ~1.2%，锡青铜为 1.2% ~1.4%。

5. 型芯头

型芯头是根据铸型装配工艺的要求，在型芯两端多出的锥体部分，它的形状和尺寸影响型芯的装配工艺性和稳定性。型芯头可分为垂直芯头和水平芯头两大类。

垂直型芯如图 4.36(a)所示，一般由上、下芯头组成，但短而粗的型芯也可省去上心头。垂直芯头的高度主要取决于型芯头直径。芯头必须留有一定的斜度 α。下芯头的斜度为 5°~10°，高度应大些，以便增强型芯在铸型中的稳定性；上芯头的斜度为 6°~15°，高度应小些，以便于合箱。

水平芯头如图 4.36(b)所示，水平芯头的长度取决于型芯头直径及型芯的长度。为便于下芯及合箱，铸型上型芯座的端部也应留出一定斜度 α。悬壁型芯头必须长而大，以平衡支持型芯，防止合箱时型芯下垂或被金属液抬起。

型芯头与铸型型芯座之间应留有 1 ~4 mm 的间隙 s，以便于铸型的装配。

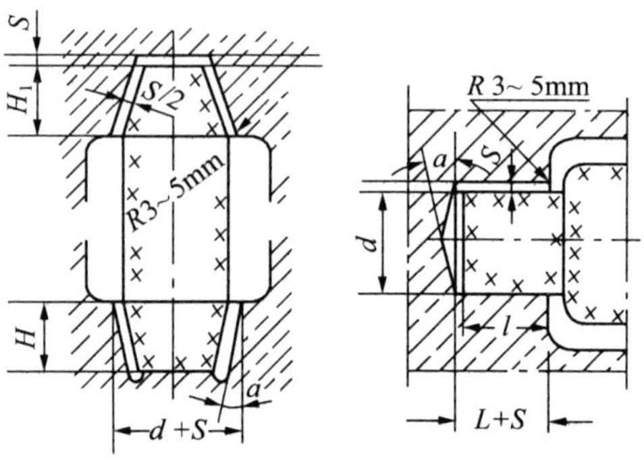

(a) 垂直芯头　　(b) 水平芯头

图 4.36　芯头的结构

4.3　典型铸件工艺分析

4.3.1　轴　架

如图 4.37(a)所示为一轴架零件，其中两端面及 ϕ 60、ϕ 70 内孔需进行机械加工，而且 ϕ 60 孔表面加工要求较高。ϕ 80 孔不需加工，必须用砂芯铸出。

轴架材料为 HT 200，小批量生产，承受轻载荷，可用湿砂型，手工分模造型。此铸件可供选择的主要铸造工艺方案有两种。

1. 方案 I

采用分模造型，水平浇注，如图 4.37(b)所示。铸件轴线为水平位置，过中心轴线的纵剖面为分型面，使分型面与分模面一致有利于下芯、起模，以及砂芯的固定、排气和检验等。两端的加工面处于侧壁，加工余量均取 4 mm，起模斜度取 1°，铸造圆角 R 3 ~ 5，内孔采用整体芯。横浇道开在上型分型面上，内浇道开在下型分型面上，熔融金属从两端法兰的外圆中间注入。该方案由于将两端加工面置于侧壁位置，质量较易得到保证。内孔表面虽说有一侧位于上面，但对铸造质量影响不大。此方案浇注时熔融金属充型平稳，但由于分模造型，易产生错型缺陷，铸件外形精度较差。

2. 方案 Ⅱ

采用三箱造型，垂直浇注。铸件两端面均为分型面，上凸缘的水平面为分模面，如图 4.37(c)所示。上端面加工余量取 5 mm，下端面取 4 mm。采用垂直式整体芯。在铸件上端面的分型面开一内浇道，切向导入，不设横浇道。方案二的优点是整个铸件位于中箱，外形精度较高。但是，上端面质量不易保证，没有横浇道，熔融金属对铸型冲击较大。由于采用三箱造型，多用一个砂箱，型砂耗用量和造型工时增加；上端面加工余量加大，金属耗费和切削工时增加，费用明显地高于方案 Ⅰ。相比之下，方案 Ⅰ 更为合理。

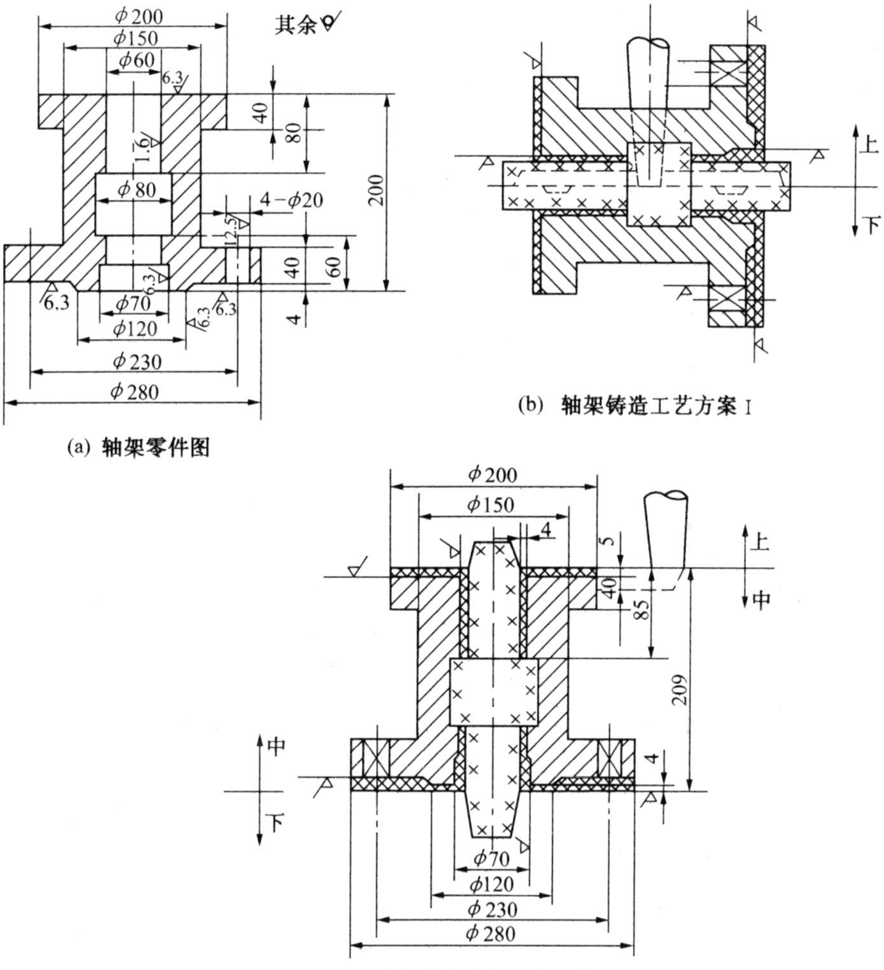

(a) 轴架零件图

(b) 轴架铸造工艺方案 I

(c) 轴架铸造工艺方案 II

图 4.37　轴架铸造工艺方案

4.3.2 支座

如图 4.38(a)所示为一普通支座支承件,没有特殊质量要求的表面,同时,它的材料为铸造性能优良的灰铸件(HT 150),勿需考虑补缩。因此,在制订铸造工艺方案时,不必考虑浇注位置要求,主要着眼于工艺上的简化。

支座虽属简单件,但底板上四个 φ10 孔的凸台及两个轴孔内凸台可能妨碍起模。同时,轴孔如若铸出,还须考虑下芯的可能性。该件可供选择的主要铸造工艺方案有两种。

1. 方案 I

采用分模造型,水平浇注。铸件沿底板中心线分型,即轴孔下芯方便。底板上四个凸台必须采用活块。同时,铸件在上、下箱各半,容易产生错箱缺陷,飞边的清理工作量较大。

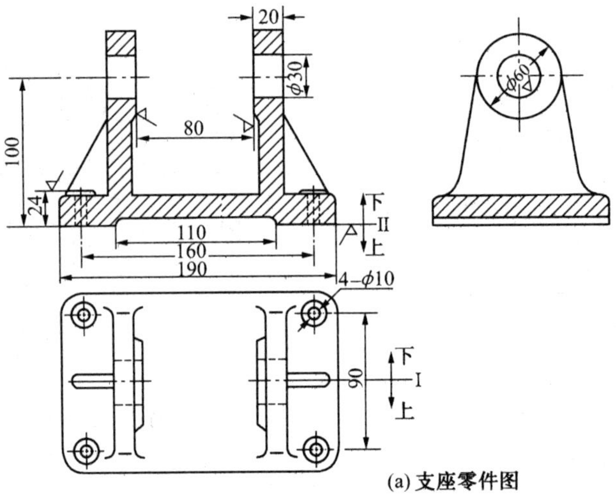

(a) 支座零件图

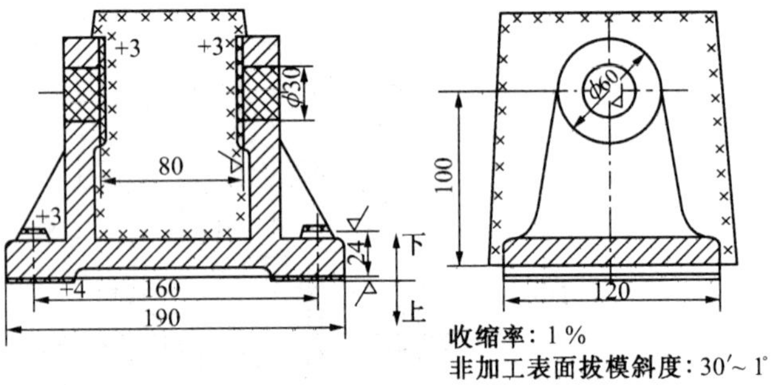

(b) 支座的铸造工艺图

图 4.38　支座铸造工艺方案

2. 方案 Ⅱ

采用整模造型，顶部浇注。铸件沿底面分型，铸件全部在下箱。即上箱为平面，不会产生错箱缺陷，铸件清理简便。轴孔内凸台妨碍起模，必须采用活块或下芯来克服；当采用活块时，$\phi30$ 轴孔难以下芯。

相比之下，上述两个方案在单件、小批生产中，由于轴孔直径较小，不需铸出，因此，采用方案Ⅱ进行活块造型较为经济合理。在大批量生产中，由于机器造型难以进行活块造型，所以宜采用型芯克服起模的困难。其中方案Ⅱ下芯简便，型芯数量少，若轴孔需要铸出，采用一个组合型芯便可完成。

综上所述，方案Ⅱ适于各种批量生产，是合理的工艺方案。支座铸造工艺简图如图 4.38(b)所示，轴孔不铸出。它是采用一个型芯使铸件形成内凸台，而型芯的宽度大于底板是为使上箱压住该型芯，以防浇注时上浮。

复习思考题

1. 铸造工艺图与零件图有哪些不同？为什么？

2. 图 4.39 中铸件在单件生产条件下应采用什么造型方法？试绘制铸造工艺图。

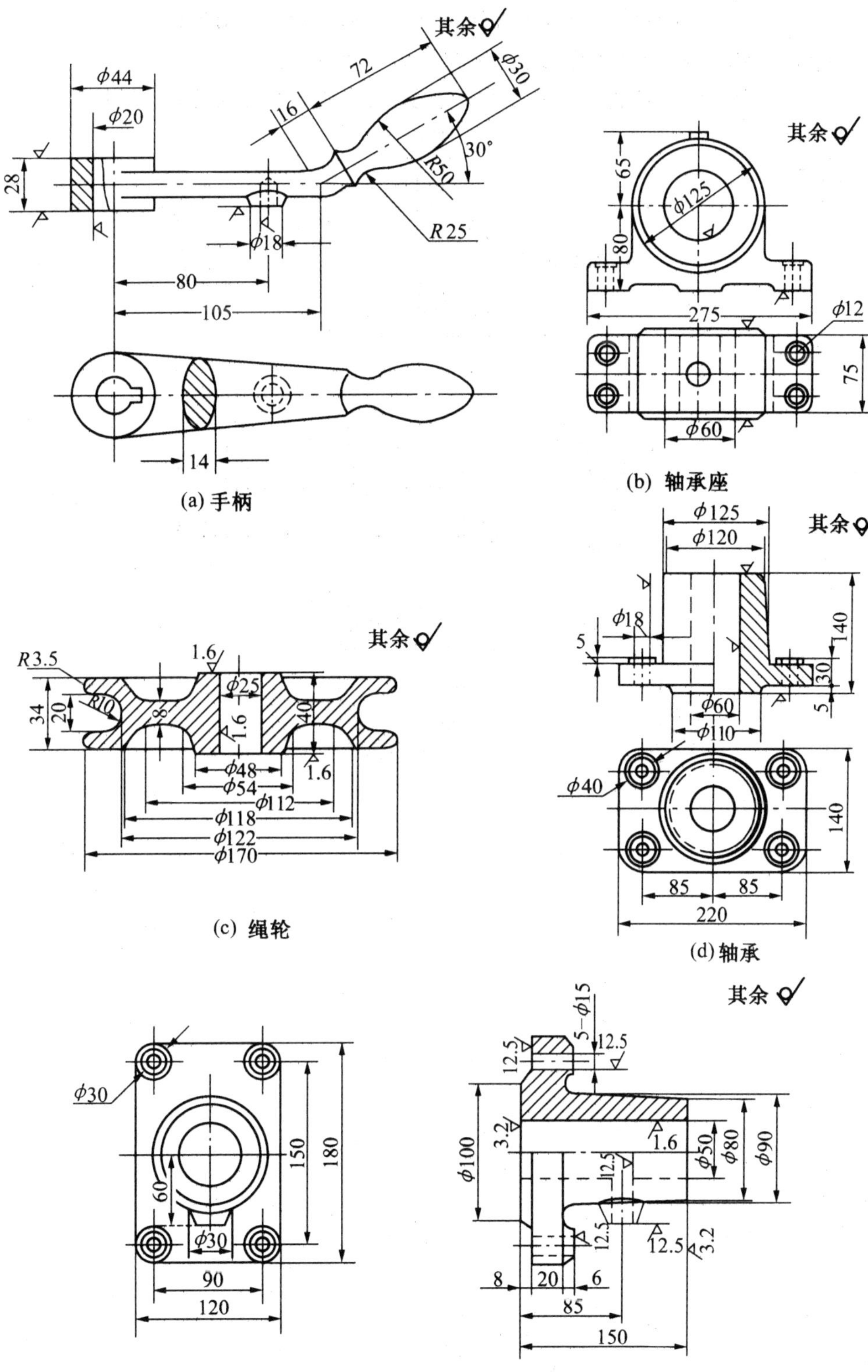

(a) 手柄

(b) 轴承座

(c) 绳轮

(d) 轴承

(e) 套筒

图 4.39

3. 铸件的浇注位置对铸件的质量有什么影响？应按什么原则选择？

4. 试叙述分型面与分模面的概念？分型面选择的原则？

5. 图 4.40 所示零件结构是否合理？若不合理，修改不合理的结构，并说明理由。

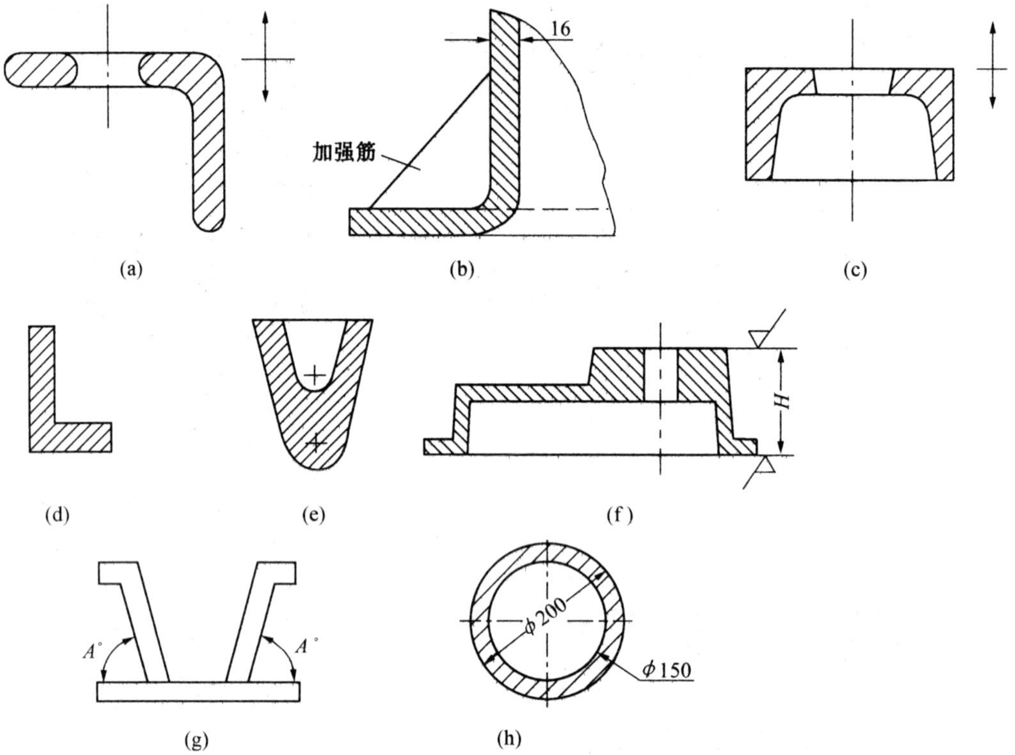

图 4.40　铸件结构图

第 2 篇

金属的塑性成型加工工艺

金属塑性成型(也称为压力加工)是利用金属在外力作用下所产生的塑性变形,来获得具有一定形状、尺寸和力学性能的原材料、毛坯或零件的生产方法。

塑性成型可分为体积成型和板料成型两大类,体积成型是将金属块料、棒料、厚板等在高温或室温下加工成型,主要包括锻造、轧制、挤压、拉拔等;板料成型是对较薄的金属板料在室温下加工成型,习惯上称为冲压。

锻造能提高铸件的力学性能,在机器制造工业中主要用来生产承受冲击或交变应力的重要零件,如机床主轴和齿轮、连杆、吊钩等;冲压加工主要用于加工薄板,广泛用于汽车外壳、仪表、电器及日用品的生产;轧制、挤压、拉拔等压力加工方法主要生产板料、管材、型材、线材等不同截面形状的金属材料。

金属塑性成型中作用在金属坯料上的外力主要有两种:冲击力和压力。锤类设备产生冲击力使金属变形;轧机与压力机对金属坯料施加静压力使金属变形。

本篇主要讲述塑性成型加工工艺,其中第 5 章简要讲述塑性变形的基础理论、金属的可锻性;第 6 章讲述各种塑性成型方法的特点、应用和结构工艺设计;第 7 章讲述冲压加工的基本原理和加工方法;第 8 章简要介绍塑性成型新技术和新工艺。

第二章

第 5 章　金属塑性成型理论基础

金属塑性成型是利用金属的塑性，使其改变形状、尺寸和改善性能。金属在不同温度和压力下的塑性变形对产品的质量有很大影响。

本章简要分析了金属塑性变形的实质，重点讲述了金属的塑性变形对产品性能的影响和金属的可锻性。

5.1　金属塑性变形的实质

金属的塑性是当外力增大到使金属内部产生的应力超过该金属的屈服点，使其内部原子排列的相对位置发生变化而相互联系不被破坏的性能。塑性变形不能自行恢复其原始形状和尺寸，外力停止作用后，塑性变形不会消失。

5.1.1　单晶体的塑性变形

单晶体塑性变形基本方式是"滑移"与"孪生"，滑移是金属中最主要的塑性变形方式。

1. 滑移

晶体的滑移是晶体一部分相对于另一部分沿一定的晶面和一定晶向（原子密度最大的晶面和晶向）发生相对的滑移。近代物理学说明，晶体内部存在缺陷（其类型有点缺陷、线缺陷和面缺陷），由于缺陷的存在，使晶体内部各原子处于不稳定状态，高位能的原子很容易地从一个相对平衡的位置移动到另一位置上。位错是晶体中的线缺陷，实际晶体结构的滑移就是通过位错运动来实现的。晶体内位错运动到晶体表面就实现了整个晶体的塑性变形。图 5.1 为位错运动引起塑性变形示意图。

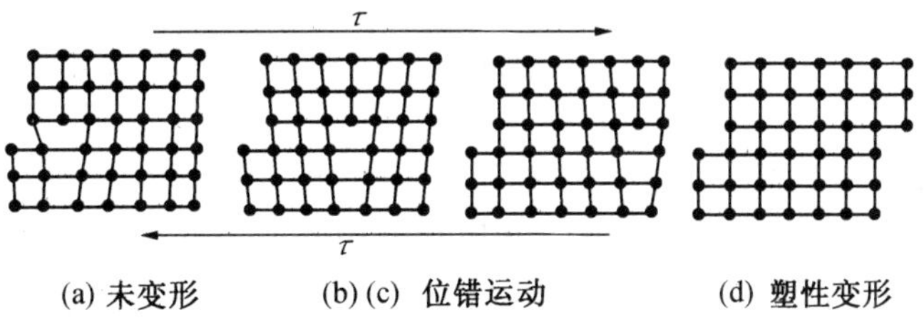

图 5.1　位错运动引起塑性变形示意图

2. 孪生

孪生是晶体在外力作用下，晶格的一部分相对另一部分沿孪晶面发生相对转动的结果，转动后以孪生晶面 a—a 为界面，形成镜像对称，如图 5.2 所示。孪生一般发生在晶格中滑移面少的某些金属中，或突然加载的情况下。孪生的变形量很小。

5.1.2　多晶体的塑性变形

实际使用的金属材料是由许多晶格位向不同的晶粒构成,称为多晶体材料。多晶体的塑性变形是由于晶界的存在和各晶粒晶格位向的不同,其塑性变形过程比单晶体的塑性变形复杂得多。图 5.3 为多晶体塑性变形示意图。在外力作用下,多晶体的塑性变形首先在晶格方向有利于滑移的晶粒 A 内开始,然后,才在晶格方向较为不利的晶粒 B、C 内滑移。由于多晶体中各晶粒的晶格位向不同,滑移方向不一致,各晶粒间势必相互牵制阻挠。为了协调相邻晶粒之间的变形,使滑移得以继续进行,便会出现晶粒彼此间相对的移动和转动。因此,多晶体的塑性变形,除晶粒内部的滑移和转动外,晶粒与晶粒之间也存在滑移和转动。

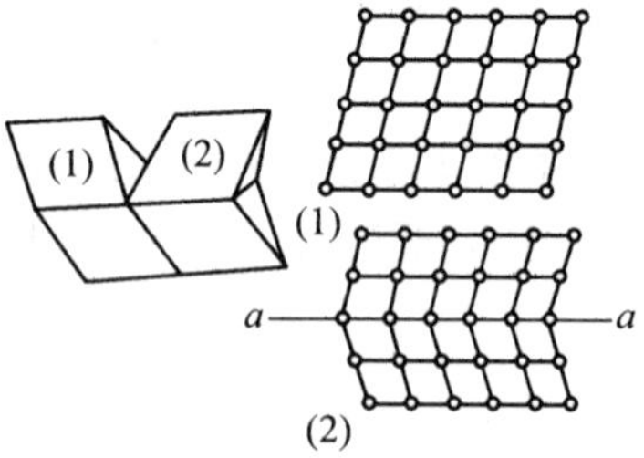

图 5.2　孪生变形示意图
(1)变形前;(2)孪生变形后
a-a 表示孪生面

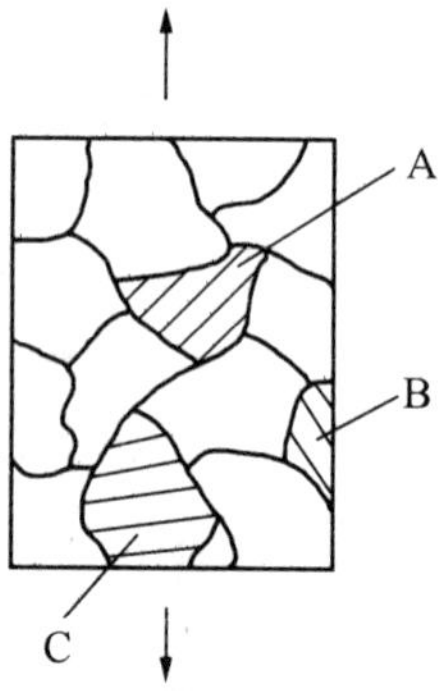

图 5.3　多晶体塑性变形过程示意图

5.2　金属塑性变形后的组织和性能

由于在不同温度下金属变形后的组织与性能不同,根据变形温度的不同,金属的塑性变形分为冷变形和热变形两种。

5.2.1　冷变形后金属的组织与性能

金属在再结晶温度以下进行的塑性变形称为冷变形,经过冷变形的金属其组织、性能如下:

(1)晶粒沿变形方向被拉长

金属在外力作用上,随着外形的改变(压扁或拉长),其内部的晶粒形状也随之改变(压扁或拉长)。当变形量很大时,晶界将变得模糊不清,形成纤维组织。其性能具有明显的方向性。

(2)晶粒破碎

晶粒破碎后位错密度增加,产生冷变形强化。冷变形时,随着塑性变形的增大,晶粒破碎为碎晶块,晶体中原子排列偏离平衡位置。出现严重的晶格歪扭,同时内能升高,滑移阻力增大。因此,随着变形程度的增加,金属材料的所有强度指标和硬度都有所提高,但塑性下降,这种现象称为冷变形强化或加工硬化。实际生产中经常利用这一现象来强化金属材料，特别是一些不能用热处理方法强化的金属。

(3)晶粒择优取向，形成变形织构

随着变形程度的增加，各晶粒的晶格位向会沿着变形方向发生转动，当变形量很大时，金属中每个晶粒的晶格位向大体趋于一致，此种现象称择优取向，所形成的结构称为变形织构。变形织构使金属具有各向异性。例如用有织构的板材冲制筒形零件时，由于不同方向上的塑性差别很大，导致变形不均匀，使零件边缘不齐，即出现所谓的"制耳"现象，如图 5.4 所示。

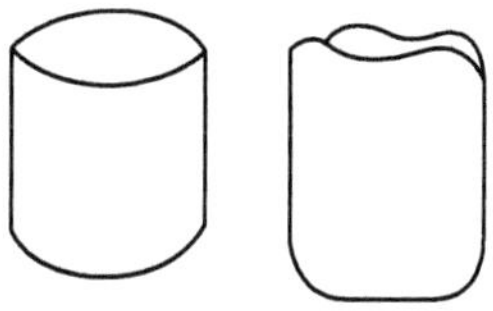
(a) 无制耳　(b) 有制耳

图 5.4　冲压件的制耳

(4)残余内应力

残余内应力是指去除外力后，残留在金属内部的应力，它主要是由于金属在外力作用下变形不均匀而造成的。残余内应力的存在，使金属原子处于一种高能状态，具有自发恢复到平衡状态的倾向。在低温下，原子活动能力较低，这种恢复现象难以觉察，但是，当温度升高到某一程度后，金属原子获得热能而加剧运动。金属组织和性能将会发生一系列变化。

5.2.2　冷变形后金属在加热时组织与性能的变化

(1)回复

加热温度不高时，由于原子扩散能力不强，只能通过点缺陷和位错的迁移，消除晶粒的晶格扭曲，显著降低金属的内应力，但显微组织无明显变化，金属的强度和塑性变化不大，此过程称回复。对于纯金属，一般 $T_{回}=(0.25\sim0.3)T_{熔}$ K。实际生产中，利用回复现象可以使变形金属消除内应力，同时又保留高的强度和硬度。例如，用冷拉钢线卷制的弹簧，卷成后一般都要加热至 250 ~ 300 ℃，以消除内应力，使其定形。这种处理称消除内应力退火。

(2)再结晶

冷变形金属加热到较高温度时，原子扩散能力增强，以大量的碎晶或杂质为结晶核心，原子在金属内部重新排列，形成新的晶粒而取代冷变形后破碎和被拉长了的已变形晶粒。这种塑性变形后金属被拉长、破碎的晶粒重新生核、结晶，成为新的等轴晶粒现象称为再结晶。开始产生再结晶现象的最低温度称为再结晶温度。对于纯金属，再结晶温度大致为：$T_{再}=0.4T_{熔}$ K。再结晶对改变金属的组织和性能具有重要的实际意义。再结晶能使冷变形后的金属消除冷变形强化，恢复良好的塑性，为随后的冷压力加工(如冷轧、冷拔、冷拉深等)创造有利的变形条件。

5.2.3　热变形后金属组织与性能

热变形是指再结晶温度以上的塑性变形。金属在热变形过程中，同时存在冷变形强化和再结晶两个过程，但其冷变形强化效应被高温下的再结晶(称动态再结晶)行为所消除。因而在热变形过程中表现不出冷变形强化现象，但金属的组织与性能将发生如下变化：

(1)金属致密度提高

铸锭进行热变形加工后，其中未被氧化的气孔、疏松等孔洞能被焊合，从而使金属的致密度提高。

(2)组织细化,力学性能提高

热变形能使坯料粗大的铸态组织碎化,然后转变为细化的再结晶组织,从而提高力学性能。

(3)出现锻造流线

铸锭在压力加工中产生塑性变形时,基体金属的晶粒形状和沿晶界分布的杂质形状都发生了变形,它们将沿着变形方向被拉长,呈纤维形状。这种结构叫锻造流线(图5.5)。

具有锻造流线的金属,在性能上具有方向性,金属在平行于纤维方向上的塑性和韧性提高,而在垂直于纤维方向上的塑性和韧性降低。纤维组织的明显程度与金属的变形程度有关,变形程度越大,锻造流线越明显。压力加工中,变形程度常用锻造比 Y 表示。拔长时,锻造比 $Y_{拔}=F_0/F$;镦粗时,锻造比 $Y_{镦}=H_0/H$。(式中,H_0、F_0 分别为坯料变形前的高度和横截面积,H、F 分别为坯料变形后的高度和横截面积)。

锻造流线的化学稳定性强,通过热处理是不能消除的,只能通过不同方向上的锻压才能改变锻造流线的分布状况。因此,为了获得具有最好机械性能的零件,在设计制造零件时,应充分利用锻造流线的方向性,一般应遵守两项原则:

①使锻造流线分布与零件的轮廓相符合而不被切断;

②使零件所受的最大拉应力与锻造流线平行,最大切应力与锻造流线垂直。

例如,当采用棒料直接经切削加工制造螺钉时,如图5.6(a)所示,螺钉头部与杆部相交出锻造流线被切断,不能连贯起来,受力时产生的切应力平行于锻造流线方向,故螺钉的承载能力较弱。当用同样棒料经局部镦粗方法制造螺钉时,如图5.6(b)所示,纤维不被切断且连贯性好,锻造流线方向也较为有利,故螺钉质量较好。

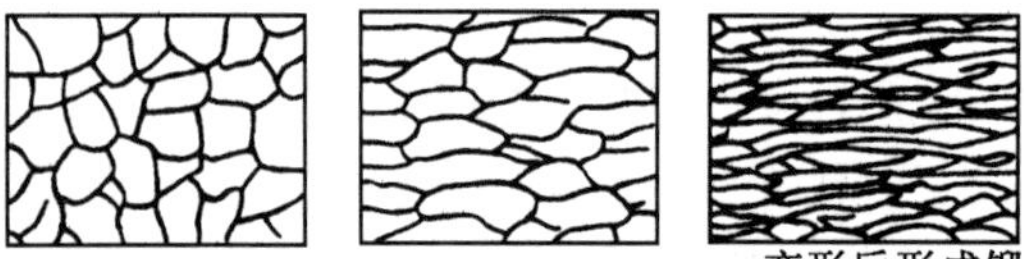

(a) 变形前　(b)变形中　(c) 变形后形成锻造流线组织

图5.5　铸锭热变形后的组织

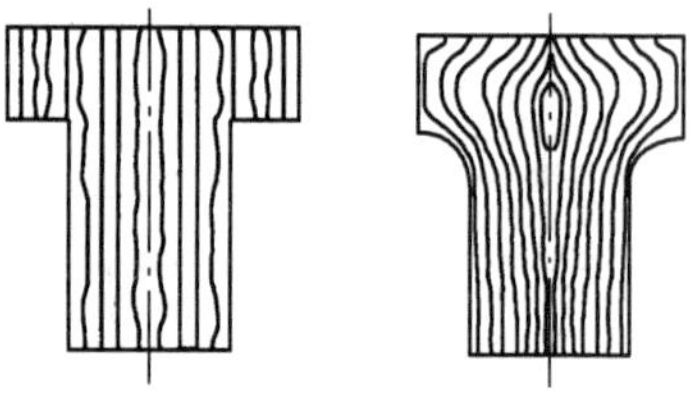

(a) 不合理　(b) 合理

图5.6　螺钉内锻造流线示意图

5.3　金属的可锻性及其影响因素

金属的可锻性是金属在经受压力加工产生塑性变形的工艺性能。可锻性的优劣是以金属的塑性和变形抗力来综合评定的。塑性反映了金属塑性变形的能力,而变形抗力反映了金属塑性变形的难易程度。金属塑性高、变形抗力小,则金属可承受较大的变形而且锻压时省力。

金属的可锻性取决于材料的性质(内因)和加工条件(外因)。

5.3.1　材料性质的影响

(1)化学成分的影响

不同化学成分的材料其可锻性不同。一般地说,纯金属的可锻性比合金的可锻性好,而钢中由于合金元素含量高,合金成分复杂,其塑性差,变形抗力大。因此纯铁、低碳钢和高合金钢,它们的可锻性是依次下降的。

(2)金属组织与结构的影响

金属内部的组织和相结构对金属可锻性影响很大,铸态柱状组织和粗晶粒结构不如晶粒细小而又均匀的组织的可锻性好。纯金属及固溶体(如奥氏体)的可锻性好,而碳化物(如渗碳体)的可锻性差。

5.3.2　加工条件的影响

1. 变形温度的影响

在一定的变形温度范围内,随着温度升高,原子动能升高,从而塑性提高,变形抗力减小,有效改善了可锻性。

但是加热要控制在一定范围内,若加热温度过高,晶粒急剧长大,材料力学性能降低,这种现象称为"过热",若加热温度接近熔点,晶界氧化破坏了晶粒间的结合,使金属失去了塑性,坯料报废,这一现象称为"过烧"。金属锻造加热时允许的最高温度称为始锻温度。在锻压过程中,金属坯料温度不断降低,当温度降低到一定程度,塑性变差,变形抗力增加,不能再锻,否则引起加工硬化甚至开裂,此时停止锻造的温度称终锻温度。始锻温度与终锻温度之间的区间,称锻造温度范围。

2. 变形速度的影响

变形速度即单位时间内的变形程度。它对金属可锻性的影响是矛盾的。如图 5.7 所示,一方面由于变形速度的增大,回复和再结晶不能及时克服加工硬化现象,金属则表现出塑性下降、变形抗力增大,可锻性变坏。另一方面,金属在变形过程中,消耗于塑性变形的能量有一部分转化为热能,使金属温度升高(称为热效应现象)。变形速度越大,热效应现象越明显。使金属的塑性提高、变形抗力下降,可锻性变好。使可锻性发生变化的变形速度称为临界速度 c。热效应现象只有在高速锤上锻造时才能实现,在一般设备上都不可能超过 c 点的变形速度,故塑性较差的材料(如高速钢等)或大型锻件,还是应采用较小的变形速度为宜。

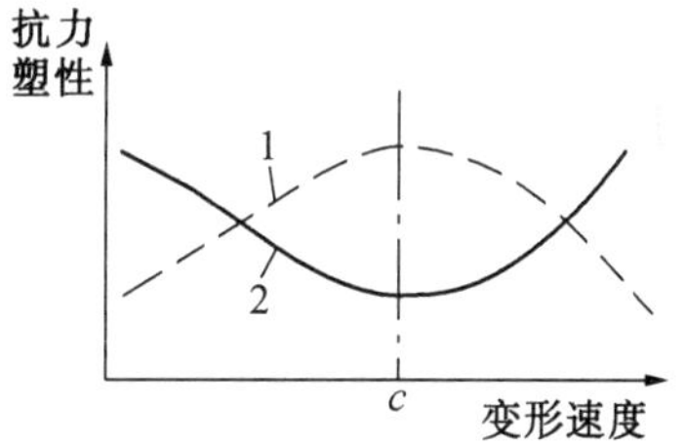

图 5.7　变形速度对塑性及变形抗力的影响

1—变形抗力曲线;2—塑性变化曲线

3. 应力状态的影响

金属在经受不同方式进行变形时,所承受的应力大小和性质(压应力或拉应力)是不同的。例如,挤压变形时(图 5.8)为三向受压状态。而拉拔时(图 5.9)则为两向受压一向受拉的状态。

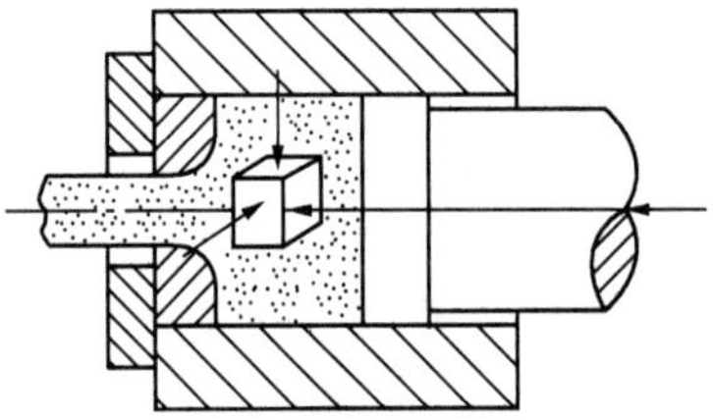

图 5.8 挤压时金属应力状态

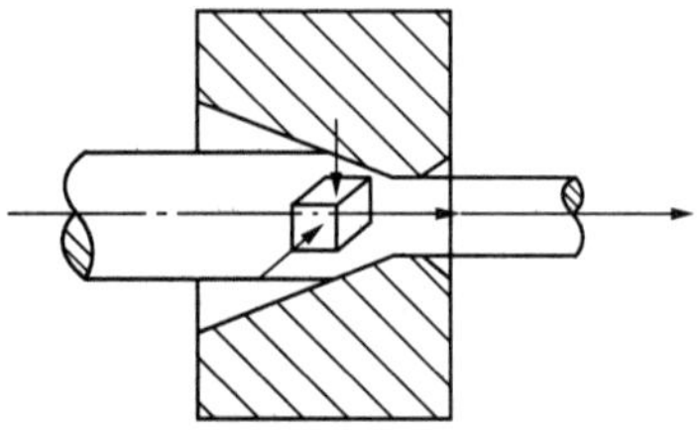

图 5.9 拉拔时金属应力状态

理论和实践证明，在三向应力状态图中，压应力的数量越多，则其塑性越好；拉应力的数量越多，则其塑性越差。其理由是在金属材料的内部或多或少总是存在着微小的气孔或裂纹等缺陷。在拉应力作用下，缺陷处会产生应力集中，使得缺陷扩展甚至达到破坏，从而金属失去塑性；而压应力使金属内部原子间距减小，又不易使缺陷扩展，故金属的塑性会增高，但压应力同时又使金属内部摩擦增大，变形抗力也随之增大，为实现变形加工，就要相应增加设备吨位，以增加变形力。

在选择具体加工方法时，应考虑应力状态对金属可锻性的影响，对于塑性较低的金属，应尽量在三向压应力下变形，以免产生裂纹。对于本身塑性较高的金属，变形时出现拉应力是有利的，可以减少变形能量的消耗。

4. 坯料表面质量

金属坯料表面质量主要影响其塑性，在冷变形过程中尤为显著。因为表面过于粗糙，有划痕、微裂纹和粗大杂质时，易在受力过程中产生应力集中，引起开裂。因此，表面粗糙度也可影响锻造性能。随着表面粗糙度的降低，金属的锻造性能变好。

综上所述，影响金属塑性变形的因素是很复杂的，在压力加工中，要综合考虑所有的因素，根据具体情况采取相应的有效措施，力求创造最有利的变形条件，充分发挥金属的塑性，降低变形抗力，降低设备吨位，减少能耗，使变形进行得充分，达到优质低耗的要求。

复习思考题

1. 金属塑性变形的实质是什么？
2. 什么是冷变形？什么是热变形？对金属的力学性能有何影响？
3. 锻造流线是怎样形成的？它的存在有何利弊？
4. 什么是金属的锻造性能？其主要影响因素有哪些？
5. “趁热打铁”是什么意思？

第6章　常用金属塑性成型方法

本章介绍自由锻、胎模锻、模锻、轧制、挤压、拉拔等常用的塑性成型方法的工艺特点和应用，重点讲述模锻的锻模结构和模锻件的结构工艺设计。

6.1　自由锻与胎模锻

锻造生产中，自由锻与胎膜锻所用设备比较简单，锻件精度较低，生产率较低。

6.1.1　自由锻

只用简单的通用性工具，或在锻造设备的上、下砧间直接使坯料变形而获得所需的几何形状及内部质量的锻件的加工方法称为自由锻。

1. 自由锻特点和应用

自由锻根据其所用设备可分为手工自由锻和机器自由锻，手工锻造只能生产小型锻件，生产率也较低，机器锻造则是自由锻的主要生产方法。自由锻适用于单件小批量及大型锻件的生产，特别是在重型机械制造中占有重要的地位。例如，水轮发电机机轴、轧辊等重型锻件惟一可行的生产方法是自由锻。

2. 自由锻工艺规程

工艺规程是保证生产工艺可行性和经济性的技术文件，是指导生产的依据，也是生产管理和质量检验的依据。工艺规程的主要内容和制订步骤如下：

(1)绘制锻件图

锻件图是根据零件图绘制的。自由锻件的锻件图是在零件图的基础上考虑加工余量、锻造公差、工艺余块等之后绘制的，它是计算坯料、设计工具和检验锻件的依据。

①加工余量　自由锻的精度和表面质量都很低，锻后工件需进行切削加工，因此在锻件需要切削的相应部位必须增加一部分金属，即加工余量。加工余量的数值与锻件形状、尺寸及工人技术水平有关，其数值的确定可查阅锻工手册。零件的基本尺寸加上加工余量即锻件的名义尺寸。

②锻造公差　实际操作中，由于金属的收缩、氧化，以及操作者不能精确掌握锻后工件的尺寸等原因，允许锻件的实际尺寸与名义尺寸间有一定的偏差，即锻造公差。一般锻造公差约为加工余量的1/4～1/5。

③工艺余块　自由锻只能锻造形状较简单的锻件，零件上的某些凸挡、台阶、小孔、斜面、锥面等都不能锻造(或虽能锻出，但经济上不合理)。因此，这些难以锻造的部分均应

进行简化。为了简化锻件形状而加上去的那部分金属称为工艺余块。

为使锻工了解零件的形状和尺寸，在锻件图上应采用双点划线画出零件的轮廓，并在锻件尺寸线下面用括号注明零件的基本尺寸。例如，阶梯轴自由锻锻件图如图 6.1 所示。

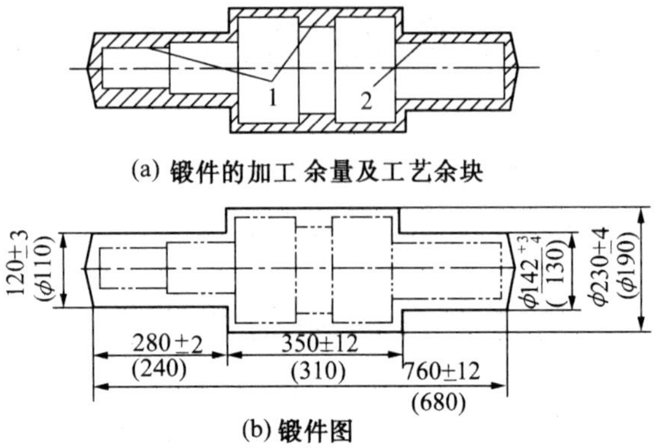

图 6.1　典型阶梯轴锻件图

1—工艺余块；2—加工余量

3. 坯料质量及尺寸计算

坯料质量可按下式计算

$$G_{坯}=G_{锻}+G_{烧}+G_{切}$$

式中　$G_{坯}$——坯料质量；

$G_{锻}$——锻件质量；

$G_{切}$——冲切掉的钢料质量；

$G_{烧}$——因加热氧化烧损的钢料质量。

当锻造大型锻件采用钢锭作坯料时，还要考虑切掉的钢锭头部和钢锭尾部的质量。

确定坯料尺寸时，应考虑到坯料在锻造过程中必须的变形程度，即锻造比的问题。对于以碳素钢锭作为坯料并采用拔长方法锻制的锻件，锻造比一般不小于 2.5～3；如果采用轧材作坯料，则锻造比可取 1.3～1.5。

根据计算所得的坯料质量和截面大小，即可确定坯料长度尺寸或选择适当尺寸的钢锭。

4. 选择锻造工序

自由锻锻造的工序，是根据工序特点和锻件形状来确定的。对一般锻件的大致分类及所采用的工序见表 6.1。

自由锻工序的选择与整个锻造工艺过程中的火次和变形程度有关。坯料加热次数（即火次数）与每一火次中坯料成型所经工序都应明确规定出来，写在工艺卡上。

工艺规程的内容还包括：确定所用工序夹具、加热设备、加热规范、加热火次、冷却规范、锻造设备和锻件的后续处理等。

典型自由锻件（半轴）的锻造工艺卡见表 6.2。

表 6.1　锻件分类及所需锻造工序

锻件类别	图　　例	锻　造　工　序
盘类锻件	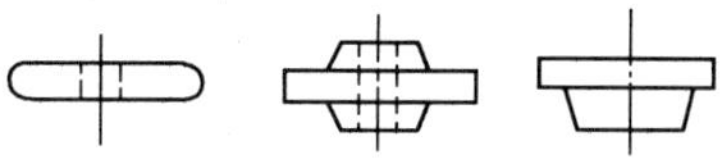	镦粗(或拔长及镦粗),冲孔
轴类零件	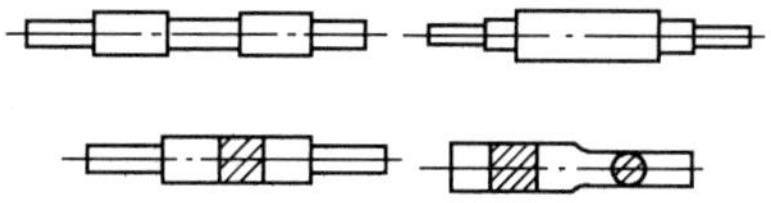	拔长(或镦粗及拔长),切肩和锻台阶
筒类零件	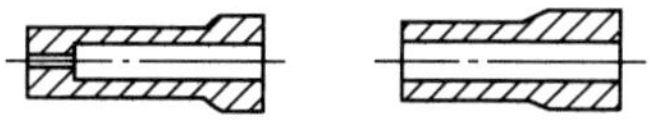	镦粗(或拔长及镦粗),冲孔,在心轴上拔长
环类零件		镦粗(或拔长及镦粗),冲孔,在心轴上扩孔
曲轴类零件	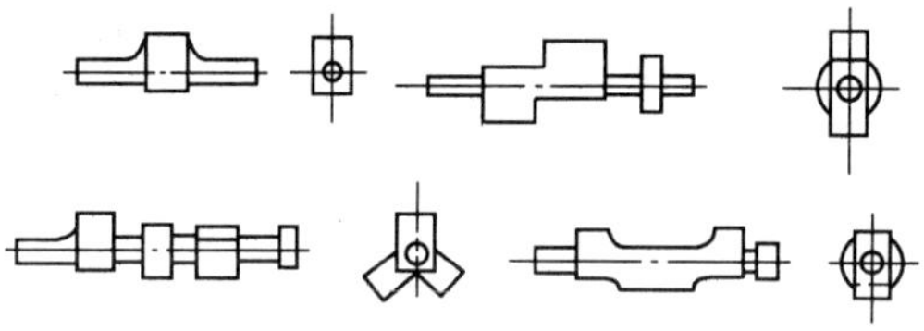	拔长(或镦粗及拔长),错移,锻台阶,扭转
弯曲类锻件	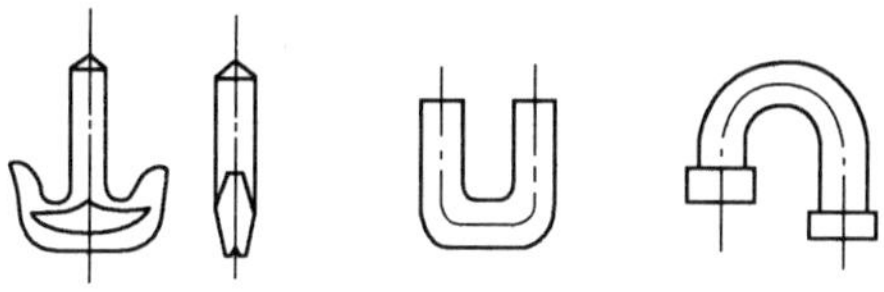	拔长,弯曲

表 6.2　半轴自由锻工艺卡

锻件名称	半　　轴	图　　例
坯料质量	25kg	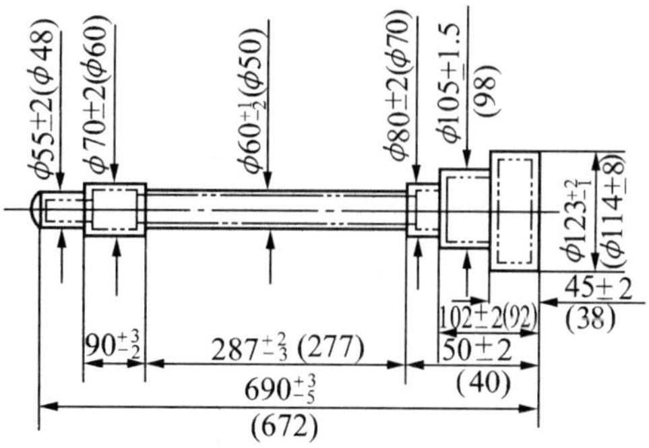
坯料尺寸	φ130×240	
材　　料	18CrMnTi	

续表 6.2

火　次	工　序	图　例
1	锻出头部	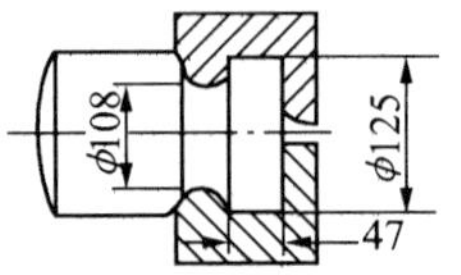
	拔　长	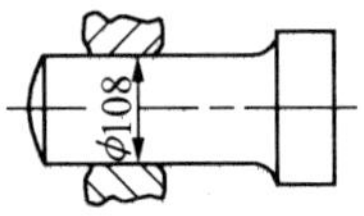
	拔长及修整台阶	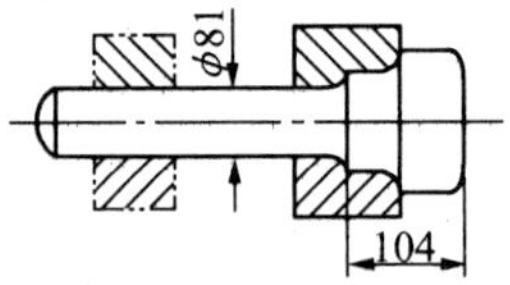
	拔长并留出台阶	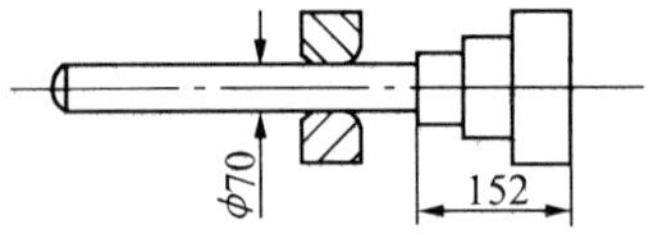
	锻出凹挡及拔长端部并修整	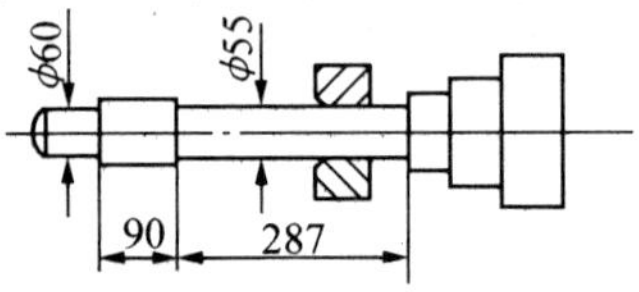

6.1.2　胎模锻

胎模锻是在自由锻设备上使用胎模生产模锻件的工艺方法。胎模锻一般采用自由锻方法制坯,然后在胎模中最后成型。

1. 胎模锻模具

胎模锻模具种类较多,主要有扣模、筒模及合模三种。

(1) 扣模

扣模结构如图 6.2 所示,由上下扣组成。扣模用来对坯料进行全部或局部扣形,生产长杆非回转体锻件,也可以为合模锻造进行制坯。用扣模锻造时坯料不转动。

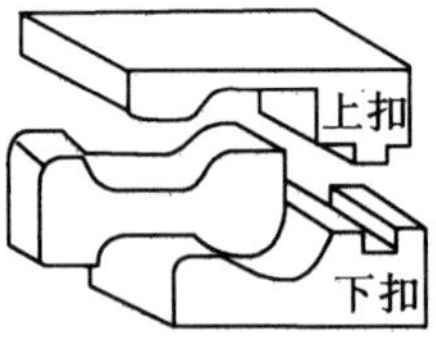

图 6.2　扣模

(2) 筒模

筒模结构如图 6.3 所示,锻模呈圆筒形,主要用于锻造齿轮、法兰盘等回转体盘类锻件。对于形状简单的锻件,只用一个筒模就可进行生产。根据具体条件,可制成整体模、镶块模或带垫模的筒模。

对于形状复杂的胎模锻件,则需在筒模内再加两个半模(即增加一个分模面)制成组合筒模。坯料在由两个半模组成的模膛内成型,锻后先取出两个半模,再取锻件。

(3)合模

合模的结构如图6.4所示,通常由上模和下模两部分组成。为了使上下模吻合及不使锻件产生错移,经常用导柱和导销定位。合模多用于生产形状较复杂的非回转体锻件。如连杆、叉形件等锻件。

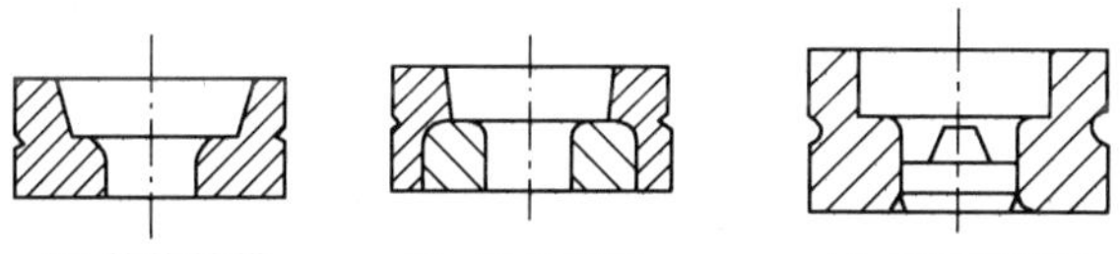

(a) 整体筒模　(b) 镶块筒模　(c) 带垫模筒模

图6.3　筒模

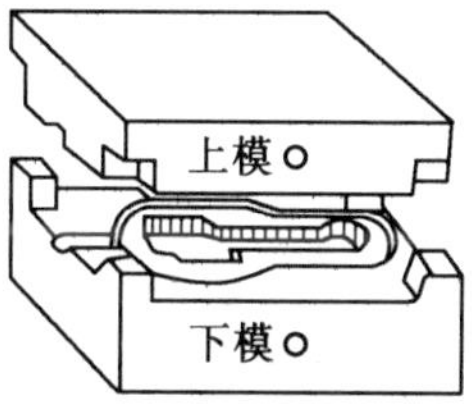

图6.4　合模

2. 胎模锻特点和应用

胎模锻与自由锻比较有如下特点:

①胎模锻件的形状和尺寸基本与锻工技术无关,靠模具来保证,对工人技术要求不高,操作简便,生产率较高。

②胎模锻造的形状准确,尺寸精度较高,因而工艺余块少、加工余量小。既节约了金属,也减轻了后续加工的工作量。

③胎模锻件在胎模内成型,锻件内部组织致密,纤维分布更符合性能要求。

胎模锻适合于中、小批量生产,多用在没有模锻设备的中小型工厂中。

6.2　模　　锻

模锻即模型锻造,是利用模具使毛坯变形而获得锻件的锻造方法。模锻时,金属的变形受到模具模膛限制,迫使金属在模膛内塑性流动成型。与自由锻相比,模锻有以下优点:

①锻件的形状和尺寸比较精确,表面粗糙度低,机械加工余量较小,能锻出形状复杂的锻件,因此材料利用率高,且能节省加工工时。

②金属坯料的锻造流线分布更为合理,力学性能提高。

③模锻操作简单,易于机械化,因此生产率高,大批量生产时,锻件成本低。

但是,模锻时锻件坯料是整体变形,坯料承受三向压应力,其变形抗力增大。因此,锻造时需要吨位较大的专用设备,模锻件质量一般小于150 kg。此外,锻模模具材料昂贵,且模具制造周期长,而每种模具只可加工一种锻件,因此成本高。模锻适用于中、小型锻件的大批量生产,广泛用于汽车、拖拉机、飞机、机床和动力机械等工业生产中。随着工业的发展,模锻件在锻件生产中所占的比例越来越大。

模锻按照其所用设备的不同,可分为锤上模锻和压力机模锻。锤上模锻对坯料施加的力为冲击力,而压力机模锻主要对坯料施加静压力。

6.2.1　锤上模锻

在模锻锤上进行的模锻称为锤上模锻。锤上模锻所用设备主要是蒸汽-空气模锻锤，简称为模锻锤。蒸汽-空气模锻锤的工作原理与蒸汽-空气自由锻锤基本相同。模锻锤的吨位为 1～16 t，能锻造 0.5～150 kg 的模锻件。模锻件质量与模锻锤吨位的选择见表 6.3。

表 6.3　模锻锤吨位选择的概略数据

模锻锤吨位/t	1	2	3	5	10	16
锻件质量/kg	2.5	6	17	40	80	120
锻件在分模面处投影面积/cm^2	13	380	1080	1260	1960	2830
能锻齿轮的最大直径/mm	130	220	370	400	500	600

1. 锻模结构

锤上模锻用的锻模结构如图 6.5 所示，它是由带有燕尾的上模 2 和下模 3 两部分组成的。下模 3 用紧固楔铁 11 固定在模垫 9 上。上模 2 靠楔铁 14 紧固在锤头 1 上，随锤头一起作上下往复运动。上下模合在一起时其中部形成完整的模膛 13。

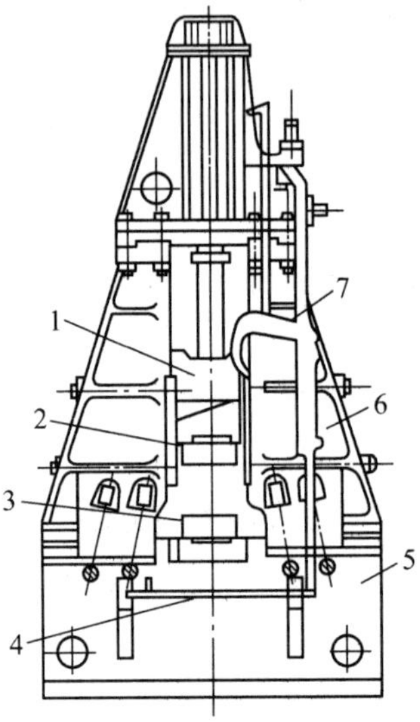

(a) 蒸汽－空气模锻锤

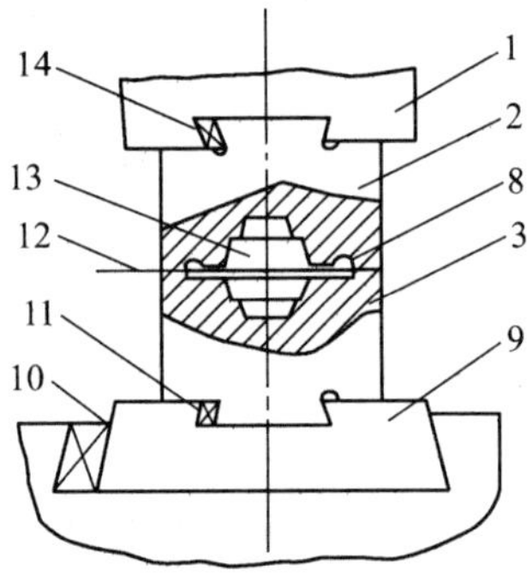

(b) 锻模

图 6.5　锤上模锻设备与锻模

1—锤头；2—上模；3—下模；4—踏杆；5—砧座；6—锤身；7—操纵机构；8—飞边槽；9—模垫；10、11、14—紧固楔铁；12—分模面；13—模膛

模膛根据其功用的不同可分为模锻模膛和制坯模膛两大类。

(1) 模锻模膛

模锻模膛分为预锻模膛和终锻模膛两种。

①预锻模膛　预锻模膛的作用是使坯料变形到接近于锻件的形状和尺寸，这样再进行终锻时，金属容易充满终锻模膛。同时减少了终锻模膛的磨损，以延长锻模的使用寿

命。对于形状简单或批量不大的模锻件可不设置预锻模膛。

②终锻模膛　终锻模膛的作用是使坯料最后变形到锻件所要求的形状和尺寸，因此，它的形状应和锻件的形状相同，但因锻件冷却时要收缩，终锻模膛的尺寸应比锻件尺寸放大一个收缩量。钢件收缩量取1.5%。另外，沿模膛四周有飞边槽，用以增加金属从模膛中流出的阻力，促使金属充满模膛，同时容纳多余的金属。对于具有通孔的锻件，由于不可能靠上、下模的突起部分把金属完全挤压掉，故终锻后在孔内留下一薄层金属，称为冲孔连皮，如图6.6所示。把冲孔连皮和飞边冲掉后，才能得到有通孔的模锻件。

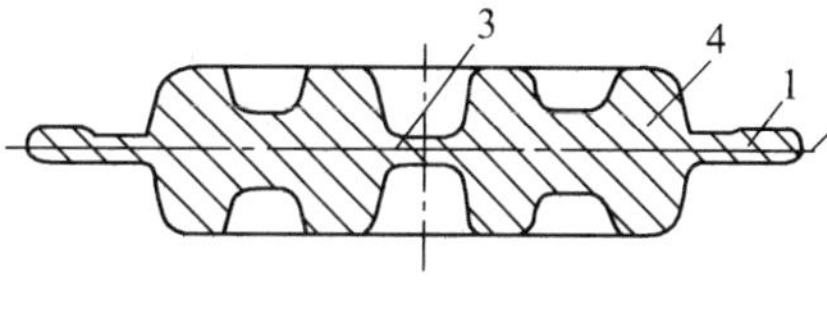

图6.6　带有冲孔连皮及飞边的模锻件

1—飞边；2—分模面；3—冲孔连皮；4—锻件

终锻模膛和预锻模膛的区别是预锻模膛的圆角和斜度较大，没有飞边槽。

(2)制坯模膛

对于形状复杂的模锻件，为了使坯料形状基本接近模锻件形状，使金属能合理分布和很好地充满模膛，就必须预先在制坯模膛内制坯。制坯模膛有以下几种。

①拔长模膛　用它来减小坯料某部分的横截面积，以增加该部分的长度。当模锻件沿轴向横截面积相差较大时，采用这种模膛进行拔长。拔长模膛分为开式和闭式两种，如图6.7所示。一般设在锻模的边缘，操作时坯料除送进外并需翻转。

②滚压模膛　用它来减小坯料某部分的横截面积，以增大另一部分的横截面积。主要是使金属按模锻件形状来分布。滚压模膛分为开式和闭式两种，如图6.8所示。当模锻件沿轴线的横截面积相差不大或作修整拔长后的毛坯时，采用开式滚压模膛。当模锻件的最大和最小截面相差较大时，采用闭式滚压模膛。操作时需不断翻转坯料。

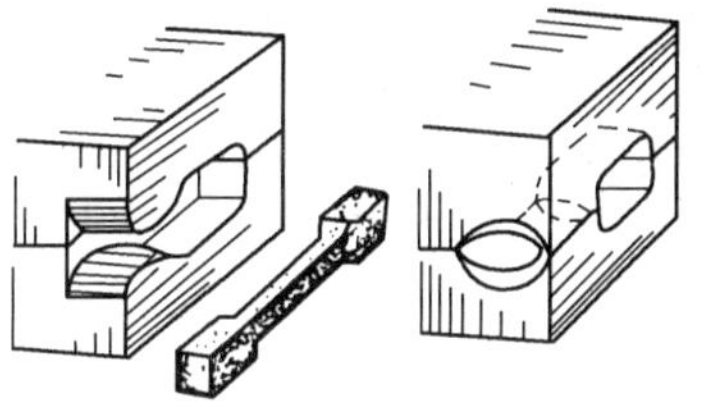
(a) 开式　(b) 闭式

图6.7　拔长模膛

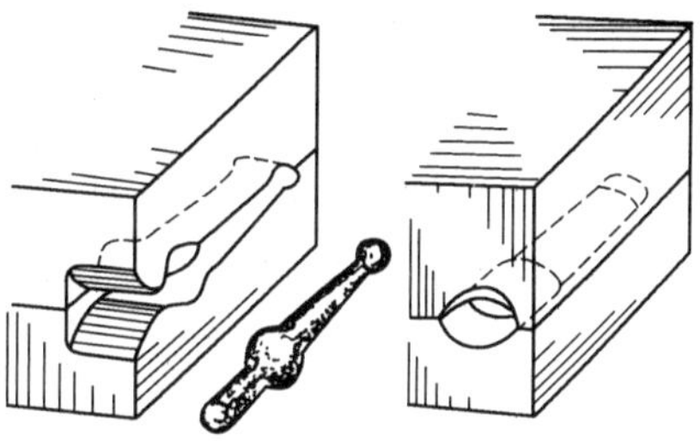
(a) 开式　(b) 闭式

图6.8　滚压模膛

③弯曲模膛　对于弯曲的杆类模锻件，需用弯曲模膛来弯曲坯料，如图6.9所示。坯料可直接或先经其他制坯工步后放入弯曲模膛进行弯曲变形。弯曲后的坯料须翻转90℃再放入模锻模膛成型。

④切断模膛　它是在上模与下模的角部组成一对刀口，用来切断金属，如图6.10所示。单件锻造时，用它从坯料上切下锻件；多件锻造时，用它来分离成单个件。

根据模锻件的复杂程度不同，所需变形的模膛数量不等，可将锻模设计成单膛锻模或多膛锻模。单膛锻模是在一副锻模上只具有终锻模膛一个模膛。如齿轮坯模锻件就可将截下的圆柱形坯料，直接放入单膛锻模中成型。多膛锻模是在一副锻模上具有两个以上模膛的锻模。

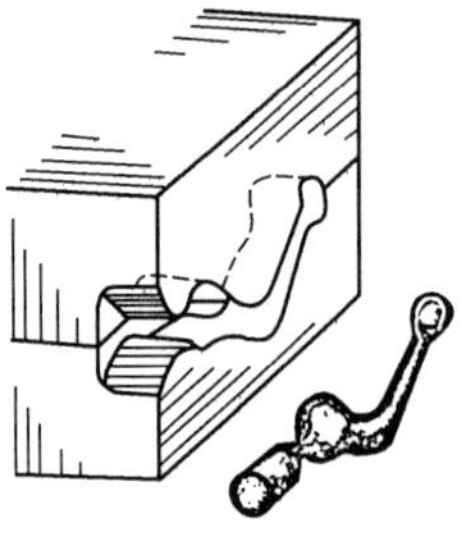

图 6.9　弯曲模膛

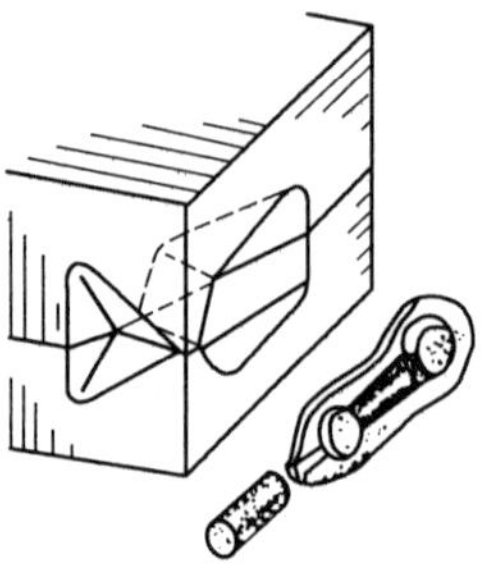

图 6.10　切断模膛

2. 模锻工艺规程

模锻生产的工艺规程包括制订锻件图、计算坯料尺寸、确定模锻工步、设计锻模、选择设备及安排修整工序等。

(1)制订模锻锻件图

锻件图是设计和制造锻模、计算坯料以及检查锻件的依据。制订模锻锻件图时应考虑如下问题。

①分模面　分模面即是上下锻模在锻件上的分界面。锻件分模面的位置选择得合适与否，关系到锻件成型、锻件出模、材料利用率等一系列问题。故制订模锻锻件图时，必须按以下原则确定分模面位置。

a. 要保证模锻件能从模膛中取出。如图 6.11 所示零件，若选 a–a 面为分模面，则无法从模膛中取出锻件。一般情况，分模面应选在模锻件最大尺寸的截面上。

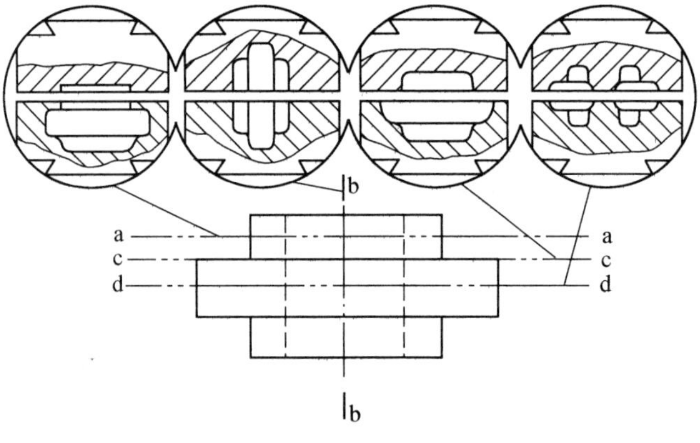

图 6.11　分模面的选择

b. 按选定的分模面制成锻模后，应使上下两模沿分模面的模膛轮廓一致，以便在安装锻模和生产中容易发现错模现象，及时调整锻模位置。图 6.11 的 c–c 面选做分模面时，就不符合此原则。

c. 最好把分模面选在能使模膛深度是最浅的位置处。这样可使金属很容易充满模膛，便于取出锻件，并有利于锻模的制造。图 6.11 中的 b–b 面，就不适合做分模面。

d. 选定的分模面应使零件上所加的加工余块最少。图 6.11 中的 b–b 面被选做分模面时，零件中间的孔锻造不出来，其加工余块最多。既浪费金属降低了材料的利用率，又增加了切削加工的工作量，所以该面不宜选做分模面。

e. 最好使分模面为一个平面，使上下锻模的模膛深度基本一致，差别不宜过大，以便于制造锻模。

按上述原则综合分析，图 6. 11 中的 d–d 面是最合理的分模面。

②确定加工余量、锻造公差和加工余快　模锻时金属坯料是在锻模中成型的，因此模锻件的尺寸较精确，其锻造公差和加工余量比自由锻件小得多。加工余量一般为 1 ~ 4 mm，锻造公差一般取在±0. 3 ~ 3 mm 之间。

对于孔径 d>25 mm 的带孔模锻件孔应锻出，但需留冲孔连皮。冲孔连皮的厚度与孔径 d 有关，当孔径为 30 ~ 80 mm 时，冲孔连皮的厚度为 4 ~ 8 mm。

③模锻斜度　模锻件上平行于锤击方向的表面必须具有斜度，以便于从模膛取出锻件，如图 6. 12 所示。对于锤上模锻，模锻斜度一般为 5° ~ 15°。模锻斜度与模膛深度和宽度有关。当模膛深度与宽度的比值（h/b）越大时，斜度值越大。内壁斜度 α_2 比外壁斜度 α_1 大 2° ~ 5°。

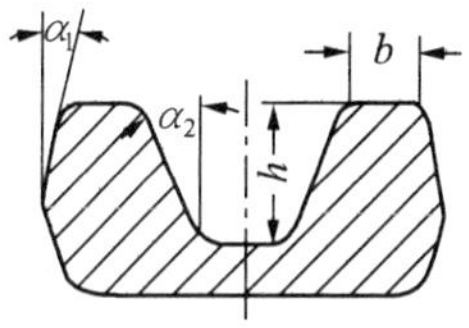

图 6. 12　模锻斜度

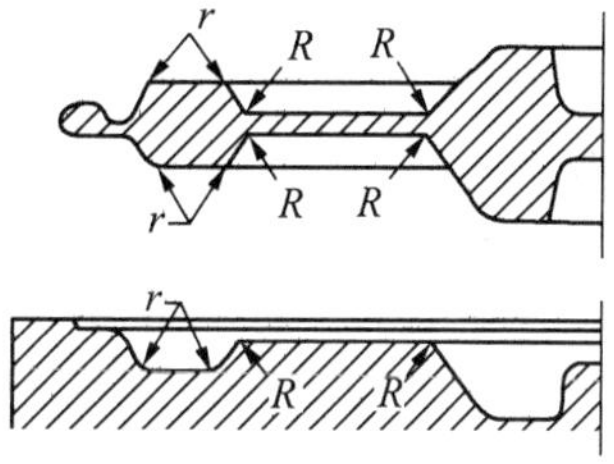

图 6. 13　圆角半径

④模锻圆角半径　在模锻件上所有两平面的交角处均需做成圆角，如图 6. 13 所示。这样，可增大锻件强度，使锻造时金属易于充满模膛，避免锻模上的内尖角处产生裂纹，减缓锻模外尖角处的磨损，从而提高锻模的使用寿命。钢的模锻件外圆角半径 r 取 1. 5 ~ 12 mm，内圆角半径 R 比外圆角半径大 2 ~ 3 倍。模膛深度越深圆角半径取值就越大。

模锻锻件图可根据上述各项内容绘制出来。图 6. 14 为齿轮坯的模锻锻件图。图中双点划线为零件轮廓外形，分模面选在锻件高度方向的中部。零件轮辐部分不加工，故不留加工余量。图上内孔中部的两条直线为冲孔连皮切掉后的痕迹线。

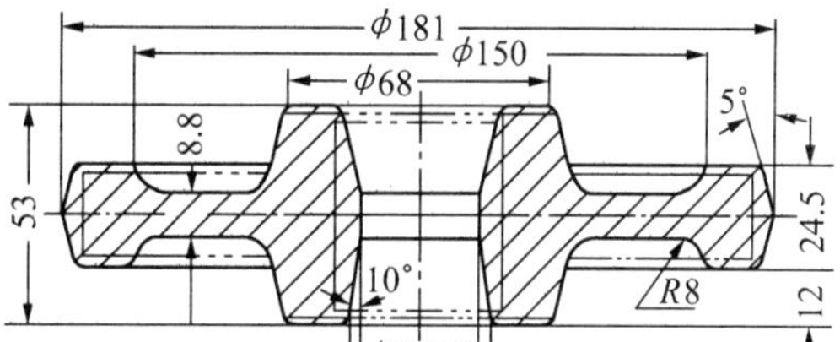

图 6. 14　齿轮坯模锻锻件图

（2）确定模锻工步

模锻工步主要是根据锻件的形状和尺寸来确定的。模锻件按形状可分为两大类：一类是长轴类锻件，如台阶轴、曲轴、连杆、弯曲摇臂等如图 6. 15 所示；另一类为盘类模锻件，像齿轮、法兰盘等如图 6. 16 所示。

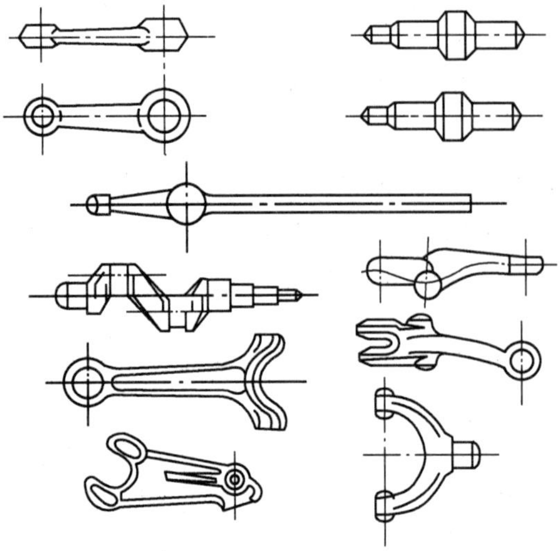

图 6.15　长轴类锻件

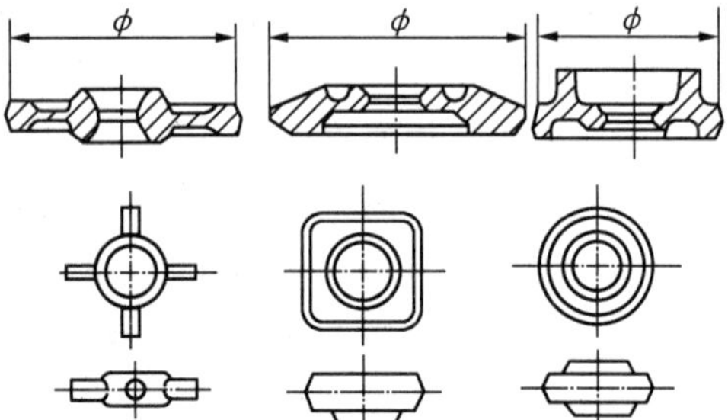

图 6.16　盘类锻件

长轴类锻件有直长轴锻件、弯曲轴锻件和叉形件等。根据形状需要，直长轴锻件的模锻工步一般为拔长、滚压、预锻和终锻成型。弯曲锻件和叉形件还需采用弯曲工步。对于形状复杂的锻件，还需选用预锻工步，最后在终锻模膛中模锻成型。如锻造弯曲连杆模锻件，坯料经过拔长、滚压、弯曲等三个工步，形状接近于锻件，然后经预锻及终锻两个模膛制成带有飞边的锻件。

盘类模锻件多采用镦粗、终锻工步。对于形状简单的盘类锻件，可只用终锻工步成型，对于形状复杂、有深孔或有高筋的盘类锻件可用成型镦粗，然后经预锻、终锻工步最后锻成。

(3)安排修整工序

模锻件经终锻成型后，为保证和提高锻件质量，还需安排以下修整工序。

①切边与冲孔　终锻工步后的模锻件，一般都带有飞边和冲孔连皮。切除锻件上的飞边为切边，冲掉锻件上的冲孔连皮为冲孔。切边和冲孔是用切边模和冲孔模在压力机上进行。当锻件为大量生产时，其切边与冲孔可在一个较复杂的复合模或连续模上联合进行。切边和冲孔可在热态下进行，也可在冷态下进行。热态下的切边与冲孔，锻件塑性好，所需切断力小，且不易产生裂纹，但锻件容易变形。对于较大的锻件及高碳钢、合金钢锻件，常利用模锻后的余热立即进行切边和冲孔。冷态下的切边和冲孔需较大的切断力，但锻件切断后的表面较整齐，不易产生变形。对于尺寸较小和精度要求较高的模锻件一般采用冷切方法。

②校正　在切边、冲孔及其他工序中，都可能引起锻件变形。因此，对锻件(特别是复杂锻件)必须进行校正。校正分热校正和冷校正。热校正一般是将热切边和冲孔后的锻件立即放回终锻模膛内进行。冷校正是在热处理及清理加工后在专用的校正模内进行。

③清理　为了提高模锻件的表面质量，改善模锻件的切削加工性能，模锻件需要进行表面处理。一般采用滚筒法、喷砂法和酸洗法去除锻件表面的氧化皮、污垢及其他表面缺陷(如残余毛刺)等。

④精压 对于要求精度高和表面粗糙度小的锻件,清理后还应在压力机上进行精压。精压分为平面精压和体积精压,平面精压可提高平面间的尺寸精度,体积精压可提高锻件所有尺寸的精度,减少模锻件质量差别。精压后锻件的尺寸公差可达±0.1 ~0.5,表面粗糙度 Ra 为 0.80 ~0.40 μm。

⑤热处理 由于锻件在锻造过程中可能出现过热组织、冷变形强化等现象,一般要求对锻件采用正火或退火等热处理方法来改变其组织和性能,以达到使用要求。

6.2.2 压力机模锻

虽然锤上模锻的工艺适应性广,目前仍在锻压生产中广泛应用,但由于模锻锤在工作中存在震动、噪音大、劳动条件差、蒸汽效率低、能源消耗大等难以克服的缺点,近年来大吨位模锻锤逐渐被压力机所代替。

压力机上模锻对金属主要施加静压力,金属在模膛内流动缓慢,在垂直于力的方向上容易变形,有利于对变形速度敏感的低塑性材料的成型,并且锻件内外变形均匀,锻造流线连续,锻件力学性能好。模锻压力机主要有曲柄压力机、摩擦压力机、平锻机。

1. 模锻曲柄压力机上模锻

模锻曲柄压力机传动系统如图 6.17 所示。电动机转动经带轮和齿轮传至曲柄和连杆,再带动滑块沿导轨作上、下往复运动。锻模分别装在滑块下端和工作台上。工作台安装在楔形垫块的斜面上,因而可对锻模封闭空间的高度作少量调节。曲柄压力机的吨位一般为 200 ~1 200 t。

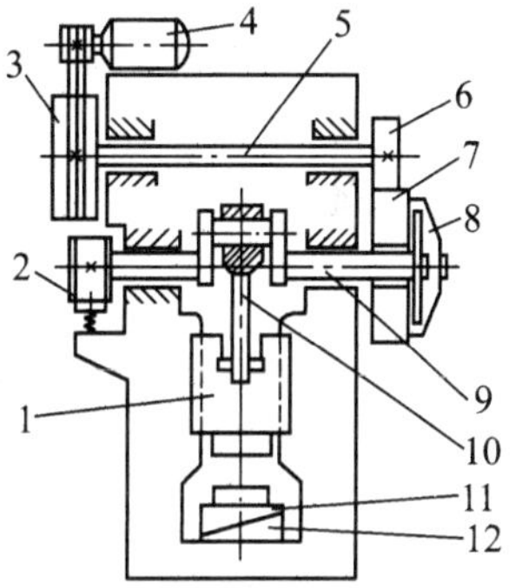

图 6.17 模锻曲柄压力机传动系统

1—滑块;2—制动器;3—带轮;4—电机;5—转轴;6—小齿轮;7—大齿轮;8—离合器;9—曲轴;10—连杆;11—工作台;12—楔形垫块

曲柄压力机上模锻特点及应用。

①曲柄压力机作用于金属上的变形力是静压力,由机架本身承受,不传给地基,因此工作时无震动,噪音小。

②工作时滑块行程不变,在滑块的一个往复行程中即可完成一个工步的变形,并且工作台及滑块中均装有顶杆装置,因此生产率高。

③压力机机身刚度大,滑块运动精度高,锻件尺寸精度高,加工余量和斜度小 。

④作用在坯料上的力是静压力,因此,金属在模膛中流动缓慢,对于耐热合金、镁合金等对变形速度敏感的低塑性合金的成型很有利。由于作用力不是冲击力,锻模的主要模膛可设计成镶块式,使模具制造简单,并易于更换。

但由于锻件是一次成型,金属变形量过大,不易使金属填满终锻模膛,因此,变形应逐渐进行。终锻前常采用预成型及预锻工步。而且锻件在模膛中一次成型中坯料表面上的氧化皮不易被清除,影响锻件质量。另外,曲柄压力机上不宜进行拔长、滚压工步。因此,横截面变化较大的长轴类锻件,在曲柄压力机上模锻时需用周期性轧制坯料或用辊锻机制坯来代替这两个工步。典型的曲柄压力机上模锻件如图 6.18 所示。

综上所述,曲柄压力机上模锻与锤上模锻相比,锻件精度高、生产效率高、劳动条件好、节省金属,但设备复杂,造价高。因此,曲柄压力机适合于锻件的大批量生产,目前已成为模锻生产流水线和自动生产线上的主要设备。

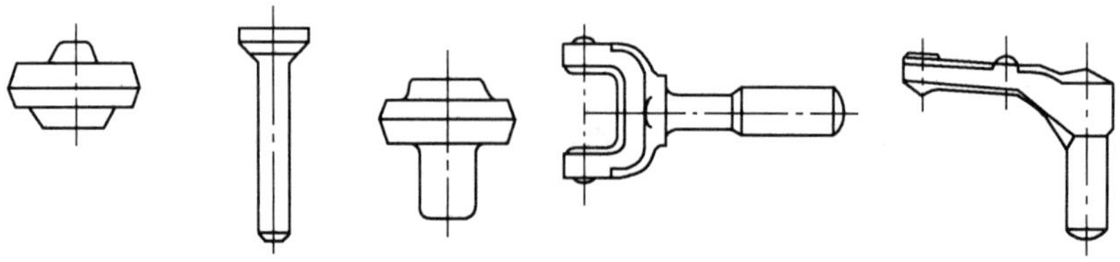

图 6.18　典型的曲柄压力机上模锻件

2. 平锻机上模锻

平锻机的工作原理与曲柄压力机相同,因为滑块作水平方向运动,故称“平锻机”。平锻机的传动系统如图 6.19 所示。电动机通过皮带将运动传给皮带轮,带有离合器的皮带轮装在传动轴上,再通过另一端的齿轮将运动传至曲轴。随着曲轴的转动,一方面推动主滑块带着凸模前后往复运动,又驱使凸轮旋转。凸轮的旋转通过导轮使副滑块带着活动模运动,实现锻模的闭合或开启。平锻机的吨位一般为 50 ~3 150 t。

平锻机上模锻特点及应用。

①锻模由固定模、活动模和凸模三部分组成,因此锻模有两个分模面,可锻造出侧面带有凸台或凹槽的锻件。模锻过程如图 6.20 所示。

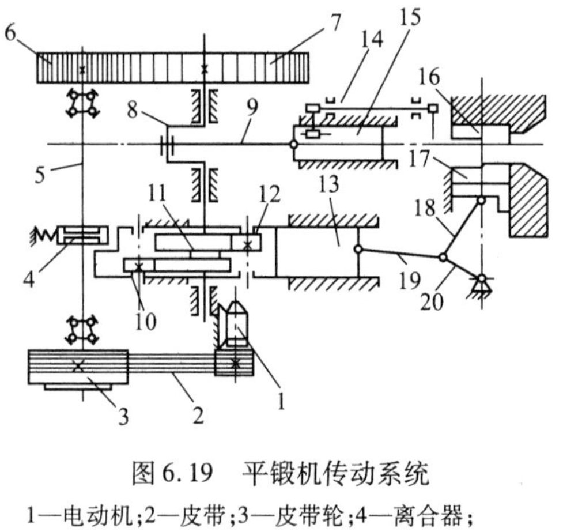

图 6.19　平锻机传动系统

1—电动机;2—皮带;3—皮带轮;4—离合器;
5—传动轴;6、7—齿轮;8—曲轴;9—连杆;
10、12—导轮;11—凸轮;13—副滑块;14—挡料板;
15—主滑块;16、17—活动模;18、19、20—连杆系统

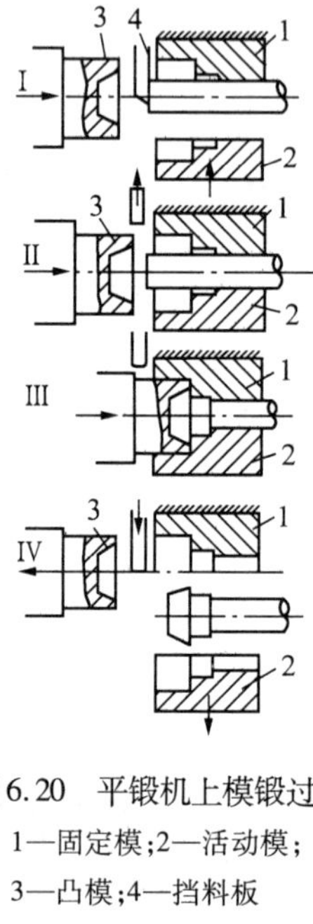

图 6.20　平锻机上模锻过程

1—固定模;2—活动模;
3—凸模;4—挡料板

②主滑块上一般不只装有一个凸模,而是从上到下安排几个不同的凸模,工作时坯料逐一经过所有模膛,完成各个工步。如镦粗、预成型、成型、冲孔等。

③凸模工作部分多用镶块组合,便于磨损后更换,以节约模具材料。

④锻件飞边小,带孔件无连皮,锻件外壁无斜度,材料利用率高,锻件质量好。

⑤平锻机造价较高,通用性不如锤上模锻和曲柄压力机上模锻,对非回转体及中心不对称的锻件较难锻造,一般只对坯料一部分进行锻造,所生产的锻件主要是带头部的杆类和有孔(通孔或不通孔)的锻件,亦可锻造出曲柄压力机上不能模锻的一些锻件,如汽车

半轴、倒车齿轮等。典型平锻机上模锻件如图6.21所示。

3.摩擦压力机上模锻

摩擦压力机传动系统如图6.22所示。锻模分别安装在滑块和机座上，滑块与螺杆相连只能沿导轨作上下滑动。两个圆轮同装在一根轴上，由电动机经过皮带使圆轮轴旋转。螺杆穿过固定在机架上的螺母，并在上端装有飞轮。当改变操纵杆位置时，圆轮轴将沿轴向串动，两个圆轮可分别与飞轮接触，通过摩擦力带动飞轮做不同方向的旋转，并带动螺杆转动。但在螺母的约束下螺杆的转动转变为滑块的上下滑动，从而实现摩擦压力机上的模锻。摩擦压力机的吨位一般为350～1 000 t。

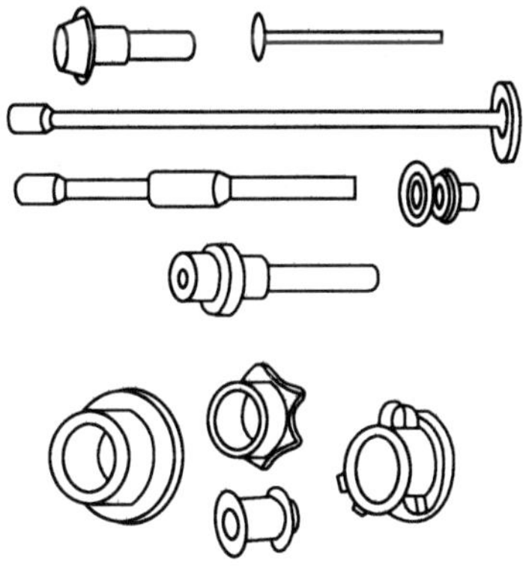

图6.21　典型平锻机上模锻件

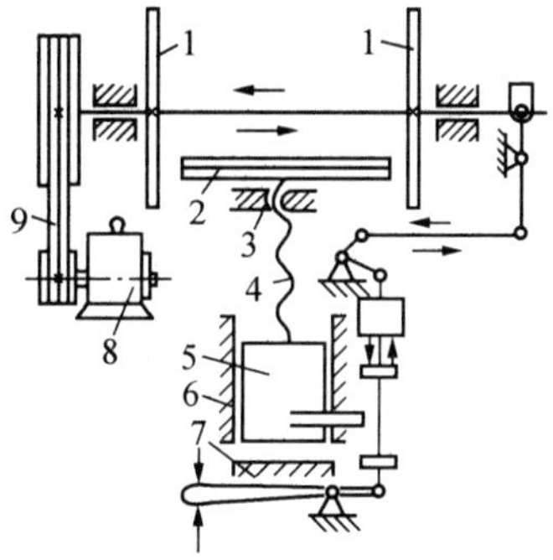

图6.22　摩擦压力机传动系统

1—圆轮；2—飞轮；3—螺母；4—螺杆；5—滑块；6—导轨；7—机座；8—电动机；9—皮带

摩擦压力机上模锻特点及应用。

①工作过程中滑块速度为0.5～1.0 m/s，对锻件有一定的冲击作用，而且滑块行程可控，具有锻锤和压力机双重性质，不仅能满足模锻各种主要成型工序的要求，还可以进行弯曲、热压、精压、切飞边、冲连皮及校正等工序。

②带有顶料装置，锻模可以采用整体式，也可以采用组合式，从而使模具制造简单。同时也可以锻造出更为复杂、工艺余块和模锻斜度都很小的锻件，并可将轴类锻件直立起来进行局部镦锻。

③滑块运动速度低，金属变形过程中的再结晶现象可以充分进行，对塑性较差的金属变形有利，特别适合于锻造低塑性合金钢和有色金属（如铜合金）等。但生产率也相对较低。

但摩擦压力机螺杆承受偏心载荷的能力差，一般只适用于单膛模锻。因此，形状复杂的锻件，需要在自由锻设备或其他设备上制坯。

摩擦压力机上模锻适合于中小型锻件的小批量或中等批量的生产。典型摩擦压力机上的模锻件，如图6.23所示。

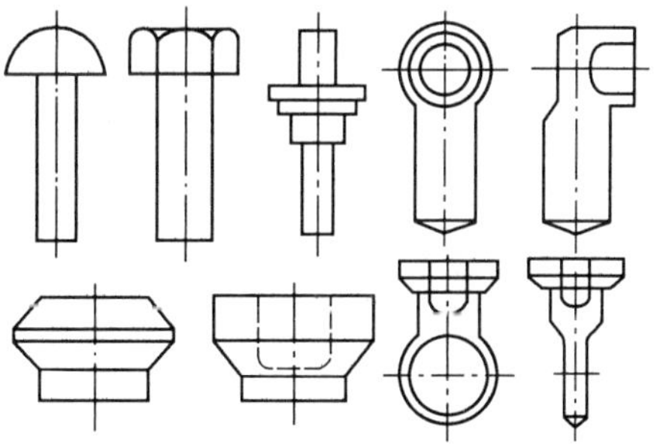

图6.23　典型摩擦压力机上的模锻件

6.2.3 精密模锻

精密模锻利用刚度大、精度高的模锻设备，如曲柄压力机、摩擦压力机或高速锤等，锻造出形状复杂、锻件精度高的模锻工艺。

1. 精密模锻工艺过程

先将原始坯料采用普通模锻锻成中间坯料；再对中间坯料进行严格的清理，除去氧化皮或缺陷；最后采用无氧化或少氧化加热后精锻，如图 6.24 所示。为了最大限度地减少氧化，提高精锻件的质量，精锻的加热温度较低，对碳钢锻造温度在 900 ~ 450℃ 之间，称为温模锻。精锻时需在中间坯料上涂润滑剂以减少摩擦，提高锻模寿命，降低设备的功率消耗。

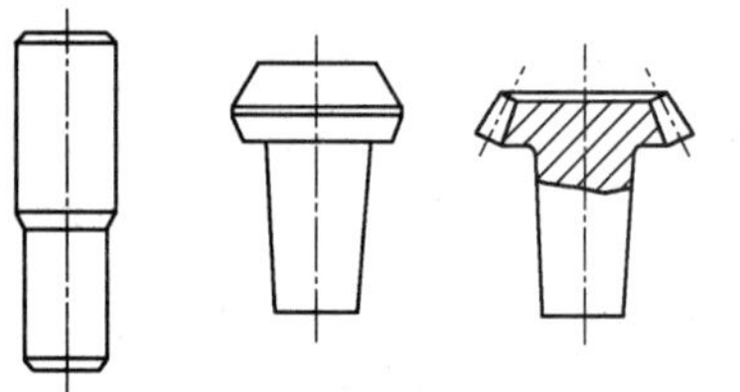

图 6.24 精密模锻的工艺过程

2. 精密模锻工艺特点和应用

①需要精确计算原始坯料的尺寸，严格按坯料质量下料，否则会增大锻件尺寸公差，降低精度。

②需要精细清理坯料表面，除净坯料表面的氧化皮、脱碳层及其他缺陷等。

③为提高锻件的尺寸精度和降低表面粗糙度，应采用无氧化或少氧化加热法，尽量减少坯料表面形成的氧化皮。

④精密模锻的锻件精度在很大程度上取决于锻模的加工精度。因此，精锻模膛的精度必须很高。一般要比锻件精度高两级。精锻模一定有导柱导套结构，保证合模准确。为排除模膛中的气体，减小金属流动阻力，使金属更好地充满模膛，在凹模上应开有排气小孔。

⑤模锻时要很好地进行润滑和冷却锻模。

精密模锻可锻造伞齿轮、汽轮机叶片等，齿轮齿形部分尺寸精度可达 IT 12 ~ IT 15，表面粗糙度为 Ra 3.2 ~ 1.6 μm。

6.3 锻件结构设计

6.3.1 自由锻件的结构设计

由于自由锻所用设备简单、通用，从而导致自由锻件的外形结构受到很大限制，复杂外形的锻件难以采用自由锻方法成型。因此，在设计采用自由锻方式成型的零件时，除满足零件使用性能要求外，还需考虑自由锻设备和工具的特点，零件结构要设计合理，符合自由锻工艺性要求，以达到使锻件锻造方便，节约金属，保证锻件质量，提高生产率的目的。自由锻锻件结构设计主要从以下方面进行考虑：

(1)零件形状应力求简单。对结构较复杂的零件，需采用工艺余块来简化结构，多余的金属采用切割方法来切除，如图 6.25 所示。

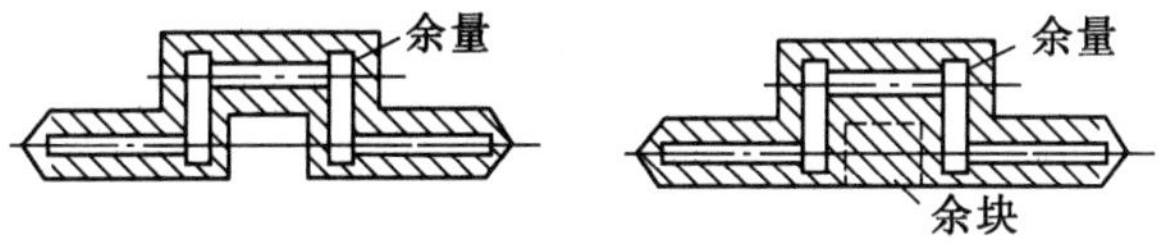

(a) 不合理　(b) 合理

图 6.25　锻件应力求简单

(2)自由锻锻件上不应有锥面体或斜面结构。因为锻造这种结构必须使用专用工具,而且锻件成型较困难,操作不方便。为了提高锻造设备使用效率,应尽量用圆柱体代替锥体,用平行平面代替斜面,如图 6.26 所示。

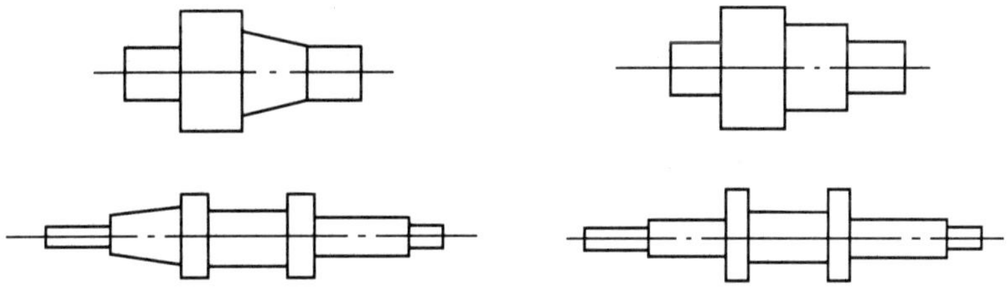

(a) 工艺性差的结构　(b) 工艺性好的结构

图 6.26　轴类锻件结构

(3)锻件由数个简单几何体构成时,几何体的斜线处不应形成空间曲线,最好是平面与平面,或平面与圆柱面相接,消除空间曲线结构,使锻造成型变得简单,如图 6.27 所示。

(4)自由锻锻件设计时,应避免加强筋、表面凸台等结构。因为这些结构需采用特殊工具或特殊工艺措施来生产,从而导致生产率降低,生产成本提高,将这类结构锻件改成简单结构,这样可使其加工工艺性变好,提高其经济效益,如图 6.28 所示。

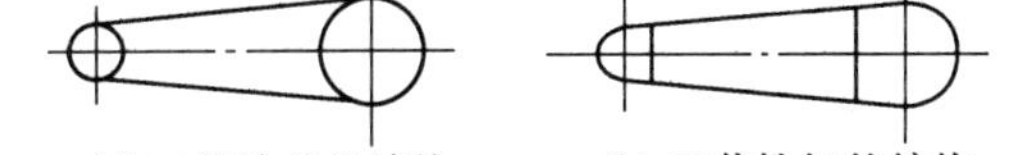

(a) 工艺性差的结构　(b) 工艺性好的结构

图 6.27　杆类锻件结构

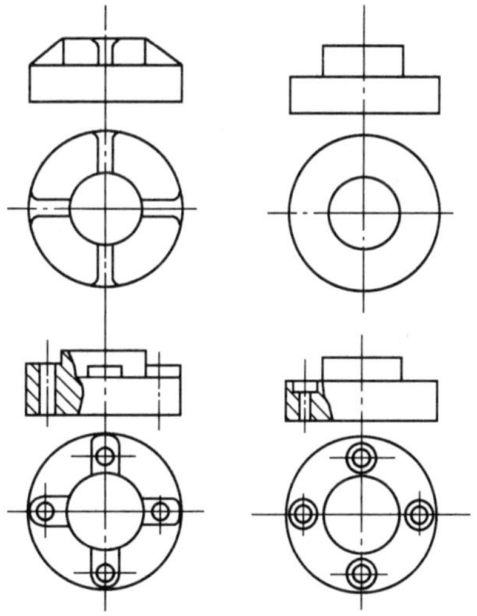

(a)工艺性差的结构　(b) 工艺性好的结构

图 6.28　盘类锻件结构

(5)锻件横截面积急剧变化或形状较复杂时，应设计成几个容易锻造的简单锻件，分别锻造后再用焊接成型或机械连接方法组合成整体，如图6.29所示。

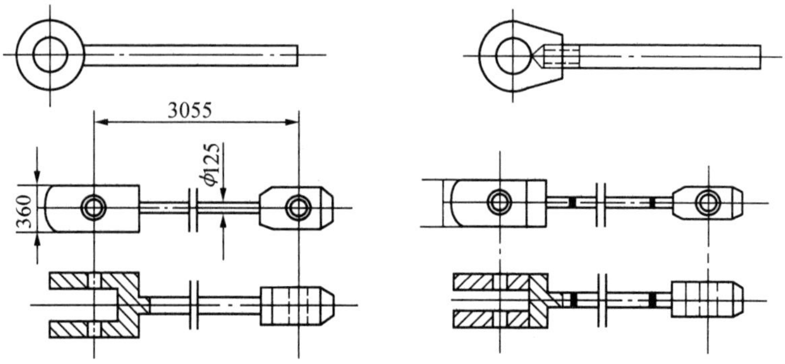

(a) 工艺性差的结构　　(b) 工艺性好的结构

图6.29　复杂件结构

6.3.2　模锻件的结构设计

根据模锻的特点及工艺要求，在设计模锻零件时，其结构应符合以下原则：

(1)必须具有合理的分模面、模锻斜度和圆角半径，保证模锻件易于从锻模中取出。

(2)在零件的非接合面、不需进行切削加工处，应有合理的模锻斜度和圆角。

(3)为了减少工序，零件的外形应力求简单，最好要平直和对称，截面的差别不宜过大，避免薄壁、高筋、凸起等外形结构。在分模面上避免小枝杈和薄突缘。

例如，图6.30(a)所示的零件，其最小截面与最大截面之比若小于0.5时，则不宜模锻。同时该零件的凸缘薄而高，中间凹下很深也难用模锻方法锻制出来。图6.30(b)零件太扁、太薄，锻造时，薄的部分因金属冷却过快，变形抗力增大，难以充满模膛。图6.30(c)所示的零件有一个高而薄的凸缘，使金属难以充满模膛。同时锻件锻后难以从模膛中取出。这种形状的锻模也难以制造。如将图6.30(c)所示结构改为图6.30(d)所示的结构，则在不影响零件功用的前提下，使模锻时大为方便。

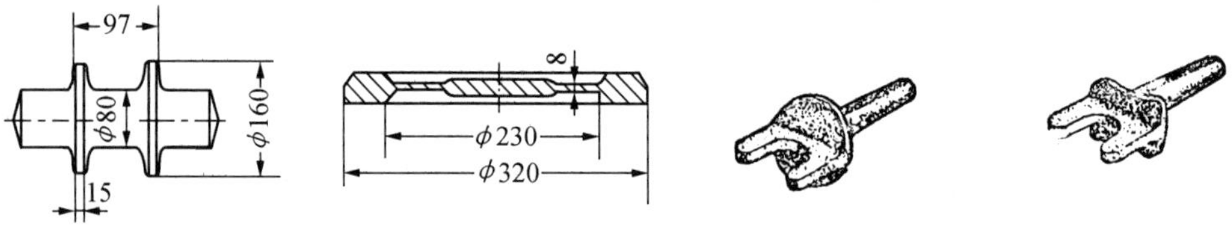

(a)　　(b)　　(c)　　(d)

图6.30　模锻件结构

(4)避免窄沟、深槽、深孔及多孔结构，以便于制造模具并延长模具寿命。孔径小于30 mm和孔深大于直径两倍的孔结构均不易锻出，应尽量避免。如图6.31所示，零件上四个ϕ 20 mm的孔就不能锻出，只能用机械加工成型。

(5)对于形状复杂的锻件，应尽量采用锻焊结构，以减少工艺余块，简化模锻工艺，如图6.32所示。

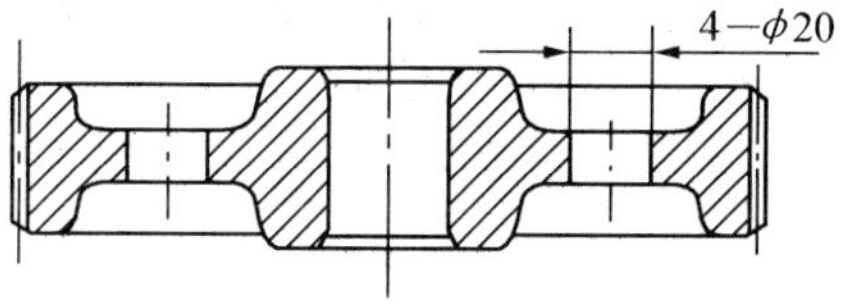

图 6.31　多孔齿轮

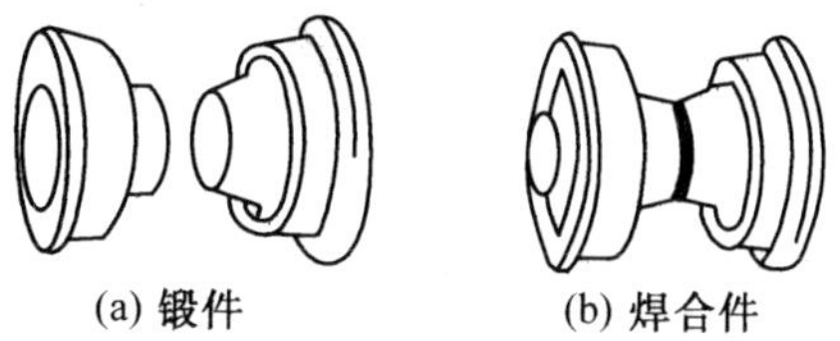

图 6.32　锻-焊结构模锻件

6.4　轧制、挤压与拉拔

6.4.1　轧制

轧制方法除了生产型材、板材和管材外，还用它生产各种零件，在机械制造业中得到了越来越广泛的应用。零件的轧制过程有一个连续静压过程，没有冲击和振动，它与一般锻造和模锻相比，具有以下特点。

①设备结构简单，吨位小。

②劳动条件好，易于实现机械化和自动化，生产率高。

③轧制模具可用价廉的球墨铸铁或冷硬铸铁来制造，节约贵重的模具钢材，也容易加工。

④锻件质量好，金属纤维组织与锻件轮廓相一致，机械性能好。

⑤材料利用率高，可达到 90% 以上，即达到少切屑，甚至无切屑。

根据轧辊轴线与坯料轴线的不同，轧制分为纵轧、横轧、斜轧和楔横轧等几种。

1. 纵轧

纵轧是轧辊轴线与坯料轴线互相垂直的轧制方法，包括各种型材轧制、辊锻轧制、辗环轧制等。

(1)辊锻轧制

辊锻轧制是把轧制工艺应用到锻造生产中的一种新工艺。辊锻是使坯料通过装有圆弧形模块的一对相对旋转的轧辊时，受压而变形的生产方法，如图 6.33 所示。它既可作为模锻前的制坯工序，也可直接辊锻锻件。成型辊锻适用于生产以下三种类型的锻件：

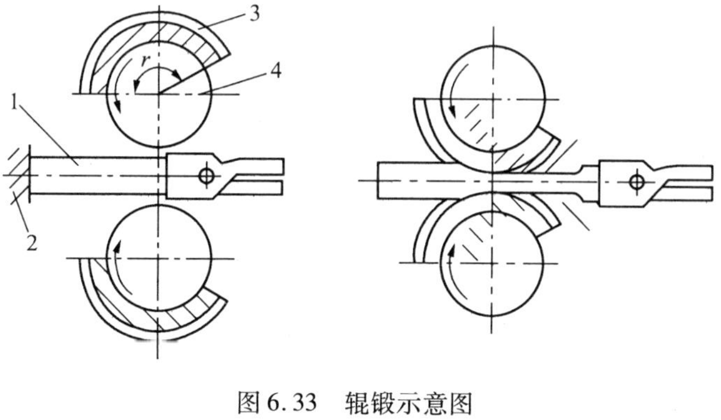

图 6.33　辊锻示意图

1—坯料；2—挡板；3—扇形模块；4—轧辊

①扁断面的长杆件：如扳手、活动扳手、链环等。

②带有不变形头部而沿长度方向横截面面积递减的锻件：如叶片等。叶片辊锻工艺和铣削旧工艺相比，材料利用率可提高 4 倍，生产率提高 2.5 倍，而且叶片质量大为提高。

③连杆成型辊锻：采用辊锻方法锻制连杆，生产率高，简化了工艺过程。但锻件还需用其他锻压设备进行精整。

(2)辗环轧制

辗环轧制是用来扩大环形坯料的外径和内径，从而获得各种环状零件的轧制方法，如图 6.34 所示。图中驱动辊 1 由电动机带动旋转，利用摩擦力使坯料 5 在驱动辊和心轴 2 之间受压变形。驱动辊还可由油缸推动作上下移动改变着 1、2 两辊间的距离，使坯料厚度逐渐变小、直径增大。导向辊 3 用以保证坯料正确运送。信号辊 4 用来控制环件直径。当环坯直径达到需要值与辊 4 接触时，信号辊旋转传出信号，使辊 1 停止工作。

这种方法生产的环类件，其横截面可以是各种形状的，如火车轮箍、轴承座圈、齿轮及法兰等。

2. 横轧

横轧是轧辊轴线与坯料轴线互相平行的轧制方法，如齿轮轧制等。

齿轮轧制是一种少、无切屑的齿轮加工的新工艺。直齿轮和斜齿轮均可用热轧制造，如图 6.35 所示。在轧制前将毛坯外缘加热，然后将带齿形的轧轮 1 作径向进给，迫使轧轮与毛坯 2 对辗。在对辗过程中，毛坯上一部分金属受压形成齿谷，相邻部分的金属被轧轮齿部“反挤”而上升，形成齿顶。横轧适合模数较小的齿轮零件的大批量生产。

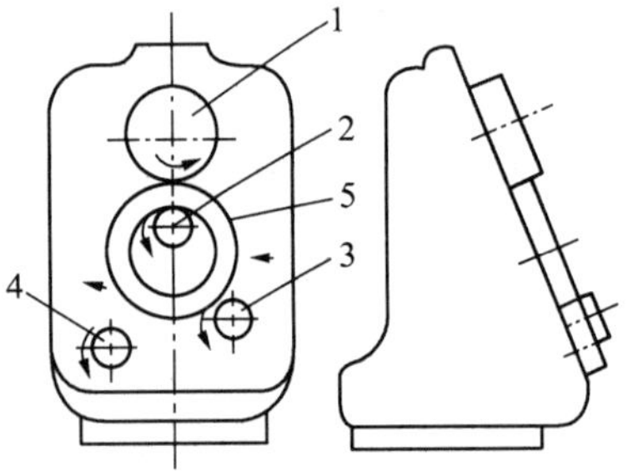

图 6.34　辗环轧制示意图

1—驱动辊；2—心轴；3—导向辊；4—信号辊；5—坯料

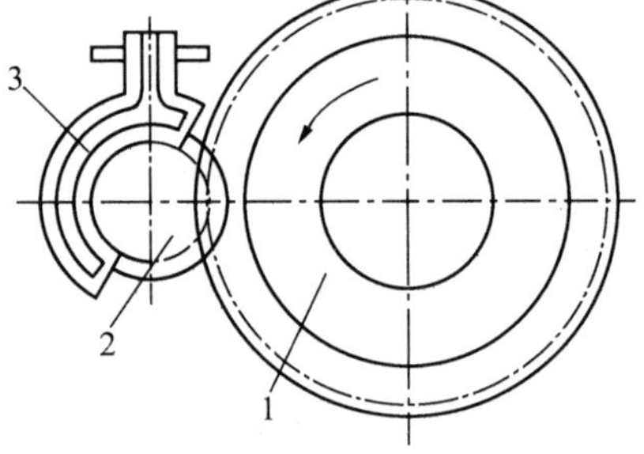

图 6.35　热轧齿轮示意图

1—轧轮；2—毛坯；3—感应加热器

3. 斜轧

斜轧亦称螺旋斜轧，是轧辊轴线与坯料轴线相交一定角度的轧制方法。如钢球轧制、周期轧制、冷轧丝杠等，如图 6.36 所示。

螺旋斜轧采用两个带有螺旋型槽的轧辊，互相相交成一定角度，并做同方向旋转，使坯料在轧辊间既绕自身轴线转动，又向前进，与此同时受压变形获得所需产品。

螺旋斜轧钢球是使棒料在轧辊间螺旋型槽里受到轧制，并被分离成单个球。轧辊每转一周即可轧制出一个钢球。轧制过程是连续的。

4. 楔横轧

楔横轧是利用两个外表面镶有楔形凸块，并作同向旋转的平行轧辊对沿轧辊轴向送

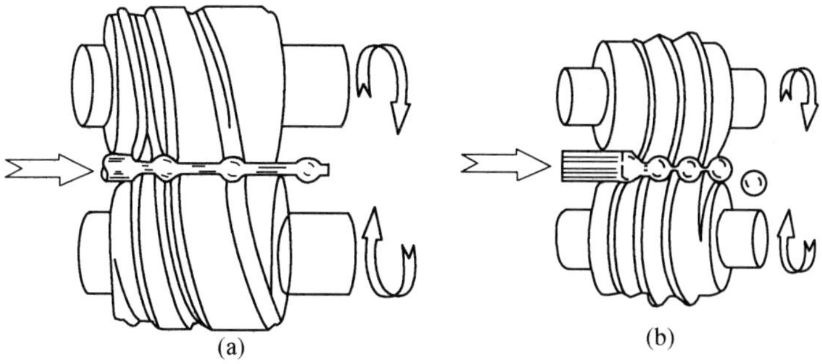

图 6.36　螺旋斜轧

进的坯料进行轧制的方法称为楔横轧，如图 6.37 所示。

楔形轧的变形过程主要是靠两个楔形凸块压缩坯料，使坯料径向尺寸减小，长度增加。楔形凸块展开后如图 6.38 所示。

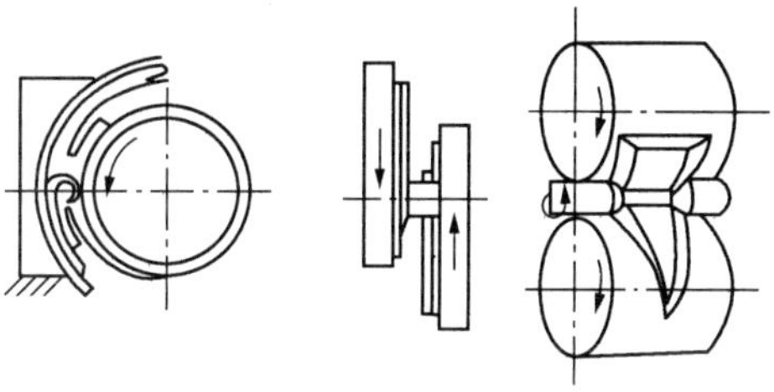

图 6.37　两辊式楔横轧

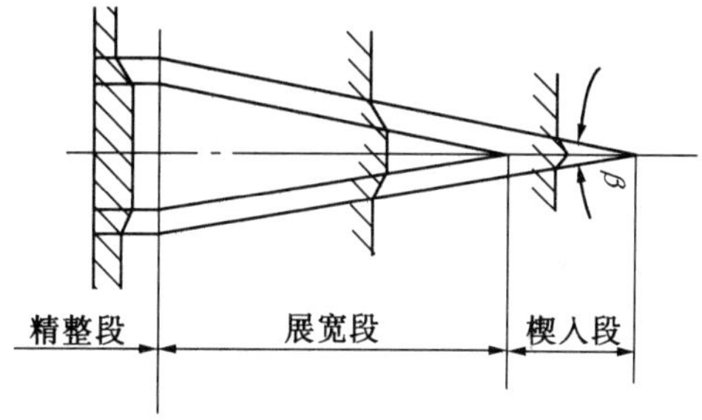

图 6.38　楔形凸块展开图

楔形凸块由三部分组成，即楔入部分、展宽部分和精整部分。轧制中楔入部分首先与坯料接触，将坯料压出环形槽，称为楔入过程。然后楔形凸块上展宽部分的侧面把环形槽逐渐扩展使变形部分的宽度增加（展宽过程）。达到所需宽度后，由楔形凸块上的精整部分对轧件进行精整。

6.4.2　零件的挤压

坯料在三向不均匀压力作用下，从模具的孔口或缝隙挤出，使横截面积减小，长度增加，成为所需制品，这种加工方法称为挤压法。挤压具有以下特点

①挤压可以生产塑性好的材料，也可以生产塑性较差的材料，如高碳钢、轴承钢等；

②可以挤压出各种形状复杂、深孔、薄壁、异型断面的零件；

③零件精度高，表面粗糙度低，一般尺寸精度为 IT 6 ~ 7，表面粗糙度为 3.2 ~ 0.4 μm，从而达到少、无切屑加工的目的；

④挤压变形后零件内部的组织纤维是连续的，基本沿锻件外形分布而不被切断，从而提高了零件的力学性能；

⑤材料利用率高，可达到 70% 以上，生产率也高。

按照挤压时金属的流动方向与凸模的运动方向的关系，挤压可分为正挤压、反挤压、复合挤压和径向挤压。

1. 正挤压

正挤压是坯料从模孔中流出部分的运动方向与凸模运动方向相同的挤压方式，如图6.39 所示。此种挤压方法可挤压出各种截面形状的空心件和实心件。

2. 反挤压

反挤压是坯料的一部分沿着凸模与凹模之间的间隙流出，其流动方向与凸模运动方向相反的挤压方式。反挤压可挤压出不同截面形状的空心件，如图 6.40 所示。

3. 复合挤压

复合挤压是同时兼有正挤、反挤时金属流动特征的挤压方法，如图 6.41 所示。

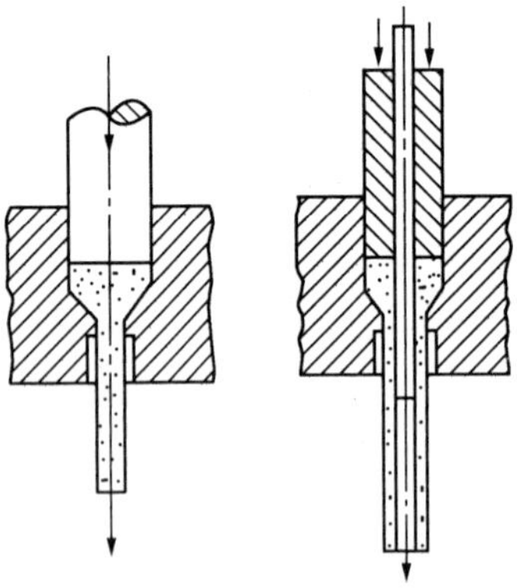

图 6.39　正挤压示意图

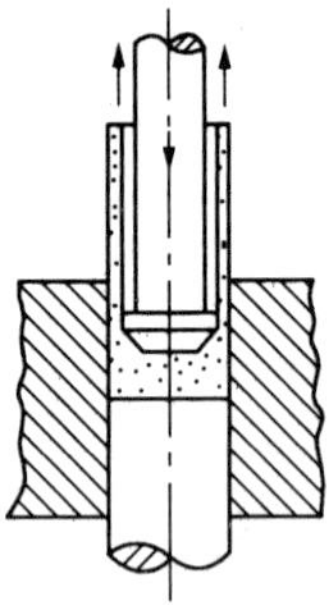

图 6.40　反挤压示意图

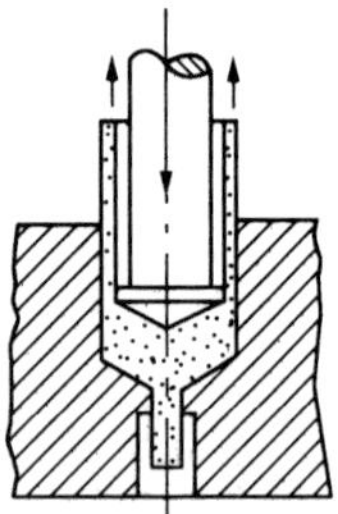

图 6.41　复合挤压示意图

4. 径向挤压

径向挤压是坯料沿径向挤出的挤压方式。径向挤压可形成有局部粗大凸缘、有径向齿槽及筒形件等，如图 6.42 所示。

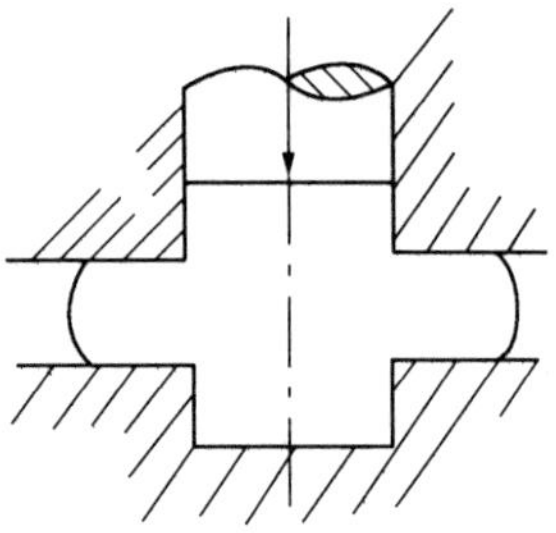

图 6.42　径向挤压示意图

按照挤压时金属坯料所具有的温度不同，挤压又可分为热挤压、温挤压、冷挤压三种。

(1)热挤压

热挤压是材料处于再结晶温度以上时的挤压。其特点是变形抗力小，允许每次变形程度较大，但产品表面粗糙，精度低。主要用以制造零件毛坯，也广泛应用于冶金部门中生产铝、铜、镁及其合金的型材和管材等。

(2)冷挤压

冷挤压是材料处于再结晶温度以下时的挤压(通常处于室温下挤压)。其特点是金属不加热、尺寸精度高、表面粗糙度低、力学性能好、生产率高，可以生产形状复杂的零件，但冷挤压的变形抗力很大，为防止模具磨损和破坏，提高零件表面质量，必须进行润滑保护。对于钢质零件，挤压前必须进行表面磷化和浸油处理，以保证在高压下仍能隔离坯料与模具的接触，起到润滑作用。

(3)温挤压

温挤压是将材料处于再结晶温度以下的某个合适温度进行挤压(钢件温挤压为300 ~ 750 ℃温度范围内)。其特点是与热挤压相比坯料氧化脱碳少，表面粗糙度要低，产品尺寸精度高；与冷挤压相比，变形抗力降低，可增加每个工序的变形程度，提高模具寿命，扩大冷挤压材料品种。但温挤压零件的精度和力学性能略低于冷挤压件。

6.4.3　零件的拉拔

坯料在牵引力作用下通过模孔拉出，使之产生塑性变形而得到截面缩小、长度增加的工艺称为拉拔，如图 6.43 所示。

1. 无模拉拔

不用凹模的拉拔称为无模拉拔，如图 6.44 所示。其办法是对金属坯料施加拉深负荷的同时进行局部加热。由于加热区的变形阻力小，变形集中在该部分。因此，若将加热区连续移动时，变形区也移动，对于超塑材料，由于应变速率敏感效应，易于得到金属坯料均匀的断面收缩率。

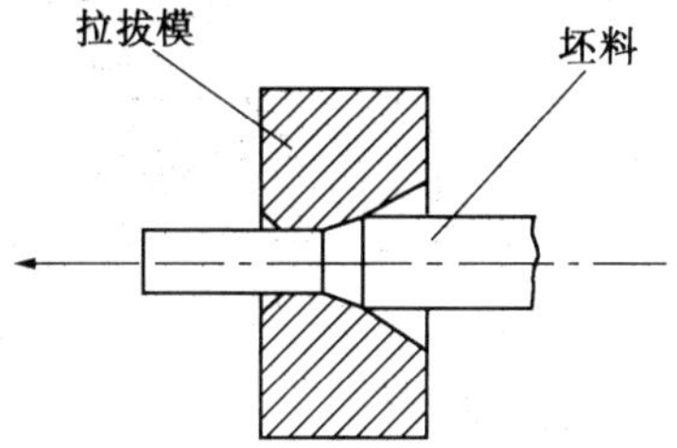

图 6.43　拉拔示意图

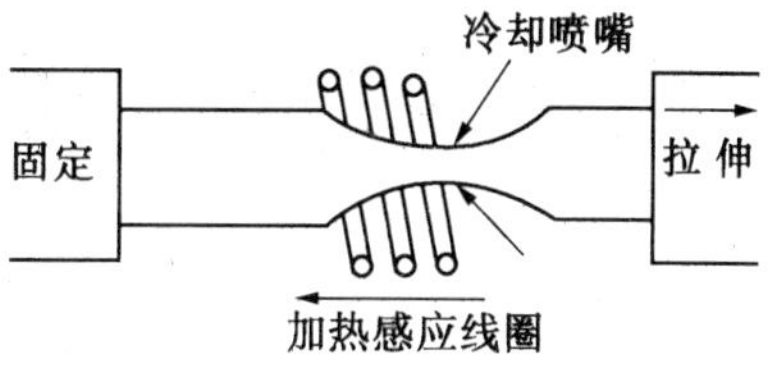

图 6.44　无模拉拔示意图

2. 冷拔

常温下的拉拔称为冷拔，冷拔可得到强度高、表面质量好的制品。

3. 拉丝

一般将对直径为 0.14 ~ 10.00 mm 的黑色金属和直径为 0.01 ~ 16.00 mm 的有色金属的拉拔称为拉丝。

在进行压力加工时，应根据锻件的锻造性能、形状结构、生产条件等选择合理的加工方法。同时还应注意到，压力加工对环境的污染较为严重，如加热金属时燃料燃烧造成的烟气和有害气体，同时助燃设备、锤类加工设备等造成的振动、噪声都将产生环境污染。所以，在进行压力加工时要对环境污染进行防护和治理。

复习思考题

1. 自由锻有哪些主要工序？
2. 为什么重要的巨型锻件必须采用自由锻的方法制造？
3. 重要的轴类锻件为什么在锻造过程中安排有镦粗工序？
4. 锤上模锻选择分型面的原则是什么？锻件上为什么要有模锻斜度和圆角？
5. 零件轧制的方法如何分类？各有什么特点？
6. 挤压方法如何分类？各有什么特点？
7. 精密模锻通过哪些措施保证产品的精度？
8. 零件拉拔的方法如何分类？各有什么特点？

9. 图 6.45 所示的三种连杆，如何选择锤上模锻时的分模面？

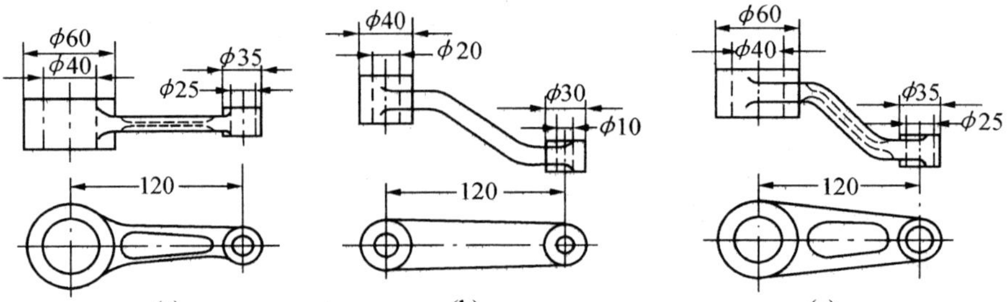

(a)　　(b)　　(c)

图 6.45　连杆

10. 模锻为什么能锻造出比自由锻较为复杂的锻件？

11. 图 6.46 所示零件若分别为单件、小批、大批量生产时，可选用哪些锻造方法加工？并画出锻件图。

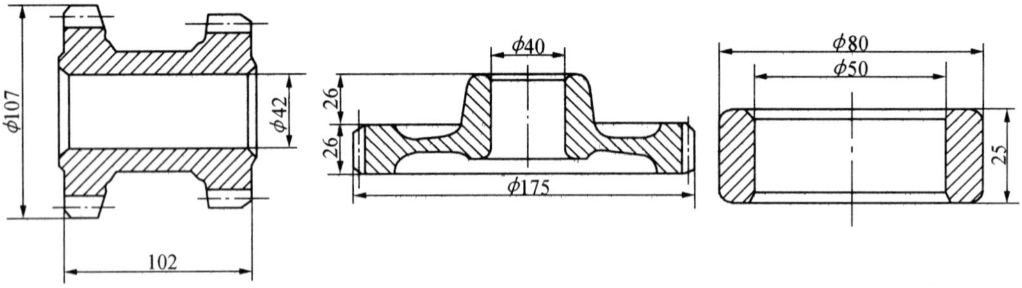

图 6.46

12. 图 6-67 所示零件的结构是否适合于自由锻生产？为什么？如何改进？

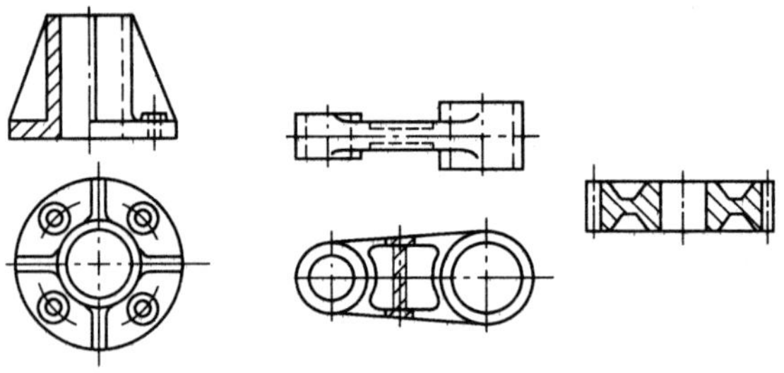

(a)　　(b)　　(c)

图 6.47

13. 图 6.48 所示零件的结构是否适合于模锻生产？为什么？如何改进？

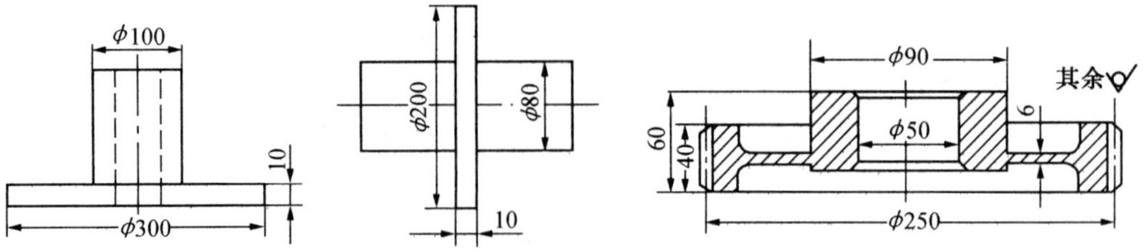

(a)　　(b)　　(c)

图 6.48

第7章　板料冲压

板料冲压是利用冲模使板料产生分离或变形的加工方法。这种加工方法通常是在冷态下进行的,所以又叫冷冲压。只有当板料厚度超过8~10 mm时,才采用热冲压。

几乎在一切有关制造金属成品的工业部门中,都广泛地应用着板料冲压。特别是在汽车、拖拉机、航空、电器、仪表及国防等工业中,板料冲压占有极其重要的地位。

板料冲压具有下列特点:

①可以冲压出形状复杂的零件,废料较少。

②产品具有足够高的精度和较低的表面粗糙度,互换性能好。

③能获得质量轻、材料消耗少、强度和刚度较高的零件。

④冲压操作简单,工艺过程便于机械化和自动化,生产率很高,故零件成本低。

板料冲压所用的原材料,特别是制造中空杯状和钩环状等成品时,必须具有足够的塑性。板料冲压常用的金属材料有低碳钢、铜合金、镁合金及塑性高的合金钢等。材料形状可分为板料、条料及带料。由于冲模制造复杂,成本较高,适合于大批量生产。

冲压生产中常用的设备是剪床和冲床。剪床用来把板料剪切成一定宽度的条料,以供下一步的冲压工序用。冲床用来实现冲压工序,制成所需形状和尺寸的成品零件供使用。

本章主要介绍冲压基本工序的特点和应用,重点讲述冲压件的结构工艺设计。

7.1　板料冲压基本工序

冲压生产可以进行很多种工序,其基本工序有分离工序和变形工序两大类。

7.1.1　分离工序

分离工序是使坯料的一部分与另一部分相互分离的工序。如落料、冲孔、切断、精冲等。

1. 落料及冲孔

落料及冲孔统称冲裁,是使坯料按封闭轮廓分离的工序。冲裁的应用十分广泛,它既可直接冲制成品零件,又可为其他成型工序制备坯料。

落料和冲孔这两个工序中坯料变形过程和模具结构都是一样的,只是成品与废料的划分不同。落料是被分离的部分为成品,而周边是废料;冲孔是被分离的部分为废料,而周边是成品。例如,冲制平面垫圈,制取外形的冲裁工序称为落料,而制取内孔的工序称为冲孔。

(1)冲裁变形过程

冲裁件质量、模具结构与冲裁时板料变形过程有密切关系。当凸凹模间隙正常时,其过程可分为三个阶段,如图 7.1 所示。

①弹性变形阶段　凸模接触板料后,继续向下运动的初始阶段,材料产生弹性压缩、拉深和弯曲变形,板料中的应力逐渐增大。此时,凸模下的板料略有弯曲,凹模上的板料则向上翘曲,间隙越大,弯曲和上翘越严重。同时,凸模稍许挤入板料上部,板料的下部则略挤入凹模洞口,但材料的内应力未超过材料的弹性极限。

②塑性变形阶段　凸模继续压入,材料内的应力达到屈服极限时,便开始产生塑性变形。随凸模挤入板料深度的增大,则变形区材料硬化加剧,直到刃口附近侧面的材料由于拉应力的作用出现微裂纹时,塑性变形阶段便告终。

③断裂分离阶段　已形成的上下微裂纹随凸模继续压入沿最大剪应力方向不断向材料内部扩展,当上下裂纹重合时,板料便被剪断分离。

冲裁变形区的应力与变形情况和冲裁件切断面的状况,如图 7.2 所示。冲裁件的切断面具有明显的区域性特征,由塌角、光面、毛面和毛刺四个部分组成。

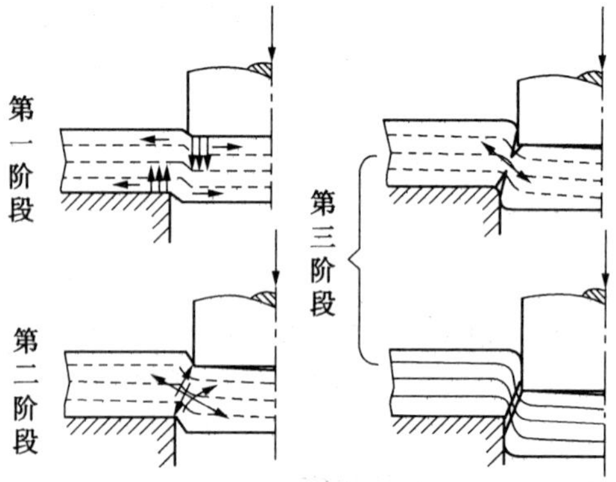

图 7.1　冲裁变形过程

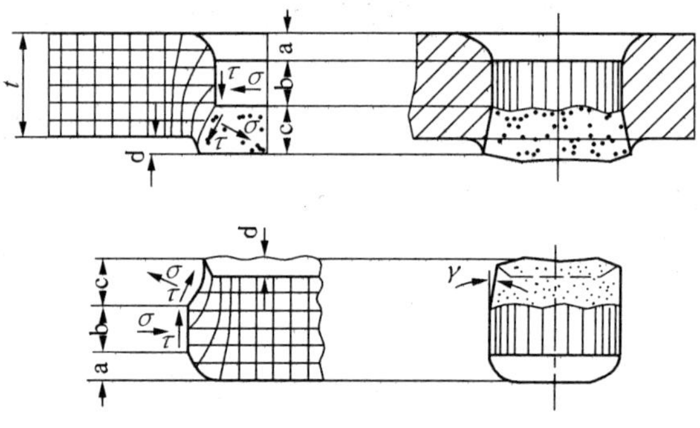

图 7.2　冲裁变形区的断面情况

塌角 a:它是在冲裁过程中刃口附近的材料被牵连拉入变形(变形和拉深)的结果。

光面 b:它是在塑性变形过程中凸模(或凹模)挤压切入材料,使其受到剪切应力 τ 和挤压应力 σ 的作用而形成的。

毛面 c:它是由于刃口处的微裂纹在拉应力 σ 作用下不断扩展断裂而形成的。

毛刺 d:冲裁毛刺是在刃口附近的侧面上材料出现微裂纹时形成的。当凸模继续下行时,便使已形成的毛刺拉长并残留在冲裁件上。

要提高冲裁件的质量,就要增大光面的宽度,缩小塌角和毛刺高度,并减少冲裁件翘曲。冲裁件断面质量主要与凸凹模间隙、刃口锋利程度有关。同时也受模具结构，材料性能和板厚等因素的影响。

(2)凸凹模间隙

凸凹模间隙不仅严重影响冲裁件的断面质量，而且影响模具寿命、卸料力、推件力、冲裁力和冲裁件的尺寸精度。

当间隙过小时，如图 7.3(a)所示，上、下裂纹向外错开。两裂纹之间的材料，随着冲裁的进行将被第二次剪切，在断面上形成第二光面。因间隙太小，凸凹模受到金属的挤压作用增大，从而增加了材料与凸凹模之间的摩擦力。这不仅增大了冲裁力、卸料力和推件力，还加剧了凸、凹模的磨损，降低了模具寿命(冲硬质材料更为突出)。因材料在过小间隙冲裁时，受到挤压而产生压缩变形，所以冲裁后的外表尺寸略有增大，内腔尺寸略有缩小(弹性回复)。但是间隙小，光面宽度增加，塌角、毛刺、斜度等都有所减小，工件质量较高。因此，当工件公差要求较高时，仍然需要使用较小的间隙。

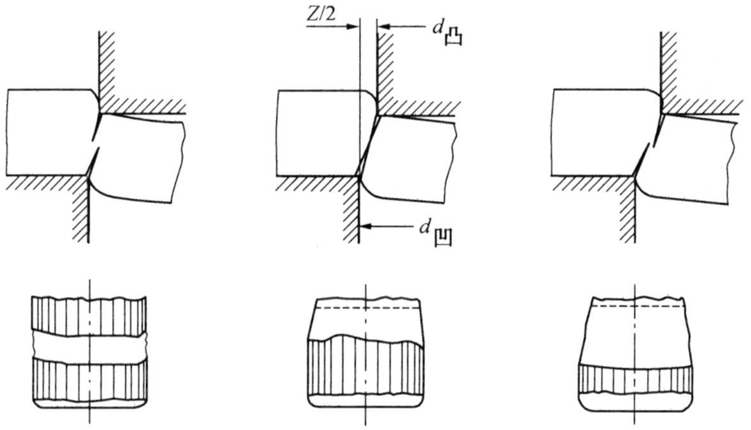

(a) 间隙过小　(b) 间隙合适　(c) 间隙过大

图 7.3　间隙对冲裁断面的影响

当间隙过大时，如图 7.3 (c)所示，上、下裂纹向内错开。材料的弯曲与拉深增大，易产生剪裂纹，塑性变形阶段较早结束。致使断面光面减小，塌角与斜度增大，形成厚而大的拉长毛刺，且难以去除，同时冲裁的翘曲现象严重。由于材料在冲裁时受拉抻变形较大，所以零件从材料中分离出来后，因弹性回复使外形尺寸缩小，内腔尺寸增大，推件力与卸料力大为减小，甚至为零，材料对凸、凹模的磨损大大减弱，所以模具寿命较高。因此，对于批量较大而公差又无特殊要求的冲裁件，要采用“大间隙”冲裁，以保证较高的模具寿命。

当间隙合适时，如图 7.3(b)所示，上、下裂纹重合一线，冲裁力、卸料力和推件力适中，模具有足够的寿命。这时光面约占板厚的 1/2 ~ 1/3 左右，切断面的塌角、毛刺和斜度均很小。零件的尺寸几乎与模具一致，完全可以满足使用要求。

合理的间隙值可按表 7.1 选取。对于冲裁件断面质量要求较高时，可将表中数据减小 1/3。

表 7.1　冲裁模合理间隙值

材料种类	材料厚度 s/mm				
	0.1～0.4	0.4～1.2	1.2～2.5	2.5～4	4～6
软钢、黄铜	0.01～0.02mm	7～10%s	9～12%s	12～14%s	15～18%s
硬　钢	0.01～0.05mm	10～17%s	18～25%s	25～27%s	27～29%s
磷青铜	0.01～0.04mm	8～12%s	11～14%s	14～17%s	18～20%s
铝及铝合金(软)	0.01～0.03mm	8～12%s	11～12%s	11～12%s	11～12%s
铝及铝合金(硬)	0.01～0.03mm	10～14%s	13～14%s	13～14%s	13～14%s

(3)凸凹模刃口尺寸的确定

在冲裁件尺寸的测量和使用中,都是以光面的尺寸为基准。落料件的光面是因凹模刃口挤切材料产生的,而孔的光面是凸模刃口挤切材料产生的。故计算刃口尺寸时,应按落料和冲孔两种情况分别进行。

设计落料模时,先按落料件确定凹模刃口尺寸,取凹模作设计基准件,然后根据间隙 Z 确定凸模尺寸(即用缩小凸模刃口尺寸来保证间隙值)。

设计冲孔模时,先按冲孔件确定凸模刃口尺寸,取凸模作设计基准件,然后根据间隙 Z 确定凹模尺寸(即用扩大凹模刃口尺寸来保证间隙值)。

冲模在工作过程中必然有磨损,落料件尺寸会随凹模刃口的磨损而增大,而冲孔件尺寸则随凸模磨损而减小。为了保证零件的尺寸要求,并提高模具的使用寿命,落料凹模基本尺寸应取工件尺寸公差范围内的最小的尺寸。而冲孔凸模基本尺寸应取工件尺寸公差范围内的最大尺寸。

(4)冲裁力的计算

冲裁力是选用冲床吨位和检验模具强度的一个重要依据。计算准确,有利于发挥设备的潜力。计算不准确,有可能使设备超载而损坏,造成严重事故。

平刃冲模的冲裁力按下式计算

$$P = KLs\tau$$

式中　P——冲裁力,N;

L——冲裁周边长度,mm;

s——坯料厚度,mm;

K——系数,常取 1.3;

τ——材料抗剪强度,MPa,可查手册或取 $\tau = 0.8\sigma_b$。

(5)冲裁件的排样

排样是指落料件在条料、带料或板料上合理布置的方法。排样合理可使废料最少,材料利用率大为提高。图 7.4 为同一个冲裁件采用四种不同的排样方式,材料消耗对比。

有搭边排样即是在各个落料件之间均留有一定尺寸的搭边,其优点是毛刺小,而且在同一个平面上。冲裁件尺寸准确,质量较高,但材料消耗多,如图 7.4(a)所示。

无搭边排样是用落料件形状的一个边作为另一个落料件的边缘。这种排样材料利用

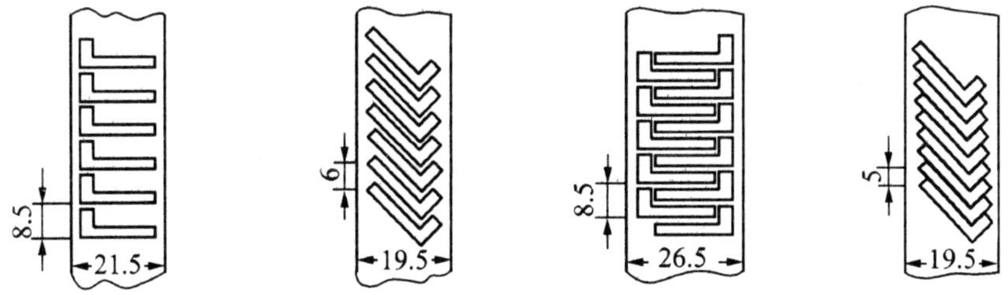

(a) 182.7 mm² (b) 117 mm² (c) 112.63 mm² (d) 97.5 mm²

图 7.4　不同排样方式材料消耗对比

率很高，但毛刺不在同一个平面上，而且尺寸不容易准确。因此只有在对冲裁件质量要求不高时才采用，如图 7.4(d)所示。

2. 修整

修整是利用修整模沿冲裁件外缘或内孔刮削一薄层金属，以切掉普通冲裁时在冲裁件断面上存留的剪裂带和毛刺，从而提高冲裁件的尺寸精度和降低表面粗糙度。

修整冲裁件的外形称外缘修整。修整冲裁件的内孔称内缘修整，如图 7.5 所示。修整的机理与冲裁完全不同，与切削加工相似。修整时应合理确定修整余量及修整次数。对于大间隙落料件，单边修整量一般为材料厚度的 10%，对于小间隙落料件，单边修整量在材料厚度的 8% 以下。当冲裁件的修整总量大于一次修整量时，或材料厚度大于 3 mm 时，均需多次修整，但修整次数越少越好，以提高冲裁件的生产率。

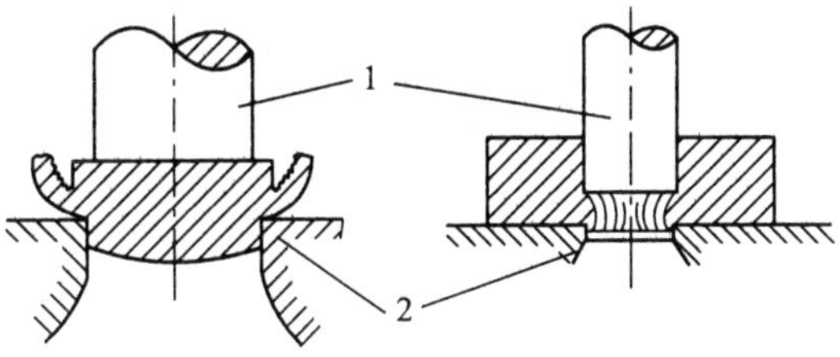

(a) 外缘修整　　(b) 内孔修整

图 7.5　修整工序简图

1—凸模；2—凹模

外缘修整模式的凸凹模间隙，单边约取 0.001 ~ 0.01 mm。也可以采用负间隙修整，即凸模大于凹模的修整工艺。

修整后冲裁件公差等级为 IT 6 ~ IT 7，表面粗糙度 Ra 为 0.8 ~ 1.6 μm。

3. 切断

切断是指用剪刃或冲模将板料沿不封闭轮廓进行分离的工序。

剪刃安装在剪床上，把大板料剪成一定宽度的条料，供下一步冲压工序用。而冲模是安装在冲床上，用以制取形状简单、精度要求不高的平板零件。

4. 精密冲裁

普通冲裁获得的冲裁件，由于公差大，断面质量较差，只能满足一般产品的使用要求。

利用修整工艺可以提高冲裁件的质量,但生产率低,不能适应大批生产的要求。在生产中往往用精密冲裁工艺,获得高的公差等级(可达 IT 6 ~ IT 8 级)、粗糙度小(*Ra* 可达 0.8 ~ 0.4 μm)的精密零件。生产率高,可以满足精密零件批量生产的要求。精密冲裁法的基本出发点是改变冲裁条件,以增大变形区的静压作用,抑制材料的断裂,使塑性剪切变形延续到剪切的全过程,在材料不出现剪切裂纹的冲裁条件下实现材料的分离,从而得到断面光滑而垂直的精密零件。

7.1.2　变形工序

变形工序是使坯料的一部分相对于另一部分产生位移而不破裂的工序,如拉深、弯曲、翻边、胀形、旋压等。

1. 拉深

拉深是利用拉深模使平面坯料变成开口空心件的冲压工序。拉深可以制成筒形、阶梯形、盒形、球形、锥形及其他复杂形状的薄壁零件。

(1)拉深过程及变形特点

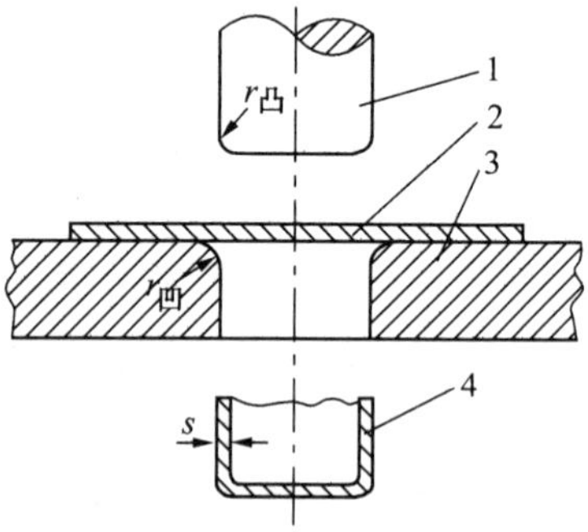

图 7.6　圆筒形零件的拉深

1—凸模;2—毛坯;3—凹模;4—工件

拉深过程如图 7.6 所示,其凸模和凹模与冲裁模不同,它们都有一定的圆角而不是锋利的刃口,其间隙一般稍大于板料厚度。在凸模作用下,板料被拉入凸、凹模之间的间隙里形成圆筒的直壁。拉深件的底部一般不变形,只起传递拉力的作用,厚度基本不变。零件直壁由毛坯的环形部分(即毛坯外径与凹模洞口直径间的一圈)转化而成的,主要受拉力作用,厚度有所减小。而直壁与底之间的过渡圆角部被拉薄最严重。拉深件的法兰部分,切向受压应力作用,厚度有所增大。拉深时,金属材料产生很大塑性流动,坯料直径越大,拉深时,金属材料产生塑性流动越大。

(2)拉深件质量影响因素

(a) 拉裂　　(b) 起皱

图 7.7　拉深件废品

拉深件常见的废品有拉裂和起皱,如图 7.7 所示。拉深件中最危险的部位是直壁与底部的过渡圆角处,当拉应力超过材料的强度极限时,材料会被拉裂。当环形部分压力过大时,会造成失稳起皱。拉深件严重起皱后,法兰部分的金属不能通过凸凹模间隙,致使坯料被拉断而成为废品。轻微起皱,法兰部分勉强通过间隙,但也会在产品侧壁留下起皱痕迹,影响产品质量。因此,拉深过程中不允许出现裂纹和起皱现象。影响拉深件质量的主要因素有:

①拉深系数　拉深件直径 d 与坯料直径 D 的比值称为拉深系数,用 m 表示,即 $m=d/D$。它是衡量拉深变形程度的指标。拉深系数越小,表明拉深件直径越小,变形程度越

大,坯料被拉入凹模越困难,因此越容易产生拉裂废品。一般情况下,拉深系数不小于0.5~0.8。坯料的塑性差取上限值,塑性好取下限值。

如果拉深系数过小,不能一次拉深成型时,则可采用多次拉深工艺如图7.8所示。

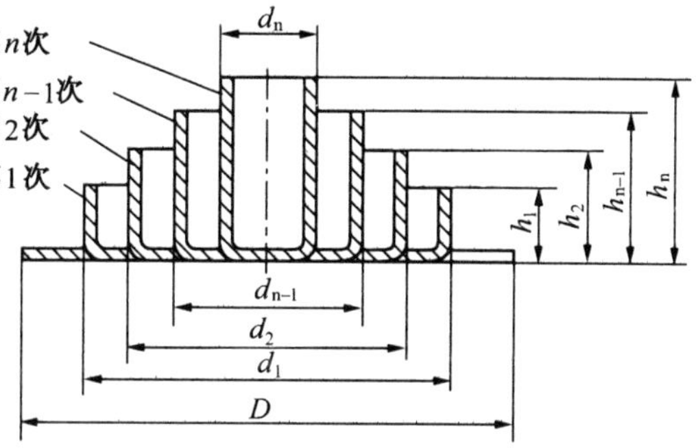

图7.8　多次拉深时圆筒直径的变化

第一次拉深系数　$m_1 = d_1/D$

第二次拉深系数　$m_2 = d_2/d_1$

第 n 次拉深系数　$m_n = d_n/d_{n-1}$

总的拉深系数　$m_{总} = m_1 \times m_2 \times m_n$

式中　D——毛坯直径,mm;

d_1, d_2, d_{n-1}, d_n——各次拉深后的平均直径,mm。

多次拉深过程中,必然产生加工硬化现象。为了保证坯料具有足够的塑性,生产中坯料经过一两次拉深后,应安排工序间的退火处理。其次,在多次拉深中,拉深系数应一次比一次略大些,确保拉深件质量和生产顺利进行。

②拉深模参数　凸凹模的圆角半径 为了减少坯料流动阻力和弯曲处的应力集中,凸凹模必须要有一定的圆角。材料为钢的拉深件,取 $r_{凹}=10s$,而 $r_{凸}=(0.6\sim1)r_{凹}$。而凸凹模圆角半径过小,产品容易拉裂。

凸凹模间隙 一般取 $Z=(1.1\sim1.2)s$,比冲裁模的间隙大。间隙过小,模具与拉深件间的摩擦力增大,容易拉裂工件,擦伤工作表面,降低模具寿命。间隙过大,又容易使拉深件起皱,影响拉深件的精度。

③润滑　为了减小摩擦,以降低拉深件壁部的拉应力,减少模具的磨损,拉深时通常要加润滑剂。

④压边力　通过采用设置压边圈的方法防止起皱,如图7.9所示。

(3)毛坯尺寸及拉深力的确定

毛坯尺寸计算按拉深前后的面积不变原则进行。具体计算中把拉深件划分成若干个容易计算的几何体,分别求出各部分的面积,相加后即得所需毛坯的总面积,再求出毛坯直径。选择设备时,应结合拉深件的所需的拉深力来确定。设备能力(吨位)应比拉深力大。对于圆筒件,最大拉深力可按下式计算

$$P_{max} = 3(\sigma_b + \sigma_s)(D - d - r_{凹})s$$

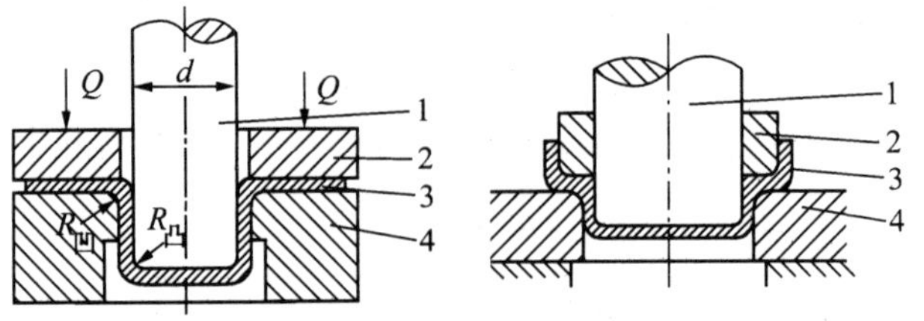

图 7.9　有压边圈的拉深

1—凸模;2—压边圈;3—毛坯;4—凹模

式中　P_{max}——最大拉深力,N;

σ_b——材料的抗拉强度,MPa;

σ_s——材料的屈服强度,MPa;

D——毛坯直径,mm;

d——拉深凹模直径,mm;

$r_凹$——拉深凹模圆角半径,mm;

s——材料厚度,mm。

2. 弯曲

弯曲是将坯料弯成具有一定角度和曲率的零件工序过程,如图 7.10 所示。弯曲时坯料内侧受压缩,外侧受拉深。当外侧拉应力超过坯料的抗拉强度极限时,即会造成金属破裂。坯料越厚、内弯曲半径 r 越小,则压缩及拉深应力越大,越容易弯裂。为防止破裂,弯曲的最小半径应为 $r_{min}=(0.25\sim1)s$,s 为金属板料的厚度。材料塑性好,则弯曲半径可小些。

弯曲时还应尽可能使弯曲线与坯料纤维方向垂直,如图 7.11 所示。若弯曲线与纤维方向一致,则容易产生破裂。此时可用增大最小弯曲半径来避免。

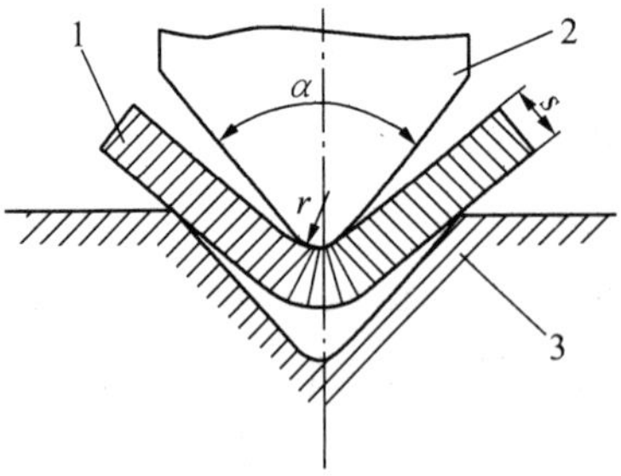

图 7.10　弯曲过程

1—板料;2—凸模;3—凹模

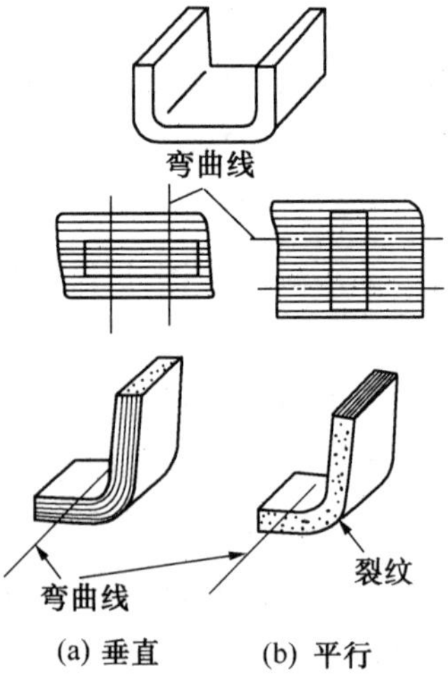

图 7.11　弯曲线与“锻造流线”方向的关系

在弯曲结束后，由于弹性变形的恢复，坯料略微弹回一点，使被弯曲的角度增大。此现象称为回弹现象。一般回弹角为 0° ~ 10°。因此，在设计弯曲模时必须使模具的角度比成品件角度小一个回弹角，以便在弯曲后得到准确的弯曲角度。

3. 其他冲压成型

其他冲压成型指除弯曲和拉伸以外的冲压成型工序，包括胀形、翻边、缩口、旋压、压筋和校形等工序。这些成型工序的共同特点是，通过材料的局部变形来改变坯料或工件的形状。不同点是，胀形和圆内孔翻边属于伸长类成型，常因拉应力过大而产生拉裂破坏；缩口和外缘翻边属于压缩类成型，常因坯料失稳起皱；校形时，由于变形量一般不大，不易产生开裂或起皱，但需要解决弹性恢复影响校形的精确度等问题；旋压的变形特点又与上述各种有所不同。因而在制订工艺和设计模具时，一定要根据不同的成型特点，确定合理的工艺参数。

(1) 胀形

胀形主要用于平板毛坯的局部胀形（或叫起伏成型），如压制凹坑，加强筋，起伏形的花纹及标记等。另外，管类毛坯的胀形（如波纹管）、平板毛坯的拉形等，均属胀形工艺。胀形时毛坯的塑性变形局限于一个固定的变形区范围之内，通常材料不从外部进入变形区内。变形区内板料的成型主要是通过减薄壁厚，增大局部表面积来实现的。

胀形的极限变形程度主要取决于材料的塑性。材料的塑性越好，可能达到的极限变形程度就越大。胀形所用的模具可分刚模和软模两类，如图 7.12 所示。

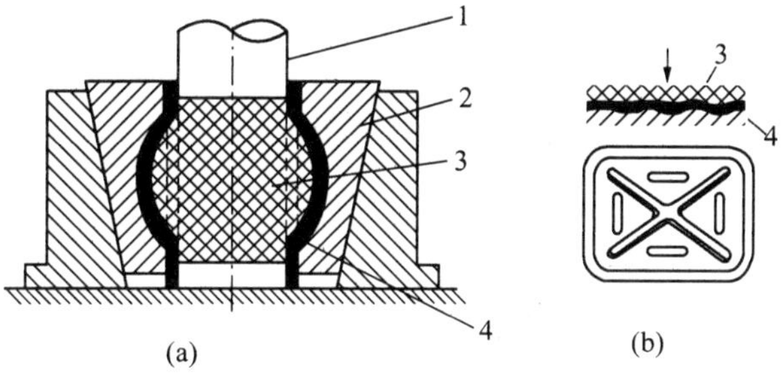

图 7.12　用硬橡胶胀形

1—凸模；2—分块凹模；3—硬橡胶；4—工件

由于胀形时毛坯处于两向拉应力状态，因此，变形区的毛坯不会产生失稳起皱现象，冲压成型的零件表面光滑，质量好。软模胀形时材料的变形比较均匀，容易保证零件的精度，便于成型复杂的空心零件，所以在生产中广泛采用。

(2) 翻边

翻边是用扩孔的方法，使带孔坯料在孔口周围获得凸缘的工序，如图 7.13 所示。进行翻边工序时，翻边孔的直径不能超过某一容许值，否则将导致孔的边缘破裂。其容许值可用翻边系数 K_0 来衡量，即

$$K_0 = d_0/d$$

式中　d_0——翻边前的孔径尺寸；

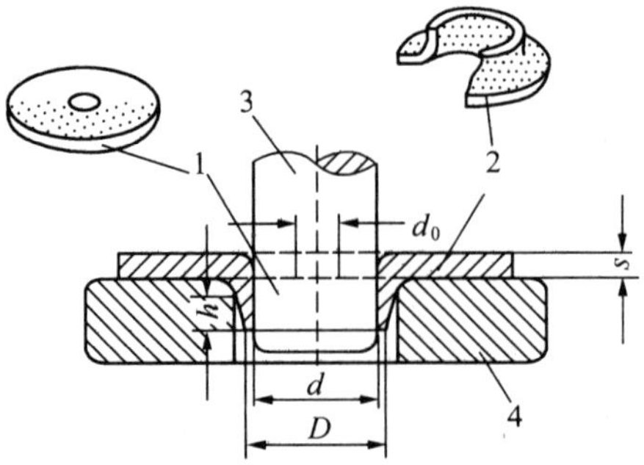

图 7.13　翻边简图

1—平坯料;2—成品;3—凸模;4—凹模

d——翻边后的内孔尺寸。

显然 K_0 值越小,变形程度越大。翻边时,孔的边缘不断裂时所能达到的最小 K_0 值称为极限翻边系数,对于镀锡铁皮 K_0 不小于 0.65～0.7;对于酸洗钢 K_0 不小于 0.68～0.72。

当零件的凸缘高度大,计算出的翻边系数 K_0 很小,直接成型无法实现时,则可采用先拉深,后冲孔(按 K_0 计算得到容许孔径)、再翻边的工艺来实现。

(3)旋压

图 7.14 是旋压过程示意图。顶块把坯料压紧在模具上,机床主轴带动模具和坯料一同旋转,擀棒加压于坯料反复擀碾,于是由点到线,由线及面,使坯料逐渐贴于模具上而成型。

(4)缩口

缩口是减小拉深制品孔口边缘直径的工序,如图 7.15 所示。

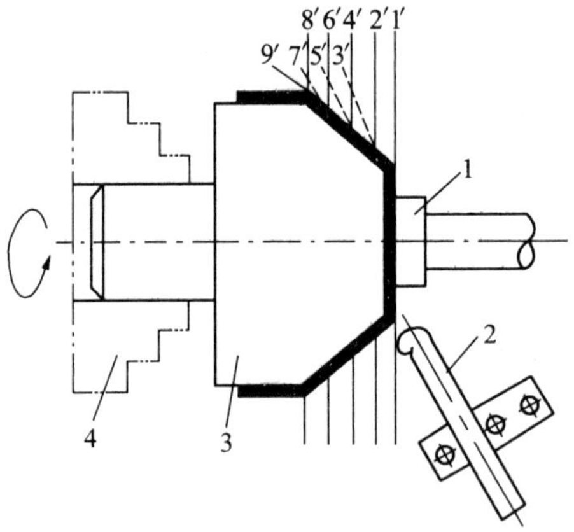

图 7.14　用圆头杆棒的旋压

1—顶块;2—擀棒;3—模具;4—卡盘

(1′～9′为坯料的连续位置)

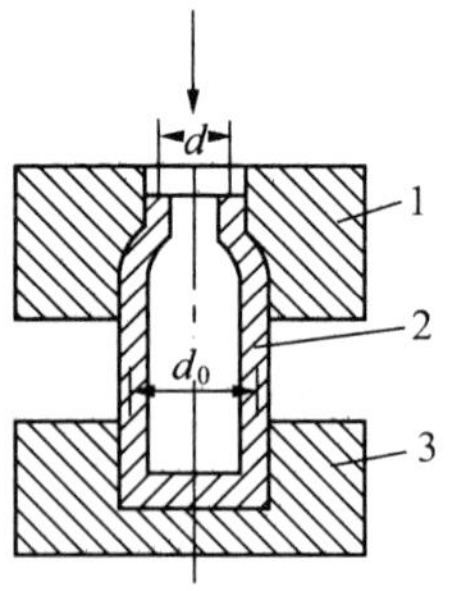

图 7.15　缩口

1—凸模;2—工件;3—凹模

7.1.3　典型零件冲压工艺示例

利用板料制造各种产品零件时，各种工序的选择、工序顺序的安排以及各工序使用次数的确定，都以产品零件的形状和尺寸，每道工序中材料所允许的变形程度为依据。图 7.16 为汽车消音器零件的冲压工序示例。

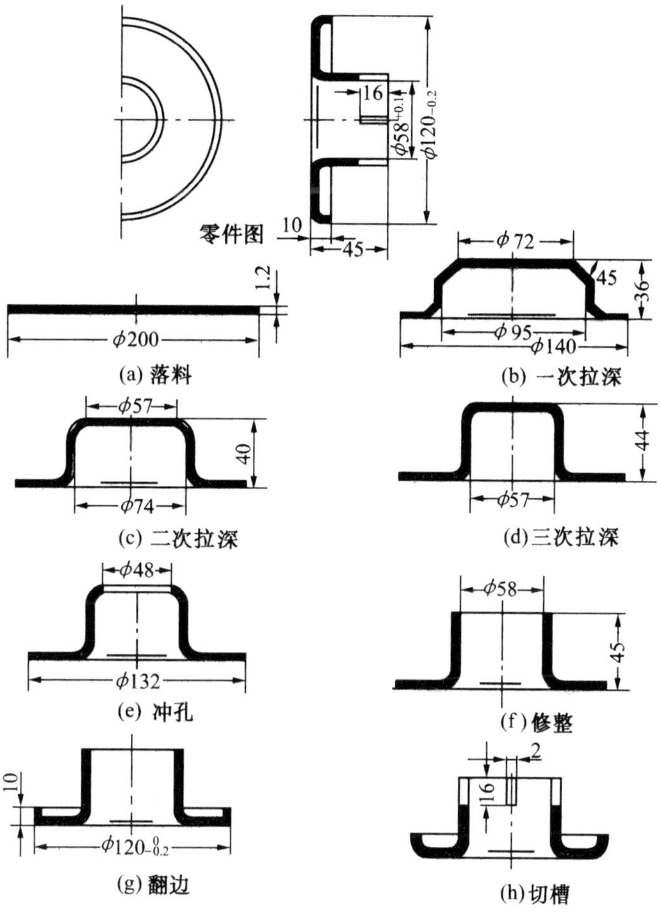

图 7.16　汽车消音器零件的冲压工艺

7.2　冲压模具及其结构

冲模是冲压生产中必不可少的模具，冲模结构合理与否对冲压件质量、冲压生产的效率及模具寿命都有很大的影响。冲模基本上可分为简单模、连续模和复合模三种。

7.2.1　简单冲模

在冲床的一次冲程中只完成一个工序的冲模，称为简单冲模，如图 7.17 所示。凹模 2 用压板 7 固定在下模板 4 上，下模板用螺栓固定在冲床的工作台上。凸模 1 用压板 6 固定在上模板 3 上，上模板则通过模柄 5 与冲床的滑块连接。因此，凸模可随滑块作上下运动。为了使凸模向下运动能对准凹模孔，并在凸凹模之间保持均匀间隙，通常用导柱 12 和套筒 11 的结构，条料在凹模上沿两个导板 9 之间送进，碰到定位销 10 为止。凸模向下冲压时，冲下的零件（或废料）进入凹模孔，而条料则夹住凸模并随凸模一起回程向上运动。条料碰到卸料板 8 时（固定在凹模上）被推下，这样，条料继续在导板间送进。重复上述动作，冲下所需数量的零件。

简单冲模结构简单，容易制造，适用于冲压件的小批量生产。

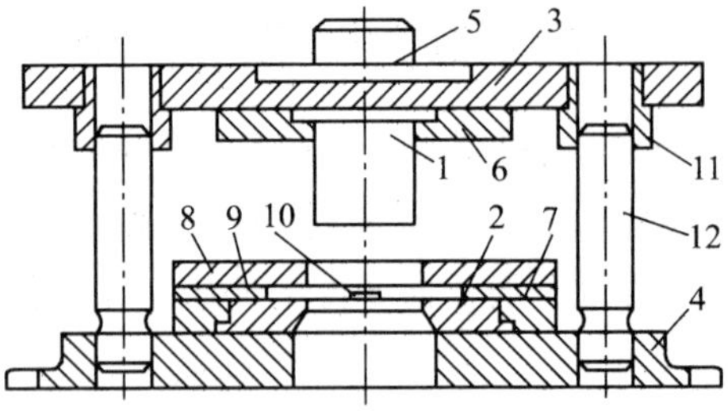

图 7.17　简单冲模

1—凸模；2—凹模；3—上模板；4—下模板；5—模柄；6—压板；7—压板；8—卸料板；9—导板；10—定位销；11—套筒；12—导柱

7.2.2　连续冲模

在冲床的一次冲程中，在模具的不同部位上同时完成数道冲压工序的模具，称为连续模，如图 7.18 所示。工作时定位销 2 对准预先冲出的定位孔，上模向下运动，凸模 1 进行落料，凸模 4 进行冲孔。当上模回程时，卸料板 6 从凸模上推下残料。这时再将坯料 7 向前送进，执行第二次冲裁。如此循环进行，每次送进距离由挡料销控制。连续冲模生产效率高，易于实现自动化，但要求定位精度高，制造复杂，成本较高。

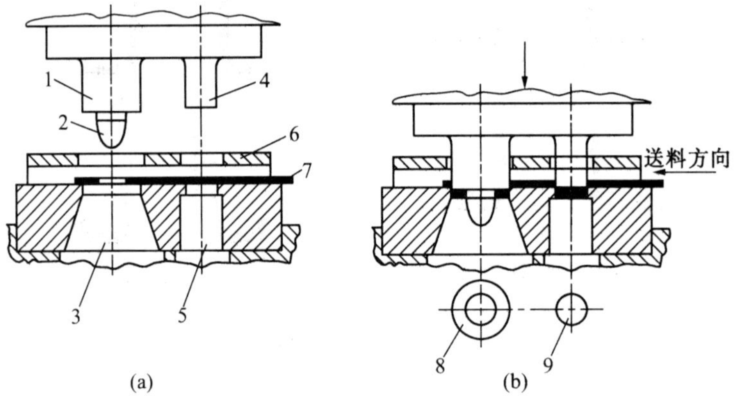

图 7.18　连续冲模

1—落料凸模；2—定位销；3—落料凹模；4—冲孔凸模；5—冲孔凹模；6—卸料板；7—坯料；8—成品；9—废料

7.2.3　复合冲模

在冲床的一次冲程中，模具同一部位上同时完成数道冲压工序的模具，称为复合模，如图 7.19 所示。复合模的最大特点是模具中有一个凸凹模。凸凹模的外圆是落料凸模刃口，内孔则成为拉深凹模。当滑块带着凸凹模向下运动时，条料首先在落料凹模中落料。落料件被下模当中的拉深凸模顶住,滑块继续向下运动时,凸凹模随之向下运动进行拉深。顶出器在滑块的回程中将拉深件推出模具。

复合模适用于产量大、精度高的冲压件,但模具制造复杂,成本高。

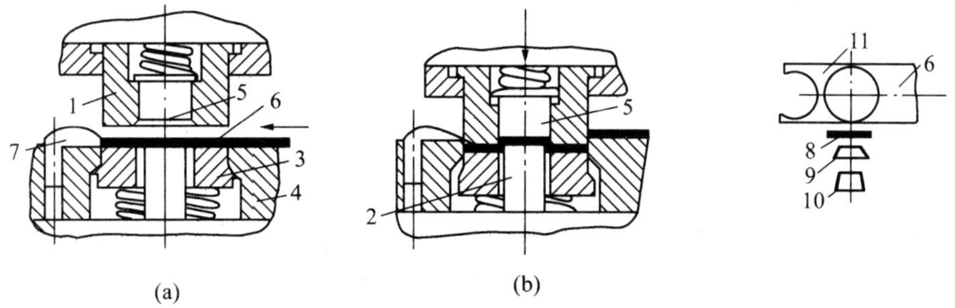

图 7.19 落料拉深复合模

1—凸凹模;2—拉深凸模;3—压板(卸料器);4—落料凹模;5—顶出器;6—条料;7—挡料销;8—坯料;9—拉深件;10—零件;11—切余材料

7.3 冲压件结构设计

冲压件的设计不仅应保证它具有良好的使用性能,而且也应具有良好的工艺性能。以减少材料的消耗、延长模具寿命、提高生产率、降低成本及保证冲压件质量等。

影响冲压件工艺性的主要因素有:冲压件的形状、尺寸、精度及材料等。

7.3.1 冲压件的形状与尺寸

1. 对落料和冲孔件的要求

(1)对落料的要求

落料件的外形和冲孔件的孔形应尽量简单、对称,尽可能采用圆形、矩形等规则形状。并应在排样时尽量使废料降低到最少的程度。图 7.20(b)较图 7.20(a)合理,材料利用率可达 79%。同时应避免长槽与细长悬臂结构,否则制造模具困难、模具使用寿命短。图 7.21 所示零件为工艺性很差的落料件,因为模具制造成矩形沟槽困难。

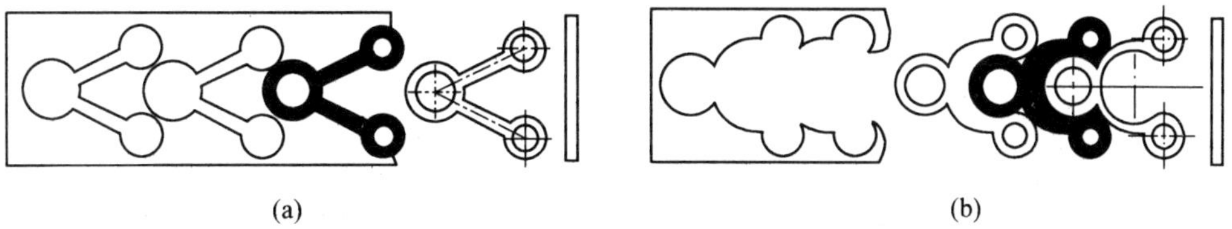

图 7.20 零件形状与节约材料的关系

(2)对冲孔的要求

孔及其有关尺寸如图 7.22 所示。冲圆孔时,孔径不得小于材料厚度 s。方孔的每边长不得小于 $0.9s$。孔与孔之间、孔与工件边缘之间的距离不得小于 s。外缘凸出或凹进的尺寸不得小于 1.5*s*。

(3) 应用圆弧连接

冲孔件或落料件上直线与直线、曲线与直线的交接处，均应用圆弧连接。以避免尖角处因应力集中而被冲模冲裂。最小圆角半径数值见表 7.2。

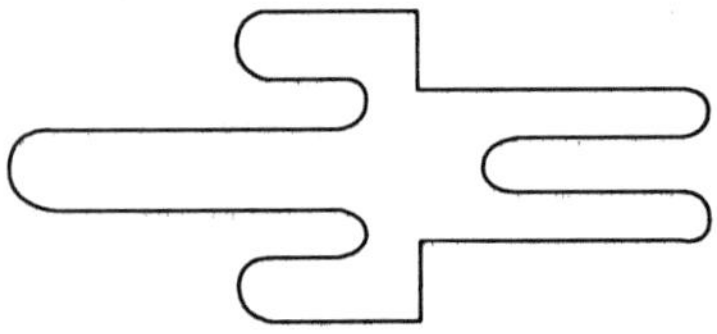

图 7.21　不合理的落料件外形

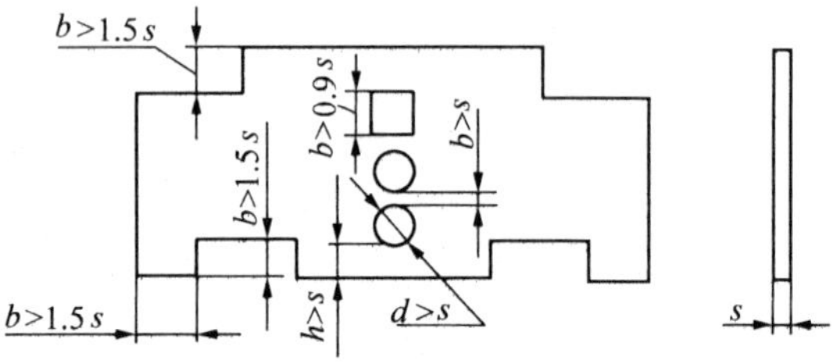

图 7.22　冲孔件尺寸与厚度的关系

表 7.2　落料件、冲孔件的最小圆角半径

工　序	圆弧角	最 小 圆 角 半 径			
		黄铜、紫铜、铝	低　碳　钢	合　金　钢	
落　料	$\alpha \geq 90°$	$0.24 \times s$	$0.30 \times s$	$0.45 \times s$	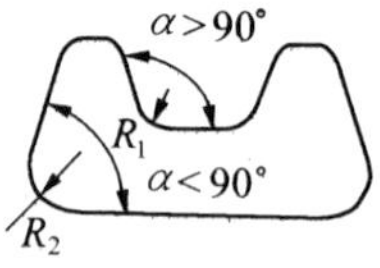
	$\alpha < 90°$	$0.35 \times s$	$0.50 \times s$	$0.70 \times s$	
冲　孔	$\alpha \geq 90°$	$0.20 \times s$	$0.35 \times s$	$0.50 \times s$	
	$\alpha < 90°$	$0.45 \times s$	$0.60 \times s$	$0.90 \times s$	

2. 对弯曲件的要求

(1) 避免成型过程中弯裂

弯曲件形状应尽量对称，弯曲半径不能小于材料允许的最小弯曲半径，并应考虑材料纤维方向，以免成型过程中弯裂。

(2) 弯曲边时留出适当的余量

弯曲边过短不易弯曲成型，故应使弯曲边的平直部分 $H>2s$，如图 7.23 所示。如果要求 *H* 很短，则需先留出适当的余量以增大 *H*，弯好后再切去多余材料。

(3) 弯曲带孔件的要求

弯曲带孔件时，为避免孔的变形，孔的位置应与弯曲边保持一定距离，如图 7.24 所示。*L* 应大于 (1.5 ~2)*s*，如对零件孔的精度要求较高，则应弯曲后再冲孔。

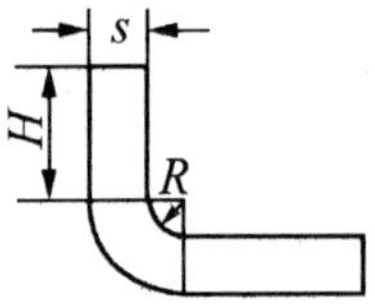

图 7.23　弯曲边高

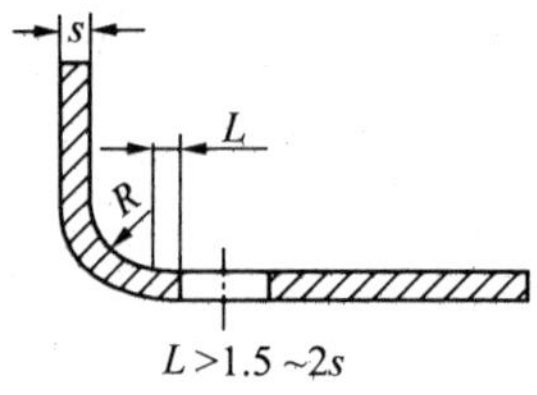

图 7.24　带孔的弯曲件

3. 对拉深件的要求

(1) 拉深件外形应简单、对称，且不宜太高。以便使拉深次数尽量少，并容易成型。

(2)拉深件的圆角半径在不增加工序的情况下,最小许可半径如图 7.25 所示。否则必将增加拉深次数和整形工作,增多模具数量,容易产生废品和提高成本。

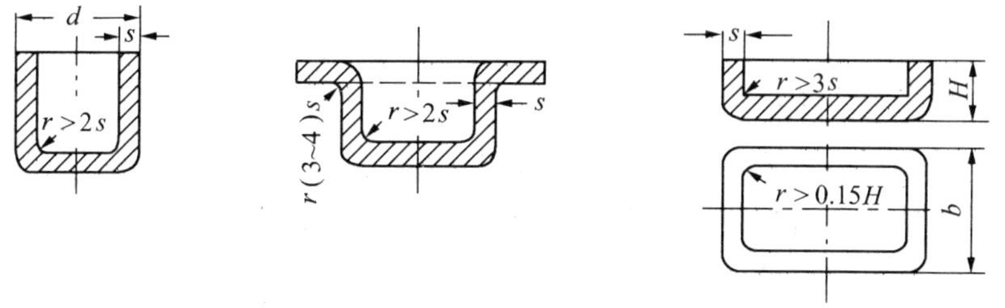

图 7.25　拉深件的最小许可圆角半径

7.3.2　冲压件的精度和表面质量

1. 冲压件的精度

冲压件精度不应超过各冲压工序的经济精度,并应在满足需要的情况下尽量降低要求,否则,将需要增加其他精整工序,使生产成本提高,生产率降低。各种冲压工序的经济精度如下:落料 IT 10;冲孔 IT 9;弯曲 IT 10 ~ IT 9;拉深件高度尺寸精度 IT 10 ~ IT 8,拉深件直径尺寸精度为 IT 9 ~ IT 8,厚度精度为 IT 10 ~ IT 9。

2. 冲压件表面质量

冲压件表面质量不应高于原材料表面质量,否则需要增加切削加工等工序,使产品成本大幅度提高。

7.3.3　简化工艺、节省材料、改进结构

1. 冲-焊结构

形状复杂的冲压件,可先分别冲制成若干简单件,最后焊接成整体件,从而简化工艺。如图 7.26 所示。

2. 组合件结构

组合件可采用冲口工艺,减少组合件数量 图 7.27 所示的组合工件,原设计用三个件焊接或铆接成型,采用冲口工艺后(冲口、弯曲)可制成整体零件,从而节省材料,简化工艺过程。

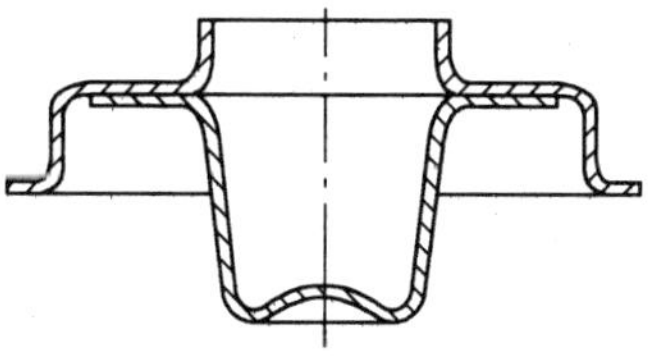

图 7.26　冲压焊接结构零件

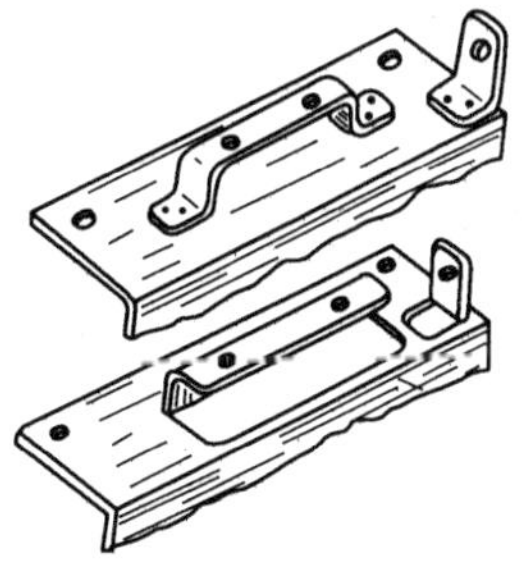

图 7.27　冲口工艺的应用

3. 简化拉深件结构

在不改变使用性能的前提下,拉深件结构应尽量简化,以减少工序、节省材料、降低成本。

7.3.4　冲压件的厚度

在强度、刚度允许的条件下,冲压件应尽量采取厚度较小的材料制造。如果冲压件局部刚度不够,可采用如图 7.28 所示的加强筋来实现材料以薄代厚,从而减少冲压力和模具磨损,并达到节约材料的目的。

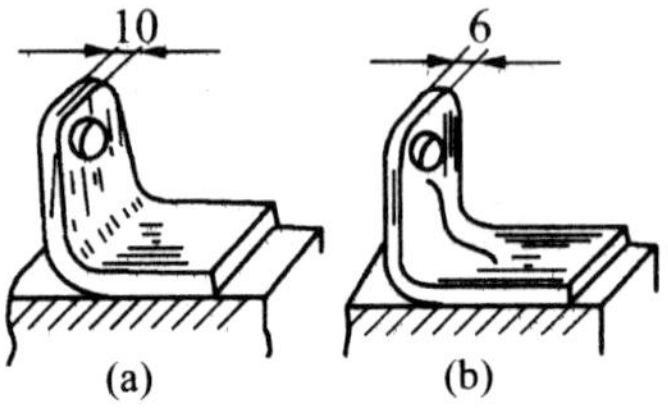

图 7.28　利用加强筋减小厚度

复习思考题

1. 板料冲压生产有何特点? 应用范围如何?

2. 冲压工序分几大类? 每大类的成型特点和应用范围如何?

3. 凸凹模间隙对冲裁件质量和尺寸精度有何影响?

4. 翻边件的凸缘高度尺寸较大而一次翻动实现不了时,应采取什么措施?

5. 材料的回弹现象对冲压生产有什么影响?

6. 若材料与坯料的厚度及其他条件相同,图 7.29 所示两种零件,哪个拉深较困难? 为什么?

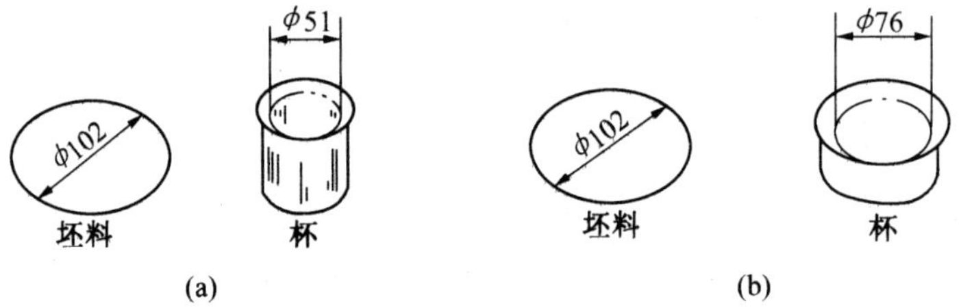

图 7.29

7. 图 7.30 所示冲压件是否合理? 试修改不合理的部位。

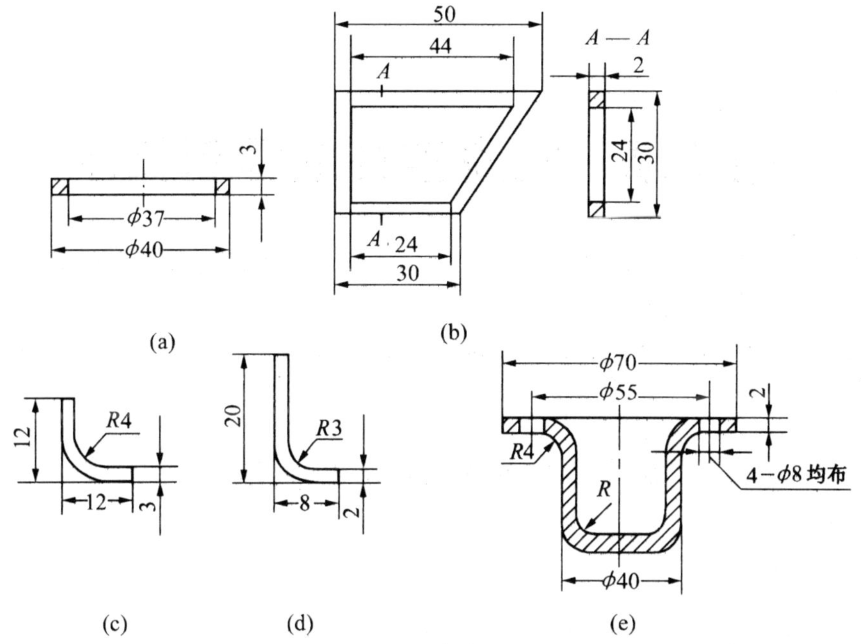

图 7.30

8. 写出图 7.31 所示冲压件的工艺过程。

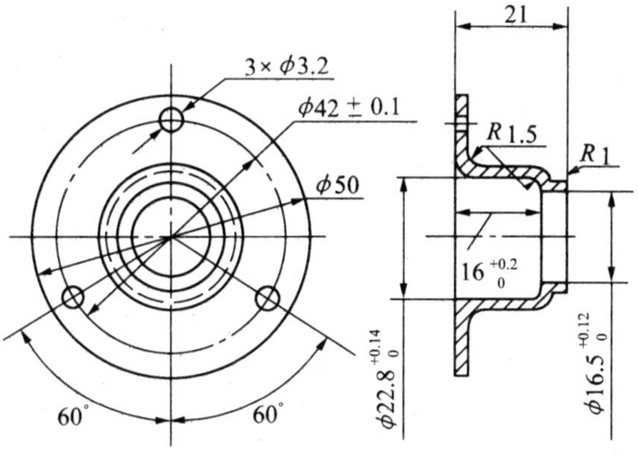

图 7.31

第 8 章　金属塑性成型新技术

现代工业技术的进步和新材料的应用促进了塑性成型新技术的发展,现代塑性成型技术发展趋势是省力、高效、高精度。

本章主要介绍几种比较成熟的塑性成型新技术,并简要介绍计算机在塑性成型中的应用。

8.1　金属塑性成型新技术

8.1.1　多向模锻

多向模锻是将坯料放于模具内,用几个冲头从不同方向同时或先后对坯料施加脉冲力,以获得形状复杂的精密锻件。

多向模锻一般需要在具有多向施压的专门锻造设备上进行。这种锻压设备的特点就在于能够在相互垂直或交错方向加压。多向模锻方法如图 8.1 所示。

多向加压改变了金属的变形条件,提高了塑性,减小了变形抗力,适宜于模锻塑性较差的高合金钢。多向模锻能锻出具有凹面或凸肩、具有多向孔等形状复杂的锻件,而不需要模锻斜度。典型多向模锻件如图 8.2 所示。

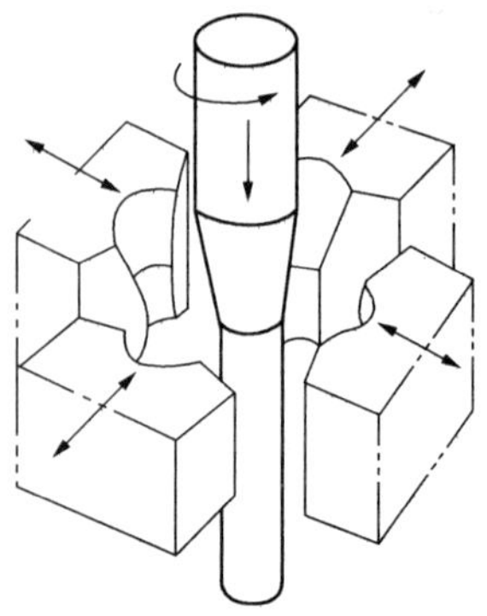

图 8.1　多向模锻

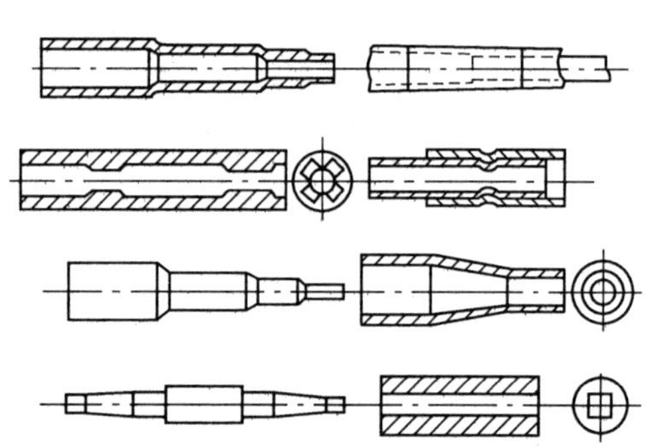

图 8.2　多向模锻典型多向模锻件

1. 多向模锻的优点

(1)提高材料利用率,节约金属材料

多向模锻采用封闭式模锻,不设计毛边槽,锻件可设计成空心的,零件易于卸出,拔模斜度值小,精度高,因而可节约大量金属材料,多向模锻的材料利用率在 40% ~90% 以上。

(2)提高机械性能

多向模锻尽量采用挤压成型,金属分布合理而正确,金属流线较为完好和理想。多向模锻零件强度一般能提高 30% 以上,延伸率也有提高。这样就极有利于精密化产品,为产品小型化、减轻产品重量提供了途径。因此,航空工业、原子能工业所用的受力机械零件均广泛采用多向模锻件。

(3)降低劳动强度

多向模锻往往在一次加热过程中就完成锻压工序,减少氧化损失,有利于实现模锻机械化操作,显著降低了劳动强度。

(4)节约设备、提高劳动生产率

多向模锻工艺本身可以使锻件精度提高到理想程度,从而减少了机械加工余量和机械加工工时,使劳动生产率提高,产品成本下降。尤其对于切削效率低的金属材料,其效果更为显著。

(5)应用的范围广泛

对金属材料来说,不但一般钢材与有色合金可以采用多向模锻,而且也可应用于高合金钢与镍铬合金等材料。在航空、石油、汽车拖拉机与原子能工业中,有关中空的架体、活塞、轴类、筒形件、大型阀体、管接头以及其他受力机械零件都可采用多向模锻。

2. 多向模锻的局限性

①需要配备适合于多向模锻工艺特点的专用多向模锻压力机。

②送进模具中的毛坯只允许极薄的一层氧化皮,要使多向模锻取得良好的效果必须对毛坯进行感应电加热或气体保护无氧化加热。

③毛坯料尺寸要求严格,重量公差要小,因此下料尺寸要进行精密计算或试料,以确保尺寸的精确性。

8.1.2　液态模锻

液态模锻是把液体金属直接浇入金属模具内,然后在一定时间内以一定的静压力作用于液态(或半液态)金属上,使之成型。

液态模锻过程包括浇注、加压成型、脱模,其过程如图 8.3 所示。

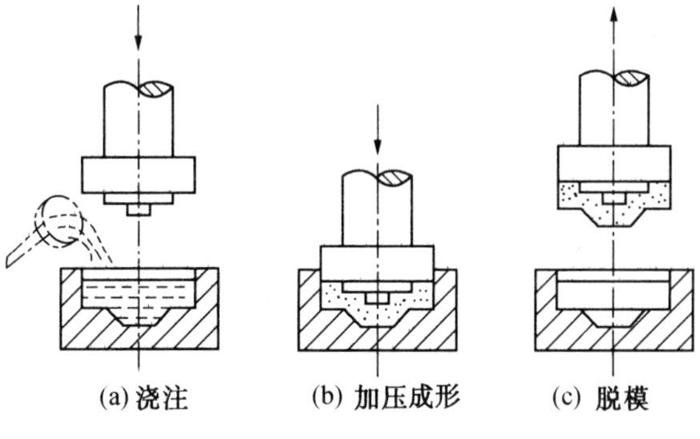

(a) 浇注　(b) 加压成形　(c) 脱模

图 8.3　液态模锻过程示意图

液态模锻制造零件是一种先进工艺,它是在研究压力铸造的基础上逐步发展起来的。液态模锻实际上是铸造加锻造的复合工艺,它兼有铸造工艺简单、成本低,又有锻造产品性能好、质量可靠等优点。金属在压力下同时结晶和塑性变形,内部缺陷少,尺寸精度高,强度高于一般的轧制材料。

8.1.3 粉末锻造

粉末锻造是粉末冶金成型方法和精密锻造相结合的一种金属加工方法。它是将粉末预压成型后,在充满保护气体的炉子中烧结,再将烧结体加热到锻造的温度后模锻成型。粉末锻造过程如图 8.4 所示。

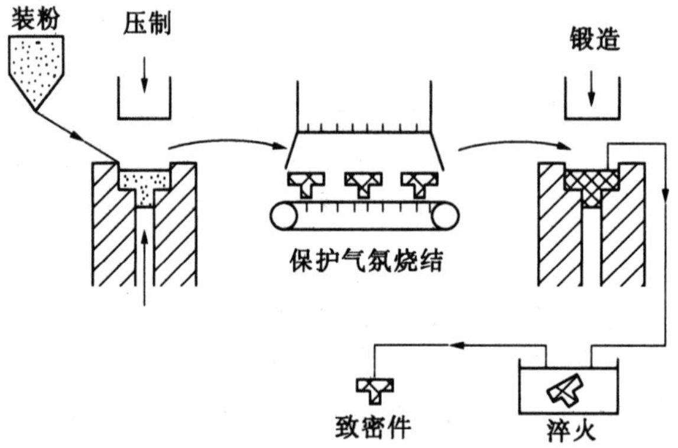

图 8.4 粉末锻造示意图

粉末冶金是用金属粉末或金属与非金属粉末的混合物作原料,经压制、烧结等工序制造零件的方法。粉末冶金的特点适合于制造其他方法很难成型的工程材料,如钨-钼合金、钨-铜合金、硬质合金、金属陶瓷复合材料等。而且由于粉末冶金工艺中,粉末细小均匀,粒度一般达到微米级,所以产品尺寸准确,表面粗糙度低。但粉末冶金最主要的缺陷是粉末压坯密度不均匀,烧结体中有较多的空隙,相对密度在 90% 左右,塑性与冲击韧性差。

粉末锻造将粉末冶金和锻造的优点结合起来,保持了粉末冶金精度高的优点,成型准确,材料利用率高,而且可以使粉末冶金件的密度接近理论密度,同时塑性流动可以破碎颗粒表面间的氧化膜,提高了产品性能。粉末锻造与普通模锻的比较见表 8.1。

表 8.1 粉末锻造与普通模锻的比较

比较项目	粉末锻造	普通模锻
100 mm 的尺寸精度	±0.2 mm	±1.5 mm
初加工材料利用率	99.5%	70%
产品材料利用率	80%	45%
产品质量波动	±0.5%	±3.5%

许多工业化国家非常重视粉末锻造工艺,并制造出大量的产品,如汽车用齿轮和连杆等。

8.1.4 超塑性成型

超塑性是指金属或合金在特定的组织、温度和变形条件下,塑性常态指标提高几倍到几百倍，而变形抗力降低到几分之一甚至几十分之一的性质。

1. 超塑性变形机理

超塑性变形机理是变形过程中由扩散调节的晶界的滑移，如图 8.5 所示。当金属受力时，等轴晶粒晶界滑移，同时晶粒转动。晶粒转动可调节晶粒变形，引起晶界迁移，同时原子扩散加快晶界的迁移速度，晶界处的空隙得以愈合。晶界迁移和扩散作用使晶粒形状、位置改变，晶界滑移能够继续进行。晶界滑移结果使横向排列的两个晶粒相互接近并接触，纵向排列的两个晶粒被挤开，从而使晶体在应力方向上产生了较大的的伸长变形量，而晶粒的等轴形状几乎保持不变。

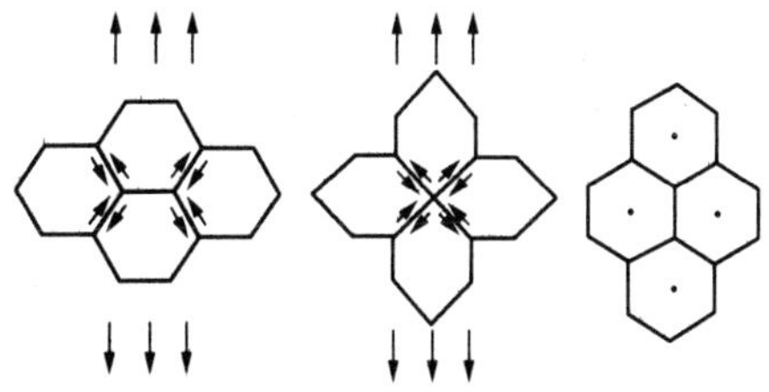

图 8.5　超塑性变形过程示意图

2. 超塑性分类

超塑性主要可分为结构超塑性和相变超塑性。

(1)结构超塑性

结构超塑性是金属材料具有平均直径为 1 ~ 1.5 μm 的等轴晶粒，在一定的变形温度（$0.5 \sim 0.7T_{熔}$）和低的变形速率（$\varepsilon = 10^{-4} \sim 10^{-2}$ m/s）条件下获得的超塑性，其相对延伸率 δ 超过 100% 以上的特性。

(2)相变超塑性

具有固态相变的金属在相变温度附近进行加热与冷却循环，反复发生相变或同素异构转变，同时在低应力下进行变形，可产生极大伸长的性质称为相变超塑性。相变超塑性不要求金属具备超细的晶粒。

3. 金属超塑性成型工艺的特点及应用

①金属在超塑性状态下流动性好，可成型形状复杂的零件，并且零件尺寸精度高。

②变形抗力小，高强度材料容易成型，如 GCr 15 轴承合金，在 700 ℃ 超塑性变形时，抗力只有 3 MPa。

③在成型过程中，材料不会发生加工硬化，内部没有残余应力，复杂的锻件可一次成型。

金属超塑性成型工艺已进入工业实用阶段，包括超塑性等温模锻、挤压、拉深、无模拉丝等。如超塑性拉深成型时，单次拉深的最大高度与直径的比大于 11，是常规拉深时的 15 倍。金属材料超塑性成型已应用于飞机高强度合金起落架、高温高强合金生产整体涡轮盘的成型加工。

8.1.5　高速高能成型

高速高能成型是在极短的时间内（毫秒级）将化学能、电能、电磁能或机械能传递给被加工的金属材料，使之迅速成型的工艺。高速高能成型速度高，可以使难变形的材料进行成型，加工时间短，加工精度高。高能率成型有许多种加工形式，如爆炸成型，电液成型和电磁成型等。

1. 爆炸成型

爆炸成型是利用炸药爆炸的化学能使金属材料高速高能成型的加工方法,适合于各种形状零件的成型。爆炸在 5 ~ 10 s 内产生几百万 MPa 压力的脉冲冲击波,坯料在 1 ~ 2 s,甚至在毫秒或微秒量级时间内成型,如图 8.6 所示。

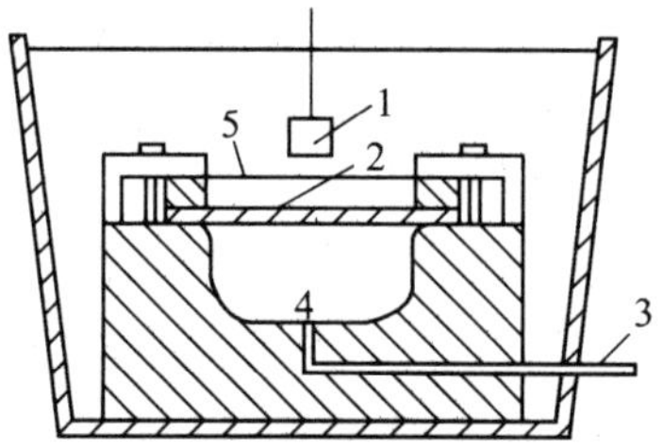

图 8.6　爆炸成型图

1—炸药;2—板料;3—出气口;

4—凹模腔;5—压紧环

爆炸成型工艺可以用于板料拉深、胀形、弯曲、冲孔、表面硬化、粉末压制等。如球形件可采用简单的边缘支撑,用圆形坯进行一次自由爆炸成型;油罐车的碟形封头可采用在水下小型爆炸成型。

2. 电液成型

由水中两电极间放电所产生的冲击波和液流冲击使金属成型的工艺称为电液成型。图 8.7 为电液成型原理图。高压直流电向电容器充电,电容器高压放电,在放电回路中形成强大的冲击电流,使电极周围介质中形成冲击波及液流波,并使金属板成型。

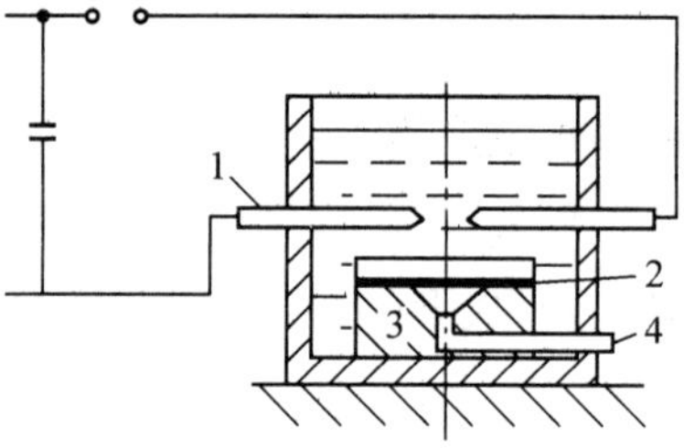

图 8.7　电液成型原理示意图

1—电极;2—板料;3—凹模;4—出气口

电液成型速度也接近于爆炸成型的速度。电液成型适合于形状简单的中小型零件的成型,特别适合于细金属管胀形加工。

3. 电磁成型

电磁成型是利用电磁力加压成型的工艺,也是一种高速高能成型的加工方法。电容器高压放电,使放电回路中产生很强的脉冲电流,由于放电回路阻抗很低,所以成型线圈中的脉冲电流在极短的时间内迅速变化,并在其周围空间形成一个强大的变化磁场。在变化磁场作用下,坯料内产生感应电流,形成磁场,并与成型线圈形成的磁场相互作用,电磁力使毛坯产生塑性变形。图 8.8 为管子电磁成型示意图,成型线圈放在管子外面可使管子产生颈缩;成型线圈放在管子内部可使管子胀形。

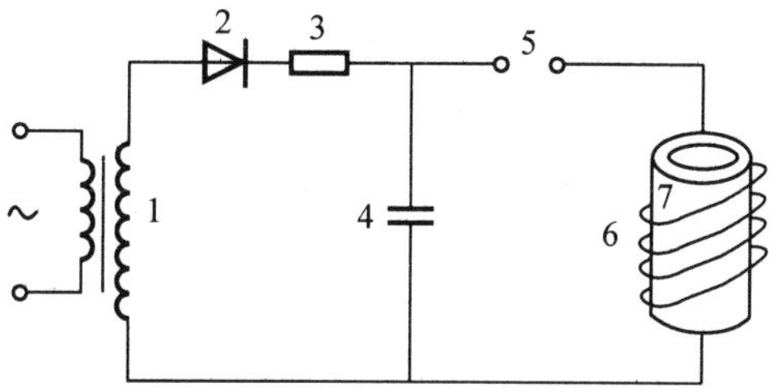

图8.8　电磁成型装置原理图

1—升压变压器;2—整流器;3—限流电阻;4—电容器;
5—辅助间隙;6—工作线圈;7—毛坯

电磁成型要求金属具有良好的导电性,如碳钢、铜、铝等。

8.2　计算机在塑性成型中的应用简介

计算机技术在塑性成型中应用越来越多,对提高塑性成型产品精度,提高生产率,降低成本起了很大作用。计算机在塑性成型中的应用主要是塑性变形过程的模拟、模具CAD/CAM和生产过程的计算机控制。

1. 模拟塑性成型过程

塑性成型过程是一个十分复杂的过程,随着计算机的应用,工件在成型过程中不同阶段不同部位的应力分布、应变分布、温度分布、硬化状况以及残余应力等情况用计算机控制,从而获得最合理的工艺参数和模具结构参数,使产品质量得到保证。

2. 模具 CAD/CAM

模具是塑性成型加工的重要设备,模具的成本在生产成本中占有较大比例,而且传统的模具设计与制造周期长、质量难以保证,很难适应现代技术下产品及时更新换代和提高质量的要求。模具CAD/CAM是用计算机处理各种数据和图形信息,辅助完成模具的设计和制造过程。

模具CAD/CAM的一般过程是:

用计算机语言描述产品的几何形状,并输入计算机,从而获得产品的几何信息;再建立数据库,用以储存产品的数据信息,如材料的特性、模具设计准则以及产品的结构工艺性准则等。在此基础上,计算机能自动进行工艺分析、工艺计算,自动设计最优工艺方案,自动设计模具结构图和模具型腔图等,并输出生产所需的模具零件图和模具总装图。计算机还能将设计所得到的信息自动转化为模具制造的数控加工信息,再输入到数控中心,实现计算机辅助制造。

模具CAD/CAM具有如下特点:

①缩短模具设计与制造的周期,促进产品的更新换代;

②优化模具设计及优化模具制造工艺,促进模具的标准化,提高产品质量和延长模具使用寿命;

③提高模具设计及制造的效率,降低成本;

④将设计人员从繁杂的计算和绘图工作中解放出来,使其可以从事更多的创造性劳动。

模具 CAD/CAM 技术发展很快,应用范围日益扩大,在冷冲模、锻模、挤压模以及注塑成型模等方面都有比较成功的 CAD/CAM 系统。

3. 塑性成型过程的自动化控制

电子技术和计算机技术的应用,使塑性成型加工设备向机电一体化和机电仪一体化方向发展,实现现了对生产过程中工艺参数的自动检测、自动显示及自动控制。

数控加工技术(CNC)在板料冲压中应用较多,目前已开发出 CNC 压力机、CNC 弯板机、CNC 液压弯管机、CNC 剪板机等设备。CNC 压力机朝着高速度(频率 1000 次/min,工作台移动速度 105 m/min)、高精确度(定位精度为±0.01 mm)和高自动化程度方向发展。

柔性制造系统(FMS)是以计算机为中心的自动完成加工、装卸、存储、运输、管理的系统,具有监视、诊断、修复、自动更换加工品种等功能,具有一定的柔性和灵活性。FMS 适宜多品种和小批量生产的要求,可缩短产品制造周期,提高设备利用率,减少在制品数量,最大限度地降低生产成本。

复习思考题

1. 多向模锻的优点有哪些?请简略回答。
2. 粉末锻造与普通模锻相比,有何优点?
3. 何谓超塑性?超塑性成型有何特点?
4. 简述计算机技术在塑性成型中的应用。

第 3 篇

金属材料的连接成型加工工艺

将简单型材或零件连接成复杂零件和机器部件的加工工艺称为连接成型。

根据连接成型原理的不同，连接成型可分为机械连接、冶金连接、物化连接。机械连接是利用螺钉、螺栓和铆钉等连接成型，接头可以拆卸，主要用于装配(和易损件)的连接。物化连接是利用粘接剂，通过物理、化学作用将材料连接成型，接头不可拆卸，主要用于异种材料的连接，一般称为粘接。冶金连接是通过加热或加压(或既加热又加压)，使分离表面的原子间距足够小，形成金属键而获得永久性接头，主要用于金属材料的连接，通常称为焊接。

本篇内容为焊接和粘接成型，其中第 9 章以电弧焊为例重点讲述焊接成型工艺的基本原理和焊接质量检验；第 10 章讲述各种焊接方法的特点和应用；第 11 章重点讲述常用金属材料的焊接特点；第 12 章重点讲述焊接结构工艺性和焊接工艺图；第 13 章简要介绍粘接成型的原理和应用。

第 9 章　焊接理论基础与焊接质量

焊接是通过加热或加压，或两者并用，并且用或不用填充材料，使焊件达到原子结合，形成永久性接头的加工方法。

焊接成型是一种先进、高效的金属连接方法，是现代工业生产中重要的金属连接方法之一，在国民经济中占有重要地位。世界上发达工业国家每年的焊接结构总重量约占钢产量的 45% 左右。焊接技术广泛应用于机械制造、冶金、石油化工、航空航天等工业部门。

焊接结构的特点是：

(1) 焊接结构重量轻，节省金属材料，与铆接相比，可节省金属 10% ~20%，与铸件相比可节省 30% ~50%。另外，采用焊接方法可制造双金属结构，节省大量的贵重金属及合金。

(2) 焊接接头具有良好的力学性能，能耐高温高压、能耐低温，具有良好的密封性、导电性、耐腐蚀性、耐磨性。

(3) 可以简化大型或形状复杂结构的制造工艺，如万吨水压机的立柱的制造、大型锅炉的制造、汽车车身的制造等。

随着科学技术的发展，焊接技术也得到飞速发展。随着新材料尤其是非金属材料的应用，焊接技术有着广阔的发展前景。目前焊接技术发展的主要趋势是与计算机技术相结合，向着自动化方向发展，焊接机器人的数量越来越多，焊接质量也越来越高。

但是，焊接技术尚有一些不足之处，如对某些材料的焊接有一定困难；焊接不当会产生焊接缺陷；焊接接头组织与性能不均匀；易产生较大的残余应力和变形等，因此必须重视焊接质量的检验工作。

在实际生产中应用最早、最广泛的是电弧焊，电弧焊也是焊接技术最为成熟、最基本的焊接方法，本章以电弧焊为例，重点讲述焊接成型的原理，焊接过程中出现的质量问题及其检验方法。

9.1　电弧焊的本质

电弧焊是利用电弧作为热源使分离的焊件金属局部熔化，形成熔池，随着电弧的移动，熔池中的液态金属冷却结晶，形成焊缝，实现焊件的连接，如图 9.1 所示。由此可见，电弧焊的本质是小范围内的金属熔炼与铸造，焊接过程包含有热过程、冶金过程和结晶过程。

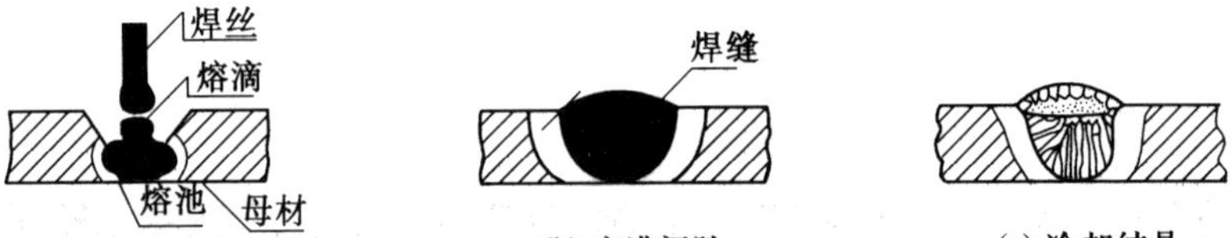

图 9.1　电弧焊过程示意图

9.1.1　焊接电弧

电弧是两电极之间持久而强烈的气体放电现象，其宏观表现是发出强光，释放大量热量。电极可以是金属丝、钨丝、碳棒或焊条等。电弧的结构如图 9.2 所示，其中阴极区为电子发射区；阳极区为正离子区，并接受电子；弧柱区为气体电离区。

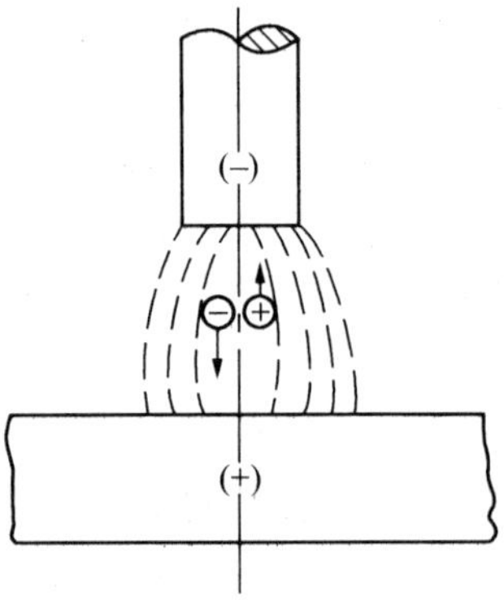

图 9.2　电弧结构示意图

电弧产生的过程是：当两电极接触时，因短路产生高温，使接触的金属很快熔化并产生金属蒸气。当两电极间距离迅速达到 2 ~4 mm 时，阴极表面金属在电场、高温等作用下发射大量电子；阳极表面金属在电场、高温作用下发生电离；在弧柱区，高速运动的电子与原子、分子间相互碰撞产生大量热量并导致原子、分子的电离。同时部分离子与电子间还会复合成原子或分子，并放出光。

电弧放电的特点是电压低，电流大，温度高，能量密度较大，可以满足焊接的要求。电弧阴极区和阳极区的温度与电极材料的熔点有关。用碳钢焊条焊接碳钢时，各区的温度分别为：弧柱区 6 000 ~8 000 K，阳极区 2 600 K，阴极区 2 400 K。

9.1.2　电弧焊冶金特点

由电弧的特点和焊接过程可以看出，电弧焊冶金过程有以下特点：

(1)熔池金属温度高于一般冶炼温度，因此金属元素蒸发强烈，并且电弧区的气体分解呈原子状态，金属容易烧损或形成有害杂质：(氧化物、氮化物等)，使焊缝的强度、塑性、韧性大幅度下降。金属元素与氧的反应如下：

$$Fe+O=FeO \qquad C+O=CO$$
$$Mn+O=MnO \qquad Mn+FeO=Fe+MnO$$
$$Si+2O=SiO_2 \qquad Si+2FeO=2Fe+SiO_2$$

(2)熔池体积小，且四周是冷金属，熔池处于液态的时间很短(一般在 10 s 左右)。由于化学反应难于在如此短的时间内达到平衡状态，所以化学成分不均匀，而且气体和杂质来不及浮出，导致容易产生气孔和夹渣等缺陷，并且焊缝金属组织结晶后易生成粗大的柱状晶。如在高温下溶解的 N、H 进入焊缝金属容易形成气孔，N 还会与 Fe 形成硬而脆的针状氮化物(Fe_4N)，使焊缝塑性、韧性下降，H 还会引起焊缝金属脆化(简称氢脆)，促使冷裂纹的产生。

9.1.3 焊接三要素

由电弧焊的本质和特点可知,为保证焊缝质量,获得性能良好的焊接接头要有三个基本的要素:

1. 热源

要求能量集中、温度高,以保证金属快速熔化,减小高温对金属性能的影响。焊接热源除了电弧以外,还有等离子弧、电子束、激光等。

2. 熔池的保护与净化

熔池的保护是采用熔渣、惰性气体、真空等保护措施,将熔池与大气隔离,防止焊缝金属氧化和杂质进入焊缝。熔池的净化是降低焊缝中氧、硫、磷等元素的含量。焊接时,即使保护效果良好,但熔化的金属可能被焊件表面的铁锈、油污、水分等分解出来的氧所氧化,所以在焊前应仔细清除这些杂质,并且进行脱氧反应。如果焊缝中硫、磷的含量超过0.04%,焊缝容易脆化而产生裂纹,所以不但要选择硫、磷含量低的原材料,还要进行脱硫、脱磷反应。

脱氧反应如下

$$FeO+Mn=Fe+MnO \qquad 2FeO+Si=2Fe+SiO_2$$

生成的MnO与SiO_2能形成复合物$MnO\cdot SiO_2$,其熔点低,密度小,容易浮出。

脱硫、脱磷反应如下

$$FeS+MnO=MnS+FeO \qquad FeS+CaO=CaS+FeO$$

$$FeS+Mn=MnS+Fe \qquad FeS+MgO=MgS+FeO$$

$$2Fe_3P+5FeO=P_2O_5+11Fe \qquad 5P_2O_5+3CaO=(CaO)3\cdot P_2O_5$$

生成的MnS,CaS,MgS,$(CaO)_3\cdot P_2O_5$等熔点低,密度小,不溶于金属,形成熔渣,以净化焊缝。

3. 填充金属

一方面可保证填满焊缝,另一方面可向焊缝过渡有益的合金元素(如锰、硅、钼等),以弥补金属的烧损,并且调整焊缝金属的化学成分,满足性能要求。常用材料有焊丝、焊心。

9.2 焊接接头的组织与性能

焊接过程结束后,熔池凝固形成焊缝,同时焊缝附近的一部分金属由于受到较高温度的作用,组织和性能与原材料相比会发生变化。焊缝附近组织、性能发生变化的区域称为焊接热影响区,焊缝与热影响区之间的过渡区域称为熔合区。因此,焊接接头由焊缝、熔合区和热影响区组成。

9.2.1 焊接工件上温度的分布与变化

焊接时,电弧对焊件局部加热,并且逐渐移动,所以在焊接过程中,焊缝区金属经历了熔化、结晶过程,焊缝附近的金属则在固态下经历了由常温加热到较高温度,然后冷却到室温。并且由于焊缝周围的各点金属与焊缝中心的距离不同,因此焊接过程中各点被加热的最高温度不同,而且由于热传导需要一定时间,所以各点达到最高温度的时间也不同,各点的冷却速度也不同。焊接时焊件横截面上不同点的温度变化情况如图 9.3 所示。

由于焊接接头各区在不同的加热、冷却作用下相当于经历了一次不同规范的热处理过程,造成各区的组织、性能也不同。

9.2.2　焊接接头金属的组织与性能

现以低碳钢焊接接头为例来说明焊缝及其附近金属由于受到焊接电弧的不同热作用而产生的金属组织、性能的变化,如图 9.4 所示。图中左侧下部表示焊件横截面上组织形态,上部曲线表示各区在焊接过程中所能达到的最高温度。右侧为部分铁碳相图,表示出各区的温度范围和组织状态。

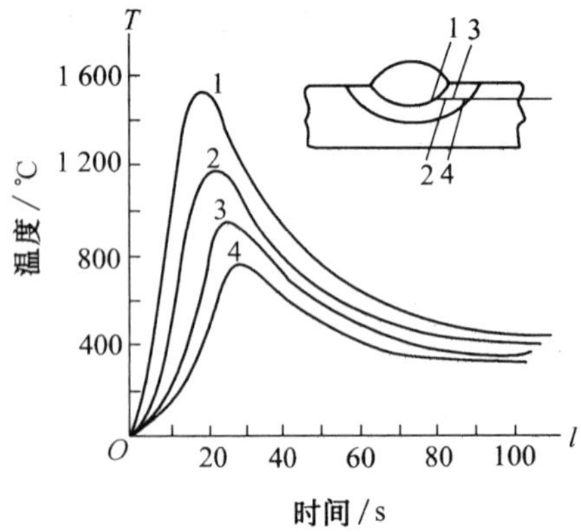

图 9.3　焊缝区各点温度分布与变化

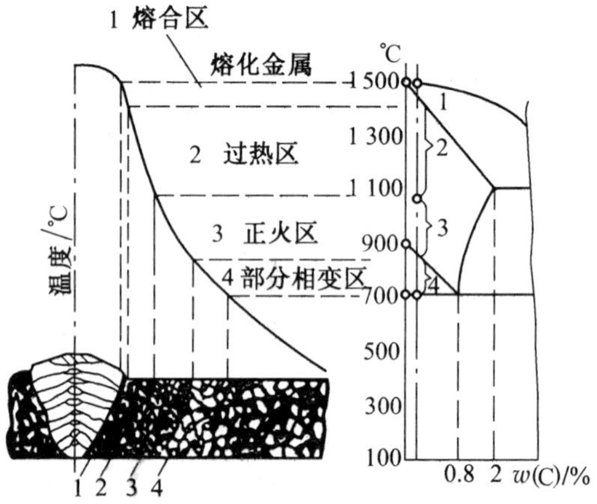

图 9.4　低碳钢焊接接头的组织变化

1. 焊缝

焊缝金属的结晶是从熔池底壁开始向中心长大,冷却速度较快,形成由铁素体和少量珠光体所组成的粗大的柱状铸态组织。在一般情况下,焊缝成分不均匀,而且焊缝中心区容易偏析硫、磷等形成低熔点的杂质和氧化铁,从而导致焊缝力学性能变差。

虽然焊缝金属为粗大的柱状晶,成分偏析,组织不致密,但如果焊接过程中严格控制化学成分,减少碳、硫、磷等杂质的含量和通过渗入有益的合金元素(如锰、硅)可使焊缝金属的力学性能不低于母材金属。

2. 热影响区

热影响区是焊接过程中,被焊材料受热后(但未熔化),金相组织和力学性能发生变化的区域。根据焊缝附近各区受热情况不同,热影响区可分为过热区、正火区和部分相变区。冷变形金属焊接时还可能出现再结晶区。

(1)过热区

焊接热影响区中,具有过热组织或晶粒显著粗大的那一部分区域称过热区。低碳钢过热区加热温度在 1100 ℃以上至固相线。过热区金属的塑、韧性很低,尤其是冲击韧性较低,是热影响区中性能最差的区域。

(2)正火区

正火区是焊接热影响区内相当于受到正火热处理的那一部分区域。低碳钢此区的加热温度在 Ac_3 ~1100 ℃之间,因为金属加热时发生重结晶,冷却后获得细小而均匀的铁素体加珠光体组织,因此正火区的力学性能高于未经正火处理的母材。

(3)部分相变区

焊接热影响区内发生了部分相变的区域称部分相变区。低碳钢此区的加热温度在 Ac_1 ~ Ac_3 之间。该区仅部分组织发生相变,冷却后晶粒大小不均匀,力学性能比母材要差。

3. 熔合区

熔合区是焊接接头中焊缝与母材交接的过渡区。它是焊缝金属与母材金属的交界区,其加热温度介于液、固两相线之间,加热时金属处于半熔化状态。其成分不均匀,组织粗大,塑性、韧性极差,是焊接接头中性能最差的区域。因此尽管熔合区很窄(仅 0.1 ~ 1 mm),但仍在很大程度上决定着焊接接头的性能。

对于合金元素含量高的易淬火钢,如中碳钢、高强度合金钢,热影响区中加热温度在 Ac_1 以上的区域,焊后形成淬硬组织马氏体;加热温度在 Ac_1 ~ Ac_3 的区域,焊后形成马氏体和铁素体的混合组织。马氏体的出现使焊接热影响区硬化、脆化严重,并且碳含量、合金元素含量越高,硬化现象越严重。

9.2.3　影响焊接接头组织性能的因素

在焊接过程中,熔合区和过热区是不可避免的,焊接时应针对不同的材料和结构选择相应的焊接材料、焊接方法、焊接工艺等措施,减小各区域的大小和性能变化的程度。

1. 焊接材料

焊接材料包括药皮、焊剂、焊丝等,直接影响焊缝的成分和性能。

2. 焊接方法

不同的焊接方法,由于热源不同,热影响区的大小和性能不同,而且保护效果也不同,接头性能也不同。不同焊接方法焊接低碳钢时,焊接热影响区的平均尺寸见表 9.1。

表 9.1　低碳钢焊接热影响区的平均尺寸　/mm

焊接方法	过热区宽度	热影响区总宽度
焊条电弧焊	2.2 ~ 3.5	6.0 ~ 8.5
埋弧自动焊	2.2 ~ 3.5	2.3 ~ 4.0
钨极氩弧焊	2.1 ~ 3.2	5.0 ~ 6.2
电渣焊	18 ~ 20	25 ~ 30
电子束焊	忽略不计	0.05 ~ 0.75

3. 焊接工艺

焊接工艺参数有电流、电压、焊接速度等,直接影响接头输入热量的多少和集中程度,从而影响接头的组织和性能。如在保证焊接质量前提下,采用小电流、快速焊,可减少热影响区宽度。

4. 焊后热处理

碳素钢和低合金结构钢焊后进行正火处理,可细化接头各区域组织,改善焊接接头力学性能。

9.3 焊接应力与焊接变形

焊接过程中,由于焊接热源对焊件局部不均匀加热,常使焊件产生应力和变形。焊接变形会使工件尺寸、形状不符合要求,组装困难。矫正焊接变形浪费工时,降低接头塑性,变形严重时工件报废。焊接应力会降低工件承载能力,还会引起裂纹,造成脆断。焊接应力不稳定,在一定条件下会释放而产生变形,使工件尺寸不稳定。因此设计和制造焊接结构时,必须采取措施减少或防止焊接应力与变形。

9.3.1 焊接应力和变形产生的原因

焊件在焊接过程中受到不均匀加热和冷却是产生焊接应力和变形的主要原因。图9.5为低碳钢平板对接焊时应力和变形产生过程示意图。低碳钢平板焊接加热时,由于各部分加热温度不同,接头各处沿焊缝长度方向应有不同的伸长量。假如这种伸长不受任何阻碍,各部分能够自由伸长,则钢板焊接时的变化如图9.5(a)中虚线所示。但由于平板是一个整体,各部分的伸长必须相互协调,最终伸长 ΔL,结果温度高的焊缝及其附近区域承受压应力,远离焊缝的区域承受拉应力。当压应力超过金属的屈服强度时产生压缩变形,平板处于平衡状态。

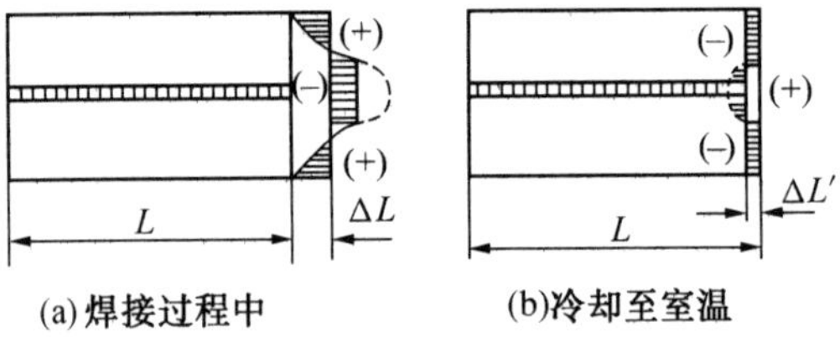

图9.5 焊接应力与变形产生示意图

冷却时,如果收缩能自由进行,产生压缩变形区将缩短至图9.5(b)虚曲线位置,而焊缝区两侧的金属则恢复到原长。但因整体作用,只能共同收缩到比原始长度短 $\Delta L'$ 的位置,产生 $\Delta L'$ 的变形,并且焊缝及其附近金属承受拉应力,远离焊缝两侧金属承受压应力,保持到室温。保留至室温的应力与变形称为焊接残余应力和变形。

由以上分析可知,焊接过程中不均匀加热会使焊缝及其附近存在残余拉应力,并且焊件产生一定尺寸的收缩变形。如果焊件受拘束程度较大,则焊件变形小而残余应力较大,甚至高达材料的屈服极限;如果焊件受拘束程度较小,焊件可产生较大的变形,而残余应力较小。

在实际生产中,由于焊接工艺、焊接结构特点和焊缝的布置方式不同,焊接变形的方式有很多种,典型的焊接变形方式及产生原因见表9.2。

表 9.2　基本的焊接变形形式及原因

变形方式	变形示意图	产生原因
收缩变形	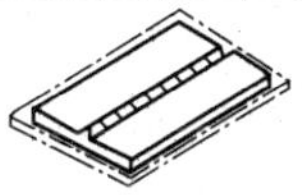	焊接后，焊件沿着纵向（平行于焊缝）和横向（垂直于焊缝）收缩引起
角变形		由于焊缝截面上下不对称，横向收缩不均匀造成的，焊件一般向焊缝尺寸大的表面跷起
弯曲变形		一般在焊接 T 形梁时出现，由于焊缝不对称，焊件向焊缝集中一侧弯曲
扭曲变形		由于焊接顺序和焊接方向不合理，造成焊接应力在工件上产生较大的扭矩所致。
波浪变形	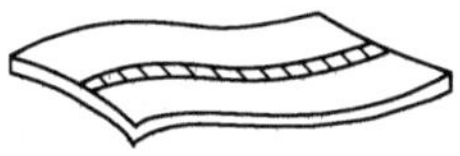	一般在焊接薄板时出现，工件在焊接残余压应力作用下失稳变形。

9.3.2　减小和防止焊接应力的措施

1. 选择合理的焊接顺序

合理的焊接顺序，可以使焊缝纵向横向收缩比较自由，不受较大的拘束，减少焊接应力。

①先焊收缩量较大的焊缝，使焊缝一开始能够比较自由收缩变形，减小焊接应力。

②先焊工作时受力较大的焊缝，使其预承受压应力；壁厚不均时，先焊较薄处，因为如果先焊厚大部分，焊件拘束度增加，较薄的部位焊接时应力较大。

③拼焊时，先焊错开的短焊缝，后焊直通的长焊缝，如图 9.6(a)所示。图 9.6 (b)因先焊焊缝 1 使焊缝 2 拘束度增加，横向收缩不能自由进行，残余应力较大，甚至造成焊缝交叉处产生裂纹。

2. 焊前预热或加热减应区

焊前预热是减小焊接应力最有效的措施。焊前将焊件预热到 400 ℃以下，然后进行焊接。预热的目的是减小焊缝区金属与周围金属的温差，使各部分膨胀与收缩量较均匀，从而减小焊接应力，同时还能使焊接变形减小。加热减应区实际上是部分预热法，所谓减应区是妨碍焊缝变形的区域，减应区受热后伸长并带动焊接部位，冷却时，焊缝与减应区同时可以比较自由的收缩，使焊接应力降低。图 9.7 为修复断裂的手轮时，加热减应区示意图。

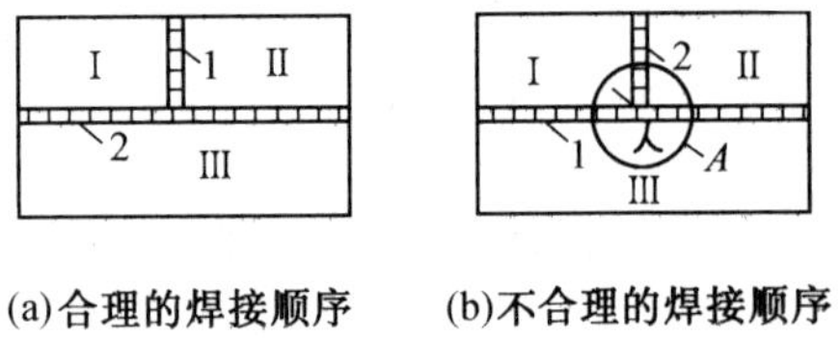

图 9.6　焊接顺序对焊接应力的影响

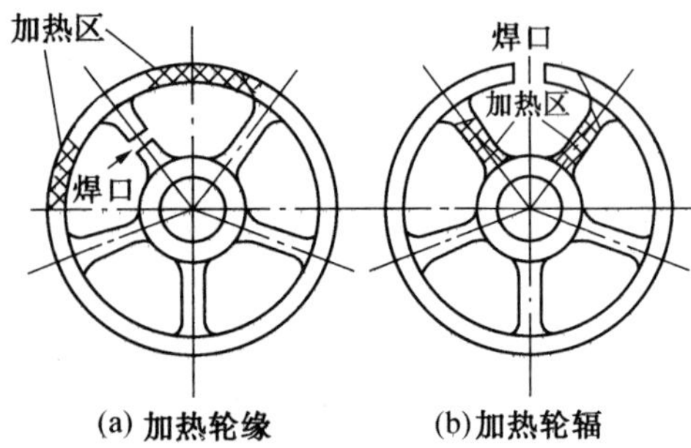

图 9.7　加热减应区示意图

3. 采用小电流，快速焊

采用小电流，快速焊，以减小热量输入，可减小残余应力。另外，对厚大焊件采用多层多道焊也可减小焊接应力。

4. 锤击或碾压焊缝

每焊一道焊缝后，当焊缝仍处于高温时对焊缝进行均匀迅速的锤击使缝焊金属在高温塑性较好时得以延伸，从而减小应力和变形。

5. 焊后热处理

去应力退火工艺可以消除大部分焊接应力，它是将焊件整体或局部加热至相变温度以下，再结晶温度以上的区域(碳钢约为 600 ~650 ℃)保温一定时间，缓慢冷却。在去应力退火过程中，钢件组织不发生变化，主要通过金属高温时强度下降和蠕变现象松弛焊接应力。一般通过去应力退火可消除焊接应力的 80% ~90%。

6. 焊后拉深或振动工件

焊后拉深工件可使焊缝伸长，彻底消除残余应力，适合于塑性好的材料。振动工件是指工件在一定频率下振动，内部应力得到释放，它适合于中、小型焊件。

9.3.3　预防和矫正焊接变形的措施

1. 预防措施

(1) 合理地选择焊缝的尺寸和形式

在保证结构承载能力的前提下，应尽量设计较小尺寸的焊缝，可同时减小焊接变形和应力。对于受力较大的 T 形接头和十字形接头，可采用开坡口的焊缝，如图 9.8 所示。

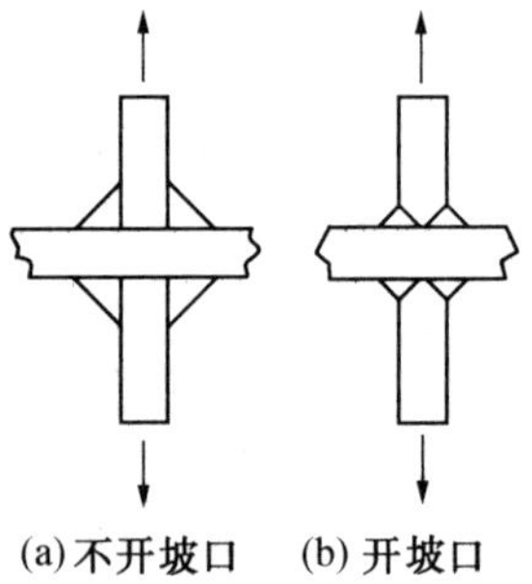

图 9.8　减小焊缝尺寸的设计

(2) 尽可能减少不必要的焊缝

结构设计时尽量采用大尺寸板料及合适的型钢或冲压件，以减少焊缝数量，焊件所受的热量相应减少，因此变形减小。例如图 9.9(a)所示结构焊缝多于图 9.9(b)的结构，焊接变形较大。

(3) 合理安排焊缝位置

焊缝对称分布，收缩引起的变形可相互抵消，所以焊件整体不会产生挠曲变形。例如

图 9.10 所示,图(b)的结构不会产生弯曲变形,而图(a)结构会产生向上的弯曲变形。

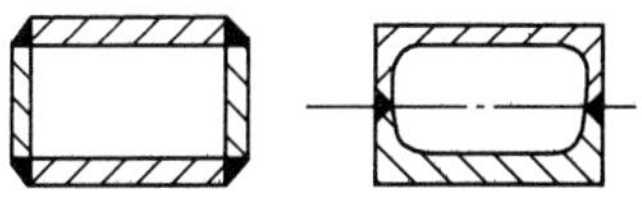

(a) 四块钢板焊接　(b) 两根槽钢焊接

图 9.9　减少焊缝的设计

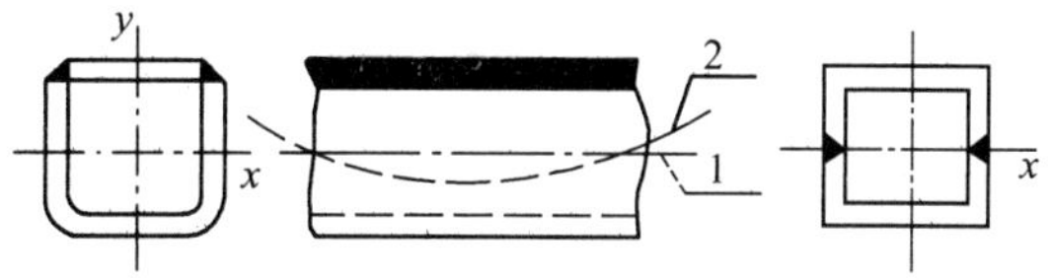

(a) 焊缝不对称　(b) 焊缝对称

图 9.10　合理安排焊缝位置的设计

(4)多种焊接方法防变形

采用能量集中的热源、对称焊(图 9.11)、分段焊(图 9.12)和多层多道焊等可减小焊接变形。

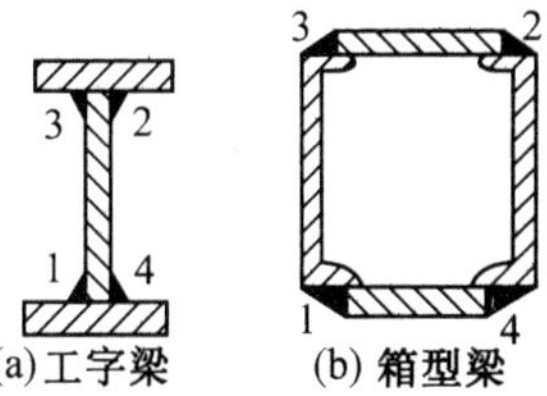

(a)工字梁　(b) 箱型梁

图 9.11　对称焊

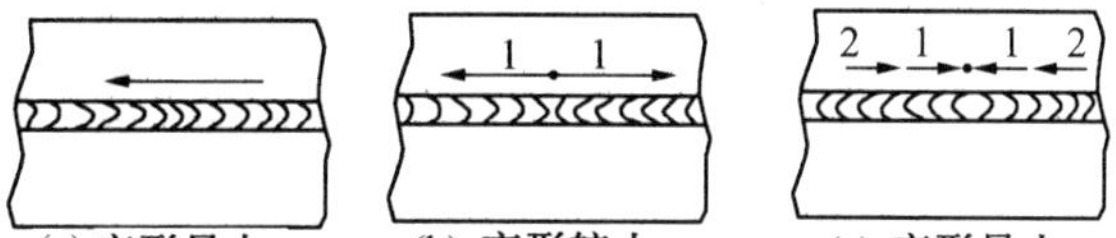

(a) 变形最大　(b) 变形较小　(c) 变形最小

图 9.12　分段焊

(5)预先反变形

预先反变形是在焊接前先判断结构焊后将产生的变形大小和方向,然后在装配或备料时预先给焊件一个相反方向的变形,抵消焊接变形,如图 9.13 所示。

焊前　焊后　焊前　焊后

(a) 钢析对接反变形　(b) T 形梁接头反变形

图 9.13　预先反变形示意图

(6)焊前刚性固定

焊前刚性固定是指采用夹具或点焊固定等方式来约束焊接变形,如图 9.14、图 9.15 所示。该方法能有效防止角变形和波浪变形。但是焊前刚性固定会导致焊件内应力增大,不适合塑性差的焊件。

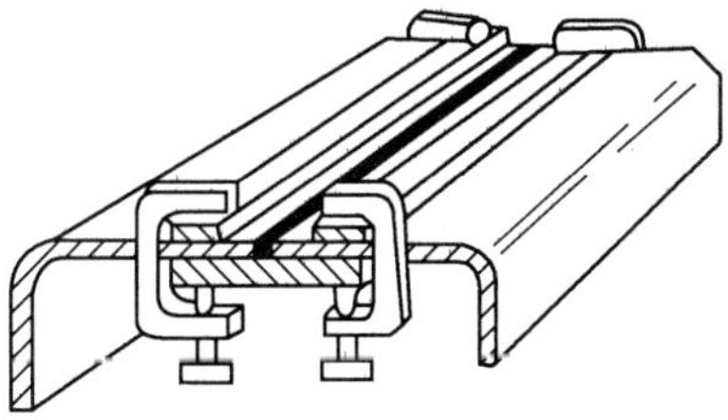

图 9.14　用夹具防止焊件变形示意图

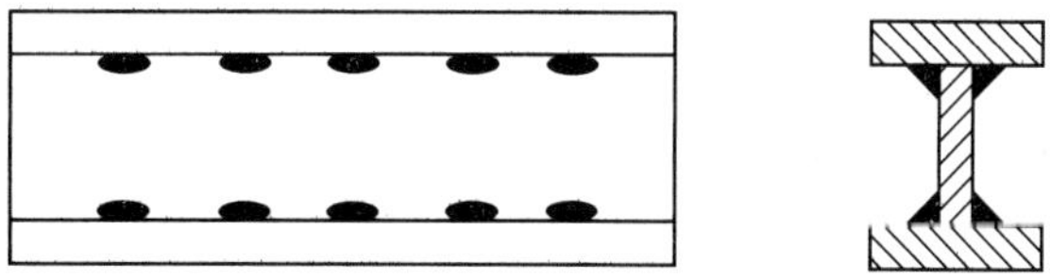

图 9.15　采用点焊防止焊件变形示意图

(7)散热法

焊接时,通过强迫冷却,减小焊缝及其附近区域受热量,从而减小焊接变形。

2. 矫正焊接变形方法

焊接变形的矫正实质上是使焊件结构产生新的变形，以抵消焊接时已产生的变形。生产中常用的矫正方法有：

(1)机械矫正法

机械矫正法是利用机械外力来强迫焊件的焊接变形区产生相反的塑性变形，以抵消焊接变形(图 9.16)，此法会使金属产生加工硬化，造成塑性、韧性下降。

(2)火焰加热矫正法

火焰加热矫正法(图 9.17)是利用氧-乙炔火焰在焊件上产生伸长变形的部位上加热，利用冷却时产生的收缩变形来矫正焊件原有伸长变形。加热区一般呈三角形，防止热量集中。机械矫正法和火焰加热矫正法都适合于塑性较好的焊件。

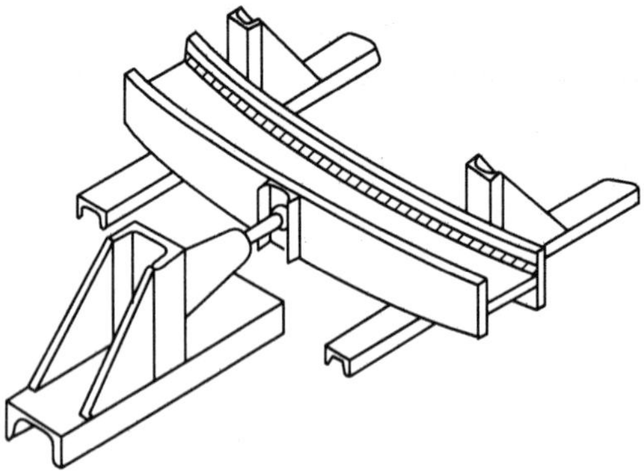

图 9.16　用机械力矫正变形示意图

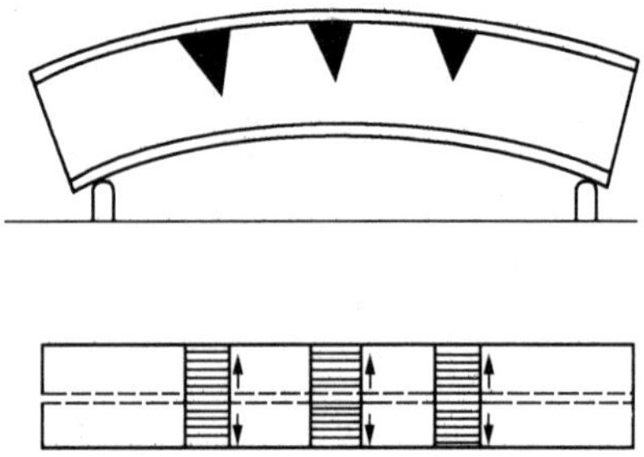

图 9.17　工字梁火焰矫正法示意图

9.4　焊接质量检验

焊接接头的不完整性称为焊接缺陷。焊接缺陷不但减少焊缝的有效截面积，降低承载能力，而且会造成应力集中，产生裂纹，甚至导致脆断。因此焊接生产中应高度重视焊接质量，做好焊接质量的检验工作。

9.4.1　焊接接头缺陷分析

焊接接头缺陷可分为两大类，一类为外观缺陷，主要有焊瘤、咬边、未焊透等；另一类为内部缺陷，有焊接裂纹、气孔、夹渣等。其中对焊接接头性能危害最大的是裂纹和气孔。焊接缺陷的产生一般是因为结构设计不合理、原材料不符合要求、焊前接头准备不仔细、焊接工艺选择不当或焊接操作技术不高等原因所造成。表 9.3 对各种常见的焊接缺陷的特征和产生原因进行了分析。

表9.3　焊缝缺陷特征和产生原因

缺陷种类	缺陷名称	特　征	产生原因
外观缺陷	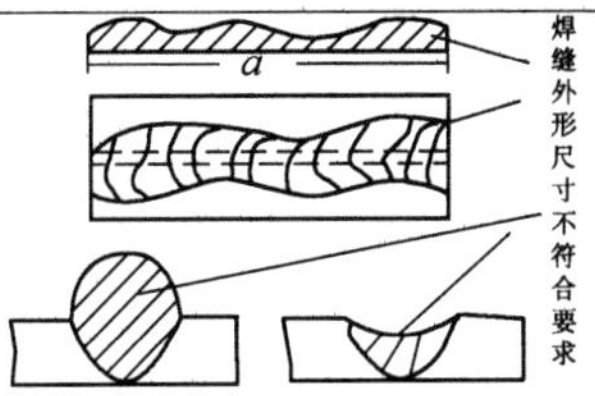	①焊缝高低不平 ②焊缝宽度不均 ③焊缝余高过大或过小	焊条施焊角度不合适或运条速度不均匀；焊接电流过大或过小；坡口角度不当或装配间隙不均匀
	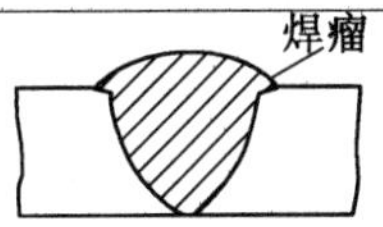	焊缝边缘上存在多余的未与焊件熔合的金属	焊速太快；焊条熔化太快；电弧过长；运条不正确
	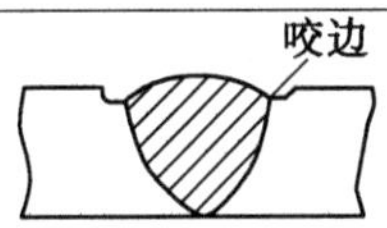	焊件与焊缝交界处存在的小的沟槽	电流太大；焊条角度和运条方法不正确
	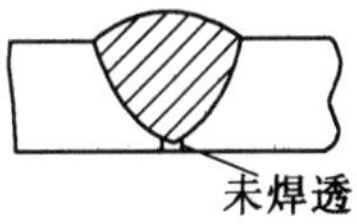	接头间隙未被焊缝金属完全熔合	装配间隙或坡口间隙过小；焊件表面有锈焊接速度太快；电流太小；电弧过长
内部缺陷	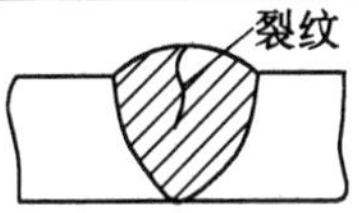	在接头表面或内部存在裂纹	焊缝或焊件中碳、硫、磷、氢等含量高；冷却速度太快；焊接应力过大
	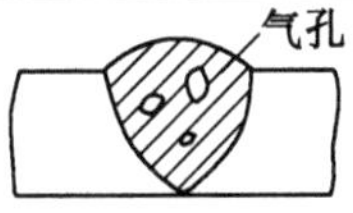	焊缝内部存在气泡	熔池保护不好；焊件表面有油污、铁锈；焊条潮湿；焊速太快；焊条含碳量过大
	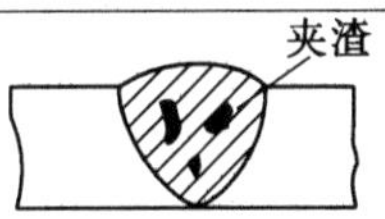	焊缝内部存在熔渣	焊件表面有铁锈、油污等；冷却速度过快；电流过小；多层焊时前一层焊缝熔渣未除净

9.4.2　焊接质量检验

焊接质量检验是鉴定焊接产品质量优劣的手段，是焊接结构生产过程中必不可少的组成部分。

1. 焊接质量检验过程

焊接质量检验包括焊前检验，焊接生产过程中的检验及焊后成品检验。

(1)焊前检验

焊前检验是指焊接前对焊接原材料的检验，对设计图纸与技术文件的论证检查，以及焊前对焊接工人的培训考核等。焊前检验是防止焊接缺陷产生的必要条件，其中原材料的检验特别重要，应对原材料进行化学成分分析、力学性能试验和必要的可焊性试验。

(2)生产过程中的检验

生产过程中的检验是在焊接生产各工序间的检验。这种检验通常由每道工序的焊工在焊完后自己认真进行检验,检验内容主要是外观检验。如果检验合格,打上焊工代号钢印。

(3)成品检验

成品检验是焊接产品制成后的最后质量评定检验。焊接产品只有在经过相应的检验,证明已达到设计所要求的质量标准,保证以后的安全使用性能,成品才能出厂。

2. 焊接质量检验方法

焊接质量检验的方法可分为无损检验和破坏检验两大类。无损检验是不损坏被检查材料或成品的性能及完整性情况下检验焊接缺陷的方法。破坏检验是从焊件或试件上切取试样,或以产品(或模拟体)的整体做破坏试验,以检查其各种力学性能的试验方法。

(1)外观检验

外观检验是用肉眼或用低倍数(<小于 20 倍)放大镜观察焊缝区内是否有表面气孔、咬边、焊接裂纹、未焊透等表面缺陷,同时检查焊缝的外形与尺寸是否符合要求。经过外观检验后合格的产品,才能进行下一步的检验。

(2)磁粉检验

磁粉检验是利用铁磁性材料在外加磁场中,表层缺陷产生的漏磁场吸附磁粉的现象而进行的无损检验方法。

如图 9.18 所示,磁粉检验时,在焊缝表面上撒上铁粉,然后在工件外加一磁场,当磁力线通过完好的焊件时,它是直线进行的,撒在焊缝表面上的铁粉不被吸附。当焊件存在缺陷时,磁力线会发生扰乱,在缺陷上方形成漏磁场,铁粉就吸附在裂缝等缺陷之上。因此,通过检查焊缝上铁粉的吸附情况,可以判断焊缝中缺陷的所在位置、大小和形貌,但不能确定缺陷的深度。

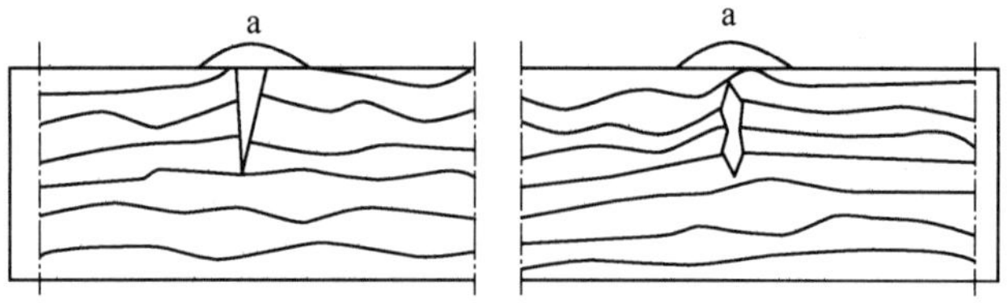

图 9.18　磁粉检验的原理

磁粉检验快速、简单,一般用于检验磁性材料焊件表面和深度不超过 6 mm 的气孔、裂纹、未焊透等缺陷。

(3)着色检验

着色检验是借助毛细管吸附作用检验焊件表面缺陷。检验时,首先将焊件表面用砂轮打磨到 *Ra* 12.5 μm 左右,用清洗剂除去杂质污垢,随后涂上具有强渗透能力的红色渗透剂,渗透剂可通过工件表面渗入缺陷内部。隔 10 min 以后,将表面渗透剂擦掉,再一次清洗,随后涂上白色显示剂。借助毛细管作用,渗进缺陷内部的红色渗透剂会在工件表面显示出来。借助 4 ~ 10 倍的放大镜便可形象地观察到缺陷位置和形状。

着色检验成本低,不受焊件形状、尺寸的限制,可检验磁性、非磁性材料表面微小的裂纹(0.005 ~ 0.01 mm)、气孔夹渣等缺陷,灵敏度高。

(4)超声波探伤

超声波探伤是利用超声波在不同介质的界面上发生发射的原理探测材料内部缺陷的无损检验法。超声波的频率在 20 kHz 以上,具有透入金属材料深处的特性。如图9.19所示,当超声波由一种介质进入另一介质时,在界面会发生反射波。检测焊件时,如果焊件中无缺陷,则在荧光屏上只存在始波和底波。如果焊件中存在缺陷,则在缺陷处另外发生脉冲反射波形,界于始波和底波之间。根据脉冲反射波形的相对位置及形状,即可判断出缺陷的位置和大小,但判断缺陷的种类较困难。

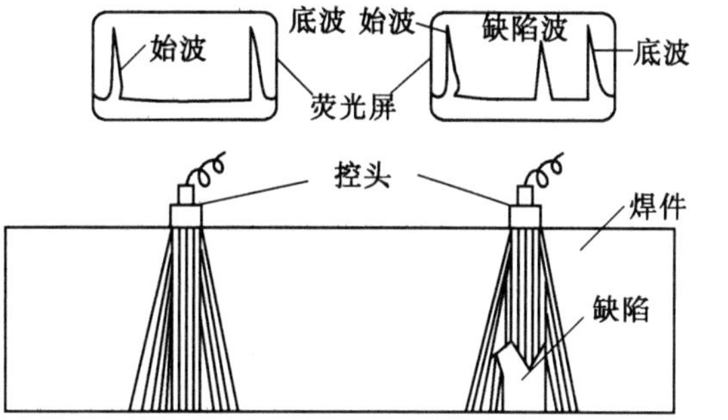

图 9.19　超声波检验示意图

超声波探伤穿透能力强、效率高,对焊件无污染,一般用于检验厚度大于 8 mm 的焊件,能探出直径大于 1 mm 的气孔夹渣等缺陷。

(5)射线探伤

射线探伤是利用 X 射线或 γ 射线在不同介质中穿透能力的差异,检查内部缺陷的无损检验法。X 射线和 γ 射线都是电磁波,当经过不同物质时,其强度会有不同程度的衰减,从而使置于金属另一面的照相底片得到不同程度的感光,如图 9.20 所示。当焊缝中存在未焊透、裂缝、气孔和夹渣时,射线通过时衰减程度小,置于金属另一面的照像底片相应部位的感光较强,底片冲洗后,缺陷部位上则会显示出明显的黑色条纹和斑点,如图 9.21所示,由底片可形象地判断出缺陷的位置、大小和种类。

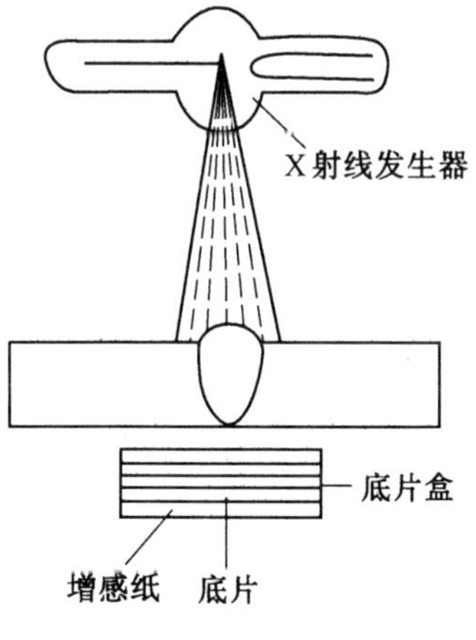

图 9.20　X 射线透视示意图

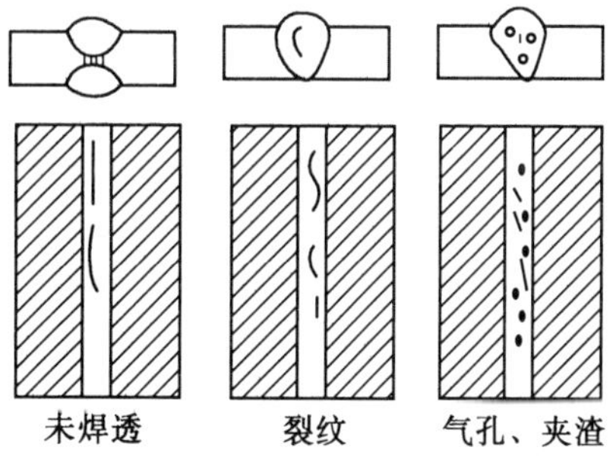

图 9.21　X 光底片的识别

X 射线穿透能力较强,可检验厚度在 25 ~ 60 mm 的焊件,能检验出尺寸大于焊缝厚度 1% ~ 2% 的各种缺陷。γ 射线穿透能力超过 X 射线,采用不同的放射源可检验 150 mm

以下不同厚度的焊件，能检验出约为焊缝厚度3%的各种缺陷。

射线探伤一般用于重要产品的检验，检验结果根据国家标准《钢焊缝射线照相及底片等级分类法》来评定。质量等级共分为四级，一级焊缝缺陷最少，质量最高；二、三级焊缝的内部缺陷依次增多，质量逐次下降；缺陷数量超过三级者为四级。在标准中明确规定了各级焊缝不允许哪种缺陷和允许哪种缺陷达到何种程度，依据标准规定，可由检验人员利用计算机对焊接质量进行评定。

（6）密封性检验

密封性检验是检验常压或受压很低的容器或管道的焊缝致密性。常用以检查是否有漏水、漏气、渗油、漏油等现象。主要检验方法有静气压试验和煤油检验。

静气压试验是往容器或管道内通入一定压力的压缩空气，小体积焊件可放在水槽中，观察水槽中是否冒出气泡；对大形容器和管道，则在焊缝外侧涂肥皂水，若有穿透性缺陷，涂刷肥皂水的部位则会起泡，从而可发现缺陷。

煤油检验是在需检测的焊缝及热影响区的两侧分别涂刷石灰水溶液和煤油。由于煤油渗透力强，当被检部位存在微细裂纹或穿透性缺陷时，煤油便会渗过缺陷，使另一侧的石灰白粉呈现黑色斑纹，由此便可发现焊接缺陷。

（7）耐压检验

耐压检验是将水、油、气等充入焊接容器内逐渐加压至工作压力的1.25～1.5倍，以检验接头的致密性和强度，并可降低焊接残余应力。

（8）焊接接头力学性能试验

焊接接头力学性能试验是为了评定焊接接头或焊缝金属的力学性能，主要用于研究试制工作（如新钢种的焊接、焊条试制、焊接工艺试验评定等）。试样的制备和试验方法都要按有关国家标准进行。常做的力学性能试验有拉深试验、冲击试验、弯曲及压扁试验、硬度试验和疲劳试验等。

各种焊接检验方法，各有其相应适用范围，并非任何焊接构件都要用所有方法去检验，而应具体情况具体分析，根据焊接结构的技术要求，选择经济而可靠的焊接检验方法。

复习思考题

1. 焊接电弧的特点是什么？各区温度分布如何？
2. 电弧焊的三要素是什么？对各要素要求怎样？
3. 焊接接头包括哪些区域？提高焊接接头质量应从那些方面考虑？
4. 焊接应力与变形产生的原因是什么？焊接过程中和焊接以后，焊缝区的受力是否一样？消除焊接应力与变形的方法有哪些？
5. 常用焊接缺陷检验方法有哪些？各有何特点？
6. 两块材质、厚度相同，宽度不同的钢板，采用相同规范分别在边缘上各焊一条焊缝，哪块钢板的应力和变形大？为什么？
7. 图9.22所示的框架结构，中间杆件断裂，需焊接修复，确定出减应区。

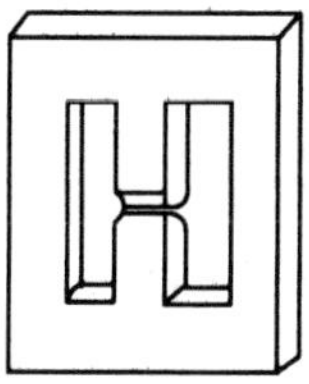

图9.22　断裂的
框架

8. 焊接图9.23所示结构时，应如何确定焊接次序（在图中标出），并说明理由。

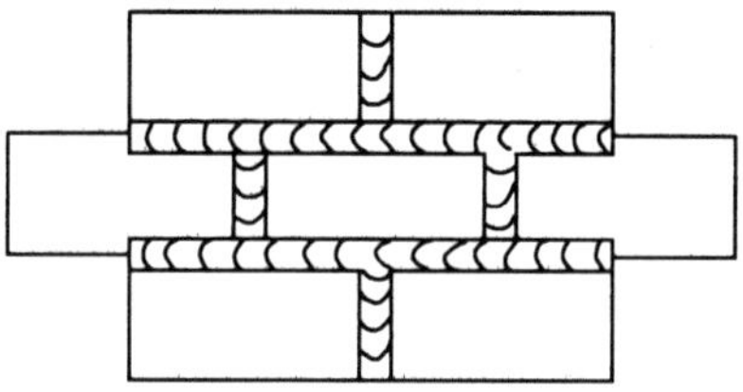

(a) 平板

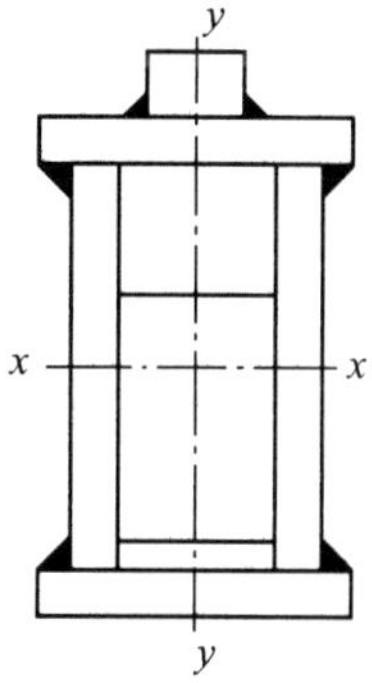

(b) 起重机主梁

图9.23

第 10 章　焊接方法及其发展

自从 20 世纪 20 年代发现电弧以来，随着科技发展和实际生产的需要，到目前已有多种焊接方法。通常按焊接工艺的特点分为：熔化焊、压力焊和钎焊三大类。每一类焊接方法又根据所用热源、保护措施、焊接设备的不同分成多种焊接方法。常用的焊接方法如下所示：

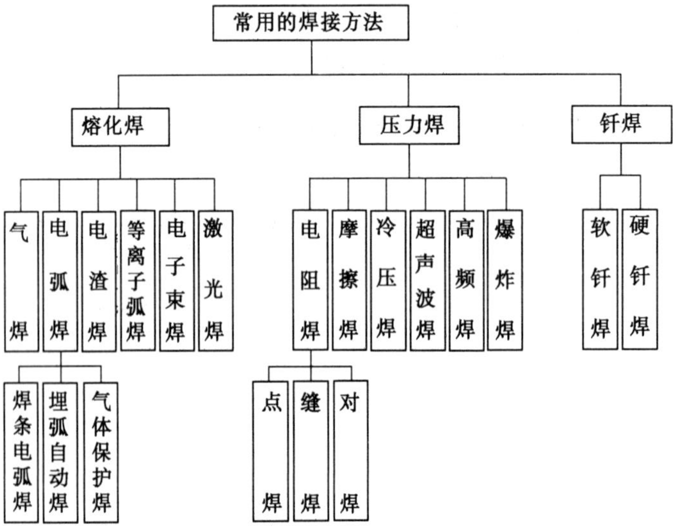

本章较为详细地讲述目前焊接生产中常用的焊接方法及其应用，另外简要介绍一些较新的焊接方法和计算机在焊接中的应用。

10.1　熔化焊

熔化焊是将待焊处的母材金属熔化、结晶形成焊缝的焊接方法。常见的熔焊方法有：焊条电弧焊、埋弧焊、气体保护焊和药芯气体保护焊、电渣焊等。

10.1.1　焊条电弧焊

焊条电弧焊是焊条和工件分别作为两个电极进行焊接的方法，如图 10.1 所示。焊条和工件之间通过短路引燃电弧，电弧热使焊件和焊条端部同时熔化，熔滴与熔化的母材形成熔池，焊条药皮熔化形成熔渣覆盖于熔池表面并产生大量保护气体，实现气体-熔渣联合保护，同时在高温下熔渣与熔池液态金属之间发生冶金反应。随焊条的移动，熔池冷却、结晶，形成连续的焊缝，熔渣凝固成渣壳。

1. 焊条电弧焊电源与焊接材料

(1)焊接电源

常用的有交流电焊机、直流电焊机。采用直流弧焊电源焊接时,由于电流输出端有正、负之分,焊接时有二种接法,如图 10.2 所示。将焊件接正极,焊条接负极称正接法;将焊件接负极,焊条接正极称反接法。正接法焊件为阳极,产生热量较多,温度较高,可获得较大的熔深,适于焊接厚板;反接法焊条熔化快,焊件受热小,温度较低,适于焊接薄板及有色金属。

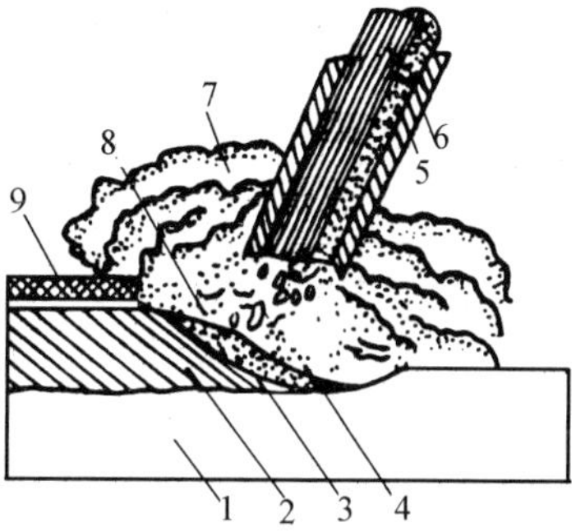

图 10.1　焊条电弧焊示意图

1—焊件;2—焊缝;3—熔池;4—金属熔滴;5—药皮;6—焊芯;7—保护气;8—熔融熔渣;9—固态渣壳

(2)焊接材料

焊条电弧焊焊接材料为手工操纵的焊条,焊条内部为金属焊芯,外涂药皮。

焊接时,焊芯既是电极又是填充金属,因此焊芯的化学成分和性能对焊缝金属有直接的影响。

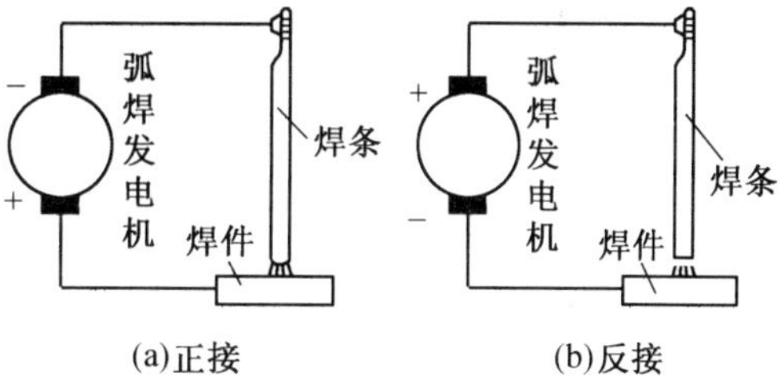

图 10.2　直流电焊机的正接与反接

焊接不同金属时应选用不同焊芯,按用途来分,焊条有结构钢焊条、耐热钢焊条、不锈钢焊条、堆焊焊条、低温钢焊条、铸铁焊条、镍及镍合金焊条、铜及铜合金焊条、铝及铝合金焊条和特殊用途焊条。常用钢芯牌号及应用如表 10.1 所示。

药皮的主要作用有:产生保护气体和熔渣;稳定电弧、减少飞溅,并使焊缝成型美观;与熔池金属发生冶金反应,去除杂质,并添加有益合金元素,提高焊缝性能。

药皮的主要成分为造气剂和造渣剂,还含有稳弧剂、脱氧剂和合金剂等。根据药皮熔化后形成的熔渣性质不同,焊条分为酸性焊条和碱性焊条两大类。

表 10.1　焊条钢芯牌号及应用

钢芯牌号	特　　点	应　　用
H08	普低	普通碳素结构钢
H08A	高级优质	普通碳素结构钢
H08E	特级优质	优质结构钢
H08Mn2	普低合金	低合金结构钢
H08CrMoA	高优合金	低合金结构钢
H08Cr20Ni10Ti	不锈钢	不锈钢
H08Cr21Ni10	超低碳	重要不锈钢

注:表中“A”表示高级优质钢,“E”表示特级优质钢。

酸性焊条熔渣以酸性氧化物为主,生成气体主要为 H_2 和 CO,各占 50% 左右,净化焊缝能力差,焊缝含氢量高,韧性较差。但酸性焊条电弧稳定,焊缝成型良好,使用方便,一般用于焊接不受冲击作用的焊接结构。碱性焊条熔渣以碱性氧化物和萤石为主，生成气体主要为 CO_2 和 CO，氢含量小于 5%，还原性强，净化焊缝能力强，合金元素过渡效果好，焊缝含氢量低、韧性好。碱性焊条一般用于焊接重要结构，如锅炉、桥梁、船舶等，采用直流电源。但碱性焊条价格较高，工艺性能差，焊缝成型较差，焊前必须严格烘干（350 ~ 400 ℃，保温 2 h），焊接时保持通风良好。

焊条型号按国际标准表示为：E xxxx，如 E 4303、E 5015、E 5016 等。其中 E 表示焊条；前两位数字表示熔敷金属最小抗拉强度，单位为 kgf/mm^2；第三位数字表示焊接位置（0 和 1 表示全位置焊，2 平焊，4 向下立焊）；后两位数字组合表示焊接电流种类和药皮类型，03 表示酸性药皮，15、16 表示碱性药皮，并要采用直流电焊接。E 4303、E 5015 焊条药皮配方如表 10.2 所示。

表 10.2　典型药皮配方

焊条型号	药皮配方/%												
	大理石	菱苦土	金红石	钛白粉	萤石	中碳锰铁	钛铁	硅铁	白泥	长石	云母	石英	碳酸钠
E4303	14	7	26	10		13			12	8	10		
E5015	44			5	20	5	12	5			2	6	1

2. 焊条的选用

焊条的种类和型号很多，应根据焊件的成分和使用要求以及焊接结构的形状和受力情况选用适当的焊条。

焊接低碳钢或低合金钢时，一般应使焊缝金属与母材等强度；焊接耐热钢、不锈钢时，应使焊缝金属的成分和性能与母材相近；焊接形状复杂或刚度大的结构及承受冲击载荷或交变载荷的结构时，应选用碱性焊条。

3. 焊条电弧焊特点及应用

焊条电弧焊设备简单，操作灵活，能进行全位置焊接，可在室内外和高空施焊。选用不同焊条可焊接多种类型金属材料。但是焊条电弧焊接头热影响区宽，质量较低，而且生产率低，劳动条件差。所以适合于一般的钢材的单件、小批量短焊缝或不规则焊缝的焊接，焊件厚度在 1.5 mm 以上。

10.1.2　埋弧自动焊

埋弧自动焊是电弧引燃后在焊剂层下燃烧，引燃电弧、送丝、电弧移动等过程全部由机械自动完成的焊接方法。

1. 埋弧焊焊接过程

埋弧焊焊接过程如图 10.3 所示。焊接时，先在待焊接头上覆盖一层足够量的焊剂（一般厚为 30 ~ 50 mm），送丝机构连续地将盘状光焊丝自动送入电弧区并保证一定弧长。引弧后在熔池上方焊剂熔化形成封闭的熔渣泡，封闭的熔渣泡既保护了熔池又防止金属飞溅。随着自动焊机的移动，形成平直的焊缝。焊接前和焊接过程中可调整并控制焊机焊接电流、电压、电弧长度和移动速度。

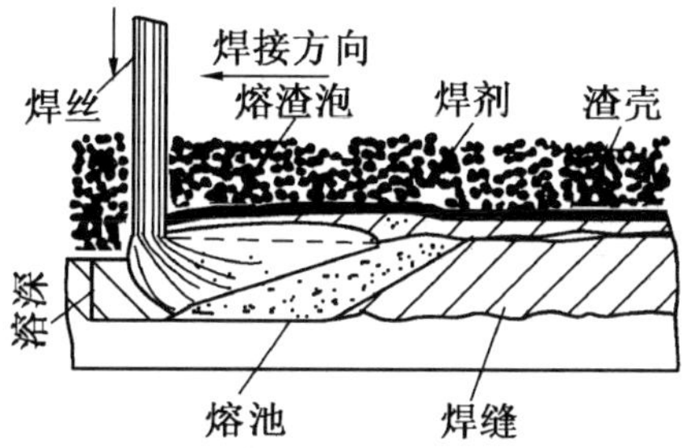

图 10.3　埋弧自动焊的纵截面图

2. 焊接材料

埋弧焊所用的焊接材料为光焊丝和颗粒状焊剂。

常用的焊丝见表 10.3。埋弧焊用的焊丝与焊条钢芯相比，含有较多的锰、硅等合金元素，杂质含量低，可提高焊缝性能。

表 10.3　焊丝牌号、特点及应用

钢芯牌号	特　　点	应　　用
H08MnA	优质结构钢	低碳钢、普低钢
H10MnSi	低合金结构钢	低合金钢
H30CrMnSi	优质合金结构钢	高强度钢
H10Mn2MoVA	优质合金钢	重要高强度钢
H0Cr14	铁素体不锈钢	高铬铁素体钢
H0Cr18Ni9	奥氏体不锈钢	不锈钢
H08Cr22Ni15	双相不锈钢	重要不锈钢

埋弧焊焊剂一般由 SiO_2，MnO，MgO，CaF_2 等组成的硅酸盐，硫、磷含量低。焊剂不仅起到保护效果，还向焊缝金属过渡锰、硅等元素。根据制造方法不同，焊剂可分为熔炼焊剂和陶制焊剂两大类，熔炼焊剂是原料经过熔炼，颗粒强度高，化学成分均匀，不吸收水分，主要起保护作用；陶制焊剂是颗粒状原料在 300 ~ 400 ℃ 下干燥固结而成，不仅起保护作用，还容易向焊缝金属添加合金元素，但颗粒强度低，容易吸潮。埋弧焊焊丝与焊剂选用的总原则是首先根据焊接金属的成分和力学性能选择焊丝，然后根据焊丝选配相应的焊剂，见表 10.4。

表 10.4　焊剂的牌号名称及其用途

焊剂牌号	焊剂类型	配用焊丝	用　　途
焊剂 130(HJl30)	无锰高硅低氟	H10Mn2	焊接低碳钢、低合金钢
焊剂 150(HJl50)	无锰中硅中氟	2Cr13、铜焊丝	焊接铜合金、轧辊
焊剂 172(HJl72)	无锰低硅高氟	H30CrMnSi	焊接高合金钢
焊剂 230(HJ230)	低锰高硅低氟	H10Mn2、H08MnA	焊接低碳钢、低合金钢
焊剂 260(HJ260)	低锰高硅中氟	H0Cr18Ni9	焊接不锈钢
焊剂 250(HJ250)	低锰中硅中氟	H10Mn2MoVA、H10Mn2MoV	焊接低合金高强钢
焊剂 350(HJ350)	中锰中硅中氟	H08Mn2Mo	焊接低合金高强钢
焊剂 431(HJ431)	高锰高硅低氟	H08MnA、H08MnSiA	焊接低碳钢、低合金钢

3. 埋弧焊特点

(1)生产率高

埋弧焊电流常用到1 000 A,熔深大,对20～25 mm以下工件可不开坡口进行焊接,同时焊丝连续供给,生产率比手工焊提高5～10倍。大尺寸焊缝可采用多丝焊能成倍提高生产率。

(2)节省金属

埋弧焊不开坡口,节省了工件材料也减少了焊丝的需求量,同时另外没有焊条头,熔滴飞溅很小,因此能节省大量金属材料。

(3)焊接质量好且稳定

在焊接过程中,保护效果好,熔池处于液态的时间长,冶金反应较充分,焊缝缺陷少,而且焊接工艺参数稳定,因而焊缝不仅质量高而且成型美观。

(4)劳动条件好

由于电弧埋在焊剂之下,看不到弧光,烟雾很少,焊接过程中焊工只需预先调整焊接参数、管理焊机,焊接过程便可自动进行,所以劳动条件好。

4. 埋弧焊的应用

埋弧焊通常用于碳钢、低合金结构钢、不锈钢和耐热钢,也可用来焊接特殊性能钢,镍基合金、有色金属等。在压力容器、造船、车辆、桥梁等工业生产中得到广泛应用。但是,埋弧焊设备费用高,焊前准备复杂,对接头加工与装配要求较高,只适于批量生产中厚板(6～60 mm)的长直焊缝及直径大于250 mm环缝的平焊。

在实际生产中,为防止引弧和熄弧时产生焊接缺陷,一般在接头两端分别安装引弧板和引出板,如图10.4所示。为保持焊缝成型,常采用焊剂垫或垫板进行单面焊双面成型,如图10.5所示。进行大型环焊缝焊接时,焊丝位置不动,焊件旋转,并且电弧引燃位置向焊件旋转反方向偏离焊件中心线一定距离 e,以防止液态金属流失,如图10.6所示。

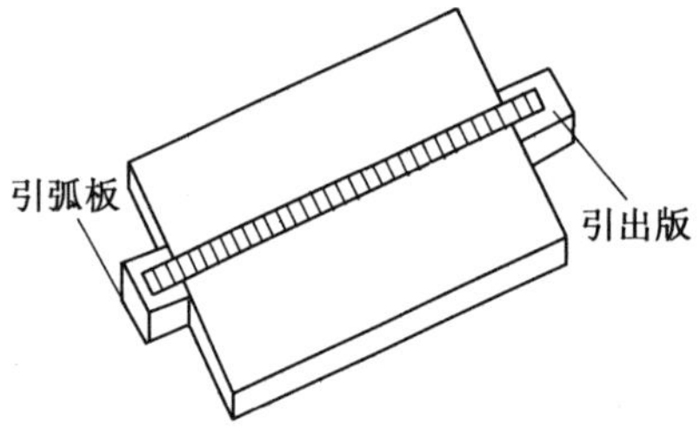

图10.4　自动焊的引弧板和引出板

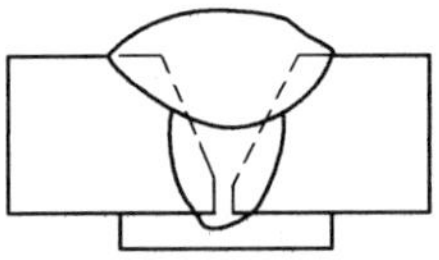

图10.5　自动焊垫板

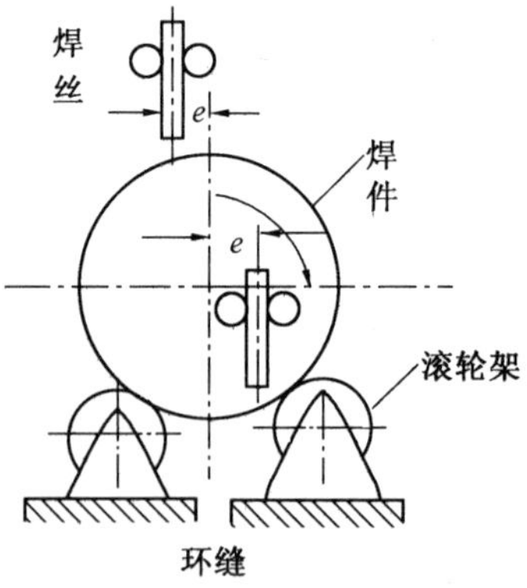

图10.6　环缝自动焊示意图

10.1.3　气体保护电弧焊

用外加气体作为电弧介质并保护电弧和焊接区的电弧焊称为气体保护电弧焊。根据保护气体的种类不同,气体保护电弧焊分为二氧化碳气体保护焊和氩弧焊两大类。

1. 二氧化碳气体保护焊

CO_2 保护焊利用 CO_2 作为保护气体,以焊丝作电极,靠焊丝和焊件之间产生的电弧熔化金属与焊丝,以自动或半自动方式进行焊接。如图 10.7 所示,焊丝由送丝机构通过软管经导电嘴自动送进,纯度超过 99.8% 的 CO_2 气体以一定流量从喷嘴中喷出。电弧引燃后,焊丝末端、电弧及熔池被 CO_2 气体所包围,从而使高温金属受到保护,避免空气的有害影响。

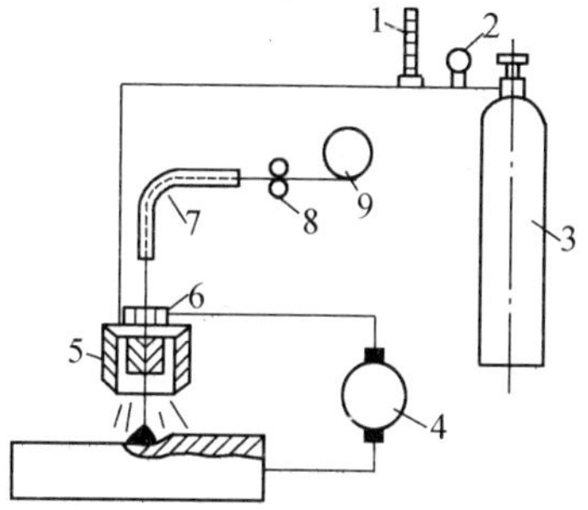

图 10.7　CO_2 保护焊示意图

1—流量计;2—减压器;3—CO_2 气瓶;4—电焊机;5—焊炬喷嘴;6—导电嘴;7—送丝软管;8—送丝机构;9—焊丝盘

CO_2 保护焊特点和应用:

(1)生产率高

由于焊丝自动送进,焊接速度快,电流密度大,熔深大,焊后没有熔渣,节省清渣时间,因此其生产率比焊条电弧焊提高 1 ~4 倍。

(2)焊接质量较好

由于焊接过程中有 CO_2 的保护,焊缝氢含量低,采用合金钢焊丝,脱氧、脱硫作用好。同时 CO_2 气流冷却能力较强,焊接热影响区小,焊件变形小。

(3)焊接时操作性能好

CO_2 气体保护焊是明弧焊,可以清楚地看到焊接过程,容易发现问题并及时处理,适于各种位置的焊接。

(4)成本低

CO_2 气体价格低廉,而且节省了熔化焊剂或焊条药皮的电能。CO_2 气体保护焊的成本仅为焊条电弧焊和埋弧焊的 40% ~50% 左右。

(5)CO_2 气体保护焊的不足

CO_2 有氧化作用,高温下能分解成 CO 和 O_2,使合金元素容易烧损,不宜焊接有色金属和不锈钢。并且由于生成的 CO 密度小,体积急剧膨胀,导致熔滴飞溅较为严重,焊缝成型不够光滑。另外,焊接烟雾较大,弧光强烈,如果控制或操作不当,容易产生 CO 气孔。

(6)应用

CO_2 气体保护焊广泛应用于造船、机车车辆、汽车、农业机械等工业部门,主要用于焊接 1 ~30 mm 厚的低碳钢和部分合金结构钢,一般采用直流反接法。焊接低碳钢时常用 H08MnSiA 焊丝,焊接低合金钢时常用 H08Mn2SiA 焊丝进行脱氧和合金化。

2. 氩弧焊

氩弧焊是使用高纯度氩气作为保护气体的气体保护焊。按所用电极不同,氩弧焊分为熔化极氩弧焊和不熔化极氩弧焊。

(1)不熔化极氩弧焊

不熔化氩弧焊一般以高熔点的钨钍合金或钨铈合金为电极,所以也称为钨极氩弧焊(图 10.8)。电极在焊接时不熔化,仅起引弧和导电作用。为减少钨极的消耗,焊接电流不能太大，适用于焊接0.5 ~4 mm 的薄板。焊接钢材时一般采用直流正接，提高生产率，并减少钨极的消耗。但焊接易氧化的铝、镁及其合金时，一般采用交流电源焊接，当交流电负半周时，焊件为负极，正离子撞击焊件表面，使焊件表面的氧化膜破碎、清除（称为阴极雾化作用），提高焊接质量；交流电正半周时，焊件为正极，钨极为负极，可减少钨极的消耗并加大熔深。

（2）熔化极氩弧焊

熔化极氩弧焊是以可熔化的焊丝为电极，焊接时焊丝熔化，起导电和填充作用，如图10.9 所示。焊接时，焊接电流较大，焊丝熔滴通常呈雾状颗粒喷射过渡进入熔池，所以，熔深较大，适于焊接 8 ~25 mm 厚的焊件，为使电弧稳定，一般采用直流反接。

（3）脉冲氩弧焊

脉冲氩弧焊的电流为脉冲形式，如图 10.10 所示。利用高脉冲电流熔化焊件，形成焊点，低脉冲电流时焊点凝固，并维持电弧稳定燃烧。通过调整脉冲电流的大小和脉冲间歇时间的长短可准确控制焊接规范和焊缝尺寸。

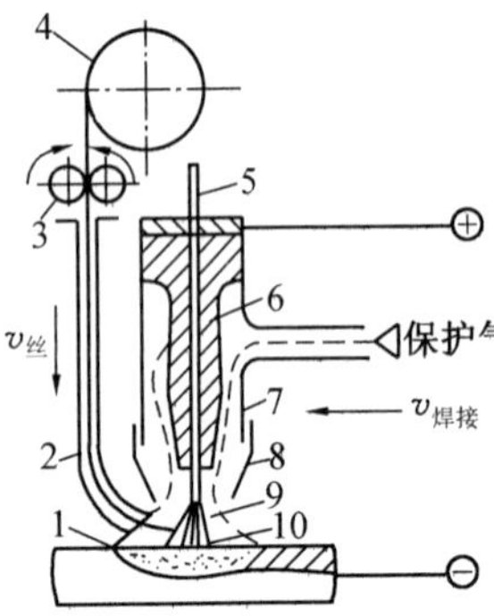

图 10.8　钨极氩弧焊

1—金属熔池；2—填充金属；3—送丝滚轮；4—焊丝盘；5—钨极；6—导电嘴；7—焊炬；8—喷嘴；9—保护气；10—电弧

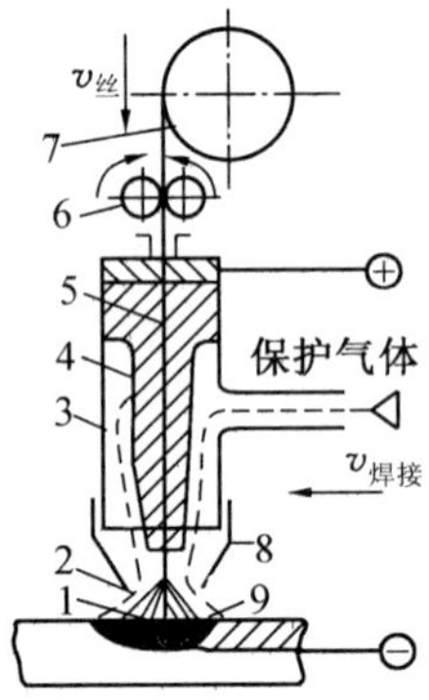

图 10.9　熔化极氩弧焊

1—焊接电弧；2—保护气；3—焊炬；4—导电嘴；5—焊丝；6—送丝滚轮；7—焊丝盘；8—喷嘴；9—金属熔池

脉冲氩弧焊可降低热输入，避免薄板烧穿，实现单面焊双面成型，并能进行全位置焊接。适于焊接 0.1 ~5 mm 的管材和薄板。

氩弧焊的特点和应用：

①氩气是一种惰性气体，焊接过程中对金属熔池的保护作用非常好，焊缝质量好。但是氩气没有冶金作用，所以焊前必须将接头表面清理干净，防止出现夹渣、气孔等。

②电弧稳定，飞溅小，焊缝致密，表面没有熔渣，成型美观；

③电弧在氩气流压缩下燃烧，热量集中，熔池较小，焊接热影响区小，焊后焊件变形较小；

④操作性能好，可进行全位置焊接，并易实现机械化、自动化产，目前焊接机器人一般采用氩弧焊或 CO_2 保护焊。

⑤氩气价格较高，一般要求纯度在99.9%左右，焊接成本较

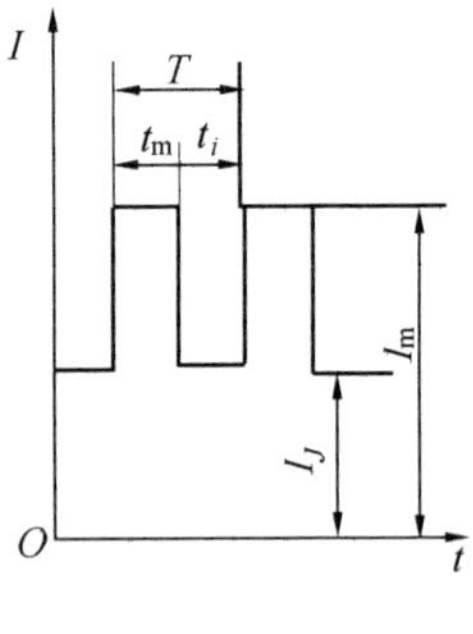

图 10.10　脉冲氩弧焊电流波形及焊缝示意图

I_m—脉冲电流；I_j—基本电流；t_m—脉冲电流持续时间；t_j—基本电流维持时间

高。

氩弧焊一般用来焊接铝、镁、铜、钛等化学性质活泼的金属及不锈钢、耐热钢等合金钢和锆、钽、钼等稀有金属。

10.1.4　药芯焊丝气体保护焊

药芯焊丝气体保护焊如图 10.11 所示，其基本原理与普通熔化极气体保护焊一样，采用纯 CO_2 或 CO_2+Ar 混合气体作为保护气，区别在于采用内部装有焊剂的药芯焊丝，药芯的成分和焊条药皮类似，可实现气体—熔渣联合保护。一般采用直流反接。

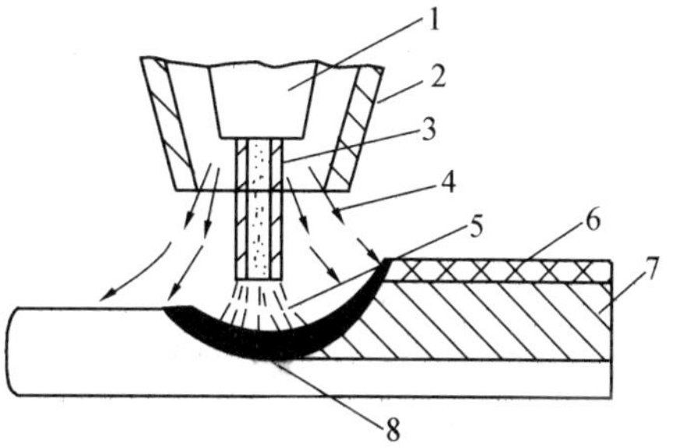

图 10.11　药芯焊丝气体保护焊

1—导电嘴；2—喷嘴；3—药芯焊丝；4—保护气体；5—电弧；6—焊渣；7—焊缝；8—熔池

其特点是：飞溅少，电弧稳定，焊缝成型美观；焊丝熔敷速度快，生产率比焊条电弧焊高 3 ~ 5 倍；调整焊剂成分，可以焊接多种材料；抗气孔能力较强。但药芯焊丝制造较困难，且容易变潮，使用前应在 250 ~ 300 ℃下烘烤。

药芯焊丝气体保护焊一般采用半自动焊，可进行全位置焊接，通常用于焊接碳钢、低合金钢、不锈钢和铸铁。

10.1.5　电渣焊

电渣焊是利用电流通过液体熔渣所产生的电阻热熔化焊件和焊丝进行焊接的方法。根据焊接时使用电极的形状，可分为丝极电渣焊、板极电渣焊和熔嘴电渣焊等，如图10.12 所示。

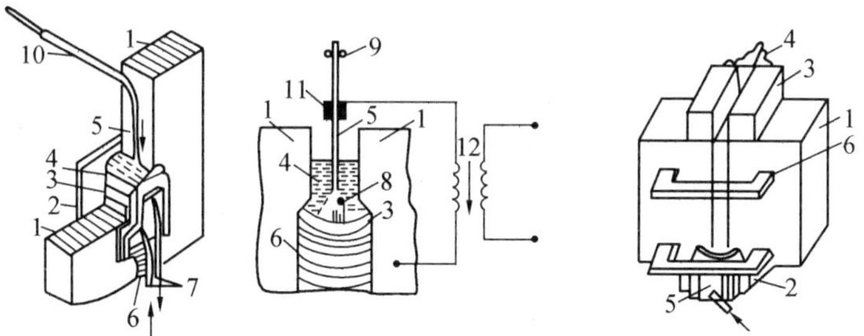

(a)电渣焊过程　　(b)电渣焊焊件装配

1—焊件；2—焊缝成型滑块；3—金属熔池；板
4—渣池；5—电极(焊丝)；6—焊缝；
7—冷却水管；8—金属熔滴；9—送丝机构；
10—导丝管；11—导电板；12—变压器

1—焊件；2—引弧板；3—引出
4、5—水冷却铜滑块；
6—∩形定位板

图 10.12　电渣焊示意图

1. 电渣焊的焊接过程

电渣焊前，先将焊件垂直放置，使焊缝直立，在接触连接面之间预留 20 ~ 40 mm 的间隙。连接面两侧装有水冷铜滑块（防止熔渣流失，使焊缝成型），在工件的底部加装引弧板，在顶部加装引出板。这样，在焊接前先在焊接部位形成一个封闭的空间。

焊接时，电弧熔化焊剂和焊丝，形成渣池和熔池。渣池密度小，浮在熔池上面。渣池形成后，迅速将焊丝插入渣池中，并降低焊接电压，使电弧熄火，电渣焊开始。电流流经熔渣时产生大量电阻热，温度高达 2 000℃，将焊丝和和焊件边缘熔化，随着焊丝的不断送进，熔池上升，熔池底部的金属冷却结晶形成焊缝。在焊接过程中渣池不仅作为热源，又起到保护作用。

2. 电渣焊的特点及应用

(1)生产率高，成本低

电渣焊对厚大工件不需开坡口，可一次焊接完成，因此既提高了生产率又降低了焊接材料和电能的消耗。

(2)焊接质量好

由于渣池覆盖在熔池上，保护作用良好，同时熔池保持液态的时间较长，冶金过程进行比较完善，气体和杂质有较多时间浮出，因此出现气孔、夹渣等缺陷的可能性小，焊缝成分较均匀，焊接质量好。

(3)电渣焊主要不足

由于熔池在高温下停留时间较长，焊接热影响区可达 25 mm 左右，焊缝为粗大的树枝晶，过热区组织长大严重，所以焊接时焊丝、焊剂中应加入钼、钛等元素，以细化焊缝组织，或焊后进行正火处理。

(4)应用

电渣焊广泛应用在重型机械制造业中，它是制造大型铸-焊或锻-焊联合结构的重要工艺方法。例如制造大吨位压力机，重型机床的机座，水轮机转子和轴，高压锅炉等。电渣焊焊件的厚度一般为 40 ~ 450 mm，主要用于直缝焊接，也可进行环缝焊接。电渣焊可焊接碳钢、低合金钢、高合金钢、铸铁，也可焊接有色金属和钛合金。

10.2　压力焊

压力焊是通过加热等手段使金属达到塑性状态，然后对焊件施加压力使其发生塑性变形，经过再结晶和扩散等作用，形成焊接接头的焊接方法。压力焊的两个要素是热源和压力。常用的压力焊方法根据加热手段的不同分为电阻焊和摩擦焊。

10.2.1　电阻焊

电阻焊是利用电流通过焊件接头的接触面及邻近区域产生的电阻热使焊件达到塑性状态或局部熔化，然后在压力作用下实现焊接。

电阻焊的特点：焊接电压很低(几伏至十几伏)，但焊接电流较大(几千至几万安培)，因此焊接时间极短，一般为 0.01 至几十秒，生产率高，焊接变形小；不需用填充金属和焊剂，操作简单、易实现机械化和自动化；设备复杂，价格昂贵。所以电阻焊适用于成批大量生产，在自动化生产线上应用较多。由于影响电阻大小和引起电流波动的因素均导致电阻热的改变，因此电阻焊接头质量不稳，限制了在受力较大的构件上的应用。

电阻焊根据接头形式特点分为点焊、缝焊和对焊三种。

1. 点　焊

点焊是用圆柱状电极压紧工件,然后通电、保压获得焊点的电阻焊方法,如图 10.13 所示。

(1)点焊过程

点焊前先将表面清理好的两工件紧密接触(预压夹紧),然后接通电流。电极与工件接触处所产生的电阻热很快被导热性能好的铜(或铜合金)电极和冷却水传走,温度升高有限,电极不会熔化,而两工件相互接触处则由于电阻热很大,温度迅速升高,金属熔化形成液态熔核。断电后,继续保持或加大压力,使熔核在压力下凝固结晶,形成组织致密的焊点。焊点形成后,移动焊件,依次形成其他焊点。

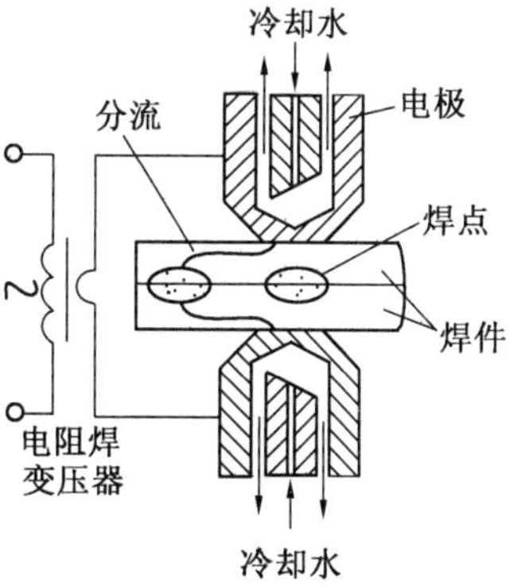

图 10.13　点焊示意图

点焊第二个焊点时,有一部分电流会流经已焊好的焊点,称为分流现象。分流现象导致焊接处电流减少,影响焊接质量。工件厚度越大、导电性越好、相邻焊点间距越小,分流现象越严重。因此,两焊点之间应有一定距离,其距离与焊件材料和厚度有关,其相互关系如表 10.5 所示。

表 10.5　点焊接头焊点最小间距　/mm

工件厚度	最　小　间　距		
	碳钢、低合金钢	不锈钢、耐热钢	铝合金、铜合金
0.5	10	7	11
1.0	12	10	15
1.5	14	12	18
2.0	18	14	22
3.0	24	18	30

(2)点焊接头形式

点焊接头一般采用搭接接头形式,图 10.14 为几种典型的点焊接头形式。在焊件搭边宽允许的条件下,焊点直径应尽量大一些,因为在焊点缺陷不超出允许范围时,焊点直径越大,点焊接头强度越高。

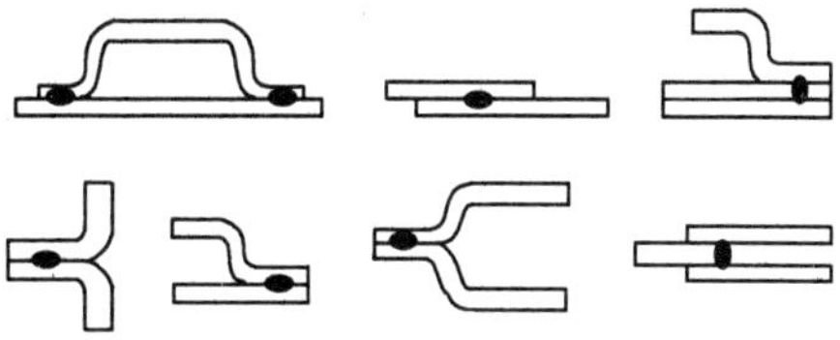

图 10.14　典型的点焊接头形式

在焊接不同厚度或不同材料时,因为薄板和导热性好的材料吸热少,散热快,导致熔核向厚板和导热性差的材料偏移,这一现象称为熔核偏移,如图 10.15(a)所示。熔核偏移使焊点有效厚度减小,接头强度下降,甚至出现漏焊。一般在薄板处加一垫片增加厚度或采用导热性差的电极,减小薄板的散热,防止熔核偏移,如图 10.15(b)所示。

(3)点焊的应用

点焊是高速、经济的焊接方法,主要适用于厚度为小于 6 mm 的冲压件、轧制薄板的大批量生产,如金属网、蒙皮、汽车驾驶室、车厢、电器、仪表、飞机的制造。可焊接低碳钢、合金钢、铜合金、铝镁合金等。但点焊接头不具有封闭性。

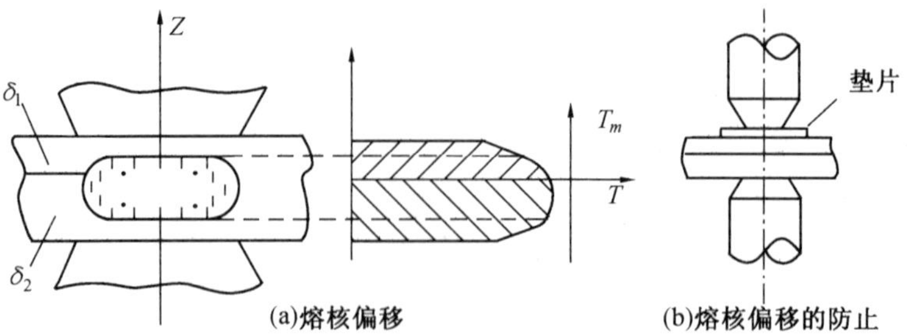

图 10.15 熔核偏移及其防止

2. 缝 焊

缝焊实际上是连续的点焊,缝焊时将工件装配成搭接接头,置于两个盘状电极之间,盘状电极在工件上连续滚动,同时连续或断续送电,形成一条连续的焊缝,如图 10.16 所示。

缝焊由于焊缝中的焊点相互重叠约 50% 以上,因此密封性好,但缝焊分流现象严重,焊接电流比点焊大 1.5 ~2 倍左右。广泛应用于厚度为 0.1 ~2 mm 薄板结构的焊接。缝焊主要用于制造有密封要求的低压容器,如油箱、气体净化器和管道等。可焊接低碳钢、不锈钢、耐热钢、铝合金等。由于铜及铜合金电阻小,不适于缝焊。

3. 对 焊

对焊即对接电阻焊,焊件按设计要求装配成对接接头,利用电阻热加热至塑性状态,然后迅速施加顶锻力完成焊接。按焊接工艺过程不同,对焊分为电阻对焊和闪光对焊,如图 10.17 所示。

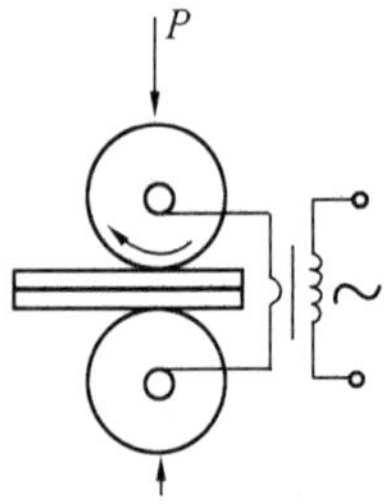

图 10.16 缝焊示意图

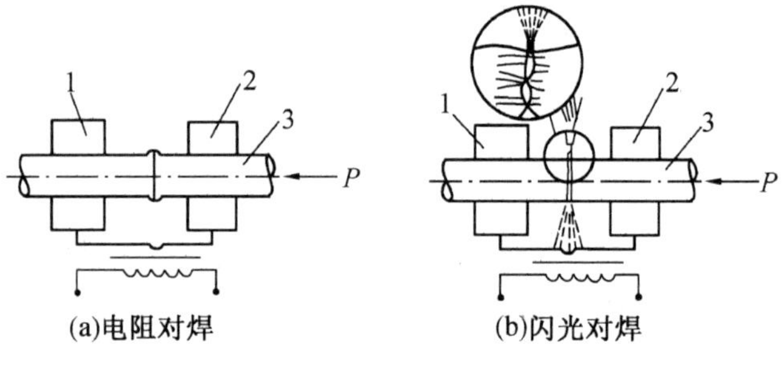

图 10.17 对焊示意图

1—固定电极;2—可移动电极;3—焊件

(1) 电阻对焊

电阻对焊过程是先将两个焊件夹紧并加压,然后通电使对接表面及其邻近区域加热至塑性状态,随后断电,同时向工件施加较大的顶锻压力,在压力作用下焊件产生塑性变形,通过金属原子间的溶解与扩散作用获得致密的金属组织。

电阻对焊的特点:焊接操作简便,生产率高,接头较光滑,但焊前对被焊工件的端面加工和清理要求较高,否则易造成加热不均,接合面易受空气侵袭,发生氧化、夹杂,焊接质量不易保证。因此,电阻对焊一般用于焊接接头强度和质量要求不太高,断面简单,直径小于 20 mm 的棒料、管材,如钢筋、门窗等。可焊接碳钢、不锈钢、铜和铝等。

(2)闪光对焊

闪光对焊过程是先将焊件装配成对接接头，通电后使两焊件的端面逐渐靠近达到局部接触，由于局部接触点电流密度大，产生的电阻热使金属迅速熔化蒸发、爆破，呈高温颗粒飞射出来，形成闪光。经过多次闪光后，端面均匀达到预定温度时，断电并迅速施加顶锻力，使端面处液态金属飞出，纯净的高温端面在顶锻力下完成焊接。

①闪光对焊特点。由于闪光作用，排除了氧化物和杂质，接头质量好，强度高，对端面加工要求较低。闪光对焊常用于焊接重要零件和结构，如钢轨、锚链等，可焊接碳钢、合金钢、不锈钢、有色金属、镍合金、钛合金等，也可用于异种金属(如铜—钢，铝—钢，铝—铜等)的焊接，被焊工件可以是直径小到 0.01 mm 的金属丝，也可以是断面大到数万平方毫米的棒料和型材。

②闪光对焊的主要不足是耗电量大，金属损耗多，接头处焊后有毛刺需要加工清理。

对焊接头工件的接触端面形状应尽量相同，圆棒直径、方棒边长和管子壁厚之差不应超过 15%。常用的对焊接头形式如图 10.18 所示。

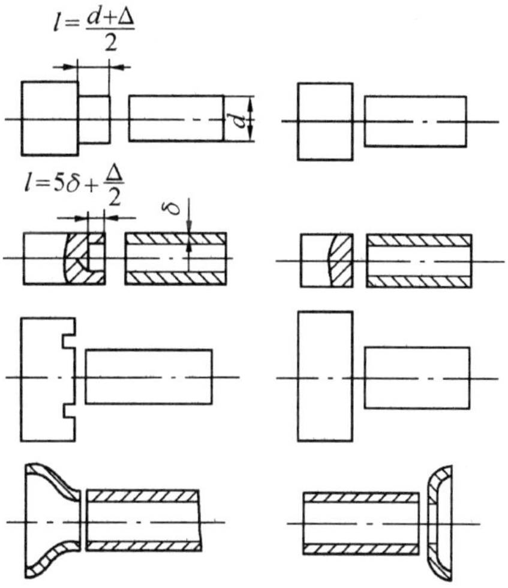

(a)合理接头　　(b)不合理接头

图 10.18　常用对焊接头形式

10.2.2　摩擦焊

摩擦焊是使焊件在一定压力下相互接触并相对旋转运动，利用摩擦所产生的热量使端面达到塑性状态，然后迅速施加顶锻力，在压力作用下完成焊接。

1. 摩擦焊焊接过程

如图 10.19 所示，先将两工件同心地安装在焊机夹紧装置中，回转夹具作高速旋转，非回转夹具作轴向移动，使两工件端面相互接触，并施加一定轴向压力，依靠接触面强烈摩擦产生的热量把该接触面金属迅速加热到塑性状态。当达到要求的温度后，立即使焊件停止旋转，同时对接头施加较大的轴向压力进行顶锻，使两焊件产生塑性变形而焊接起来，整个过程只有 2 ~3 s。

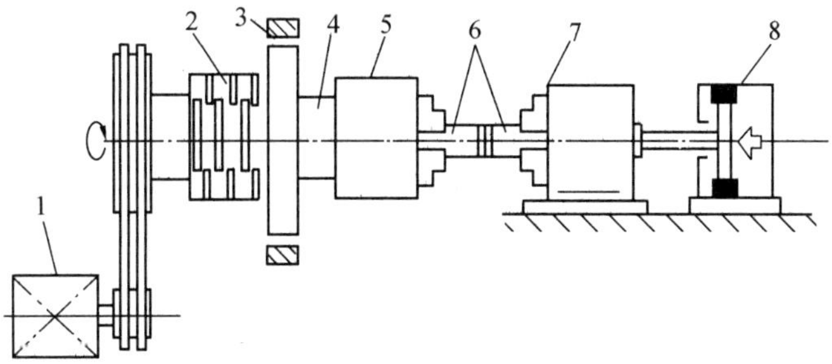

图 10.19　摩擦焊示意图

1—电动机;2—离合器;3—制动器;4—主轴;5—回转夹具;
6—焊件;7—非回转夹具;8—轴加压油缸

2. 摩擦焊接头形式

摩擦焊接头一般是等断面的，也可以是不等断面的，但需要有一个焊件为圆形或筒形(图 10.20)，并且要避免过大截面工件和薄壁管件，目前摩擦焊工件最大截面积不超过 2 000 mm^2。对非圆截面接头，可采用先焊接后锻造的方法实现。

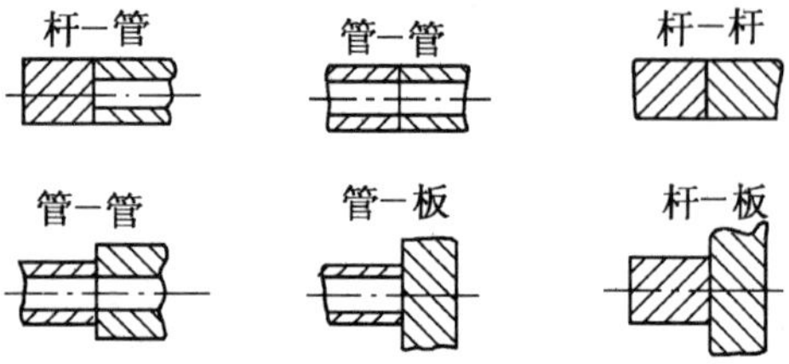

图 10.20　摩擦焊接头形式

3. 摩擦焊的特点及应用

(1) 接头质量好且稳定

摩擦焊温度一般都低于焊件金属的熔点，热影响区很小，接头组织致密，不易产生气孔、夹渣等缺陷。摩擦焊的废品率只有闪光对焊的 1% 左右。

(2) 焊接生产率高

摩擦焊操作简单，焊接时不需添加焊接材料，操作容易实现自动控制，生产率高，是闪光对焊的 4 ~5 倍。

(3) 焊件尺寸精度高

摩擦焊焊件变形小，可以实现直接装配焊接。

(4) 成本低

摩擦焊设备简单，电能消耗少，比闪光对焊节电 80% ~90%。

(5) 劳动条件好

摩擦焊无弧光、火花、烟尘。

摩擦焊可焊接的金属范围较广，除用于焊接普通黑色金属和有色金属材料外，还适于焊接在常温下力学性能和物理性能差别很大，不适合熔焊的特种材料和异种材料，如碳钢-不锈钢、铜-钢、铝-钢、硬制合金-钢等。摩擦系数小的铸铁、黄铜不易采用摩擦焊。

由于摩擦焊一次投资较大，适用于大批量生产，主要用于汽车、飞机、锅炉、电力、金属切削刀具等工业部门中重要零件的生产。

10.3　钎　　焊

钎焊是采用比母材熔点低的金属材料作钎料，将焊件和钎料加热，只使钎料熔化而焊件不熔化，利用液态钎料填充间隙、浸润母材并与母材相互扩散实现连接的方法。

钎焊时不仅需要一定性能的钎料，一般还要使用钎剂。钎剂是钎焊时使用的熔剂，其作用是去除钎料和母材表面的氧化物和油污，防止焊件和液态钎料在钎焊过程中氧化，改善熔融钎料对焊件的润湿性。对应不同的钎料，加热方法有烙铁加热、火焰加热、电阻加热、感应加热等。

10.3.1　钎焊过程

钎焊过程如图 10.21 所示，分为钎料的浸润、铺展和连接三个阶段，最终钎料与焊件之间相互扩散，形成合金层。

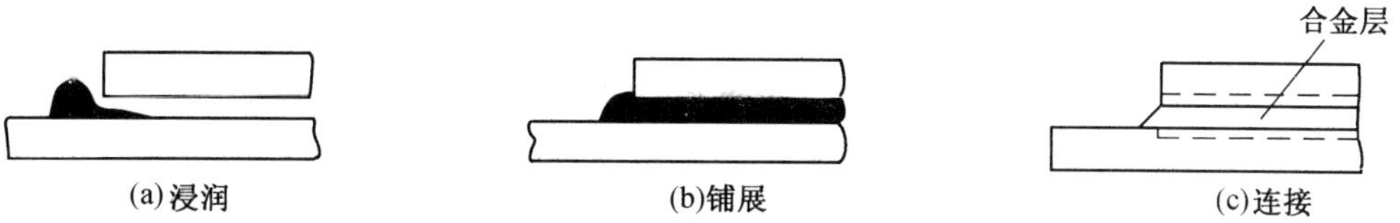

图 10.21　钎焊过程

10.3.2　钎焊分类

钎焊根据所用钎料的熔点不同,可分为硬钎焊和软钎焊两大类。

1. 硬钎焊

钎料熔点高于450 ℃的钎焊称为硬钎焊。常用的硬钎料有铜基、银基、铝基合金。硬钎焊钎剂主要有硼砂、硼酸、氟化物、氯化物等。

硬钎焊接头强度较高,大于200 MPa,工作温度也较高,主要用于受力较大的钢铁及铜合金构件的焊接,如焊接自行车车架、带锯带、切削刀具等。

2. 软钎焊

钎料熔点低于450 ℃的钎焊称为软钎焊。常用的软钎料有锡-铅合金和锌-铝合金。软钎焊钎剂主要有松香、氯化锌溶液等。加热方式一般为烙铁加热。

软钎焊接头强度低,一般在70 MPa以下,工作温度在100 ℃以下。软钎焊钎料熔点低,渗入接头间隙能力较强,具有较好的焊接工艺性能。最常使用的锡-铅钎料焊接俗称锡焊,焊接接头具有良好的导电性。软钎焊广泛应用于受力不大的电子、电器、仪表等工业部门。

10.3.3　接头形式

由于钎焊接头的强度与结合面大小有关,钎焊的接头一般采用板料搭接和套件镶接,以增加接头强度,如图10.22所示。接头的间隙不能太小,否则影响钎料的浸润与铺展;间隙太大会降低接头强度,且浪费钎料。接头间隙一般在0.05～0.2 mm之间。

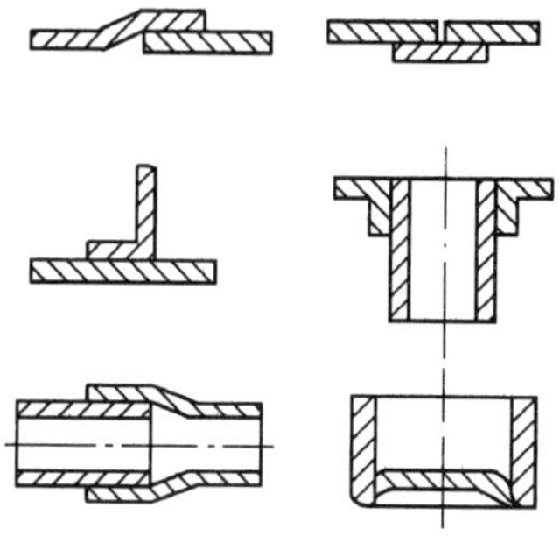

图 10.22　钎焊接头形式

10.3.4　钎焊的特点及应用

钎焊设备简单,易于实现自动化。加热温度低,接头组织和性能变化小,焊件变形小,焊缝平整、美观,尺寸精确。钎焊可焊接同种金属也可焊接性能差异很大的异种金属和复杂薄壁结构,如硬质合金刀具、汽车水箱散热器等。

但钎焊接头强度较低,工作温度不能太高,且焊前清理要求严格,钎料价格高,因而钎焊不适于焊接钢结构和重载构件。

钎焊适宜于小而薄,且精度要求高的零件,广泛应用于机械、仪表、电子、航空、航天等部门。

10.4 焊接新方法

随着科学技术的发展,焊接技术也得到了快速发展,它主要表现在三个方面:一是原子能、航空、航天等技术的发展,出现了新材料、新结构,需要更高质量更高效率的焊接方法;二是常用方法的改进,以满足一般材料焊接的更高要求;三是采用电子计算机对焊接过程进行控制,并研制出大量的焊接机器人。本节将一些新的焊接方法特点和应用做简要介绍。

10.4.1 等离子弧焊

等离子弧焊是利用电弧压缩效应,获得较高能量密度的等离子弧进行焊接的方法,如图 10.23 所示。等离子弧焊电极一般为钨极,保护气为氩气。

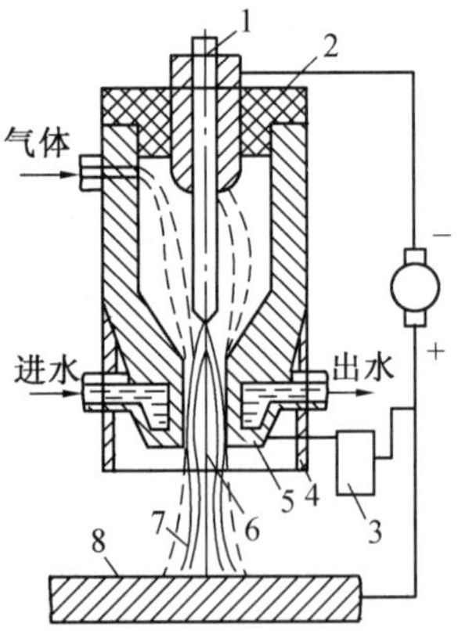

图 10.23 等离子弧焊示意图

1—钨极;2—陶瓷垫圈;3—高频振荡器;4—同轴喷嘴;5—水冷喷嘴;6—等离子弧;7—保护气;8—焊件

1. 等离子弧的产生

等离子电弧的产生要经过以下三种压缩效应。

(1)机械压缩效应

电弧通过具有细小孔道的水冷喷嘴时,弧柱被强迫缩小,产生机械压缩效应。

(2)热压缩效应

由于喷嘴内壁的冷却作用,弧柱边缘气体电离度急剧降低,使弧柱外围受到强烈冷却,迫使带电粒子流向弧柱中心集中,电离度更大,导致弧柱被进一步压缩,产生热压缩效应。

(3)电磁压缩效应

定向运动的带电粒子流产生的磁场间的电磁力使弧柱进一步压缩,产生电磁压缩效应。

经以上压缩效应后,电弧弧柱中气体完全电离,即获得等离子弧。等离子弧温度高达 24 000 K以上,能量密度达 $10^5 \sim 10^6$ W/cm^2,而一般钨极氩弧焊为 10 000 ~ 20 000 K,能量密度小于 10^4 W/cm^2。

2. 等离子弧焊的特点及应用

等离子弧焊实质上是一种电弧具有压缩效应的钨极氩气保护焊,它除了具有氩弧焊的优点外,还具有下列特点:

①等离子弧能量密度大,弧柱温度高,穿透能力强。厚度 10 ~ 12 mm 焊件可不开坡口,不需填充金属能一次焊透,双面成型。同时焊接速度快,热影响区小,焊接变形小,焊缝质量好。

②当焊接电流小到 0.1 A 时,等离子弧仍能保持稳定燃烧,并保持其方向性。因此等离子弧焊可焊 0.01 ~ 1 mm 的箔材和热电偶等。

等离子弧焊的主要不足是设备复杂、昂贵、气体消耗大,只适于室内焊接。等离子弧焊在化工、原子能、仪器仪表、航天航空等工业部门中广泛应用。主要用于焊接高熔点、易氧化、热敏感性强的材料。如钼、钨、钛、铬及其合金和不锈钢等,也可焊接一般钢材或有色金属。

10.4.2　电子束焊

电子束焊是利用加速和聚焦的电子束撞击焊件,电子动能 99% 以上会转变为热能将焊件熔化进行焊接。

电子束焊根据焊件所处环境的真空度不同,可分为高真空电子束焊、低真空电子束焊和非真空电子束焊,其中应用最广泛的是高真空电子束焊,如图 10.24 所示。

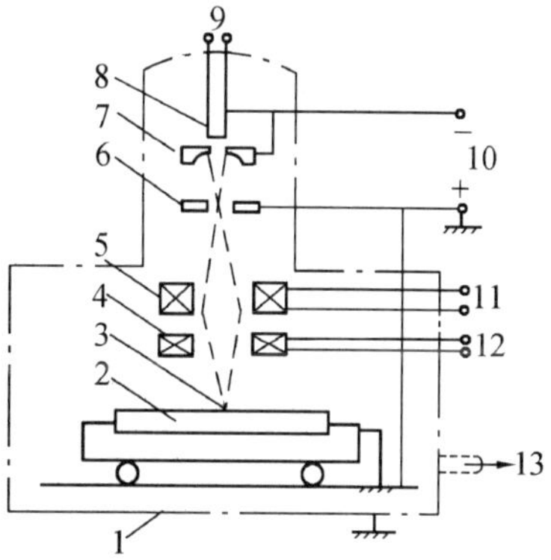

图 10.24　真空电子束焊示意图

1—真空室;2—焊件;3—电子束;4—磁性偏转装置;5—聚焦透镜;6—阳极;7—阴极;8—灯丝;9—交流电源;10—直流高压电源;11、12—直流电源;13—排气装置

1. 高真空电子束焊接原理

在真空度大于 666×10^{-2} MPa 真空室中,电子枪的阳极被通电加热至 2 600 K 左右,发射出大量电子,这些电子在阴极和阳极之间受高电压作用下加速到很高速度。高速运动的电子流经过聚束装置形成高能量密度的电子束。电子束以极大速度(约 16 000 km/s)射向焊件,能量密度高达 $10^6\sim10^8$ W/cm^2,使焊件受轰击部位迅速熔化,焊件移动便可形成连续焊缝。利用磁性偏转装置可调节电子束射向焊件不同的部位和方位。

2. 真空电子束焊特点及应用

①由于焊件在高真空中焊接,金属不会被氧化、氮化,故焊接质量高。

②焊接时热量高度集中,焊接热影响区小,仅 0.05 ~ 0.75 mm,基本上不产生焊接变形,可对精加工后的零件进行焊接。

③焊接适应性强,电子束焊工艺参数可在较广范围内进行调节,且控制灵活,既可焊接 0.1 mm 的薄板,又可焊 200 ~ 300 mm 的厚板,还可焊形状复杂的焊件。能焊接一般金属材料,也可焊接难熔金属(如钛、钼等)、活性金属(除锡、锌等低沸点元素较多的合金外)、复合材料及异种金属构件。

真空电子束焊的主要不足是设备复杂,造价高,焊前对焊件的清理和装配质量要求很高,焊件尺寸受真空室限制,操作人员需要防护 X 射线。

真空电子束焊主要用于焊接原子能、航空航天部门中特殊的材料和结构。如微型电子线路组件、钼箔蜂窝结构、导弹外壳、核电站锅炉汽包等。在民用方面也得到应用,如焊接精度较高的轴承、齿轮组合件等。

10.4.3　激光焊接

激光焊接是利用聚集的激光束作为能源轰击焊件所产生的热量将焊件熔化,进行焊接的方法。

1. 激光焊过程

激光是利用原子受激辐射原理，使物质受激而产生波长均一，方向一致，强度非常高的光束。如图 10.25 所示，激光焊接时，激光器 1 受激产生方向性极强的平行激光束 3，通过聚焦系统 4 聚焦成十分微小的焦点，其能量能进一步集中。当把激光束调焦到焊件 6 的接缝处时，在极短时间内，激光能被焊件材料吸收转换成热能，焦点附近温度可达万度以上，使金属瞬间熔化，冷凝后形成焊接接头。激光焊可分为脉冲激光焊和连续激光焊，脉冲激光焊可焊接微型件，如几微米厚的薄膜和直径在 0.02 ~ 0.2 mm 的金属丝等，连续激光焊可焊接厚度在 50 mm 以下的结构件。

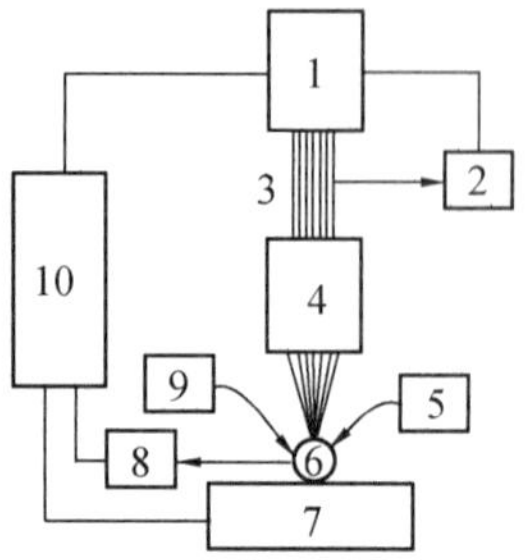

图 10.25　激光焊示意图

1—激光器；2—信号器；3—激光束；4—聚集系统；5—辅助能源；6—焊件；7—工作台；8—信号器；9—观测瞄准器；10—程控设备

2. 激光焊特点及应用

(1) 由于激光焊热量集中，作用能量密度可达 10^{13} W/cm^2，热影响区小，焊接变形小，焊件尺寸精度高，时间极短，因此焊接热影响区小，焊接变形小，焊件尺寸精度高。

(2) 焊接适应性大，激光束可通过光学系统导引到很难焊接的部位进行焊接；还可通过透明材料壁对封闭结构内部进行无接触焊接（如真空管中电极的焊接）；可直接焊接绝缘材料；容易实现异种金属或金属与非金属的焊接（如金-硅、锗-金、钼-钛等）。此外，由于焊接速度极快，被焊材料不易氧化，在大气中焊接也能获得优良的焊接接头，不需气体保护或真空环境。

激光焊的主要不足是焊接设备复杂，价格昂贵，输出功率较小，焊件厚度受到一定限制，并且对激光束吸收率低的材料和低沸点材料不宜采用。

激光焊接已广泛用于电子工业和仪表工业中，主要用来焊接微型线路、集成电路、微电池上的引线等。激光焊还可用于焊接波纹管、小型电机转子、温度传感器等。

10.4.4　爆炸焊

爆炸焊是利用炸药爆炸时产生的冲击波使焊件迅速撞击，短时间内实现焊接的一种压焊方法。

爆炸焊时压力高达 700 MPa，温度可达 3 000 ℃，金属接触处产生金属射流清除表面氧化物等杂质，液态金属在高压下冷却，形成焊接接头。

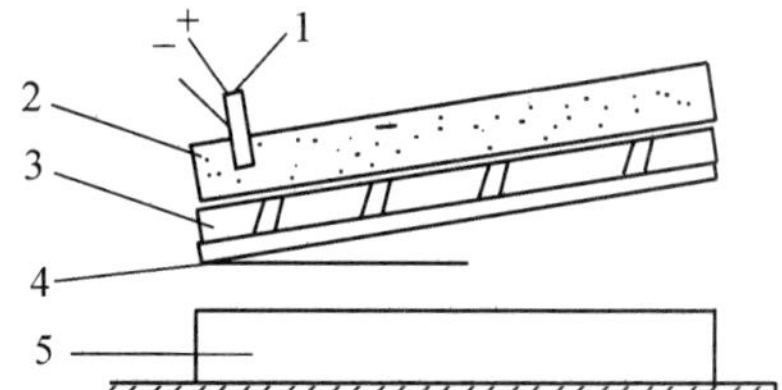

图 10.26　爆炸焊示意图

1—雷管；2—炸药；3—缓冲层；4—覆板；5—基板；6—基础

1. 爆炸焊过程

如图 10.26 所示，基板放在牢靠的基础上，覆板上面安装缓冲层再安放一定量炸药。点燃雷管后，炸药爆炸瞬间产生高温，使覆板产生金属射流，并且高速冲击波使覆板变形并加速向基板运动，两者撞击处实现焊接。整个过程必须沿焊接接头逐步连续地完成才能获得性能良好的焊接接头。理想的焊接接头结合面呈波浪形。

2. 爆炸焊特点及应用

爆炸焊是高速、高能成型，适于焊接双金属构件，可节省大量的贵重金属。如钢-铜、钢-铝、钛-钢、锆-铌等复合板和复合管等。

10.4.5　扩散焊

扩散焊是在真空或保护气氛中，在一定温度和压力下保持较长时间，使焊件接触面之间的原子相互扩散而形成接头的焊接方法。

1. 扩散焊焊接过程

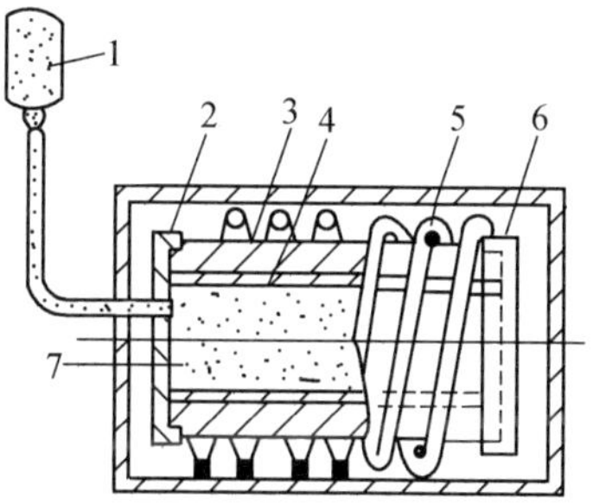

图 10.27　真空扩散焊示意图

1—高压气源；2—封头；3—管子；4—衬套；5—感应圈；6—真空室；7—惰性气体

图 10.27 是管子与衬套进行真空扩散焊的示意图。首先对管壁内表面和衬套进行清理、装配，管子两端用封头封固，然后放入真空室内。利用高频感应加热焊件，同时向封闭的管子内通入高压的惰性气体。在一定温度、压力下，保持较长时间，接触表面首先产生微小的塑性变形，管子与衬套紧密接触，因接触表面的原子处于高度激活状态，很快通过扩散形成金属键，并经过回复和再结晶使结合界面推移，最后经长时间保温，原子进一步扩散，界面消失，实现固态焊接。因而，扩散焊实质上是在加热压力焊基础上，利用了钎焊的优点发展起来的新的焊接方法。

2. 扩散焊的特点及应用

①扩散焊加热温度低（约为母材熔点的 0.4～0.7 倍），焊接过程靠原子在固态下扩散完成，所以焊接应力及变形小。同时，接头基本上无热影响区，母材性质也未改变，接头化学成分、组织性能与母材相同或接近，接头强度高。

②扩散焊可焊接各种金属及合金，尤其是难熔的金属，如高温合金、复合材料。还能焊接许多物理化性能差异很大异种材料，如金属与陶瓷。

③扩散焊可焊接厚度差别很大的焊件，也可将许多小件拼成型状复杂、力学性能均一的大件以代替整体锻造和机械加工。

扩散焊的主要不足是单件生产率较低，焊前对焊件表面的加工清理和装配精度要求十分严格，除了加热系统、加压系统外，还要有抽真空系统。

扩散焊主要用于焊接熔焊、钎焊难以满足质量要求的精密、复杂的小型焊件。近年来，扩散焊在原子能、航天等尖端技术领域中解决了各种特殊材料的焊接问题。例如，在航天工业中，用扩散焊制成的钛制品可以代替多种制品、火箭发动机喷嘴耐热合金与陶瓷的焊接。扩散焊在机械制造工业中也广泛应用，例如将硬质合金刀片镶嵌到重型刀具上等。

10.4.6　超声波焊

超声波焊利用超声波的高频振荡使焊件局部接触处加热和变形，然后施加一定压力实现焊接的压力焊方法。

1. 超声波焊过程

如图 10.28 所示，超声波发生器产生超声波后，通过换能器转化为上、下声极的高频振动，通过聚能器可使振动增强。焊件局部接触处在一定压力 p 下，高频、高速相对运动，产生强烈的摩擦、升温和变形，使接触面杂质清理，纯净的金属原子充分靠近并扩散形成焊接接头。在焊接过程中，焊件没有受到外加热源和电流的作用，而是综合了摩擦、塑性变形、扩散三种作用。

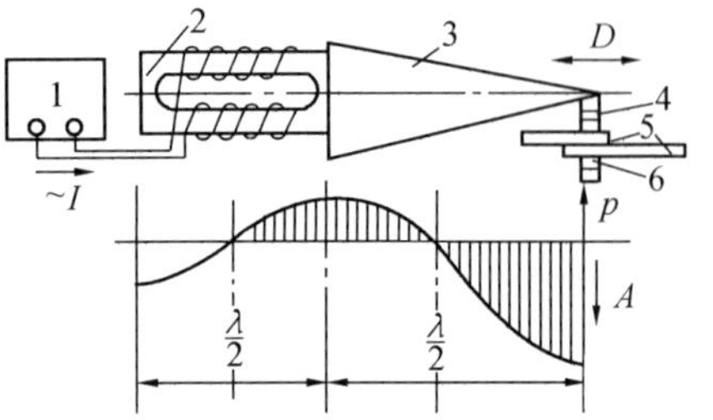

图 10.28　超声波焊示意图

1—超声波发生器；2—换能器；3—聚能器；4—上声极；5—焊件；6—下声极

2. 超声波焊特点和应用

①超声波焊的焊件温度低，焊接过程对焊点附近的金属组织性能影响极小，焊接应力与变形也很小。

②接头中无铸态组织，接头强度比电阻焊高 15% ~20%。

③可焊接厚度差异很大和多层箔片(2 μm)结构。

④除了可焊接常用金属材料外，特别适合焊接银、铜、铝等高导电性、高导热性材料，也可焊接铜-铝、铜-钨、铜-镍等物理性能相差很大的异种金属，以及如云母、塑料等非金属材料。

⑤超声波焊对焊件表面清理质量要求不严，耗电较少，为电阻焊 5%。

在一些发达国家的微电机制造中，超声波焊已完全代替了电阻焊和钎焊，用来焊接铜、铝线圈和导线。

在实际生产中，应根据所焊材料性质、质量要求、结构特点因素等选择合理的焊接方法。同时，所选用的焊接方法还要考虑生产成本，提高经济效益。另外还要注意到不同的焊接方法对环境和人体存在不同的危害，如噪音、有毒气体和烟尘、弧光辐射、高频磁场、射线等，在作好防护工作的同时应积极采取措施改进焊接工艺。

10.5　计算机技术在焊接中的应用简介

焊接过程中，材料承受很高的温度，发生复杂的物理、化学、热学、力学、金属学的变化。某些特殊的焊接过程劳动条件恶劣，像在预热到 200℃的容器内的焊接、在深水中采油平台上的焊接、在有辐射情况下原子反应堆的焊接。现代制造工业向高精度、高质量、低成本、快速度的趋势发展，对焊接技术提出了许多更新更高的要求，并且随着现代工业技术的发展出现了许多新材料和新结构，为满足实际生产的需要，焊接生产中越来越多地应用计算机与信息技术，提高了焊接技术水平，并拓宽了焊接研究范围。

10.5.1　数值模拟技术

数值模拟技术是利用一系列方程来描述焊接过程中基本参数的变化关系，然后利用数值计算求解，并通过计算机演示整个过程。

传统的焊接工艺的确定依赖于试验和经验，数值模拟技术可达到大量完整的数据，并减少了试验方法造成的误差，使焊接工艺的制定科学可靠。如焊接过程中温度的变化、焊缝凝固过程、焊接应力及应变的产生等都可以通过数值模拟直观、定量的描述。

10.5.2 焊接专家系统

焊接专家系统是解决焊接领域的相关问题的计算机软件。它包括知识获取模块、知识库、推理机构和人机接口。知识获取模块可以实现专家系统的自学习,将有关焊接领域的专家信息、数据信息转化成计算机能够利用的形式,并在知识库中存储起来。知识库是专家系统的重要组成部分,完整、丰富的知识库可使专家系统对遇到的问题进行全面、综合分析。推理机构可针对当前问题的有关信息进行识别、选取,与知识库匹配,得到问题的解决方案。

焊接专家系统可对大量数据进行快速、准确的分析。目前,在焊接领域中已出现多种焊接专家系统,如焊接结构断裂安全评定专家系统、焊接材料及焊接工艺专家系统等。

10.5.3 焊接 CAD/CAM 系统

焊接 CAD/CAM 系统,即利用计算机辅助设计与制造控制焊机进行焊接。CAD/CAM 集成技术可将 CAD 与 CAM 不同功能规模的模块和信息相互传递和共享,实现信息处理的高度一体化。

图 10.29 所示为计算机数控焊接机器人的 CAD/CAM 焊接系统。计算机内部储存了关于焊接技术的操作程序、焊接程序、焊接参数调整程序等。首先对焊接电流、电压、焊接速度、保护气流量和压力等焊接参数进行综合分析,总结出焊接不同材料、不同结构的最佳焊接方案,然后利用计算机控制焊接机器人按照预定的运动轨迹执行最佳方案进行焊接过程。计算机通过传感器提取实际焊接情况,并进行对比、分析,然后通过数字模拟转换器将指令反馈到电源控制系统、送丝机构、气流阀、驱动装置进行调整,从而确保焊接质量。输出装置中还设有监控电视、打印设备等,来记录质量情况,显示监控结果。

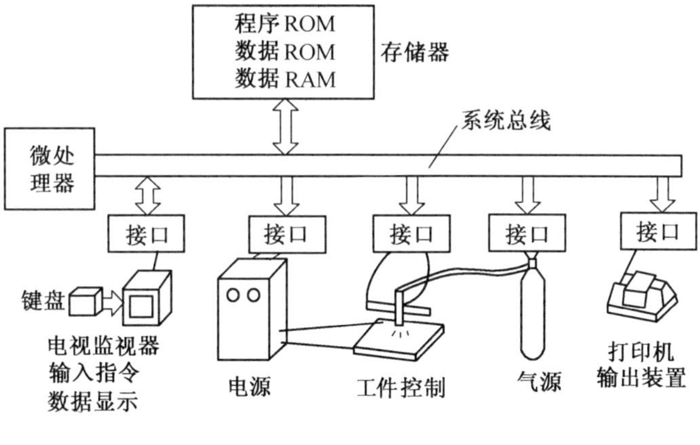

图 10.29 CAD/CAM 焊接系统

焊接机器人代表了焊接技术发展的最新水平,它是在控制工程、计算机技术、人工智能等多种学科基础发展起来的,极大地促进了焊接自动化和柔性化。焊接机器人能自动进行所有焊接动作,并按预定的方案进行焊接。焊接机器人具有记忆功能,它会记忆每一步示教过程,然后重复所有动作,其控制部分采用了许多计算机技术,如编程控制技术、记忆存储装置等。图 10.30 为焊接管接头机器人示意图,机器人手部不仅可以沿坐标轴移动,还可以转动,保证焊炬沿接头运转一周完成焊接工作,并且在焊接过程中保证电弧长度、角度不变。

焊接机器人的主要优点是,可以在危险、恶劣等特殊场合下焊接,如高温、高压、有毒、水下、放射线等;可连续生产,并保证质量;精度高,误差仅为±0.0025 mm,可实现超小型焊件的精密焊接。目前各发达国家已在大量生产的焊接生产自动线上较多地采用机器人进行焊接,大大提高了质量和生产率,并且正大力研制具有视觉、听觉和触觉的高水平焊接机器人。

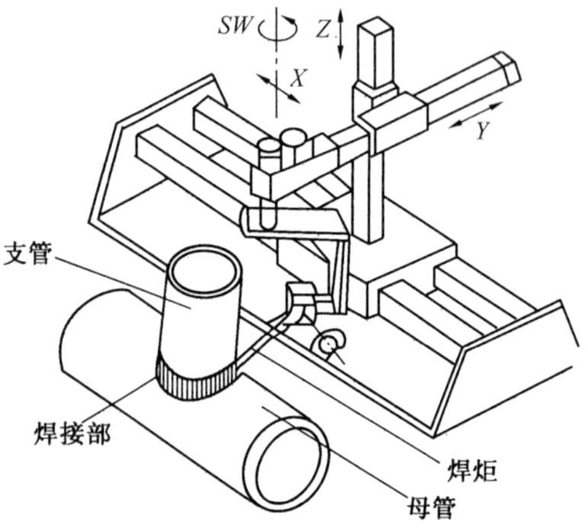

图 10.30　焊接管接头机器人示意图

复习思考题

1. 熔化焊、压力焊和钎焊焊接接头的形成有何区别?
2. 埋弧焊和焊条电弧焊有何不同,应用范围怎样?
3. 钎焊和熔化焊本质区别是什么? 钎剂和钎料有何作用?
4. 比较电阻焊、电渣焊和摩擦焊所用热源,并分析它们的加热特点。
5. 厚薄不同的钢板或三块薄板搭接是否可以进行点焊? 为什么?
6. 等离子弧焊和普通焊条电弧焊有何不同? 分别应用于什么场合?
7. 用下列板料钢材制作容器,各应采用哪种焊接方法和焊接材料?
   (1)厚 20 mm 的 Q235-A;
   (2)厚 2 mm 的 20 钢;
   (3)厚 6 mm 的 45 钢;
   (4)厚 10 mm 的不锈钢;
   (5)厚 4 mm 的紫铜;
   (6)厚 20 mm 的铝合金。
8. 为下列产品选择合理的焊接方法。
   (1)大型工字梁(钢板,厚 20 mm);
   (2)铝制压力容器(厚 3 mm);
   (3)汽车油箱(厚 2 mm);
   (4)自行车车圈;
   (5)铜-钢接头,大量生产;
   (6)耐热合金-陶瓷,大量生产;
   (7)硬质合金刀片与 45 钢刀杆的焊接。

第11章　常用金属材料的焊接

本章首先介绍金属材料焊接性的概念及其评定方法，重点讲述常用的金属材料（碳钢、合金钢、不锈钢、有色金属）的焊接，简要介绍异种金属的焊接。

11.1　金属材料的焊接性

11.1.1　金属材料焊接性概念

金属材料的焊接性是指材料在一定的焊接方法、焊接材料、焊接工艺参数和结构形式条件下获得具有所需性能的优质焊接接头的难易程度。焊接性好，则容易获得合格的焊接接头。

焊接性包括两个方面：一是工艺焊接性，即在一定工艺条件下，材料形成焊接缺陷的可能性，尤其是指出现裂纹的可能性；二是使用性能，即在一定工艺条件下，焊接接头在使用中的可靠性，包括力学性能、耐热性、耐磨性等。

金属的焊接性与母材本身的化学成分、厚度、结构和焊接工艺条件密切相关。同一金属材料的焊接性，随焊接技术的发展有很大差异。例如铝及铝合金采用焊条电弧焊和气焊焊接时，难以获得优质焊接接头，此时，该类金属的焊接性较差，但随着氩弧焊技术的成熟和应用，铝及铝合金焊接接头质量良好，焊接性良好。尤其是出现电子束焊、激光焊等新的焊接方法后，以前焊接性很差，甚至不能焊接的材料都可以获得性能优良的焊接接头，如钨、钼、锆、陶瓷等。

11.1.2　焊接性的评定方法

影响金属材料焊接性的因素很多，一般是通过焊前间接评估法或用直接焊接试验法来评定材料的焊接性。下面简单介绍两种常用的焊接性评定方法。

1. 碳当量法

金属材料的化学成分是影响焊接性的最主要因素。焊接结构中最常用的材料是钢材，除了含有碳外，还有其他的合金元素，其中碳含量对焊接性影响最大，其他合金元素可按影响程度的大小换算成碳的相对含量，两者加在一起便是材料的碳当量，碳当量法是评价钢材焊接性最简便的方法。

国际焊接学会推荐的碳钢和低合金结构钢的碳当量公式为

$$w(\mathrm{C})=\left(\mathrm{C}+\frac{\mathrm{Mn}}{6}+\frac{\mathrm{Cr}+\mathrm{Mo}+\mathrm{V}}{5}+\frac{\mathrm{Ni}+\mathrm{Cu}}{15}\right)\times 100\%$$

式中各元素符号表示该元素在钢中的质量分数。

钢材焊接时的冷裂倾向和热影响区的淬硬程度主要取决于化学成分，碳当量越高，焊接性越差。

w(C)<0.4%时,钢材塑性良好,钢材淬硬和冷裂倾向较小,焊接性优良,焊前不必采取预热等措施。

w(C)=0.4%～0.6%时,钢材塑性下降,淬硬及冷裂倾向逐渐增加,焊接性下降,焊前需预热,焊后缓慢冷却,以防止裂纹的产生。

w(C)>0.6%时,钢材塑性较低,淬硬和冷裂倾向严重,焊接性很差,焊前高温预热,焊接时要采取减少焊接应力和防止开裂的工艺措施,焊后要进行适当的热处理,才能保证焊接接头质量。

由于碳当量法仅考虑了钢材的化学成分,忽略了焊件板厚、结构、焊缝氢含量、残余应力等其他影响焊接性的因素,所以评定结果较为粗略。

2. 冷裂纹敏感系数法

该方法考虑了合金元素的含量、板厚及含氢量,计算出冷裂纹敏感系数(P_c)来判断产生冷裂纹的可能性,并确定预热温度。冷裂纹敏感系数越大,则产生冷裂纹的可能性越大,焊接性越差。冷裂纹敏感系数 P_c 和预热温度 T 可用下式计算

$$P_c=\left(C+\frac{Si}{30}+\frac{Mn}{20}+\frac{Cu}{20}+\frac{Ni}{60}+\frac{Cr}{20}+\frac{Mo}{15}+\frac{V}{10}+5B+\frac{h}{600}+\frac{H}{60}\right)\times 100\%$$

$$T=1440P_c-392℃$$

式中　h——板厚,mm;

H——焊缝金属扩散氢含量,mL/100g。

碳当量法和冷裂纹敏感系数法中的元素含量取成分范围的上限。

在实际生产中,金属材料的焊接性除了按碳当量法、冷裂纹敏感系数法等评定方法估算外,还可以模拟实际情况进行小型抗裂性试验,并配合进行接头使用性能试验,以制定正确的焊接工艺。

3. 小型抗裂试验法

小型抗裂试验法是模拟实际的焊接结构,按实际产品的焊接工艺进行焊接,根据焊后出现裂纹的倾向评判材料的焊接性。小型抗裂试验法的尺寸较小,结果直接可靠,能评定不同拘束形式的接头产生裂纹的倾向。根据接头类型的不同,有刚性固定对接试验法、十字接头试验法等方法。

图 11.1 为刚性固定对接试验法的式样简图。首先准备一方形刚性底板,其厚度大于 40 mm,边长 300 mm(焊条电弧焊)或大于 400 mm(埋弧自动焊)。待试钢材按实际厚度切制两块长方形试样,按规定开坡口后将其焊在底板上,试样厚度 $\delta\leq$ 12 mm时,焊缝 $K=\delta$;δ>12 mm 时,K=12 mm。当固定焊缝冷却到室温后,按实际产品焊接工艺进行单层焊或多层焊。焊完后在室温下放置 24 h,先检验焊缝表面和热影响区表面有无裂纹,再沿垂直焊缝

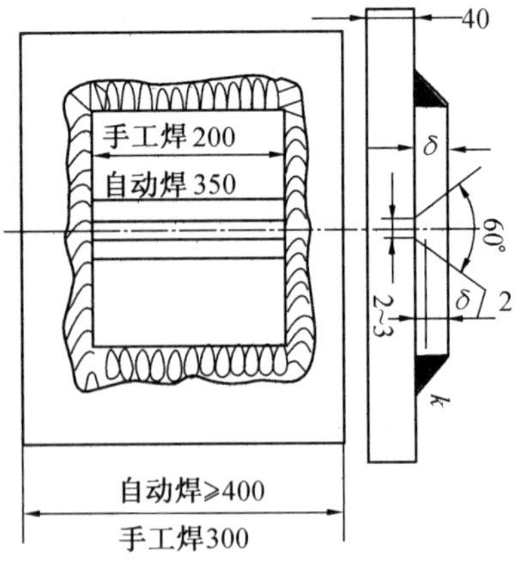

图 11.1　刚性固定对接试验法式样简图

方向切取厚度为 15 mm 的金相式样两块,进行低倍放大检验内部裂纹。

根据是否出现裂纹或裂纹的多少可初步评定材料的焊接性,然后调整焊接工艺(如预热、缓冷等)再进行试验,直到不出现裂纹为止,最终得到合理的焊接工艺。

11.2　钢的焊接

11.2.1　低碳钢的焊接

低碳钢的碳质量分数小于 0.25%,碳当量低,裂纹倾向小,焊接性能好,任何焊接方法和最普通的焊接工艺都能获得优质焊接接头。常用的焊接方法是焊条电弧焊、埋弧焊、CO_2 气体保护焊、电阻焊和电渣焊。

在低温下焊接刚性较大的结构时,应焊前预热 100 ~ 150 ℃,防止裂纹的产生。对重要结构件,焊后常进行去应力退火或正火,以消除残余应力,改善接头组织性能。

11.2.2　中碳钢的焊接

中碳钢的碳质量分数为 0.25% ~0.6%,碳质量分数在 0.4% 以上,碳含量较高,焊接性较差,焊接接头易产生淬硬组织和冷裂纹,焊缝易产生气孔。实际生产中,主要是焊接中碳钢铸件和锻件。

焊接中碳钢时,应采取以下措施来保证焊接接头的质量:

①焊前预热,焊后缓冷,以减小焊接应力,避免脆硬组织的出现,从而有效防止焊接裂纹的产生。如 35 钢 和 45 钢 要焊前预热 150 ~ 250 ℃,厚大件预热温度应更高些。进行多层焊时,层间温度不能过低。

②尽量选用碱性低氢型焊条,减少合金元素烧损,降低焊缝中的硫、磷等低熔点元素含量,焊缝具有较强的抗裂能力,能有效防止焊接裂纹的产生。

③采用细焊丝、小电流、开坡口多层焊等措施可减少碳质量分数高的母材金属过多地溶入焊缝,使焊缝的碳当量低于母材,同时可减小热影响区宽度。

11.2.3　高碳钢的焊接

高碳钢的碳质量分数大于 0.6%,因此塑性差,导热性差,焊接性很差。高碳钢一般不用来制造焊接结构,对于一些损坏的高碳钢机件,主要是用焊条电弧焊和气焊来焊补,焊接时应采取更高的预热温度及更严格的工艺措施,防止出现裂纹。

11.2.4　低合金结构钢的焊接

低合金结构钢是在低、中碳钢的基础上,加入 5% 左右合金元素来提高强度,并具有良好的塑性、韧性,广泛应用于制造压力容器、桥梁、船舶、车辆和起重机等。

低合金结构钢按屈服强度的高低可分为三大类:屈服强度为 294 ~490 MPa 的热扎钢及正火钢,如 09Mn2,09Mn2Si,16Mn,15MnV,15MnVN 等;屈服强度为 441 ~980 MPa 的低碳调质钢,如 14MnMoVN,14MnMoNb 等;屈服强度为 800 ~1 200 MPa 的中碳调质钢,如

30CrMnSiA,35CrMoVA 等。

不同级别的钢材的碳质量分数都较低,但其他元素种类和含量不同,性能差异较大,焊接性差别也比较明显。低合金高强度钢焊接时主要有两方面问题:一是热影响区的淬硬倾向,焊接时,热影响区可能形成高硬度的淬硬组织,强度等级越高,碳当量越大,焊后热影响区的淬硬倾向越大。淬硬组织的存在,将导致热影响区脆性增加,塑性、韧性下降。二是接头产生冷裂纹的倾向,强度级别高的钢种接头中的氢含量较高,同时热影响区易出现淬硬组织,焊接接头的应力较大,产生冷裂纹的倾向加剧。

热扎钢及正火钢焊接性较好,但有一定的冷裂和过热区脆化倾向。板厚较大时应进行 100 ~ 200 ℃预热,焊后进行 600 ℃左右回火。一般采用焊条电弧焊、埋弧焊、气体保护焊、电渣焊、压力焊等。

低碳调质钢冷裂纹倾向较大,过热区有脆化和软化倾向。焊前一般应进行预热,焊接时采用细焊丝多层焊。一般采用焊条电弧焊、埋弧焊、气体保护焊、药心焊丝气体保护焊。

中碳调质钢碳当量大于 0.45%,焊接性较差,焊缝容易淬硬,产生冷、热裂纹。焊前预热温度较高,适当加大焊接电流,减小焊速,以减缓冷却速度,并采用低氢焊条,防止冷裂纹的产生。焊接后及时进行消除应力热处理,如果生产中不能立即进行焊后热处理,则应先进行消氢处理,即将焊件加热至 200 ~ 350 ℃,保温 2 ~ 6 h,加速氢的逸出,减少冷裂纹产生的可能性。一般采用焊条电弧焊、埋弧焊、气体保护焊、压力焊,厚大件可采用电渣焊。

11.2.5 奥氏体不锈钢的焊接

奥氏体不锈钢是生产中广泛使用的耐腐蚀钢,常用的有 1Cr18Ni9,1Cr18Ni9Ti 等,含有大量的合金元素铬、镍、钛等。奥氏体不锈钢焊接性能良好,焊接时,一般不需采取特殊工艺措施,但焊接材料选用不当或焊接工艺不合理时会产生晶界腐蚀和热裂纹。另外,奥氏体不锈钢导热性差,膨胀系数大,焊接变形较大。

1. 晶界腐蚀及其防止

晶界腐蚀是在不锈钢焊接过程中,在 500 ~ 800 ℃范围内长时间停留,晶界处将析出碳化铬,引起晶界附近铬质量分数下降,形成贫铬区,使焊接接头失去耐蚀能力的现象,晶界腐蚀还会造成构件过早失效。焊接时必须合理选择母材和焊接材料,焊丝的合金含量要大于母材,减少碳质量分数;采用能量集中的热源,小电流、多层焊、强制冷却等措施来减少焊缝在 500 ~ 800 ℃范围内的停留时间,防止晶间腐蚀的产生。

2. 热裂纹的防止

奥氏体不锈钢本身导热系数小,线膨胀系数大,焊接条件下会形成较大拉应力,同时晶界处可能形成低熔点共晶,导致焊接时容易出现热裂纹。焊接时,需严格控制磷、硫等杂质的含量,适当提高锰、钼的含量,减少热裂纹产生的可能性。焊接工艺一般采用小电流、多道焊,并选用低氢焊条。

焊接方法一般采用焊条电弧焊和氩弧焊。

11.3　铸铁的补焊

铸铁的碳质量分数大于2.11%,并且含有多种低熔点元素,组织不均匀,塑性很低,因此属于焊接性非常差的金属材料,一般不用来制造焊接结构。但是由于铸铁成本低,铸造性能好及切削性能优良等原因,在机械制造业中使用非常广泛。如果铸铁件在生产中出现的铸造缺陷,铸铁零件在使用过程中发生的局部损坏或断裂能采用焊接方法修复,具有很大的经济效益,因此,铸铁的焊接主要是补焊。

11.3.1　铸铁的焊接性特点

1. 熔合区易产生白口组织

铸铁焊接时,由于碳、硅等石墨化元素的烧损,再加上铸铁补焊属局部加热,焊后冷却速度比铸造时的冷却速度快得多,因此不利于石墨的析出,以致补焊熔合区极易产生硬脆的白口组织和淬硬组织,硬度很高,造成焊后难以进行机械加工。

2. 焊缝易产生裂纹

铸铁抗拉强度低、塑性差,因此焊接应力极容易超过其抗拉强度极限而产生冷裂纹,特别是接头存在白口组织时,裂纹产生的倾向更严重,甚至沿焊缝整个开裂。此外,因铸铁含碳及硫、磷杂质高,如母材过多熔入焊缝中,则容易产生热裂纹。

3. 易产生气孔

由于铸铁碳质量分数高,易生成 CO 与 CO_2,铸铁凝固时间短,熔池中的气体往往来不及逸出,以致在焊缝中出现气孔。

4. 熔池金属容易流失

铸铁的流动性好,焊接时熔池金属很容易流失,因此,铸铁焊补时不宜立焊,只适于平焊。焊接方法一般采用焊条电弧焊和气焊,厚大件可采用电渣焊。

11.3.2　铸铁的补焊方法

铸铁的补焊工艺根据焊前是否预热,可分为热焊与冷焊两大类。

1. 热焊法

铸铁的热焊是焊前将焊件整体或局部预热到600~700 ℃,补焊过程中温度不低于400 ℃,焊后缓慢冷却。热焊可防止焊件产生白口组织和裂缝,补焊质量较好,焊后可进行机械加工。但其工艺复杂,生产率低,成本高,劳动条件差。热焊法一般用于形状复杂、焊后要求切削加工的重要铸件,如汽缸、机床导轨、床头箱等。焊接方法一般采用气焊或焊条电弧焊,气体火焰可以用于预热工件和焊后缓冷。

2. 冷焊法

冷焊是焊前不预热或采用预热温度较低(400 ℃以下)的补焊方法。冷焊常采用焊条电弧焊,主要依靠铸铁焊条来调整焊缝化学成分以提高塑性,防止或减少白口组织及避免裂缝。冷焊时常采用小电流、分段焊(每段小于50 mm)、短弧焊,以及焊后轻锤焊缝以松弛应力等工艺措施防止焊后开裂。冷焊法生产率高、成本低、劳动条件好,但焊接处切削加工困难。生产中冷焊法多用于补焊,焊后不要求切削加工的铸件,或用于补焊高温预热易引起变形的焊件。常用的铸铁焊条见表11.1。

表11.1　铸铁焊条简介

种　类	特　点　及　应　用
钢心铸铁焊条	钢心为低碳钢,药皮有两种类型,一类是药皮有强氧化性,使碳、硅大量烧损,获得低碳钢焊缝,但焊缝为白口组织,焊后不适于机械加工;另一类是药皮中加入大量钒铁,焊缝抗裂性强并可机械加工,一般用于球墨铸铁和高强度铸铁的补焊
铜基铸铁焊条	用铜丝或铜心铁皮作焊心,外涂低氢型涂料,焊缝金属为铜铁合金,含铜80%左右,焊缝韧性好,抗裂能力强,并可机械加工;一般用于灰口铸铁的补焊
镍基铸铁焊条	焊丝为纯镍或镍铜合金,焊缝为塑性好的镍基合金,并且由于镍和铜可促进石墨化,焊缝不会出现白口组织,所以焊缝抗裂性好并可机械加工;但价格较高,一般用于重要铸件加工面的补焊

11.4　常用有色金属及其合金的焊接

有色金属及其合金具有比强度高、耐热性强、导电性强、抗腐蚀等特点在机械、化工、发电、原子能、航空航天等部门应用较多。下面主要介绍铜及铜合金、铝及铝合金、钛及钛合金的焊接。

11.4.1　铜及铜合金的焊接

1. 焊接特点

工业上用于焊接的有紫铜、黄铜和青铜。与低碳钢相比,焊接性较差,其焊接特点是:

(1)难熔合

铜及铜合金的导热性很强,焊接时热量很快从加热区传导出去,导致焊件温度难以升高,金属难以熔化,填充金属与母材不能良好熔合。另外,由于流动性好,造成焊缝成型能力差。

(2)易变形开裂

铜及铜合金的线膨胀系数及收缩率都较大,并且由于导热性好,使焊接热影响区变宽,导致焊件易产生较大的变形。另外,铜及铜合金在高温液态下极易氧化,生成的氧化铜与铜形成低熔点共晶体沿晶界分布,使焊缝的塑性和韧性显著下降,易引起热裂纹。

(3)易形成气孔和产生氢脆现象

铜在液态时能溶解大量氢,而凝固时,溶解度急剧下降,凝固时氢气来不及析出,在焊缝中形成气孔并会造成氢脆。

(4)铜合金中存在易氧化元素

如锌、镍、锰等,焊接中氧化严重,使焊接更加困难,接头力学性能和耐蚀能力下降。

2. 焊接工艺

针对铜及铜合金的焊接特点,焊接过程中应采取以下工艺措施保证焊接质量:

①选择热源能量密度大的焊接方法,并焊前进行 150 ~ 550 ℃预热。

②选择适当的焊接顺序,并在焊后锤击焊缝,以减小应力,防止变形、开裂。

③焊前彻底清除氧化物、水分、油污,以减少铜的氧化和吸氢。

④焊接过程中使用熔剂对熔池脱氢,在电焊条药皮中加入适量萤石,以增强去氢作用。降低熔池冷却速度,以利氢的析出。

⑤焊后进行退火热处理,以细化晶粒并减小晶界上低熔点共晶的不利影响。

3. 焊接方法

铜和铜合金的焊接可用焊条电弧焊、气焊、埋弧焊、氩弧焊、气体保护焊、等离子弧焊、电子束焊等方法进行。由于铜的电阻很小,不宜采用电阻焊方法。

焊接紫铜和青铜时,采用氩弧焊能有效地保证质量。因为氩弧焊能保护熔池不被氧化,而且热源热量集中,能减少变形,并保证焊透。焊接时,可用特制的含硅、锰等脱氧元素的紫铜焊丝进行焊接,也可用一般的紫铜丝或从焊件上剪料作焊丝,但此时必须使用熔剂来溶解铜的氧化物,以保证焊接质量。焊接紫铜和锡青铜所用熔剂主要成分为硼砂和硼酸,焊接铝青铜时所用溶剂主要成分是氯化物和氟化物。气焊时应采用严格的中性焰,防止氧化或吸氢。

黄铜焊接最常用的方法是气焊,因为气焊火焰温度较低,焊接过程中锌的蒸发较少。由于锌蒸发会引起焊缝强度和耐蚀性下降,且锌蒸气为有毒气体,会造成环境污染,因此气焊黄铜时,一般用轻微氧化焰,利用含硅的焊丝,使焊接时在熔池表面形成一层致密的氧化硅薄膜,以阻碍锌的蒸发和防止氢的溶入。

11.4.2　铝及铝合金的焊接

工业上用于焊接的主要有纯铝(熔点 658 ℃)、铝锰合金、铝镁合金及铸铝。

1. 焊接特点

(1)容易氧化

铝极易氧化生成 $A1_2O_3$,其组织致密,熔点高达 2 050 ℃,它覆盖于金属表面,阻碍金属熔合,并易在焊缝形成夹渣。

(2)易形成气孔

铝及铝合金液态时能吸收大量的氢气,但在凝固点附近氢的溶解度下降 20 倍左右,形成氢气孔。

(3)易变形、开裂

铝导热系数大,需大功率或能量密度高的热源,其膨胀系数也大,造成焊接应力变形较大,引起焊后开裂。另外,各种铝合金由于易熔共晶的存在,极易在焊接过程中产生热裂纹。

(4)操作困难

铝及铝合金从固态转变为液态时,颜色无明显改变,因此,焊接操作时,很容易造成温度过高,并且由于铝高温强度低,塑性差,焊缝容易塌陷。

2. 焊接工艺措施

(1)焊前清理

焊前清理除去焊件表面的氧化膜和油污、水分,便于熔焊及防止气孔、夹渣等缺陷。

（2）焊前预热

厚度超过 5 ~ 8 mm 的焊件应焊前预热，以减小应力，避免裂纹，并有利于氢的逸出，防止气孔的产生。

（3）放置垫板

焊接时在焊件下放置垫板保证焊缝成型。

3. 焊接方法

铝及铝合金常用的焊接方法有氩弧焊、气焊、电阻焊和钎焊等，其中氩弧焊应用较广，常用于焊接质量要求高的构件，因为氩弧焊电弧集中，操作容易，氩气保护效果好，且有阴极破碎作用，能去除 $A1_2O_3$ 氧化膜，所以焊缝质量高，成型美观，焊件变形小。厚度小于 8 mm的焊件采用钨极氩弧焊，大于 8 mm 采用熔化极氩弧焊。

气焊主要用于焊接质量要求不高的纯铝和不能热处理强化的铝合金构件。气焊经济、方便，但生产率低，焊件变形大，焊接接头耐蚀性差一般用于焊接小而薄的构件（0.5 ~2 mm）。气焊时一般采用中性焰，焊接过程中要用含氯化物和氟化物的专用铝焊剂去除氧化膜和杂质。

电阻焊适合于焊接厚度在 4 mm 以下的焊件，采用大电流，短时间通电，焊前必须彻底清除焊接部位和焊丝表面的氧化膜与油污。

10.4.3　钛及钛合金的焊接

钛及钛合金密度小（4.5 g/cm^3），抗拉强度高（441 ~ 1 470 MPa），即使在 300 ~ 350 ℃高温下仍具有较高的强度，钛及钛合金还具有良好的低温冲击韧性，良好的抗腐蚀性能，在化工、造船、航空航天等工业部门日益获得广泛的应用。

1. 焊接特点

（1）易氧化、脆化

钛及钛合金化学性质非常活泼，极易氧化，并且在 250 ℃开始吸氢，在 400 ℃开始吸氧，在 600 ℃开始吸氮，使接头塑性严重下降并形成气孔。钛及钛合金导热性差，热输入过大，过热区晶粒粗大，塑性下降；热输入过小，冷却速度快，会出现钛马氏体，也会使塑性下降而脆化。

（2）容易出现裂纹

焊接接头脆化后，在焊接应力和氢的作用下容易出现冷裂纹。

2. 焊接工艺

（1）加强保护

焊接时不仅要严格清理焊件表面，并且保护好电弧区和熔池金属，还要保护好已呈固态但仍处于高温的焊缝金属。焊接时焊炬带有较长的拖罩，加强保护。一般可根据接头金属的颜色大致判断保护效果：银白色表明保护效果良好；黄色表明出现 TiO，有轻微氧化；蓝色表明出现 Ti_2O_3，氧化较为严重；灰白色表明出现 TiO_2，氧化严重。

（2）采用好的焊接方法

采用焊接质量好的焊接方法，钛及钛合金的焊接一般采用钨极氩弧焊，或采用等离子焊、真空电子束焊。

11.5　异种金属的焊接

在实际生产中，为满足使用要求，节省贵重金属，往往需要进行异种金属材料的焊接。由于物理化学性能的差异，使异种金属材料的焊接比同种金属的焊接困难。

11.5.1　焊接特点

1. 材料间的互溶性

由于不同金属的晶体结构和原子半径不同，影响了金属在液态和固态下互溶或形成化合物。例如，铅与铜、铁与镁等，由于不相溶，在凝固过程中产生分离，不能实现焊接。所以异种金属的焊接首先要满足材料间的互溶性。

2. 材料的差异性

材料熔点、膨胀系数、导热率、电阻率等的差异使焊接困难。熔点的差异使金属的熔化、凝固不同步；膨胀系数等差异使焊接应力增大，产生裂纹。

3. 异种金属焊接

异种金属间易形成脆性大的金属间化合物，焊缝容易产生裂纹，甚至脆断。还会出现更多的金属氧化物。如钢与铝焊接会生成 FeAl，Fe_2Al_3，Fe_2Al_7，钢与钛焊接会生成FeTi，Fe_2Ti 等。

4. 焊条的选择

焊缝的成分、组织结构和力学性能与被焊接的异种金属存在差异。如奥氏体不锈钢 1Cr18Ni9Ti 与低碳钢焊接，如果采用焊接 1Cr18Ni9Ti 用的焊条，或采用碳钢焊条焊缝金属因低碳钢的溶入，合金元素百分含量低于不锈钢焊件，冷却时生成马氏体，易出使冷裂纹。应选用含铬 25%，含镍 13% 的不锈钢焊条，防止裂纹的产生，并保证焊缝的抗腐蚀性。

11.5.2　焊接工艺

①缩短金属处于液态的时间，防止或减少金属间化合物的生成，或增加抑制金属间化合物产生和长大的合金元素。

②异种金属之间增加中间过渡层，过渡层是为提高异种金属接头的性能，在焊接前在金属表面添加的一层金属，过渡层应与异种金属间的焊接性较好。

11.5.3　焊接方法

1. 熔化焊和压力焊

异种金属的焊接采用较多的是熔化焊和压力焊。接头性能要求不高的接头可采用钎焊。

熔化焊时重点考虑的问题是异种金属间的互溶性和异种金属不同的熔化量会影响焊缝的成分和性能。对于互溶性很差的异种金属的焊

表 11.2　异种金属电子束焊的过渡层金属

被焊金属	过渡层金属
碳钢与低合金钢	10MnSi8
钢与硬质合金	钴、镍
铬镍钢与钛	钒
铬镍钢与锆	钒
钢与钽	钼
铝与铜	锌、银
镍与钽	铜

接,普遍存在的问题是焊缝成分不均匀和容易生成金属间化合物。熔化焊一般通过增加过渡层金属提高焊缝质量,表 11.2 为电子束焊时所采用的过渡层金属。

压力焊与熔化焊相比,具有一定的优越性,因为金属熔化少或不熔化,并且焊接时间短,可防止金属间化合物的生成,而且被焊材料对焊缝成分影响很小。但压力焊对焊接接头类型有一定要求,限制了压力焊的应用范围。

2. 熔化焊-钎焊法

该方法是对低熔点金属采用熔化焊,高熔点金属利用钎焊原理,钎料一般是与低熔点金属相同的金属。该方法首先要求熔化的钎料应与高熔点的金属有良好的浸润与扩散性能,并保证焊接温度控制在所需的范围内。

3. 液相过渡焊

液相过渡焊是利用扩散焊原理,在接头中间加入可熔化的中间夹层进行焊接。焊接时,在 0 ~ 0.98 MPa 压力下加热,夹层熔化,形成少量液相充满接头间隙,通过扩散和等温凝固形成焊接接头。然后在经过一定时间的扩散处理,达到与被焊金属完全均匀化,使接头彻底消除铸造组织,获得与焊件金属性能相同的焊接接头。

液相过渡焊是一种较新的异种金属焊接方法,它介于熔化焊和压力焊之间,不需要很大压力和严格的表面加工,接头性能远远超过一般的钎焊。

复习思考题

1. 比较表 11.3 所列低合金高强钢的焊接性。

表 11.3

材料	主要成分(质量分数)/%					板厚/mm
	C	Mn	Si	Mo	V	
09Mn2	≤0.12	1.40 ~ 1.80	0.20 ~ 2.50			90
16Mn	0.12 ~ 0.20	1.20 ~ 1.60	0.20 ~ 0.60			50
15MnV	0.12 ~ 0.18	1.20 ~ 1.60	0.20 ~ 0.60		0.04 ~ 0.12	20
14MnMoV	0.10 ~ 0.18	1.20 ~ 1.60	0.17 ~ 0.37	0.40 ~ 0.65	0.05 ~ 0.15	20

2. 下列铸铁件的补焊应选用哪种焊接方法和焊接材料?

(1) 机床的机座在使用过程中出现裂纹;

(2) 车床导轨面(铸件毛坯)裂纹,要求焊补层与基体性能相同;

(3) 汽车汽缸在使用过程中出现裂纹;

(4) 变速箱轴孔局部尺寸过大。

3. 用下列板材作圆筒型低压容器,试分析其焊接性,并选择焊接方法与焊接材料。

(1) 20 钢板,厚 2 mm,批量生产;

(2) 45 钢板,厚 6 mm,单件生产;

(3) 紫铜板,厚 4 mm,单件生产;

(4)铝合金板,厚 20 mm,单件生产;

(5)镍铬不锈钢板,厚 10 mm,小批生产。

4. 有直径为 500 mm 的铸铁带轮和齿轮各一件,铸造后出现图 11.2 所示断裂现象,曾先后用 E4301 焊条和钢芯铸铁焊条进行电弧焊焊补,但焊后再次断裂,试分析再次断裂原因。用什么方法能保证焊补后不再裂,并可进行机械加工?

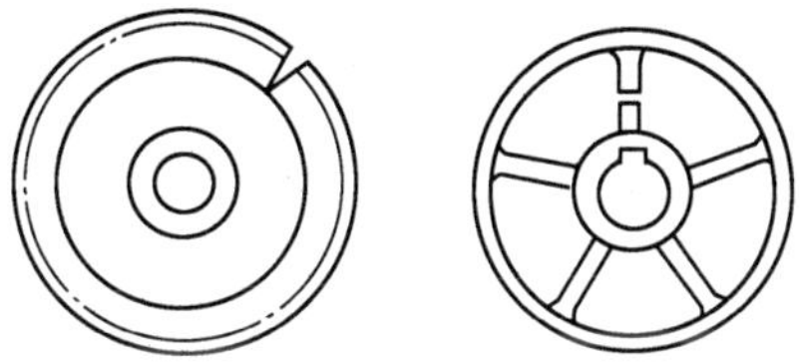

图 11.2

第 12 章　焊接结构与工艺设计

焊接结构对焊接的质量和生产率有较大影响，焊接结构设计应在保证产品质量的前提下，尽量降低生产成本，提高经济效益。设计焊接结构时，应考虑焊接结构的材料和焊接方法的合理选择，焊接结构工艺性，并绘制出焊接结构图。

本章简要介绍焊接材料和焊接方法的选择，重点讲述焊接结构工艺性和焊接结构图的绘制。

12.1　焊接材料和焊接方法的选择

12.1.1　焊接材料的选择

焊接选材总的原则是在满足使用性能的前提下，选用焊接性好的材料。

(1) 碳质量分数小于 0.25% 的碳钢和碳质量分数小于 0.4% 的合金钢焊接性良好，应优先选择。

(2) 对于不同部位选用不同强度和性能的钢材拼焊而成的复合构件，应按低强度金属选择焊接材料，按高强度金属制定焊接工艺(如预热、缓冷、焊后热处理等)。

(3) 焊接结构中需采用焊接性不确定的新材料时，则必须预先进行焊接性试验，以便保证设计方案及工艺措施的正确性。

(4) 焊接结构应尽量采用工字钢、槽钢、角钢和钢管等型材构成，这样，可以减少焊缝数量，简化焊接工艺，增加结构件的强度和刚性。对于形状比较复杂或大型结构可采用铸钢件、锻件或冲压件焊接而成。

表 12.1 为常用金属材料的焊接性能表，可供焊接材料选用时参考。

表 12.1　常用金属材料焊接性能表

金属材料＼焊接方法	气焊	焊条电弧焊	埋弧自动焊	CO_2 保护焊	氩弧焊	电子束焊	电渣焊	点焊、缝焊	对焊	摩擦焊	钎焊
低碳钢	A	A	A	A	A	A	A	A	A	A	A
中碳钢	A	A	B	B	A	A	A	B	A	A	A
低合金钢	B	A	A	A	A	A	A	A	A	A	A
不锈钢	A	A	B	B	A	A	B	A	A	A	A
耐热钢	B	A	B	C	A	A	D	B	C	D	A
铸钢	A	A	A	A	A	A	A	—	B	B	B
铸铁	B	B	C	C	B	—	B	—	D	D	B
铜及铜合金	B	B	C	C	A	B	D	D	D	A	A
铝及铝合金	B	C	C	D	A	A	D	A	A	B	C
钛及钛合金	D	D	D	D	A	A	D	B～C	C	D	B

注：A—焊接性良好；B—焊接性较好；C—焊接性较差；D—焊接性不好；—很少采用

12.1.2 焊接方法的选择

焊接方法的选择必须根据被焊材料的焊接性、接头的类型、焊件厚度、焊缝空间位置、焊件结构特点、工作条件和生产批量等方面综合考虑。选择原则是在保证产品质量的条件下优先选择常用的方法。若成批生产,还必须考虑提高生产率和降低生产成本。例如,低碳钢材料制造的中等厚度(10～20 mm)焊件,由于材料的焊接性能优良,任何焊接方法均可保证焊件的质量。当焊件为长直焊缝或圆周焊缝,生产批量较大时,则应采用埋弧自动焊;当工件为单件生产或焊缝短且处于不利于焊接的空间位置时,则应采用焊条电弧焊或 CO_2 气体保护焊;当工件是薄板轻型结构,且无密封要求,则采用点焊,如果有密封要求,则可选用缝焊。如果是焊接合金钢、不锈钢等重要焊件,则应采用氩弧焊等保护条件较好的焊接方法,对于稀有金属或高熔点合金的特殊构件,焊接时可考虑采用等离子弧焊、真空电子束焊、脉冲氩弧焊,以确保焊件质量。对于微型箔件,则应选用微束等离子弧焊或脉冲激光焊。各种焊接方法焊接一般钢材时的特点见表 12.2。

表 12.2 各种焊接方法特点比较

焊接方法	适用板厚/mm	可焊空间位置	生产率	热影响区大小	变形	设备费用/万元
气　焊	1～3	全位置	低	大	大	<0.5
焊条电弧焊	>1(一般 3～20)	全位置	较低	较小	较小	0.5～1.0
埋弧自动焊	>3(一般 6～60)	平焊	高	小	小	1.0～2.0
CO_2 保护焊	0.8～30	全位置	较高	小	小	1.0～2.0
氩弧焊	0.5～25	全位置	较高	小	小	1.0～2.0
电渣焊	25～1000 (一般 35～450)	立焊	高	大	大	1.0～2.0
等离子焊	>0.025 (一般 1～12)	全位置	高	小	小	>2.0
电子束焊	5～60	平焊	高	很小	很小	>2.0
点　焊	<10 (一般 0.5～3)	全位置	高	小	小	1.0～2.0
缝　焊	<3	平焊	高	小	小	1.0～2.0

12.2 焊接件结构设计

12.2.1 焊接接头形式和坡口设计

焊接接头根据被焊件的相互位置有四种基本形式:对接接头、T 形接头、搭接接头和角接接头。接头形式应根据结构形状、强度要求、工件厚度、变形大小和焊条消耗量选择。当板料较厚时，为保证焊透，同时为提高生产率，降低成本，待焊部位要加工成一定形状的坡口。常用的焊条电弧焊焊接接头及坡口形式如图 12.1 所示。

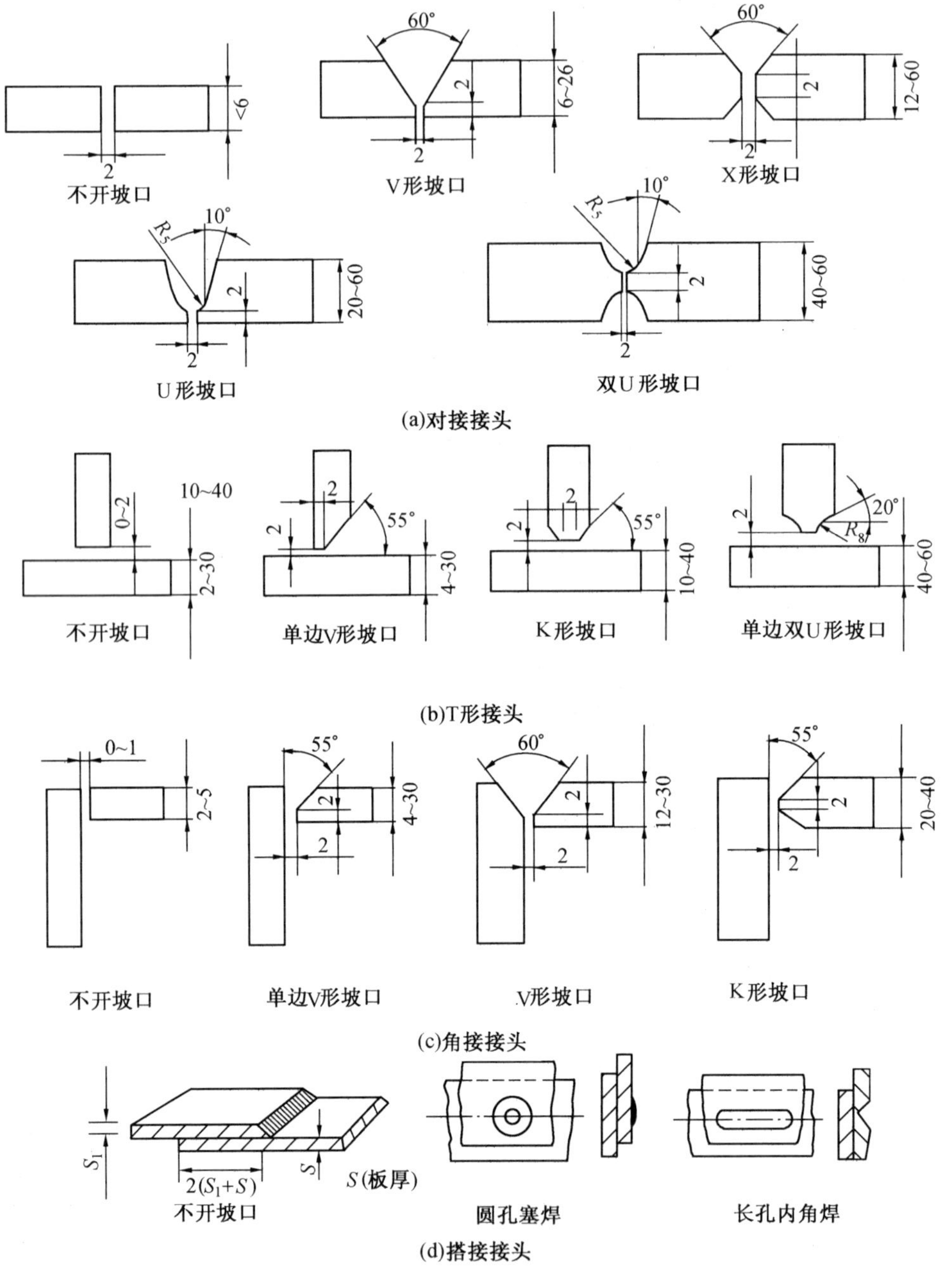

图 12.1　焊接接头类型及坡口示意图

1. 对接接头及坡口设计

对接接头承受外力时，应力分布均匀，接头质量易于保证，接头具有较高的强度，且外形平整美观，是焊接结构中应用最多的接头形式，但对接接头在焊前装配要求较高。

当焊件比较厚时，为了保证焊透应根据板厚加工出各种坡口，坡口的尺寸应按标准选用。对接接头常采用的坡口形式有I形坡口（不开坡口）、V形坡口、X形坡口、U形坡口、双U形坡口。V形坡口、U形坡口只需单面焊，但焊后角变形大，焊条消耗量较大。X形坡口、双U形坡口双面焊，焊件受热均匀，焊件变形小，焊条消耗量少，但坡口加工费时，成本较高，一般只在重要的承受动载荷的厚板结构中采用。

对于不同厚度的板材焊接，如果两板的厚度差超过表12.3所示厚度范围，则应在厚板上加工出单面或双面斜边的过渡形式，如图12.2所示，防止出现应力集中和焊不透等缺陷。

表12.3　不同厚度板料焊接时允许的厚度差范围　/mm

较薄板厚度	2～5	6～8	9～11	≥12
允许厚度差	1	2	3	4

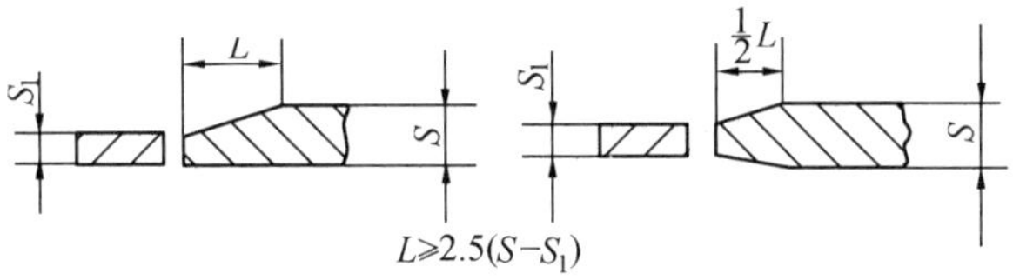

图12.2　不同厚度板材对接的过渡形式

2. 搭接接头及坡口选择

搭接接头不需开坡口，焊前准备和装配工作比对接接头简便。但是搭接接头两焊件不在同一平面上，受拉应力时产生附加弯曲应力，如图12.3所示，并且浪费金属，增加结构重量。

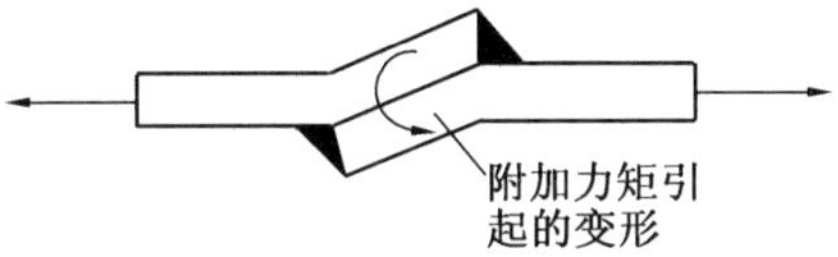

图12.3　搭接接头受力示意图

搭接接头常用于受拉应力不大的平面连接与空间结构，如厂房屋架、桥梁、起重机吊臂等。

3. 角接接头及坡口选择

角接接头通常只起连接作用，不能用来传递工作载荷，且应力分布很复杂，承载能力低。根据焊件厚度不同，角接接头可选择I形坡口（不开坡口）、单边V形、V形及K形四种坡口形式。不同厚度的材料角接时，其过渡形式如图12.4所示。

4. T形接头及坡口选择

T形接头广泛采用在空间类焊接结构上，例如，船体结构中约70%的焊缝采用T形接头。完全焊透的单面坡口和双面坡口的T形接头在任何一种载荷下都具有很高的强度。根据焊件的厚度不同，T形接头可选I形坡口（不开坡口）、单边V形、K形、单边双U形四种坡口形式。不同厚度的T形接头过渡形式如图12.5所示。

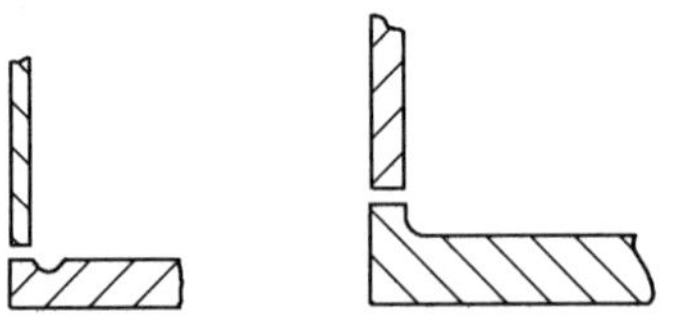

图 12.4　不同厚度角接接头过渡形式

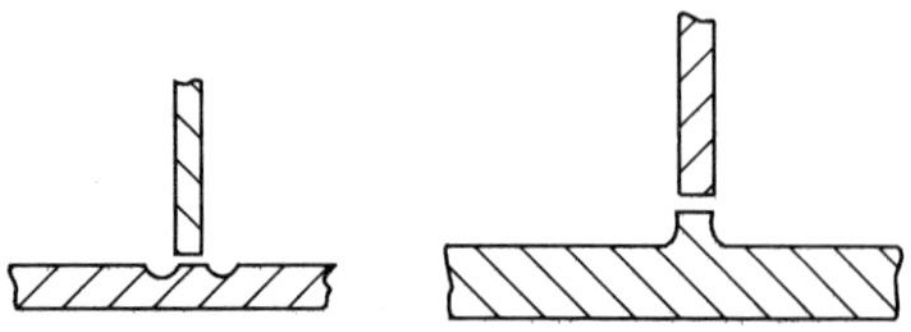

图 12.5　不同厚度 T 形接头过渡形式

12.2.2　焊缝的布置

焊接结构设计中焊缝布置是否合理，将影响焊接接头质量和生产率，设计时要考虑以下因素：

1. 焊缝位置应便于操作

焊接操作时，根据焊缝在空间位置的不同，可分为平焊、横焊、立焊和仰焊，如图 12.6 所示。平焊操作方便，易于保证焊缝质量，立焊和横焊操作较难，而仰焊最难操作。因此，应尽量使焊件的焊缝分布在平焊的位置上。

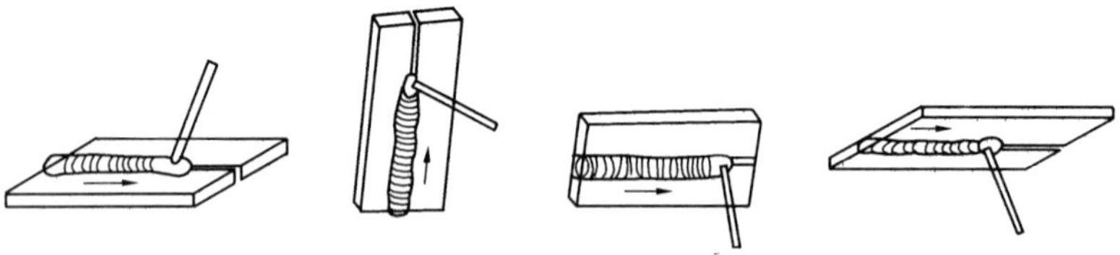

(a)平焊　(b)立焊　(c)横焊　(d)仰焊

图 12.6　焊接位置示意图

焊缝布置还应考虑焊接操作时有足够的空间，以满足焊接时的需要。例如：焊条电弧焊时需考虑留有一定焊接空间，以保证焊条的运动自如；气体保护焊时应考虑气体的保护效果；埋弧焊时应考虑接头处容易存放焊剂、保持熔融合金和熔渣；点焊与缝焊时应考虑电极安放。图 12.7 为几种焊接方法设计焊缝位置时是否合理的设计方案示意图。

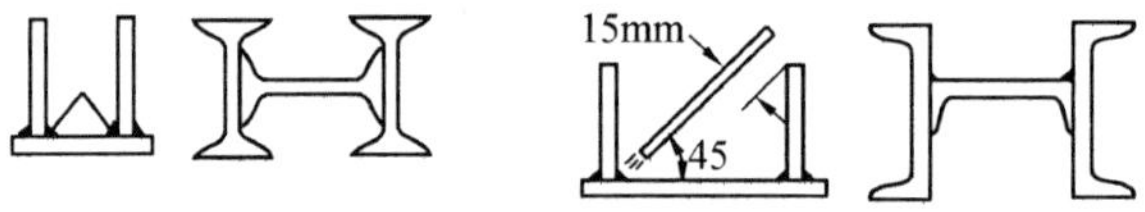

(a)焊条电弧焊

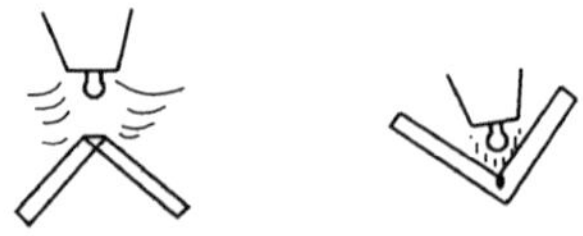

(b)气体保护焊

(c)埋弧焊

(d)电阻焊

图 12.7　便于焊接操作的焊缝布置示意图

2. 焊缝尽量分散，避免密集交叉

密集交叉的焊缝会使接头热影响区增大，组织粗大，力学性能下降，甚至出现裂纹。一般焊缝间距要大于焊件厚度三倍且不小于 100 mm，如图 12.8 所示。

3. 焊缝尽量对称分布

焊缝对称布置可使焊缝冷却收缩时造成的变形相互抵消，如图 12.9 所示。

4. 焊缝布置应避开最大应力和应力集中位置

对于受力较大、较复杂的焊接构件，为了增加安全使用系数、焊缝应避开在最大应力和应力集中位置，如图 12.10 所示。

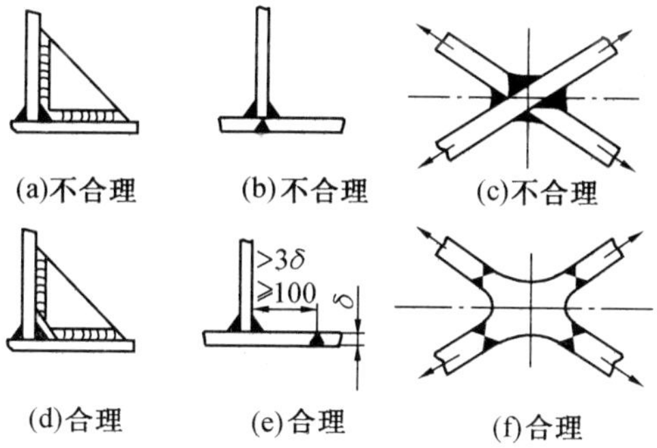

图 12.8　焊缝分散布置的设计

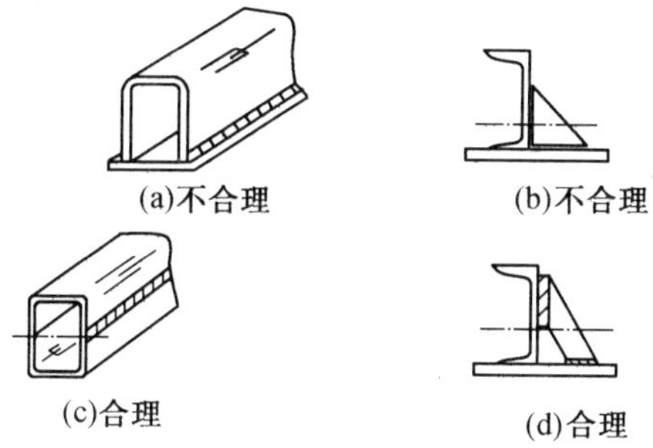

图 12.9　焊缝对称布置的设计

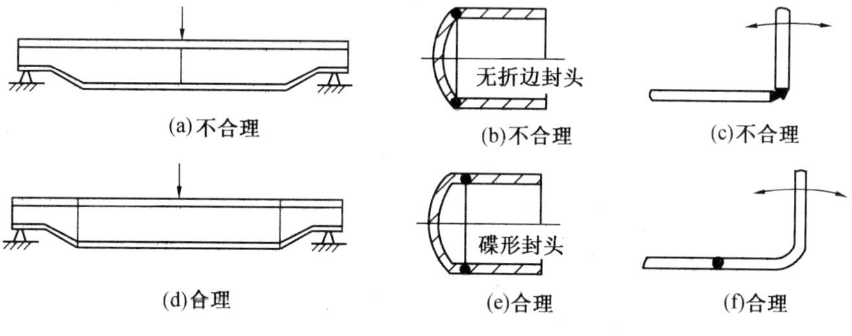

图 12.10　焊缝避开最大应力和应力集中的设计

5. 焊缝应尽量远离机械加工表面

焊缝附近往往有变形,并且焊缝硬度较高,机械加工困难,所以焊缝应避开以加工和待加工的表面,图 12.11 所示。

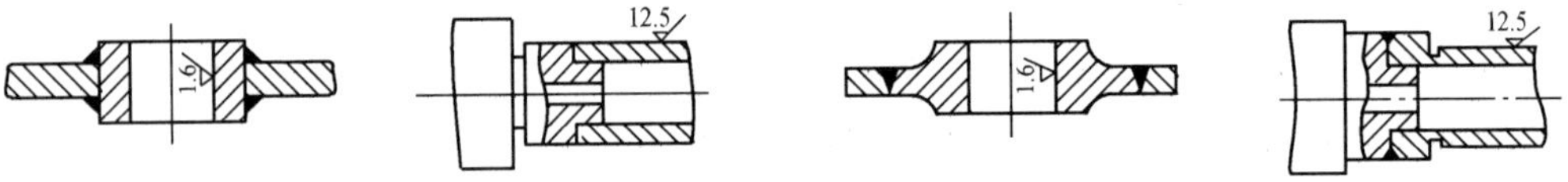

(a)不合理　(b)不合理　(c)合理　(d)合理

图 12.11　焊缝远离机械加工表面的设计

12.2.3　绘制焊接结构图

焊接结构图是用焊缝符号表示出焊接结构上焊缝的图纸,可避免图纸出现过多的注解,使图纸简洁、明确。

1. 焊缝符号

焊缝符号一般由基本符号和指引线组成,必要时还可加上辅助符号、补充符号和焊缝尺寸符号。

(1)基本符号

基本符号是表示焊缝横剖面形状的符号,一般采用近似于焊缝横剖面形状的图形表示。国标规定的焊缝基本符号见表 12.4。

表 12.4　焊缝基本符号举例

焊缝名称	示　意　图	符　号
I 形焊缝	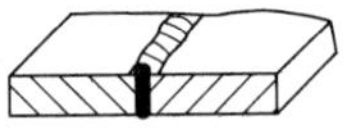	‖
V 形焊缝	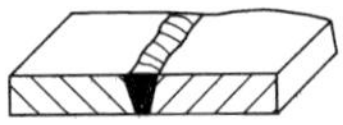	V
Y 形焊缝	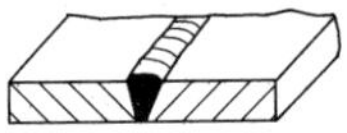	Y
封底焊缝	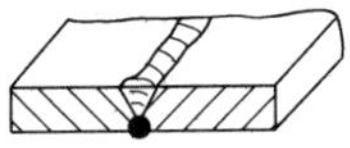	
角焊缝	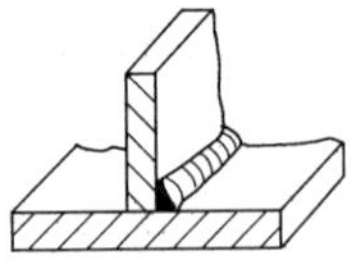	

(2)辅助符号

辅助符号是表示焊缝表面形状特征的符号见表 12.5。

表 12.5　焊缝辅助符号举例

符号名称	示　意　图	符　　号	说　　明
平面符号		—	焊缝表面齐平(一般需要机械加工)
凹面符号	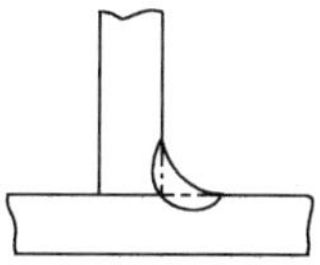	⌣	焊缝表面凹陷
凸面符号	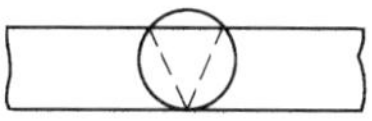	⌒	焊缝表面凸起

(3)补充符号

补充符号是为了说明焊缝其他特征而采用的符号,见表 12.6。

表 12.6　焊缝补充符号举例

符号名称	示　意　图	符　号	说　　明
带垫板符号	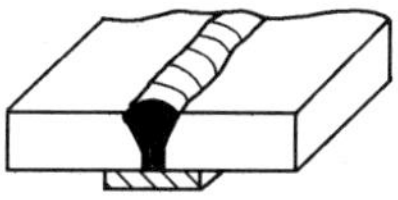	▭	表示焊缝底部有垫板
三面焊缝符号	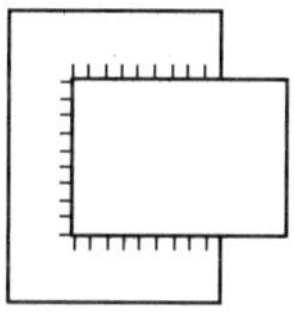	⊏	表示三面带有焊缝
周围焊缝符号	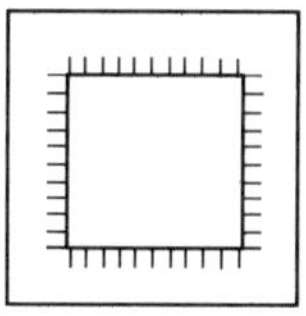	○	表示环绕工件周围有焊缝
尾部符号		<	标注焊接工艺方法等内容(焊条电弧焊代号为“111”)

(4)指引线

指引线一般由箭头线和两条基准线(一条为实线,另一条为虚线)组成,如图 12.12 所示。箭头指向焊缝位置,基准线一般与图样的底边平行,如果焊缝在接头的箭头所指一侧,应将焊缝基本符号标在实线侧;如果焊缝在接头的非箭头所指一侧,基本符号标在基准线的虚线侧,对称焊缝可不画虚基准线。焊缝符号应用见表 12.7。

表 12.7　焊缝符号应用举例

示　意　图	标注举例	说　　明
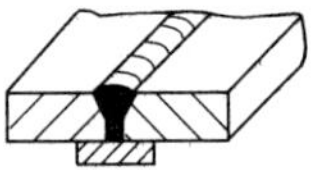	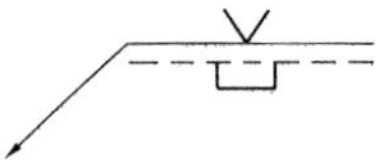	表示 V 形焊缝，底面带有垫板
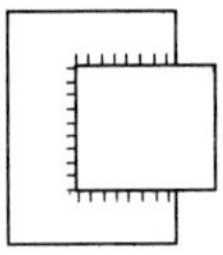		表示工件三面带有焊缝，焊接方法为焊条电弧焊
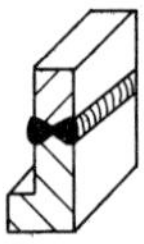	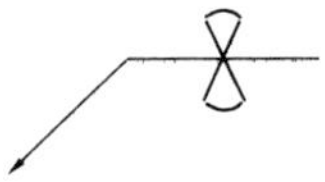	双 Y 形坡口并要求表面凸起
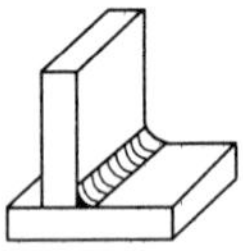	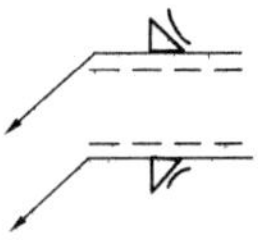	表示角焊缝并要求焊缝表面凹陷

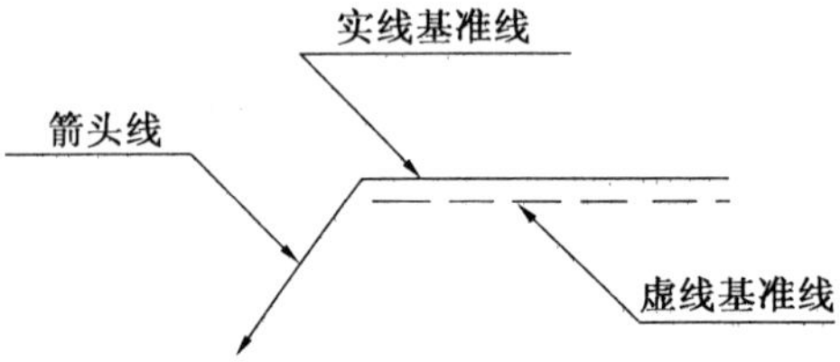

图 12.12　焊缝指引线图

(5)焊缝尺寸符号

尺寸符号是结合焊缝符号表示出焊缝的主要尺寸的符号见表 12.8。尺寸符号标注原则如图 12.13 所示。焊缝横截面上的尺寸标注在基本符号的左侧，焊缝长度方向的尺寸标注在基本符号的右侧，相同焊缝的数量 N 和焊接方法标注在尾部符号右侧。

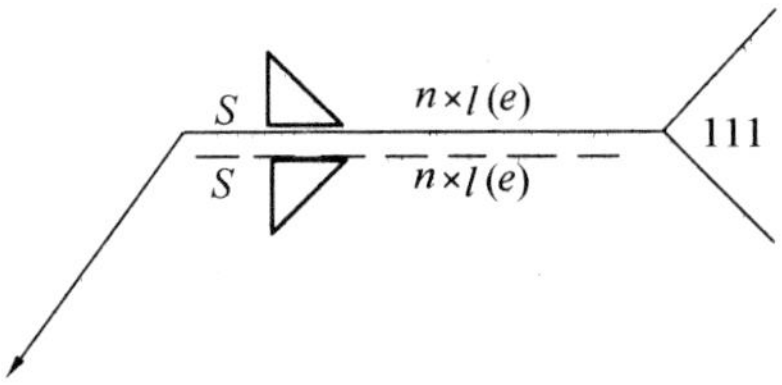

图 12.13　焊缝尺寸标注原则

表 12.8　焊缝尺寸符号举例

焊缝名称	示　意　图	焊缝尺寸符号	说　　明
对接 V 形焊缝	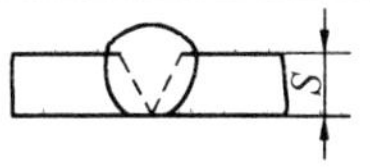		S 表示焊缝有效厚度
对接 I 形焊缝	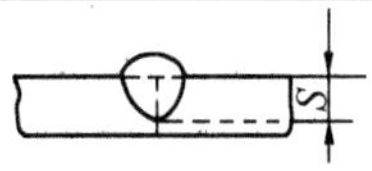	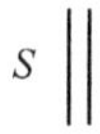	S 表示焊缝有效厚度
连续角焊缝	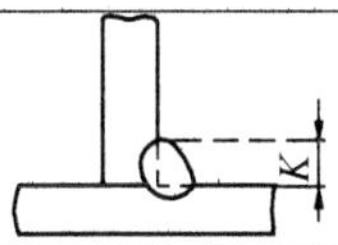		K 表示焊脚尺寸
断续角焊缝	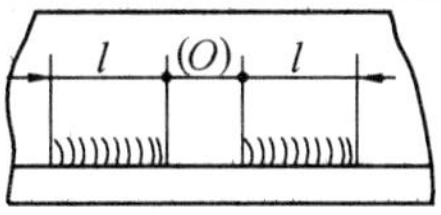	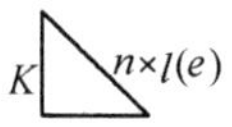	L 表示焊缝长度 n 表示焊缝段数 e 表示焊缝间距

2. 焊接结构图举例

图 12.14 所示齿轮由轮缘、轮辐、轮毂三部分焊接而成，图样上的焊缝符号表示 8 条相同的环绕轮辐的角焊缝，将轮缘、轮辐和轮毂焊接成齿轮毛坯，焊脚尺寸为 10 mm。

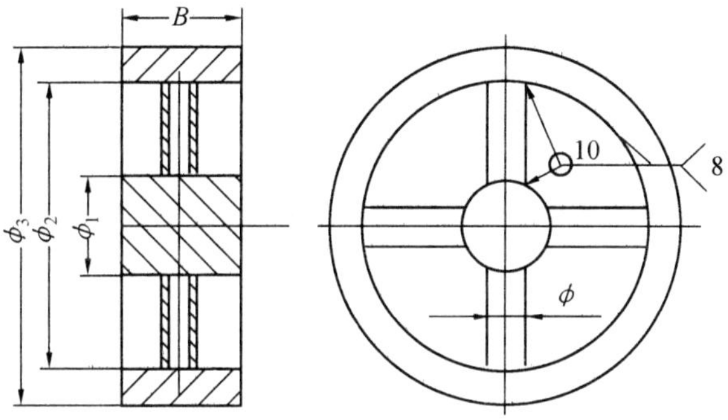

图 12.14　焊接结构的齿轮毛坯

12.2.4　典型焊件的工艺设计

结构名称：中压容器（图 12.15）

材　　料：16MnXt（原材料尺寸为 1 200×5 000 mm）

件　　厚：筒身 12 mm；封头 14 mm；入孔圈 20 mm；管接头 7 mm

生产数量：小批生产

工艺设计要点：根据原材料和容器尺寸，筒身分为三节，由三块钢板冷卷焊接而成。为避免焊缝密集，筒身纵焊缝应相互错开 180°。封头采用热压成型，为使焊缝避开转角应力集中位置，封头与筒身连接处应有 30～50 mm 的直段。其工艺图如图 12.15 所示。

根据各条焊缝的不同情况，应选用相应的焊接方法、接头形式、焊接材料与工艺，见表 12.9。

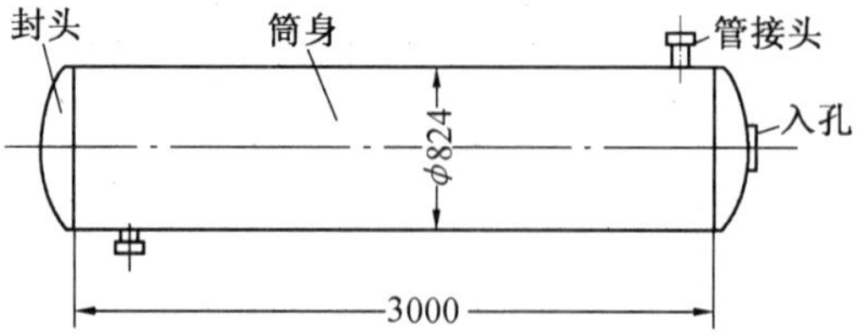

图 12.15　中压容器外形图

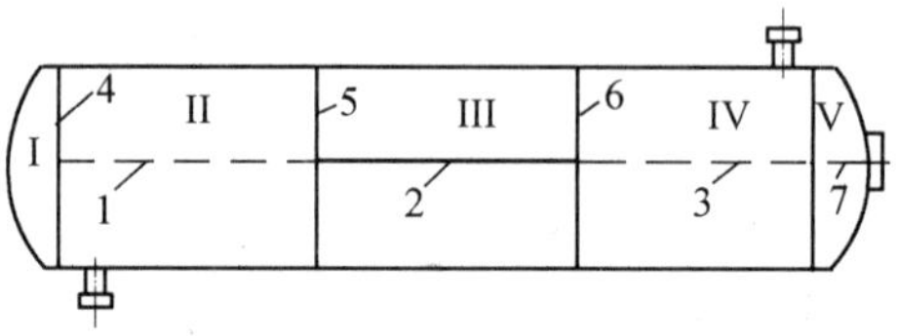

图 12.16　中压容器焊接工艺图

表 12.9　中压容器焊接工艺设计

序号	焊缝名称	焊接方法与工艺	焊接材料	接头形式
1	筒身纵缝 1、2、3	因容器质量要求较高，又小批生产，采用埋弧自动焊双面焊，先内后外，室内焊接	点固焊条：E5015 焊丝：H08MnA 焊剂：431	
2	筒身环缝 4、5、6、7	采用埋弧焊依次焊 4、5、6 焊缝，先内后外。焊缝 7 装配后先在内部用焊条电弧焊封底，再用埋弧自动焊焊外环缝	点固焊条：E5015 焊丝：H08MnA 焊剂：431	
3	管接头焊缝	管壁 7mm，采用角焊缝插入式装配，选用焊条电弧焊，双面焊	焊条：E5015	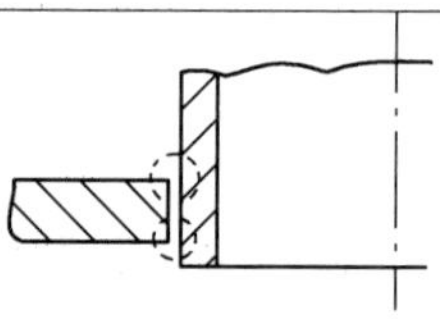
4	入孔圈纵缝	板厚 20mm，焊缝长 100mm，故采用焊条电弧焊，平焊位置，接头开 V 形坡口	焊条：E5015	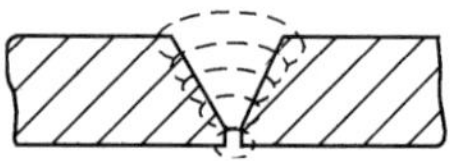
5	入孔圈环缝	入孔圈圆周角焊缝处于立焊位置，采用焊条电弧焊，单面坡口，双面焊，焊透	焊条：E5015	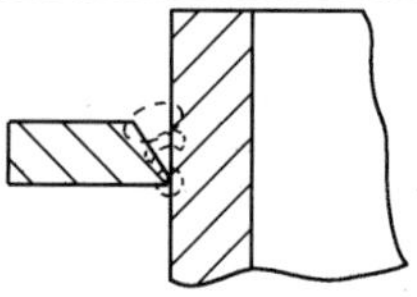

复习思考题

1. 设计焊接结构时,焊缝的布置应考虑哪些因素?

2. 图 12.17 所示焊件,其焊缝布置是否合理?若不合理,请加以改正。

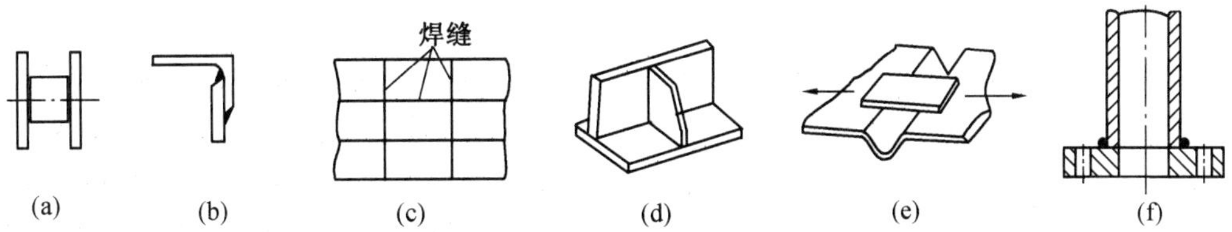

图 12.17

3. 图 12.18 所示两种铸造支架,材料为 HT150,因单件生产拟改为焊接结构,请选择原材料、焊接方法,并画简图表示焊缝及接头形式。

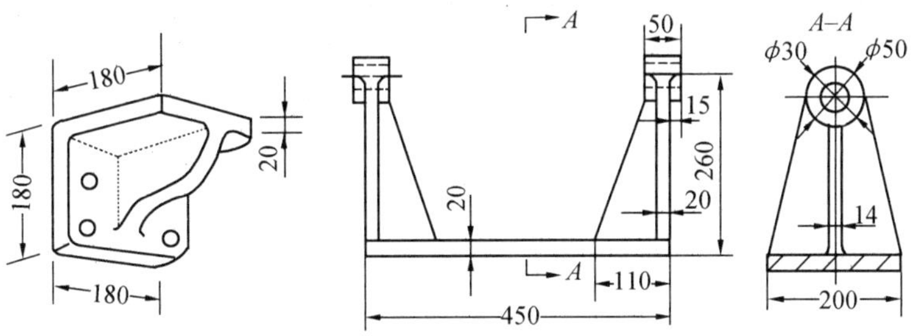

图 12.18

4. 一焊接梁结构如图 12.19 所示,选用 15 钢成批生产,现有钢板的最大长度为 2 500 mm,试确定:①腹板、翼板的焊缝位置;②各焊缝的接头形式和坡口;③各焊缝的焊接方法;④各焊缝的焊接顺序。

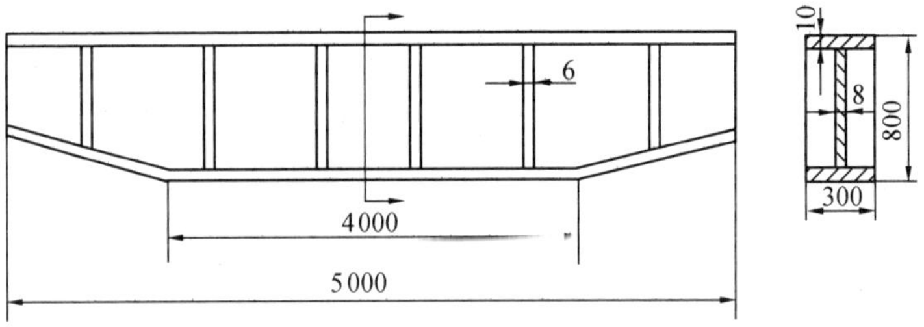

图 12.19　焊接梁

5. 汽车刹车用压缩空气贮存罐如图12.20所示。材料为低碳钢,罐体壁厚 2 mm,端盖厚 3 mm,4 个管接头为标准件 M10,工作压力 0.6 MPa。根据焊接结构确定焊缝的布置、焊接方法和焊接材料、接头类型。

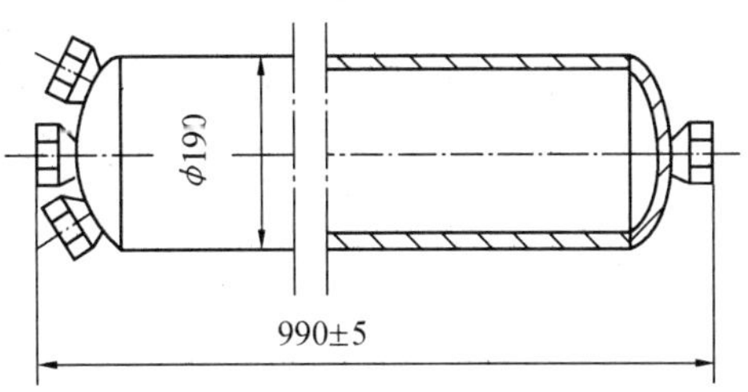

图 12.20　压缩空气贮存罐

第 13 章 粘 接

粘接是利用粘接剂,将两种或两种以上的材料(同种或异种),通过粘接剂物理特性、化学特性所形成的分子间力或化学键,形成永久性接头的连接工艺。粘接技术有悠久的历史,早期使用的粘接剂是以天然物质为原料,应用范围有很大的局限性。随着科学技术的发展,20 世纪 30 年代合成了工业酚醛树脂、合成橡胶等高分子材料,促进了合成粘接剂的发展,特别是出现了环氧树脂粘接剂后,扩大了粘接剂的应用范围,不仅应用于机械修理,而且也开始运用于机械制造。粘接技术已逐步发展成现代科学技术的一个重要分支,它与机械连接、焊接统称三大连接技术。粘接对各种材料、特别是金属材料具有优异的粘接性能,能部分代替焊接、铆接和螺栓连接,将各种金属和非金属件牢固地连接在一起,而且可达到较高的强度要求,它不但改革了生产工艺,还可解决一些在机械中难以解决的连接问题。目前,粘接技术已广泛应用于航空、机床、造船等各个工业部门,在国民经济中起着显著的作用。

本章介绍了粘接的基本原理和常用的粘接剂,重点讲述粘接工艺特点和应用。

13.1 粘接的基本原理与粘接剂

13.1.1 粘接的基本原理

长期以来,人们对粘接基本原理不甚了解。随着科学技术发展,曾提出了许多有关粘接原理的各种理论,这些理论主要有:机械理论、静电理论、扩散理论和吸附理论。

1. 机械理论

机械理论认为,粘接是由于胶粘剂与被粘体之间的楔合而形成。这一理论适合于多孔材料,如木材、水泥,而且粗糙表面比光滑表面有更大的可粘面积,粘接效果更好。但是,许多粘接剂对无孔材料和光滑表面也能很好的粘接,所以机械理论不能清楚地解释粘接的基本原理。

2. 静电理论

该理论是根据粘接接头破坏面的带电现象和在剥离时发现破裂处的放电现象而提出的。此理论认为,在小范围内,胶粘剂与被粘物体构成一个电容器,由于静电吸引形成接头,把粘接接头分开,如同分开电容器的极板一样,引起电荷分离,从而发生电位差,此电位差逐步升高,直到发生放电。但是通过试验发现,粘接剂涂敷到不同的母材上时,粘接剂的性能变化很小,所以静电理论也不是粘接的根本原因。

3. 扩散理论

扩散理论认为粘接是粘接剂与被粘体之间分子的相互扩散作用而产生粘接力，接头的强度与接触时间、温度、高分子类型、分子量、粘度等有一定的关系。该理论也存在不完善的地方，因为高分子材料穿过界面进行扩散要求有很大的界面力，并且要求粘接剂与母材之间处于理想的浸润状态，这与实际情况并不相符。

4. 吸附理论

从原子或分子的角度来看，界面间接触时，其间距足够小时离子、原子、分子或原子团之间必然要发生相互的作用。这些作用中，较强的是化学键力（包括离子键和共价键），其值在 $4.2\times10^4 \sim 4.2\times10^5$ J/克分子之间，其次是氢键力和范德华力，其值小于 4.2×10^4 J/克分子。吸附理论认为粘接主要是胶粘剂与被粘体之间分子间作用力（氢键力和范德华力）作用的结果。影响粘接强度的最主要因素是粘接剂的极性和界面两相分子接触点密度，在充分浸润的情况下，粘接剂和被粘体分子间作用力便可提供足够的粘合强度。

吸附理论是最有根据的，已广泛地为人们所接受。其余的理论只是强调了其观察的现象，而忽视了其根本，即粘附的基本作用力是分子间的相互作用力。

13.1.2　粘接剂

1. 粘接剂的组成

粘接剂由多组分配合而成，配方不同，粘接剂的性能、强度也不同。粘接剂一般由粘料、固化剂、增韧剂、稀释剂和填料等组成。

（1）粘料

粘料是粘接剂中使母材粘接在一起时起主要作用的组分，它决定粘接剂的强度、韧性、耐热性、耐老化性等。目前常用的粘料主要有合成树脂（如环氧树脂、酚醛树脂、聚氨脂树脂、聚酰胺树脂等）、合成橡胶（如丁腈橡胶、聚硫橡胶、氯丁橡胶等）及合成树脂或合成橡胶的混合物、共聚物等。

（2）固化剂

固化剂（也称硬化剂）是粘接剂中直接参与化学反应，使粘接剂发生固化的成分。它能使线形结构的树脂变成网状结构或体形结构，提高粘料的粘接强度。固化剂的性能和用量会影响粘接剂的工艺性能及使用性能。

（3）增韧剂

树脂粘接剂固化后脆性大，增韧剂的作用是提高塑性、韧性，降低脆性，从而提高接头的抗剥离和抗冲击性能。常用的增韧剂有高沸点低分子有机液体（如苯二甲酸二丁酯，磷酸三甲苯酯等）、热塑性树脂（如聚酰胺树脂，聚乙烯醇缩醛树脂等）及合成橡胶（如丁腈橡胶、聚硫橡胶等）。

（4）稀释剂

稀释剂是粘接剂中用来降低其粘度的液体物质。稀释剂可便于粘接剂的涂敷，并能增加粘接剂对被粘物表面的浸润能力和分子活动力，从而提高接头强度。

（5）填料

填料是粘接剂中加入的一种非粘性固体物质，可提高粘接剂强度、抗老化性或降低成本。通常使用的填料有金属或金属氧化物粉末、非金属矿物粉末、玻璃及石棉纤维等。

粘接剂中除含有上述主要组成外，依据某些特殊要求，还可加入促进剂、偶联剂、稳定剂、防老化剂、颜料等其他添加剂。

2. 粘接剂的分类

随着现代工业及现代科学技术的飞跃发展，粘接剂的发展也异常迅速。不同品种的粘接剂由于所用的原料或添加剂不同，性能各有差异，用途也不同。目前，常用的粘接剂分类方法有如下几种。

(1) 按粘接剂的主要用途分类

按粘接剂的主要用途分类可分为以下几种。

①结构胶　结构胶一般指室温下抗剪强度大于 150×10^5 N/m^2，不均匀扯离强度大于 300 N/cm，或者室温强度虽低于上述指标，但在较高温度下（100 ~ 200 ℃）仍具有较高强度的粘接剂。结构胶主要用受力部件的粘接，能承受较大的载荷。

②修补胶　修补胶的室温剪切强度一般在 100×10^5 N/m^2 以上，使用温度较低。修补胶使用工艺简单，主要用于机电设备、汽车、拖拉机零部件的修复。

③）密封胶　密封胶主要是代替橡皮、石棉等固体垫片，防止泄漏、防松动。

④软质材料用胶　主要用于橡胶、塑料、纤维织物等软质材料的粘接，一般为热塑性树脂的溶液胶和橡胶型胶。

⑤特种胶　特种胶是既具有一定的粘接强度，又具有特殊性能的粘接剂，如导电、耐高温、耐低温、导磁等。

(2) 按粘接剂的基本组分（粘料）的类型分类

按粘接剂的基本组分（粘料）的类型分类如图 13.1 所示。

- 粘接剂
  - 有机粘接剂
    - 天然胶
      - 动物剂——骨胶、皮胶、虫胶
      - 植物胶——淀粉、松香、生漆
    - 合成胶
      - 树脂型
        - 热固性树脂——环氧胶、酚醛胶、脲醛胶
        - 热塑性树脂——聚氨酯胶、聚酰氨胶、纤维素胶、聚醋酸乙烯脂胶
      - 橡胶型——丁腈橡胶、氯丁橡胶、聚硫橡胶、有机硅橡胶
      - 混合型——环氧—聚酰氨胶、环氧—酚醛胶、环氧—氯丁胶、环氧—丁腈胶
  - 无机粘接剂——硅酸盐类、磷酸盐类、硼酸盐类、金属氧化物凝胶

图 13.1　粘接剂分类

(3) 按粘接剂形成接头的特点分类

按粘接剂形成接头的特点分类可分为化学反应固化粘接剂、热熔粘接剂、热塑性树脂溶液胶、压敏粘接剂四大类。

3. 常用粘接剂简介

常用粘接剂简介见表 13.1。

表 13.1　常用粘接剂简介

分类	类　型	牌号	特　点	用　途
结构胶	环氧-丁腈胶	自力-2	弹性及耐候性良好,耐疲劳 使用温度:-60 ~ 100 ℃ 固化温度、时间:160 ℃,2 h	可粘接金属、复合材料及陶瓷材料
	酚醛-丁腈胶	J-03	弹性及耐候性良好,耐疲劳 使用温度:-60 ~ 150 ℃ 固化温度、时间:160 ℃,3 h	可粘接金属、复合材料及陶瓷材料
	酚醛-缩醛-有机硅	204	耐湿热介质 使用温度:-20 ~ 200 ℃ 固化温度、时间:180 ℃,2 h	可粘接金属、非金属及复合材料
修补胶	环氧-改性胺	JW-1	耐湿热介质,固化温度低 使用温度:-60 ~ 60 ℃ 固化温度、时间:20 ℃,24 h	可修补工程塑料、陶瓷及复合材料
	环氧-改性胺	425	耐湿热介质,流动性好 使用温度:-60 ~ 60 ℃ 固化温度、时间:130 ℃,3 h	适于铝合金,先点焊后粘接
	环氧-丁腈-酸酐	J-48	耐湿热介质,耐腐蚀 使用温度:-60 ~ 170 ℃ 固化温度、时间:25 ℃,24 h	适于铝合金,先点焊后粘接,也可先粘接后点焊
密封胶	环氧-丁腈-胺	KH-120	耐疲劳、耐腐蚀 使用温度:-55 ~ 120 ℃ 固化温度、时间:150 ℃,4 h	适于各种材质螺纹件的紧固与密封防漏
	双甲基丙烯酸多缩乙二醇酯	GY-230	较高锁固强度 使用温度:-55 ~ 120 ℃ 固化温度、时间:25 ℃,24 h	适于 M12 以下螺纹件紧固与密封和零件装配后填充固定
高温胶	氧化铜-磷酸	无机胶	抗剪强度高,耐高温,耐腐蚀、脆性大 使用温度:-60 ~ 700 ℃ 固化温度、时间:室温,24 h;100 ℃,1 h	适于套接接头,抗拉、抗压
	有机硅-填料	KH-505	耐高温 使用温度:-60 ~ 400 ℃ 固化温度、时间:270 ℃,3 h	适于钢、陶瓷材料的紧固
	双马来酰亚胺改性环氧	J-27H	耐热,耐腐蚀 使用温度:-60 ~ 250 ℃ 固化温度、时间:200 ℃,1 h	适于石墨、石棉、陶瓷及金属材料的粘接
导电胶	环氧-固化剂-银粉	SY-11	导电性好,脆性大 使用温度:-55 ~ 60 ℃ 固化温度、时间:80 ℃,6 h;120 ℃,3 h	适于各种导体的粘接

13.2 粘接工艺与应用

13.2.1 粘接工艺

粘接工艺主要包括粘接接头的设计,粘接材料的表面处理,粘接剂的配备、涂敷、固化等。

1. 粘接接头的设计

为了保证粘接接头能承受较大的外力,接头的设计应遵循以下原则:

①尽量使接头承受剪切应力,避免承受剥离和劈裂作用力。

②尽可能使接头有较大的粘接面积,粘接剂薄而连续。

③重要的接头采用复合形式,例如粘-焊、粘-铆、粘-螺纹等,使粘接接头能承受较大作用力。

2. 粘接接头基本类型及应用

(1)平板的接头形式

平板粘接接头形式主要有如图13.2所示的类型。其中单面搭接可用于许多结构连接的情况中,它的优点是制造方便,但其抗拉性能比斜面搭接稍差。斜面搭接可以减小弯曲应力,有较高的强度,但加工过程复杂。嵌接、盖板搭接也具有较好的强度。

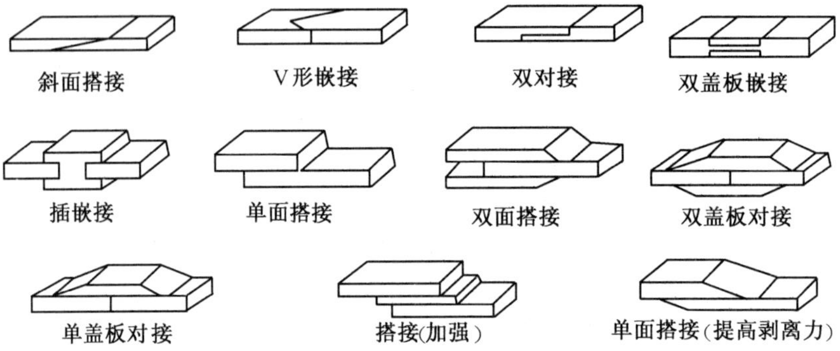

图13.2 平板粘接接头形式

(2)平板与型材的接头形式

平板与型材的接头形式主要有T形、L形和Ⅱ形,如图13.3所示。

(3)管材、棒材的接头形式

这类材料的接头形式主要是套接,如图13.4所示。

3. 粘接件的表面处理

为提高粘接质量,粘接件表面的灰尘、氧化膜、油污等杂质必须去除,同时可对表面进行改性,使被粘表面与粘接剂相匹配。常用的表面处理方法有以下几种:

(1)溶剂清洗法

该方法主要是用清洗剂去除灰尘、油污和松散的氧化膜。常用的清洗剂有汽油、酒精、苯、丙酮等。

(2)机械处理法

机械处理有喷砂、磨、铣、刮、铲等,可将表面油污、氧化层去除,同时能增大表面的粗糙度,增大粘接面积。

(3)化学处理法

利用酸、碱等溶液或电化学方法除掉表面的油污和氧化膜。该方法适合于形状较复杂的构件或不便于机械处理的场合。

(4)表面改性法

通过表面处理使材料表面生成氧化膜或含氧基团,提高材料与粘接剂的结合能力。常用的方法有氧化法、铬酸清洗和磷化法,该方法操作方便,效率高,适合于大型或形状复杂的零件。

表面处理后的工件一般要在烘干箱内烘干,烘干后的工件应在几小时内进行粘接,并且不能用手触摸。

4. 粘接剂的配备与涂敷

(1)配备

粘接剂有各种不同的外观形态,如单组分胶液(含溶剂或不含溶剂)、多组分糊状胶、固体胶粉、胶膜、胶棒等。一般单组分粘接剂可直接使用,而多组分粘接剂则在使用前需按使用说明书配比,并充分均匀混合。

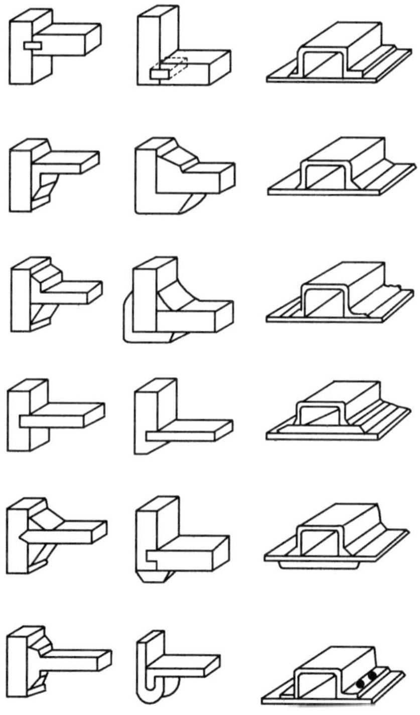

(a)T形接头 (b)L形接头 (c)冂形接头

图13.3 平板与型材的接头形式

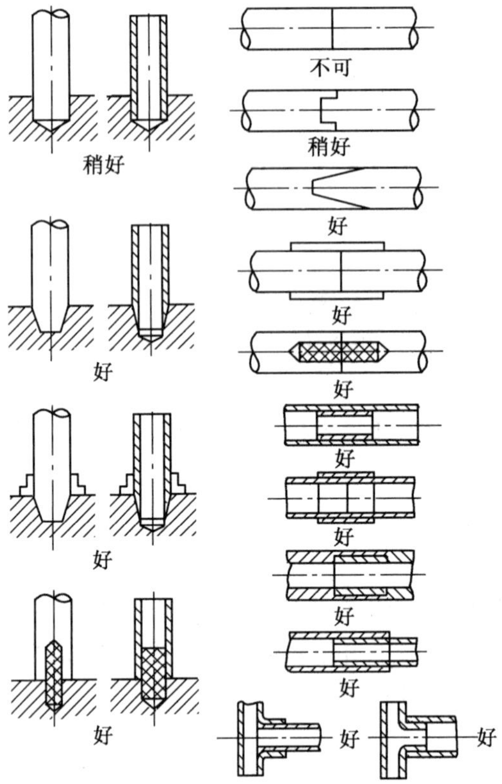

图 13.4 管材、棒料的接头形式

(2)涂敷

粘接剂涂敷方法有很多,如液状粘接剂可采用涂刷、喷涂、浸渍等方式,固态粘接剂则要加热工件或同时加热工件与粘接剂到一定温度后涂敷。粘接剂操作正确与否,对粘接质量有很大影响。涂胶时必须保证胶层均匀,一般无机粘接剂胶层厚度控制在 0.1 ~0.2 mm,有机粘接剂胶层厚度控制在 0.05 ~0.1 mm。涂敷量原则上是保证两个贴合面不缺胶的情况下胶层越薄越好。因为胶层越薄,产生气泡等缺陷的可能性越小,在固化时产生内应力的可能性也越小,粘接强度则高。粗糙表面必须涂敷足够的粘接剂,保证凹陷处填满。

5. 固　化

粘接剂固化后接头才具有较高的强度。在固化过程中,需施加一定的压力,排出胶层中残留的挥发性溶剂。有些粘接剂需要加热,缩短固化时间,加热温度越高,固化时间越短。固化温度要严格控制,温度太高会使接头脆化,温度太低则会因反应不充分接头强度较低。

6. 粘接质量检验

粘接件的质量受多种因素影响,如被粘物体的膨胀系数、温度和压力、表面状态等,质量不够稳定,而且检验较困难。目前粘接质量的检验方法主要有目测法、敲击法、加压法、超声波法、声阻法、液晶检测法等。

13.2.2　粘接的特点及应用

1. 粘接的特点

粘接是一种新工艺、新技术，与机械连接和焊接方法相比，有以下优点：

①粘接对材料的适应性强，可以连接金属、非金属，也可以连接金属与非金属。不受材料厚度的限制，可以连接其他连接方法不能连接的薄板和复杂构件。

②用粘接剂代替螺钉、螺栓或焊缝金属，可以使结构自重减轻25%～30%。

③粘接接头对母材性能基本上没有不良影响，且应力分布均匀，耐疲劳强度较高。

④粘接件密封性能好，具有耐腐蚀、耐磨和绝缘等性能。

⑤粘接工艺操作容易，效率高、设备简单，成本低廉、。

但是粘接工艺也存在不足之处，例如，粘接剂对金属材料的粘接强度仅能达母材强度的10%～50%；粘接件一般长期工作温度只能在150 ℃以下，仅少数可在较高温度下使用；粘接接头在长期工作过程中，粘接剂易发生老化变质，使接头强度逐渐下降。此外粘接质量受诸多因素的影响而难于控制，因而粘接质量不稳定，且质量检验较难。

2. 粘接的应用

随着合成粘接剂的产生和发展，粘接技术逐步成为一项重要的连接技术，在航天、航空、造船、机械制造、石油化工、无线电仪表以及农业、医疗卫生、人们日常生活中得到日益广泛的应用。

（1）粘接技术在机械工业中的应用

机械制造中，目前已广泛采用粘接，如修复有缺陷的铸件和被磨损的轴、孔、导轨等；粘接各种刀具（如车刀、铣刀、铰刀、金刚石工具等），代替沿用已久的焊接，避免了热变形和应力，提高刀具的使用寿命，而且能节省刀具材料，高速钢的消耗量可降低60%～85%，硬质合金消耗量可降低30%～40%；在轴与套的安装中，用粘接技术可降低加工精度，提高生产率，并且提高耐蚀性能。

（2）粘接在电子工业中的应用

电子工业中，从集成电路到大型电机，从电子元件到家用电器都广泛地应用粘接技术。例如，微型线圈成型固定、电机转子导线特殊成型、电冰箱体的连接、电视机显像管粘接、音响设备中扬声器的粘接等。

（3）在汽车制造中的应用

汽车是典型的多种材料组合的机器，其构成材料除钢材、铝材外，还有玻璃、塑料、橡胶等非金属，粘接技术有明显的优势。一般每辆汽车有40多处需要20多种不同性能的粘接剂，其质量（包括密封剂，底涂层）约占汽车质量的1/25。如汽车刹车片，一般为纤维增强的酚醛，刹车片与钢板的连接传统工艺为铆接，采用粘接技术可避免因铆钉磨损造成的刹车片脱离，并且耐水、耐油、耐热。

（4）在飞机制造中的应用

飞机上的蜂窝结构很多（如升降舵、水平安定面、挡板等），一架大型客机蜂窝状结构有一二千平方米。用粘接技术连接制造的蜂窝结构具有较高的比强度和比刚度，而且表面平滑、密封、隔热。其耐疲劳强度比铆接提高 5 ~ 10 倍，大大地增强了飞机的可靠性。

复习思考题

1. 粘接的基本原理是什么？
2. 粘接剂常规的组成物有哪些？分别在粘接剂中起什么作用？
3. 粘接接头设计的基本原则是什么？
4. 粘接工艺一般包括哪些过程？
5. 粘接前为什么要进行表面处理，都有哪些表面处理方法？
6. 粘接成型的特点是什么？举例说明其应用。
7. 图 13.5 所示的粘接接头设计是否合理，如不合理，应如何改正？

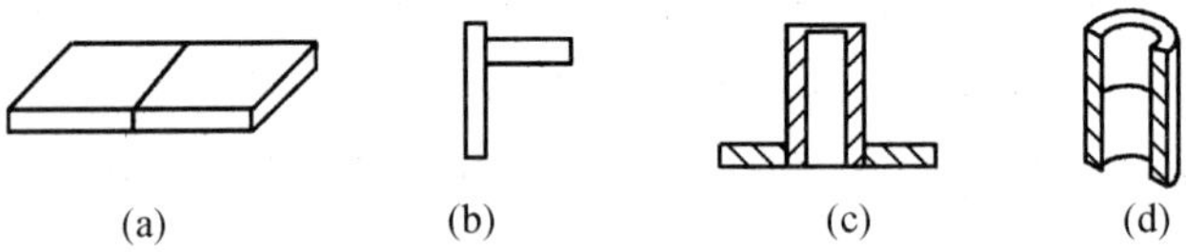

图 13.5　粘接接头

第4篇

非金属材料的成型加工工艺

金属材料是目前应用最广泛的工程材料，但是随着原子能、航空航天、电子、海洋开发等现代工业的发展，对材料提出了更高的要求。非金属材料作为新型的工程材料近几十年来发展很快，从早期的橡胶、水泥、玻璃等，到20世纪中期开始出现的高分子材料，一直到20世纪末出现的工程陶瓷和复合材料。非金属材料因其比强度高、加工性好，并具有特殊性能（如耐热、耐磨、耐腐蚀、绝缘等），已成为现代社会发展不可缺少的物质基础。

非金属材料包括有机高分子材料和无机材料两大类。有机高分子材料主要成分为碳和氢，主要有塑料、橡胶、合成纤维。无机材料统称陶瓷，是指不含碳、氢的化合物。以非金属材料为重要组成部分的复合材料具有很大的发展前途，它具备一般材料所没有的优异性能。

本篇第14章介绍工程塑料和橡胶的种类、性能，重点讲述工程塑料的成型工艺；第15章介绍工程陶瓷和复合材料的种类、性能，重点讲述工程陶瓷的成型工艺。

第 14 章　工程塑料及橡胶成型工艺

工程塑料和橡胶为高分子有机材料，它们的物理性能、化学性能与金属材料有很大的区别，因而它们的成型原理，加工所用的设备、工艺过程与金属材料成型也大不相同。

本章重点讲述工程塑料的种类、应用和成型方法，简要介绍橡胶的种类和成型方法。

14.1　工程塑料的种类及成型方法

14.1.1　工程塑料的种类

塑料来源丰富，成本低廉，而且比强度高，弹性大，绝缘、稳定、耐磨，在工程技术领域和日常生活中得到广泛应用。塑料的基本成分为合成树脂或天然树脂，合成树脂是低分子化合物单体经聚合反应或缩聚反应生成，分子量很大，一般称之为聚合物。为改善性能，满足加工和使用要求还添加一定数量的填料、增塑剂、稳定剂、固化剂等。因此，塑料可认为是由聚合物和添加剂结合成的高分子混合物。

塑料中的聚合物的分子量一般大于 10^4，呈长链状结构，十分容易弯曲，彼此间相互交缠。各单体间一般由 C-C 键连结，C-C 键之间的角度在外力作用下可以改变、旋转，表现出具有一定的柔软性和弹性。聚合物的链状结构可分为线型结构、枝链型结构和网状(体型)结构，如图 14.1 所示。

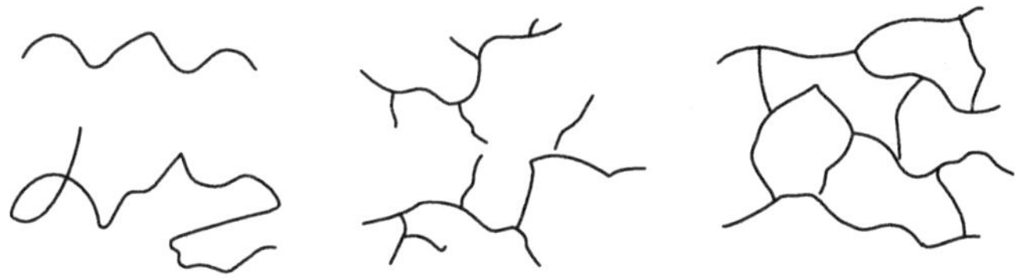

(a)线型结构　(b)枝链型结构　(c)网状结构

图 14.1　高分子链结构的类型

塑料按成型性能或加热时的特点可分为热塑性塑料和热固性塑料两大类。热塑性塑料分子结构呈线型或枝链型结构，受热时软化或熔融，可反复成型加工，成型性较好，但耐热性和刚性较差。热固性工程塑料在开始受热时具有线型或枝链型结构，可以软化或熔融，但固化成型后转变为网状结构，不会再软化和溶化，只可一次成型。这类塑料耐热性好，抗压强度大，但韧性较差。

按用途来分，塑料可分为通用塑料、工程塑料、特殊塑料等。通用塑料指的是一般常用的塑料，有聚乙烯、聚氯乙烯、聚丙烯等。工程塑料指的是具有较高的物理、力学性能，可以用来代替部分金属应用于工程技术领域的塑料材料。常用的工程塑料见表 14.1。

表 14.1　常用工程塑料简介

种类	名　称	性 能 及 应 用
热塑性塑料	丙烯腈-丁二苯-苯乙烯共聚物(简称 ABS 塑料)	三元组合使 ABS 塑料具有良好的耐蚀性、表面硬度、韧性、绝缘性和加工工艺性。使用温度范围为-40～100 ℃。ABS 塑料可采用注射成型、挤塑成型、吹塑成型等方法加工成型,可制造齿轮、叶片、轴承、家电及仪表外壳、汽车装饰材料等
	聚酰胺(通称尼龙)	聚酰胺具有较高的强度和抗冲击韧性,耐蚀、耐磨、耐疲劳,并有自润滑性。但易吸水,尺寸不稳,耐热性差,使用温度不超过 80 ℃。熔融时流动性好,可采用多种方法成型,产量最大,可制造轴承、齿轮、螺帽、垫圈等
	聚甲醛	聚甲醛强度高、韧性大、抗疲劳、耐磨、绝缘、尺寸稳定。使用温度范围为-40～100 ℃,短期内使用温度可高达 169 ℃。可采用注射成型、挤塑成型、吹塑成型等方法制造型材和精密零件,一般用来制造齿轮、导轨、垫圈、弹簧等
	聚四氟乙烯	具有优良的化学稳定性、绝缘性、自润滑性、抗老化性、阻燃性,机械强度较高。由于其耐蚀性极强,使用温度范围广(-200～260 ℃),被称为“塑料王”。其加工性较差,主要采用模压后烧结成型。常用于制造化工设备的管道、阀门、耐酸泵,、密封圈、还可制造人造器官
	聚　砜	机械性能优异、热稳定性高、抗蠕变、绝缘性好、耐蚀性较好(硫酸、硝酸除外)。使用温度为-100～150 ℃。可采用注射成型、挤塑成型、模压成型等方法加工成型。一般用于制造精度高、机械性能要求高的零件,如齿轮、泵体,也可制造电子器件
	聚碳酸酯	聚碳酸酯产量仅次于尼龙,其突出的优点是强度高、韧性大,远远超过尼龙和聚甲醛,并且尺寸稳定,有良好的耐热性和绝缘性。其透明度高达(86～92)%,有“透明金属”之称。但其内应力大、易开裂,高温时易水解,摩擦系数大。使用温度范围-100～130 ℃,加工性能较好,一般用注射成型和挤塑成型方法加工成零件和型材。常用于制造齿轮、蜗轮、轴承、螺栓、电器及仪表零件、防护罩等
热固性塑料	酚醛树脂塑料	酚醛树脂塑料强度、硬度较高,尺寸稳定,绝缘性好,并且耐磨、耐冲击,是最早在电气中使用的塑料。使用温度高达 150 ℃。一般采用压制成型,也可注射成型。一般用来制造电器开关、插座、灯头、也可制造轴承、刹车片等
	环氧树脂塑料	环氧树脂塑料强度较高、韧性较好,具有良好的化学稳定性、绝缘性、耐热性,并且对多种工程材料有较强的粘附力。使用温度范围-80～150 ℃,成型工艺性好。一般用来制造玻璃钢、电路板、电气开关、耐蚀管道等
	聚氨酯塑料	聚氨酯塑料根据原料不同,有硬质、软质之分,可用来制造各种塑料泡沫、合成皮革、粘接剂等。硬质塑料一般用来制造保温材料和隔音材料,也可制造仪表外壳;软质塑料可用来制造减震材料、坐垫等

14.1.2　工程塑料的成型方法

1. 塑料的可加工性

塑料为高分子材料，其成分、结构复杂，在不同温度下的力学性能有较大差别，可加工工艺性也大不相同。如图 14.2 所示，塑料随着温度的不同，呈现出玻璃态、高弹态和粘流态三种状态。塑料在玻璃态时为较硬的固体，服从虎克定律，此时可进行机械加工。非结晶塑料在高弹态时形变能力增强，此时可进行压延、弯曲等，由于变形是可逆的，应迅速降低温度至玻璃态。当温度升高，塑料到达粘流态时，弹性模量很小，此时塑料具有流动性，较小的外力就可使熔体变形。因此，塑料一般在粘流态进行成型。成型后，随温度的降低，塑料会冷却硬化。

塑料的成型性能主要指标有粘度、收缩性、吸湿性等。

粘度越小，塑料越容易成型。塑料的粘度取决于塑料本身，但成型过程中温度、压力和剪切速率对粘度都有影响。升高温度，减小压力会使粘度降低，大多数塑料的粘度随剪切速率的增加而减小，在成型过程中应根据塑料种类的不同选择适当的温度与压力，成型温度不能过高，防止塑料降解。塑料的收缩会引起产品尺寸的变化，设计模具时应考虑塑料的收缩性。塑料中因有多种添加剂，会吸收水分，使产品表面粗糙，甚至产生气泡，成型前应进行干燥处理。

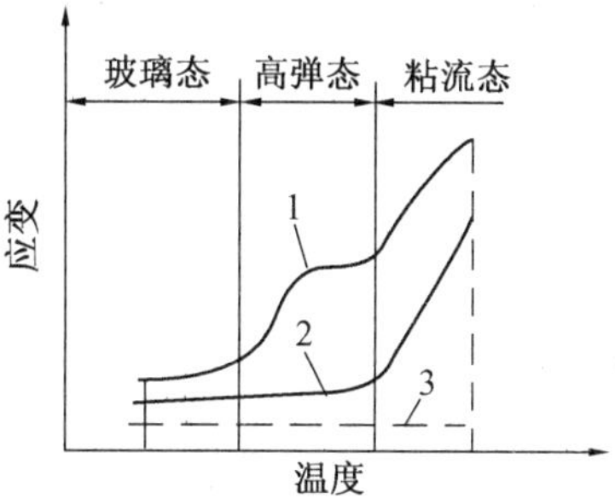

图 14.2　塑料的物理状态与温度的关系
1—非结晶塑料；2—结晶塑料；3—金属

2. 常用塑料成型方法简介

根据成型工艺的不同，有注射成型、挤塑成型、压塑成型、吹塑成型、真空成型、浇注成型等，其中注射成型应用最广，工程塑料中 80% 是注射成型制品。

(1)注射成型

注射成型也称注塑成型，大多数塑料都可进行注射成型。注射成型的主要设备是注射成型机和注射成型模具。注射成型的过程如图 14.3 所示。

注射成型机由注射装置、合模装置、液压传动装置和电器控制装置组成。注射装置使塑料加热、熔融，并使流体注射进入闭合的模具；合模装置完成模具的开启、闭合，并在注射过程中锁紧模具。

松散的原料从料斗送入高温机筒内加热、熔融，使原料塑化成粘流态熔体，然后在柱塞(或螺杆)高速高压推动下经喷嘴和浇注系统注射进入模具空腔。熔体在压力作用下充满型腔并被压实，为了防止熔体冷却收缩，需保持一定压力，待冷却到一定温度后柱塞回程，此时少量熔体可能从型腔倒流。随着温度的降低，塑料在模具内冷却定形，脱模后可得到制品。可见注射成型过程包括熔融塑化、注射、保压、冷却定形。

在注射成型过程中，注射温度、模具温度、注射压力、保压时间等参数和浇注系统对产品质量和生产效率有很大影响。

注射温度要保证能够使原料充分塑化，降低粘度，但温度不能过高，防止塑料降解而

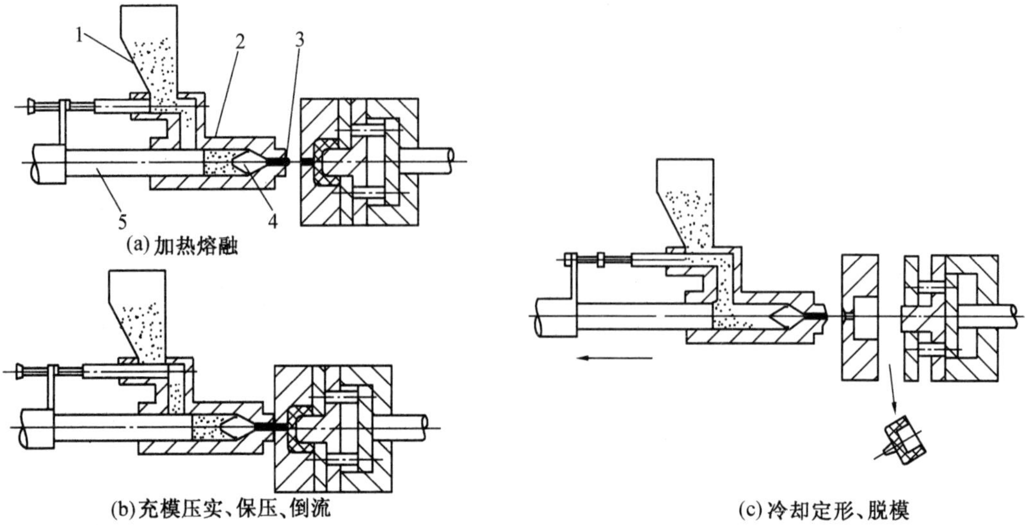

图 14.3　注射成型过程

1—料斗;2—机筒;3—喷嘴;4—分流锥;5—柱塞

降低力学性能。模具温度过低会使熔体成型困难,过高则会延长冷却时间,降低生产率。注射压力在不破坏模具和设备的前提下应尽量高,以提高通体的充模能力。保压时间不能过短,应保证熔体在型腔内充满压实,浇口处熔体固化,否则制品会出现不饱满或不致密。

注射成型模具是重要的组成部分,与模锻模具和冲压模具相比,它带有浇注系统和温度调节系统。典型的注射成型模具如图 14.4 所示。

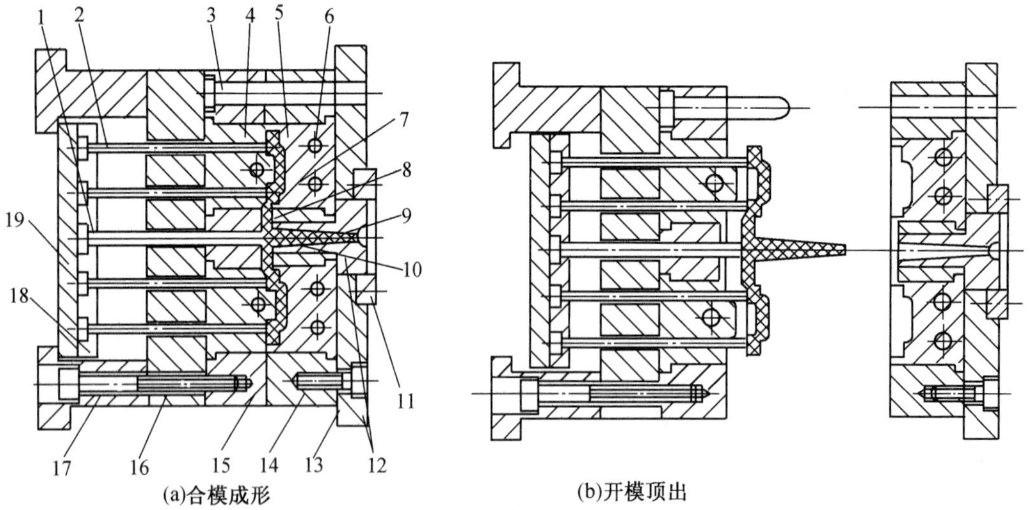

图 14.4　典型的注射成型模具

1—拉料杆;2—顶杆;3—导柱;4—凸模;5—凹模;6—冷却水通道; 7—浇口;8—分流道;9—主流道;10—冷料穴;11—定位环;12—主流道衬套;13—定模底板;14—定模板;15—动模板;16—支撑板;17—动模座;18—顶杆固定板;19—顶杆底板

注射成型的浇注系统一般由主流道、分流道、浇口、冷料井四部分组成,如图 14.5 所示。主流道带有一定锥度,小端与喷嘴直径接近。分流道一般开在单个模具上,断面为梯形或 U 形，截面积不能过大。浇口是浇注系统的关键部分，大多数塑料采用小浇口来提高熔体的流动能力，提高产品质量和生产率。但对粘度大的塑料要适当加大浇口尺寸。浇口的位置对塑件性能也有很大影响，浇口一般设在较大壁厚处，使熔体在模具中最大流程尽量相同，较大的塑件可采用多浇口。冷料井的作用是容纳在注射间隔冷却的小部分冷料，防止堵塞浇口，冷料井一般开在主流道末端。近 20 年来，为避免浇注系统带来的不利影响，出现了无流道浇注系统，其特点是采用加热方法使注射机内部材料保持熔融状态，不与模具内塑料一起冷却。

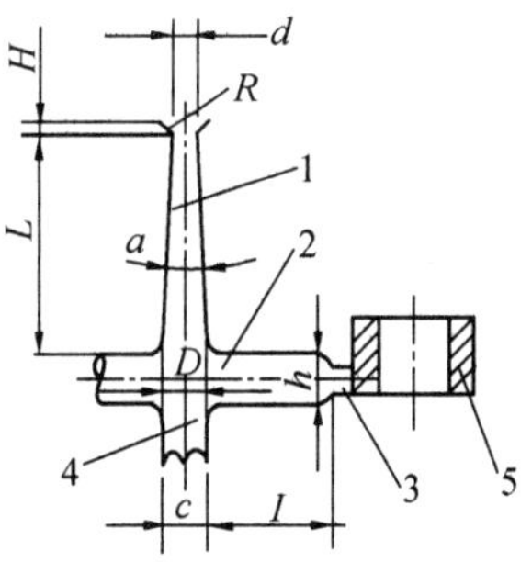

图 14.5　浇注系统的组成
1—主流道；2—分流道；3—浇口；
4—冷料井；5—塑件

注射成型可制造各种形状复杂的塑件，质量从几克到几千克不等，并且可以制造多种镶嵌金属的塑件。制品精度较高，生产率高容易实现自动化。但注塑成型成本较高，不适合小批量生产。

(2) 吹塑成型

吹塑成型一般用来制造中空的制品，如化工容器、油箱、工具箱等。根据制造毛坯的方法不同，可分为挤出吹塑成型和注射吹塑成型。塑料瓶挤出吹塑成型如图 14.6 所示。

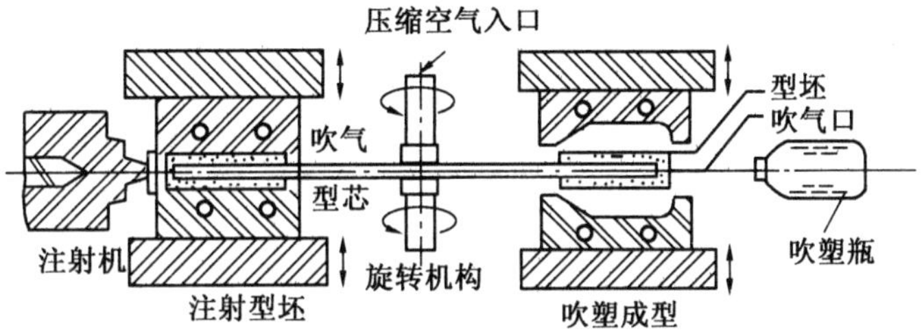

图 14.6　注射-吹塑成型过程示意图

成型时注射机将熔融塑料注入注射模内形成型坯，型坯留在吹气型芯上进入吹塑模内，吹气型芯为空心结构，周壁带有微孔，趁热使吹塑模合模，注入压缩空气后，型坯被吹胀到模腔的形状，冷却保压、定形后，开启模具便可得到中空的瓶子。吹塑成型时应严格控制挤出温度和压缩空气压力。挤出温度过低时熔体弹性大，不利于吹塑成型，甚至发生离模膨胀；温度过高则会因粘度太低使坯料因自重而上薄下厚。空气压力一般控制在 0.4 ~ 1MPa。

(3) 挤塑成型

挤塑成型也称挤出成型，常用来生产管材、棒材、板材和薄膜等。挤出成型设备有挤出机、挤出模具、冷却定形装置、牵引装置和控制系统。图 14.7 为塑料管挤出成型示意图。

当松散的原料进入挤出机后，经过预热、搅拌、挤压等过程达到均匀的塑化状态后进入成型模具。在成型模具内，熔体进一步塑化并被挤压成型。当熔体被挤出后，立即冷却定形，由牵引装置引出，再由切割装置切割或由卷取装置卷取得到制品。挤塑成型机采用螺杆送料，有利于原料的塑化。挤出模具是挤塑成型的关键部件，设计时内腔呈流线形，表面光洁，模具端部尺寸应符合熔体尺寸的变化。

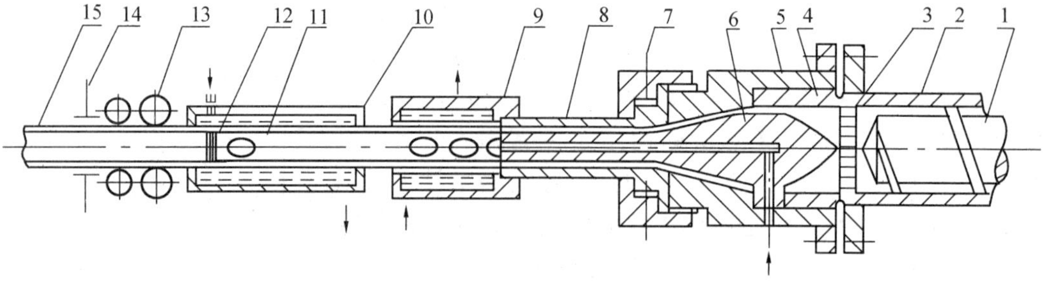

图 14.7　挤管工艺示意图

1—螺杆;2—机筒;3—多孔板;4—接口套;5—机体头;6—芯棒;7—调节螺钉;8—口模;
9—定径套;10—冷却水槽;11—链子;12—塞子;13—牵引装置;14—夹紧装置;15—塑料管

挤塑成型适合于热塑性塑料,产品内部组织均匀致密,尺寸稳定,而且成型过程简单,生产率高,成本较低。

(4)压塑成型

压塑成型也称模压成型或压制成型,压塑成型的主要设备有液压机和压制模具,压制模具的结构与注射模具类似,但没有浇注系统,只有一段加料室。压塑成型的过程是将称量好的粉料直接加入高温的模具空腔和加料室中,然后将模具闭合并施加压力,使原料熔融流动,充满整个型腔。在模具内固化剂与树脂反应、固化、定形,打开模具便可得到制品。

压塑成型设备简单,技术成熟,是塑料产品最早采用的成型技术,适合于流动性较差的热固性塑料。其缺点是生产效率低,不适合加工形状复杂和精度要求高的塑料件。

压塑成型中,压力、温度和加料量是主要的工艺参数。压力要保证压实,但要防止损坏模具。温度要适中,太高不利于内部塑料固化反应,甚至使塑料降解。常用的热固性塑料成型压力及温度如表 14.2 所示。

表 14.2　常用热固性塑料压塑成型压力及温度

种　　类	成型压力/MPa	成型温度/℃
酚醛树脂塑料	7 ~ 42	145 ~ 180
环氧树脂塑料	0.7 ~ 14	145 ~ 200
聚氨酯塑料	14 ~ 56	140 ~ 180

(5)真空成型

真空成型也称吸塑成型,其成型过程如图 14.8 所示。

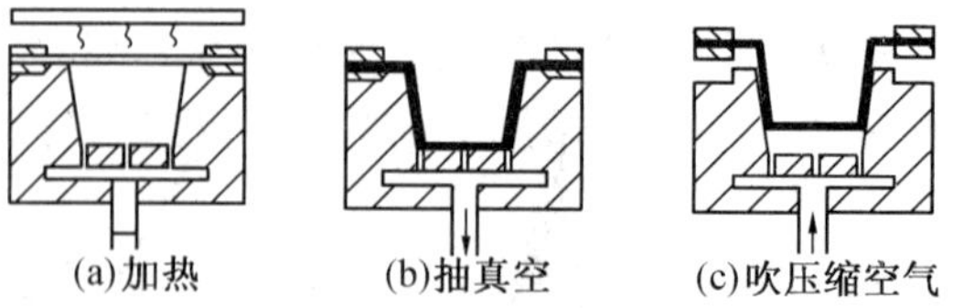

图 14.8　真空成型工艺过程

成型时先将塑料板材固定在成型模具上,用辐射加热器加热到一定温度使塑料软化。用真空泵抽去塑料板与模具之间的空气,在大气压力作用下板料拉深变形,最终贴合到模具内腔表面,冷却定形后可得到制品。在成型过程中板材厚度、性能和加热程度要均匀。

真空成型适合于热塑性塑料,可制造产品包装材料、一次性餐盒、冰箱内胆、浴室用品等。

塑料成型后一般还要进行二次加工,提高产品的使用性能。二次加工主要有机械加工、连接和表面修饰。

14.2　工程塑料件结构设计

塑料制品的结构不仅要满足使用要求,还要满足成型工艺的要求,应尽量使成型工艺简单,模具结构简化,以提高产品质量和生产率。设计塑料件一般应注意以下几方面问题。

14.2.1　形　状

塑料制品的内、外表面应便于模具制造和成型。图 14.9(a)所示塑件需要抽内侧型芯,改为图 14.9(b)所示结构可直接脱模,工艺简单。图 14.10 所示零件外表面的防滑花纹由网状改为与脱模方向一致的直线形,不仅便于成型,也便于脱模。

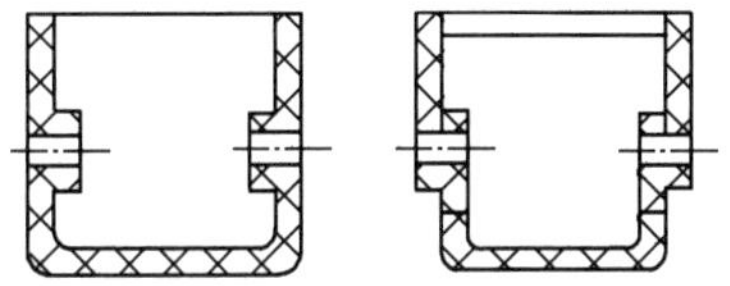

(a)改进前　(b)改进后

图 14.9　便于抽出内侧型芯的设计

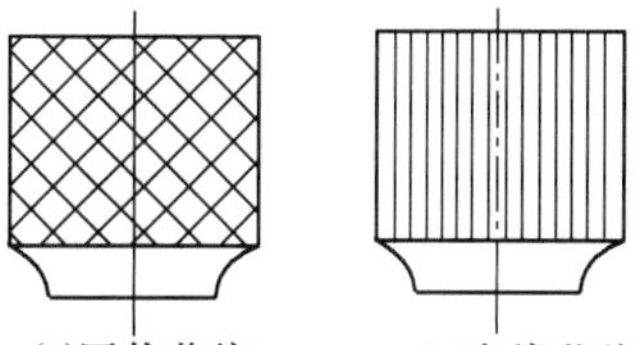

(a)网状花纹　(b)直线花纹

图 14.10　外表面花纹的设计

14.2.2　壁　厚

塑件的壁厚在满足使用要求的前提下,壁厚应均匀,否则塑件易变形。壁厚太大时会因内部冷却慢而产生缩孔和凹陷;壁厚太小时会使充模困难。常用工程塑料的壁厚设计可参考表 14.4。

表 14.4　常用工程塑料的最小壁厚和常用壁厚　/mm

塑料种类	最小壁厚	小型塑件壁厚	中型塑件壁厚	大型塑件壁厚
聚酰酯	0.45	0.76	1.50	2.40 ~ 3.20
聚甲醛	0.80	1.40	1.60	3.20 ~ 5.40
聚　砜	0.95	1.80	2.30	3.00 ~ 4.50
聚碳酸酯	0.95	1.80	2.30	3.00 ~ 4.50
聚苯醚	1.20	1.75	2.50	3.50 ~ 6.40

14.2.3　脱模斜度、加强筋、圆角

塑料件沿脱模方向应设计一定的斜度便于脱模和抽出型芯,脱模斜度还可减少塑件表面与模具之间的摩擦,保持表面光泽。一般脱模斜度为 1° ~ 1.5°,当塑件要求精度高

时可减小。对形状复杂不易脱模的塑件可设计 4°～5°的斜度。

为避免塑件局部过厚或增加强度避免变形，可在塑件适当部位设计加强筋。图14.11所示结构增设加强筋不仅使壁厚均匀而且又保证塑件的强度。图 14.12 为较大的容器底部加强筋的布置方式。

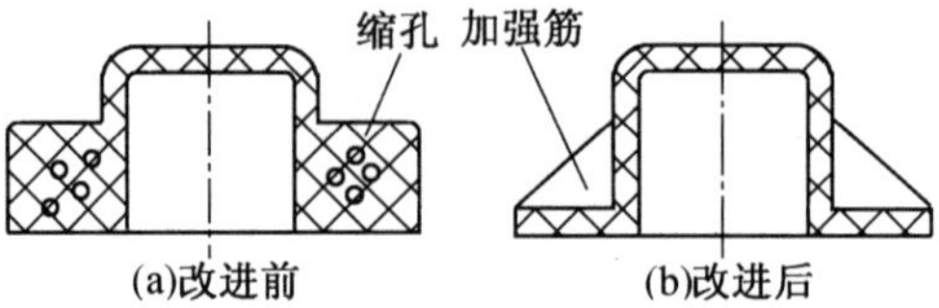

图 14.11　采用加强筋使壁厚均匀

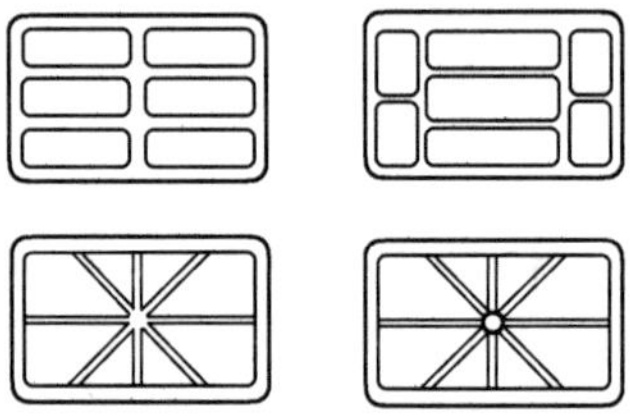

图 14.12　容器底部加强筋的布置方式

塑件内、外表面壁与壁连接处应采用圆角过渡，可防止应力集中造成塑件在脱模或使用中开裂，圆角还可以提高熔体的流动性。设计圆角时，圆角尺寸要使壁厚保持一致。

14.2.4　孔和螺纹的设计

设计塑件上孔要注意两个问题：一是孔与边壁之间的尺寸不能过小，避免边壁过薄而降低塑件强度；二是避免小孔、深孔，防止细长的型芯在高压下弯曲。

孔与边壁之间的最小尺寸见表 14.5。注射成型孔深应小于孔直径的 4 倍，压制成型时孔深应小于直径的 2 倍。另外尽量避免设计异型孔使模具结构复杂。

塑料件上经常需设计内、外螺纹，螺纹直径不能太小。外螺纹直径不能小于 4 mm，内螺纹直径不能小于 2 mm，并且较大直径的螺纹才可选用细牙螺纹。由于塑件成型时收缩，螺纹配合长度不能太长，一般不超过 7～8 牙。另外，为防止最外圈螺纹崩裂和变形，同时便于配合，内、外螺纹的始端应留出 0.2～0.8 mm 的距离，如图 14.13 所示。

表 14.5　塑件上孔与边壁之间的最小壁厚/mm

孔径 d	最小边距
2	1.6
3.2	2.4
5.6	3.2
12.7	4.8

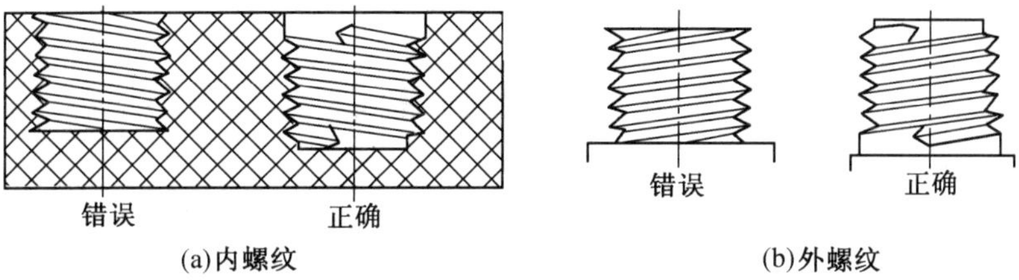

图 14.13　塑件上螺纹的设计

14.3　橡胶的种类及成型方法

橡胶为高分子材料,其主要特点是在室温下处于高弹态,变形量可达 100% ~ 1 000% 。经改性处理后具有较高的强度、耐磨性、耐疲劳性、绝缘性。橡胶材料在国防、交通运输、机械制造、医药卫生和日常用品方面都有广泛的应用。橡胶制品多种多样,如轮胎、胶管、胶带、胶鞋和工业制品(如胶辊、胶板、空气弹簧、离合器等),橡胶工业制品是许多重要设备和精密仪器不可缺少的部件。橡胶材料中添加剂较多,大多数工业制品采用将橡胶半成品进行模压成型或注射成型方法制造。

14.3.1　橡胶的组成和种类

1. 橡胶的组成

橡胶按来源分天然橡胶和合成橡胶,为改善性能,在常用的橡胶材料中加入多种添加剂,常用的添加剂有硫化剂、促进剂、填料、防老剂、软化剂等。

(1)硫化剂

硫化剂使橡胶由线型结构变为网状结构,提高抗拉强度、弹性和化学稳定性。一般硫化剂有硫磺、含硫化合物、金属氧化物和有机过氧化物等。未经硫化的橡胶称为生胶。

(2)促进剂

加速硫化反应,降低硫化温度。

(3)填料

填料可提高橡胶的抗拉强度、耐磨性、抗疲劳性等。常用的有碳黑和水合二氧化硅。

(4)防老剂

提高橡胶抗老化能力,延长使用寿命。

(5)软化剂

改善橡胶加工性能,提高塑性,同时提高耐低温性能。

2. 常用橡胶材料

橡胶除了按来源分类外,还可按应用范围分为通用橡胶和特种橡胶,常用橡胶的性能和用途见表 14.6。

表 14.6　常用橡胶材料简介

类别	名　称	抗拉强度/MPa	伸长率/%	使用温度/℃	回弹性	耐磨性	耐碱性	抗老性	用　　途
通用橡胶	天然橡胶	25～30	650～900	−50～120	好	中	中	中	轮胎、减震零件、水和气体密封件
	丁苯橡胶	15～20	500～600	−50～140	中	好	中	好	用途最广泛，可制轮胎、胶板、电缆、绝缘件
	丁腈橡胶	15～30	300～800	−35～175	中	中	中	中	耐油、耐热性好，可制输油管、密封件、油箱
	氯丁橡胶	25～27	800～1000	−35～130	中	中	好	好	综合性能好，可制电缆、运输带、耐蚀件
特种橡胶	硅橡胶	4～10	50～500	−70～275	差	差	好	好	航空航天密封件、绝缘件、医疗器械
	氟橡胶	20～22	100～500	−50～300	中	中	中	好	耐高温和耐蚀密封件、高真空耐蚀件
	三元乙丙橡胶	10～25	400～800	150	中	中	好	好	蒸汽管、耐蚀密封件、绝缘件
	聚胺酯橡胶	20～35	300～800	80	中	好	差	中	耐磨件、低温密封件

14.3.2　橡胶的成型方法

橡胶材料的高弹性对加工成型是不利的，大部分机械能会消耗在弹性变形上，而且很难获得所需的制品形状。橡胶材料还含有多种添加剂，所以橡胶在成型以前必须经过预加工，使橡胶材料易于成型加工。橡胶材料的预加工有生胶的塑炼和生胶的混炼。

1. 生胶的塑炼和混炼

生胶的塑炼是在一定压力和温度条件下进行机械加工，使材料变得柔软，粘度下降，流动性、可塑性增强。密闭式塑炼机是常用的塑炼设备，其结构如图 14.14 所示。塑炼时先将生胶由料斗送入密炼室，上顶栓进行封闭，并施加一定压力。密炼室中两个转子反向旋转，转子顶尖间距和顶尖与内壁间距很小，使生胶受到强烈的机械剪切作用，温度也迅速上升到 120～140 ℃，短时间内使生胶中的分子链断裂，弹性降低，达到所需的可塑状态。有时可使用化学塑解剂进一步提高塑化效果。

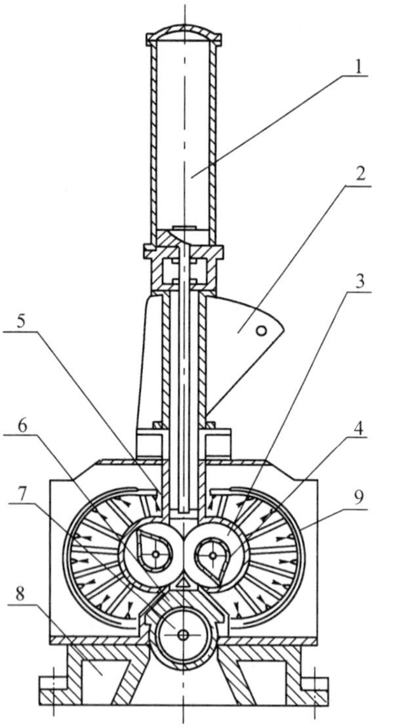

图 14.14　密闭式塑炼机基本构造

1—上顶栓气缸；2—料斗；3—密炼室；4—转子；5—上顶栓；6—下顶栓；7—下顶栓气缸；8—底座；9—冷却水喷头

生胶的混炼是向塑炼后的生胶中混入添加剂，使其成分均匀的过程。混炼也可在密炼机上进行，需要注意的是硫化剂应最后加入。混炼后的胶料应立即进行强制冷却，防止相互粘连。冷却后一般要放置 8 h 以上，使添加剂进一步扩散均匀。

2. 橡胶的成型方法

橡胶的成型方法主要有模压成型和注射成型，模压成型应用最广泛。

(1)模压成型

模压成型是将橡胶半成品置于模具中，在加热加压条件下使胶料塑性流动充满型腔，再经保温完成硫化作用后，压制出制品。模压可制造各种橡胶制品，也可以生产橡胶与金属或与非金属的复合制品。模压成型的工艺流程，如图 14.15 所示。

塑 化 → 混 炼 → 预成型 → 模压硫化 → 修 边 → 检 验

图 14.15　模压工艺流程图

模压包括加料、闭模、硫化、脱模等步骤，最重要的步骤是硫化过程。硫化的实质是橡胶中线型分子链转变成网状或体型结构，使橡胶抗拉强度、硬度增大。在硫化过程中要严格控制温度、时间和压力。温度一般控制在 140 ~ 150 ℃，压力一般在 0.4 ~ 0.5 MPa。

(2)注射成型

橡胶的注射成型与塑料的注射成型类似，包括塑化、注射保压、硫化、脱模等步骤，其原料也是混炼好的胶料。

复习思考题

1. 常用工程塑料有哪些，各有什么特点？
2. 塑料一般在何种状态下加工成型？注射成型分哪几个过程，分别有什么作用？
3. 注射成型塑件浇注系统由哪几部分组成？
4. 塑件设计时应考虑哪些因素？
5. 橡胶材料有何特点？为改善性能常用添加剂有哪些？
6. 橡胶在成型之前要经过哪些工序，为什么？
7. 硫化的实质是什么？

第15章 工程陶瓷及复合材料的成型工艺

陶瓷材料是各种无机非金属材料的统称，它具有一般金属所没有的耐磨、耐高温等优良性能，是现代工业中很有发展前途的一类材料。陶瓷材料与高分子材料和金属材料一起构成固体材料的三大支柱。由不同性质的材料人工合成的复合材料综合了各组成材料的优良性能，近年来发展迅速。工程陶瓷和复合材料的成型与一般材料相比加工困难，工艺过程复杂。本章简要介绍工程陶瓷和复合材料的种类、特点、应用，重点讲述它们的成型方法。

15.1 陶瓷种类及成型工艺

陶瓷材料是由金属元素和非金属元素形成的无机化合物构成的多相固体材料，主要以离子键和共价键结合，具有很高的硬度，高熔点，良好的绝缘性和耐蚀性，优良的光学性能，磁性能等，在机械、电子、宇航、医学等领域有广泛的应用。

15.1.1 陶瓷的种类

陶瓷材料按成分和用途来分有普通陶瓷和工程陶瓷（也称特种陶瓷）两大类。普通陶瓷指以粘土、石英、长石等为原料制成，主要用于日用、建筑等方面。工程陶瓷是以人工合成的高纯度的化合物为原料制成的，具有特殊的性能，一般用于高温、高压等特殊环境。常用的工程陶瓷有氧化物陶瓷、氮化物陶瓷和碳化物陶瓷。

1. 氧化物陶瓷

广泛应用的是氧化铝陶瓷，其熔点在2 000 ℃以上，硬度高、耐磨性好，并且具有良好的绝缘性和化学稳定性。一般用于制造高速切削刀具、量具、模具、高温零件（1 600 ℃左右）、绝缘件等，透明氧化铝陶瓷可制造光学镜片。

2. 氮化物陶瓷

常用的有氮化硅（Si_3N_4）和氮化硼（BN）陶瓷。氮化硅陶瓷耐磨性好，化学稳定性高，绝缘性好。一般用来制造密封件、切削刀具、高温轴承等。氮化硼陶瓷硬度仅次于金刚石的硬度，并且耐磨，耐高温（2 000 ℃左右）。常用来制造切削高硬度金属的刀具，高温模具和高温轴承衬套等。

3. 碳化物陶瓷

常用的有SiC、WC、TiC等。碳化物陶瓷耐磨、耐蚀，硬度低于氧化铝陶瓷，但其热稳定性好，在1 400 ℃时仍保持较高的抗弯强度。一般用来制造火箭喷嘴、高温电炉零件、密封圈等。

15.1.2　工程陶瓷的成型工艺

在常温下，陶瓷的硬度、熔点很高，并且由于陶瓷在室温下几乎没有塑性，所以一般的加工方法不可能使陶瓷加工成型。目前，陶瓷的成型一般步骤是先制备粉末，然后将粉末成型为坯体，最后是坯体的烧结，得到高质量的陶瓷制品，采用粉末成型法还能提高材料利用率，降低能耗。

1. 粉末的制备

粉末的质量对陶瓷件的质量影响很大，高质量的粉末应具备的特征有：粒度均匀，平均粒度小；颗粒外形圆整；颗粒聚集倾向小；纯度高，成分均匀。粒度的大小基本上决定了陶瓷制品的应用范围，民用、建筑等行业用的粉末粒径大于 1 mm，冶金、军工等行业为 1 ~ 40 μm。最近开发出来的纳米材料，粉末粒径在几纳米到几十纳米之间。用纳米材料制成的陶瓷性能、精度大幅度提高，因此，扩大了陶瓷的应用范围。常用的粉末制备方法见表 15.1。

表 15.1　常用粉末制备方法简介

类别	制备方法	原　理	特　点
机械方法	粉碎法	利用球磨机带动球磨罐中磨球高速撞击原料，使原料粉碎	颗粒形状不规则，易发生聚集成团混入杂质，粒径大于 1μm
物理方法	雾化法	利用超声速气流带动原料高速运动，原料相互撞击、摩擦而粉化	粒径在 0.1 ~ 0.5 μm 之间，粒度分布均匀，速度快，杂质少
化学方法	固相法	热分解法：如[$Al_2(NH_4)_2(SO_4)_4 \cdot 24H_2O$]在空气中加热分解可得到 Al_2O_3 粉末； 还原法：如 $SiO_2+C=SiC+CO_2(g)$ 可得到 SiC 粉末； 合成法：如 $BaCO_3+TiO_2=BaTiO_3+CO_2(g)$	粒度分布均匀，粒度、纯度可控，粒度在 1 μm 左右
	液相法	沉淀法：使金属盐溶液发生沉淀反应生成盐或氢氧化物，再加热分解得到氧化物粉末； 蒸发法：将溶液以雾状喷射到热风中，使溶剂快速蒸发干燥而分解	粒径小于 1 μm，成分均匀，生产量大
	气相法	气相反应法：将挥发性物质加热到一定温度后分解或化合，得到单一或复合氧化物、碳化物； 蒸发-凝聚法：将原料加热到高温使之气化，然后急冷，原料凝聚成细微粉末	粒度可控，粒径在 5 ~ 500 nm 之间，纯度高

2. 粉末的成型

粉末制备好后为满足成型要求，对粉末还要进行混料、塑化、造粒等。粉末成型是将松散的粉末制成具有一定形状、尺寸、致密度和强度的坯件。常用的成型方法有压力成型和无压成型。

(1)注浆成型

该方法是将粉末调制成浆料，浇注到石膏模具中干燥成型。要求浆料流动性好，渗透性强，并且不易分层、沉淀，适合于大型或形状复杂、壁厚较薄的陶瓷件。

(2)热压铸成型

该方法也属于注浆成型，只不过是将石蜡混入浆料，利用石蜡良好的热流动性使浆料在一定温度和压力下充满金属模具，然后冷却成型。浆料的制备是将12.5%～13.5%的石蜡加热熔化，并加少量表面活性剂，然后加入陶瓷粉末，在和蜡机中混合均匀。冷却后定形，以备成型时使用。

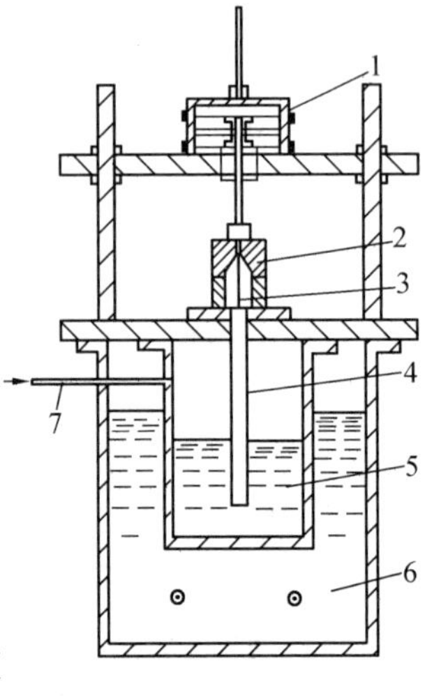

图15.1　热压铸机构造示意图

1—压紧装置；2—铸模；3—模腔；4—供料管；5—感浆桶；6—恒温器；7—压缩空气

成型用的设备称为热压铸机，如图15.1所示。成型过程是将配好的浆料置于热压铸机料筒内，加热使浆料熔化，通入压缩空气将浆料通过吸铸口压入模腔，保压一定时间后，去掉压力，浆料在模腔内冷却成型，然后脱模得到坯体。坯体在烧结之前要进行排蜡处理：将坯体加热到900～1 100℃，使石蜡熔化流失、扩散、燃烧，并且使坯体具有一定的强度。

热压铸成型设备简单，操作方便，生产率高，并且模具磨损小，寿命长。一般用于形状复杂精度要求高的中小型陶瓷制品的成批生产。

(3)可塑法成型

可塑法成型可分两种形式，一是通过挤制机挤出成型，如图15.2所示；二是通过轧辊轧膜成型，如图15.3所示。

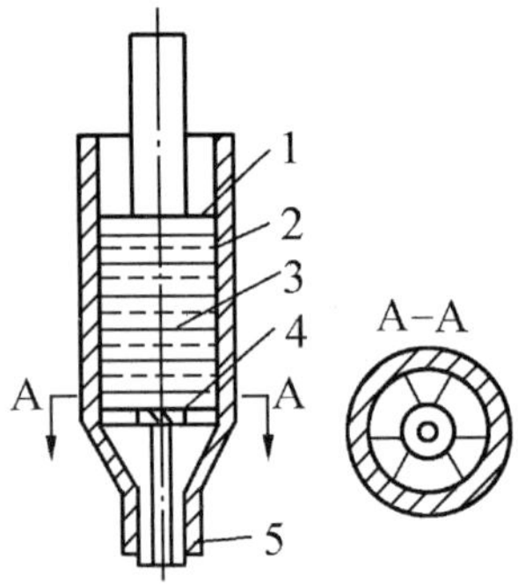

图15.2　挤制机结构示意图

1—活塞；2—挤压筒；3—瓷料；4—型芯；5—挤嘴

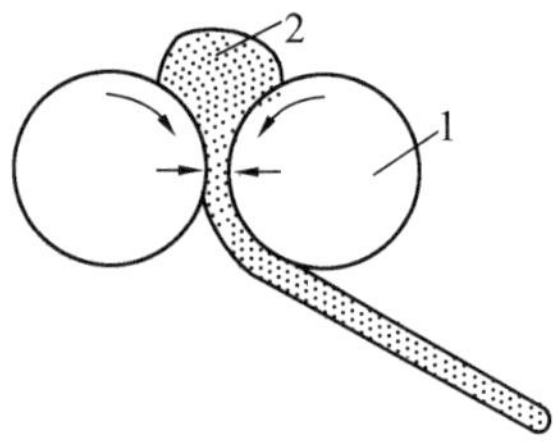

图15.3　轧辊轧膜成型示意图

1—轧辊；2—坯料

挤出成型时，原料首先在真空中炼制好，要求粉末外形圆滑、粒径细小，添加的增塑剂、粘接剂等用量适当，混合均匀。炼制后的原料在一定压力下经挤嘴挤出，更换挤嘴便可得到不同形状的坯体。挤出成型污染小，易于操作，生产率高。但挤嘴结构复杂，要求加工精度高，而且坯体在干燥和烧结时收缩较大。挤压成型常用来成型直径1～30 mm的管、棒等，最小壁厚可达0.2 mm，也可以挤制蜂窝状结构。

轧膜成型是将粉料中添加一定量的有机粘接剂后通过轧辊成型。一般要经过多次成型，达到所需厚度。轧好的片料可经冲切工序得到所需的尺寸和形状。轧膜成型容易造成坯料出现各向异性，在宽度方向上易变形、开裂，适合于生产厚度0.08～1 mm的薄片。

(4)模压成型

模压成型是将混合均匀的粉末置于模具中,在压力机上制成一定形状的坯料。模压成型时,加压方式、加压速度和保压时间对坯体的密度有较大影响,如图15.4所示。单面加压时坯体上下密度差别较大,双向加压上下密度均匀,但中间密度较小。使用润滑剂可减少模具的摩擦,增加坯体的均匀性。加压速度不能过快,保压时间不能过短,否则坯体质量不均匀,内部气体较多。对于小型、较薄的坯料可适当增加速度,缩短保压时间来提高生产率。而大型、较厚的坯料开始加压速度要慢,起到预压的作用,中间速度加快,最后放慢并保压一定时间。模压成型坯体密度大,尺寸精确,机械强度高,收缩小,并且操作简单,生产率高,是工程陶瓷成型中最常用的工艺。但模压成型不适于大型坯体生产,因坯体性能不均匀,而且模具磨损大,成本高。适合于成型高度为 0.3 ~ 60 mm,直径为 5 ~ 500 mm,形状简单的制品,并且要注意坯体的长度与直径的比值,比值越小,坯体的质量越均匀。

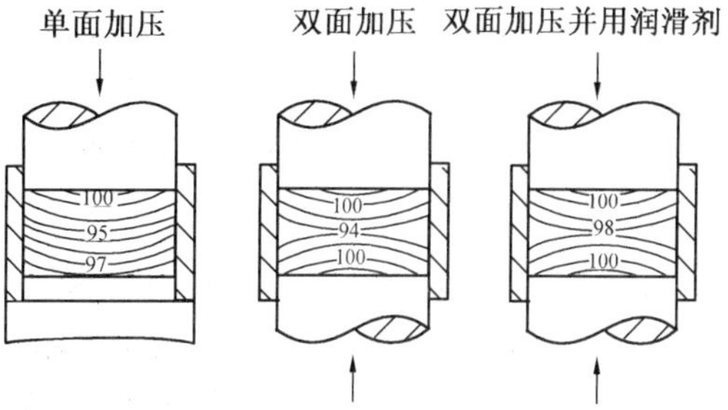

图 15.4　加压方式对坯体内部密度分布的影响

(5)等静压成型

等静压成型是使坯料在各个方向上受到均匀的压力,从而提高坯体密度的均匀性。等静压成型可分为湿式等静压(图 15.5)和干式等静压(图 15.6)。湿式等静压是将预压后的粉末密封于橡胶模具内,然后放入高压容器中的液体内,对液体施加压力后便可使坯料在各向均匀的压力下成型。干式等静压的模具是半固定的,坯料的成型在干燥状态下进行,坯体的性能不如湿式成型法。但干式法操作简单,生产率高。湿式法一般用于成型大型、复杂的制品,干式法一般用于批量生产形状简单的制品。

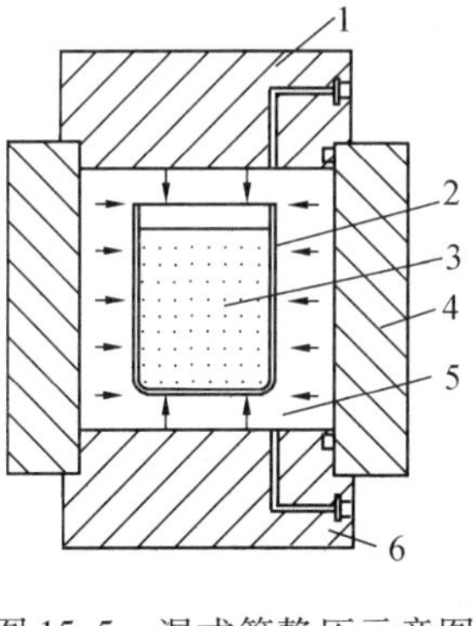

图 15.5　湿式等静压示意图

1—顶盖;2—橡胶模;3—粉料;4—高压圆筒;5—压力传递介质;6—底盖

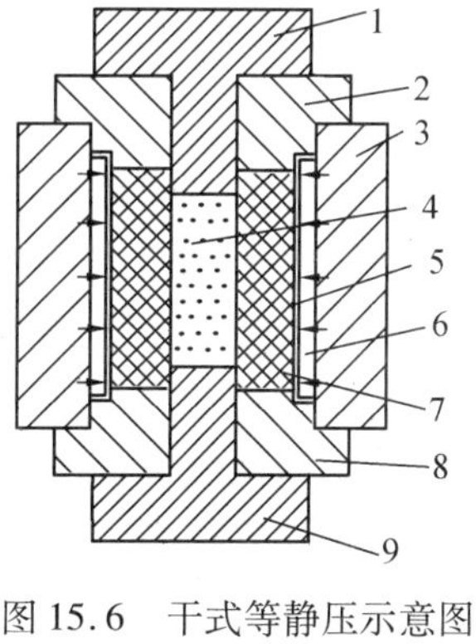

图 15.6　干式等静压示意图

1—上活塞;2—顶盖;3—高压圆筒;4—粉料;5—加压橡皮;6—压力传递介质;7—橡胶模;8—底盖;9—下活塞

(6)流延成型

流延成型如图 15.7 所示,首先将粉末中加入粘接剂、增塑剂、溶剂等混合均匀制成浆料,然后通过流延铺展于传送带上,用刮刀控制厚度,再经加热干燥固化成型,得到的薄膜可根据需要再加工。流延成型要求粉末细小、圆滑,通常采用纳米级微粒,并且浆料需经过真空处理去除气泡。

流延法设备简单，生产率高。适于成型厚度在0.2 mm以下的超薄薄膜，并且表面光洁。

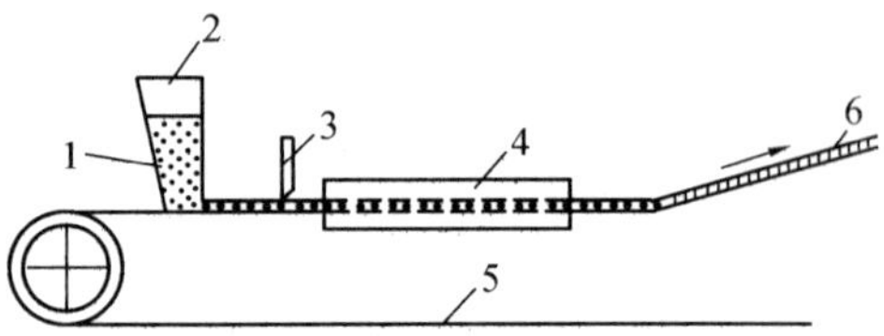

图 15.7　流延法示意图

1—浆料；2—料斗；3—刮刀；4—干燥炉；5—基带；6—成品

3. 烧　结

成型后的坯料含有大量的气孔，并且颗粒之间主要是点接触，并没有形成足够的化学键连接，不具备陶瓷应有的力学性能、物理化学性能，必须通过烧结来改变显微组织获得预期的性能。

烧结就是使成型后的坯料在高温下致密化和强化的过程，烧结过程如图15.8所示。在烧结前，颗粒之间接触少，间隙较大。由于细小微粒有大量的表面，存在非常高的表面能，粉末体系具有降低其表面自由能的趋势，随着温度的升高，颗粒间直接接触的部分通过原子扩散粘接在一起，形成颈缩。随着烧结过程的进行，物质向颈缩部位大量迁移，烧结颈长大，颗粒间形成交叉的晶界网络，同时气孔不断缩小并且形状变得较为圆滑。当温度继续升高，随时间的延长，小的空隙可能消失，大的空隙也变成球形，结果总体积收缩，密度增加，并且颗粒间的晶界减少，结合力增强，机械强度提高，最后成为坚硬的烧结体。从烧结过程来看，烧结后的陶瓷显微结构有晶体相、非晶相和微小的气孔，所以陶瓷的抗拉强度远低于其抗压强度，并且塑性差，韧性低。

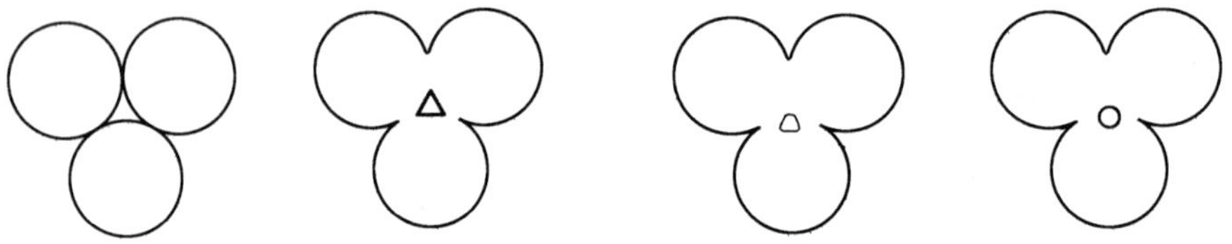
(a)初始点接触　(b)烧结颈长大　(c)孔隙形状改变　(d)孔隙球化

图 15.8　烧结过程示意图

烧结方法对陶瓷的显微结构及其性能有很大影响，常用的烧结方法根据烧结的环境和压力的不同分为常压烧结、热压烧结、气氛烧结。

常压烧结是在大气中进行烧结，常用于普通陶瓷的烧结，工艺简单，但制品中气孔较多，机械强度较低。

热压烧结利用耐高温模具，同时加热、加压。可在较低的温度下，短时间内达到致密化，晶粒细小，机械强度较高。但该方法成本高，生产率低，适合于生产形状简单的陶瓷制品，如陶瓷车刀，抗弯强度可达700 MPa。

气氛烧结是为防止非氧化物陶瓷（如碳化硅、碳化钛等）在空气中氧化，在烧结炉内通入一定气体，达到所需气氛的条件时进行烧结。

陶瓷制品烧结后，为进一步提高使用性能和精度，还需进行机械加工、热处理等后续工序。

15.2　复合材料种类及成型工艺

复合材料是由两种或多种成分不同,性质不同的材料经人工合成的材料。复合材料不仅具有各组成材料的优点,而且还具备单一材料所没有的优良的综合性能。复合材料的比强度大、耐疲劳强度高、减振性能好,并且耐热、耐磨。

15.2.1　复合材料的种类

复合材料的分类方法很多,按基体材料来分,主要有塑料基复合材料、陶瓷基复合材料和金属基复合材料。

1. 塑料基复合材料

塑料基复合材料的基体主要是工程塑料,增强材料主要是纤维。常用的增强材料有玻璃纤维、碳纤维、金属纤维以及多晶质纤维和晶须等。塑料基复合材料与基体材料相比,强度、韧性成倍提高,并且耐磨、耐热、耐蚀,应用十分广泛。可制造车身、船体、螺旋桨、轴承、齿轮、发动机喷嘴等。

2. 陶瓷基复合材料

陶瓷基复合材料的主要目的是增加工程陶瓷的韧性,常用的增韧方法有相变增韧、颗粒增韧、纤维及晶须增韧。常用的增韧材料是由 SiC,TiC,ZrO_2 等制成的颗粒、纤维和晶须。陶瓷基复合材料显著提高了工程陶瓷的高温性能和抗冲击性能,推动了高温陶瓷发动机的研制和应用。

3. 金属基复合材料

金属基复合材料的基体为金属及合金,增强材料主要为无机非金属纤维、颗粒及晶须,如硼纤维、碳纤维、氧化铝纤维或颗粒、碳化硅纤维或颗粒等。金属基复合材料与基体金属相比,重量轻,强度高,高温性能好。

15.2.2　复合材料的成型工艺

复合材料的成型工艺与基体材料和增强材料的工艺性能有密切关系,下面简要介绍一些常用的成型方法。

1. 塑料基纤维增强材料的成型

纤维增强塑料应用广泛、技术比较成熟的是玻璃纤维增强塑料,其主要成型方法有手糊成型、湿压成型和冲压成型。

(1)手糊成型

如图 15.9 所示,用手工把玻璃纤维和树脂层复合起来再加压成型,操作灵活,可生产各种形状的制品。但制品壁厚精度较差,复合效果不理想。为提高手糊成型的精度,可在成型过程中施加一定压力。

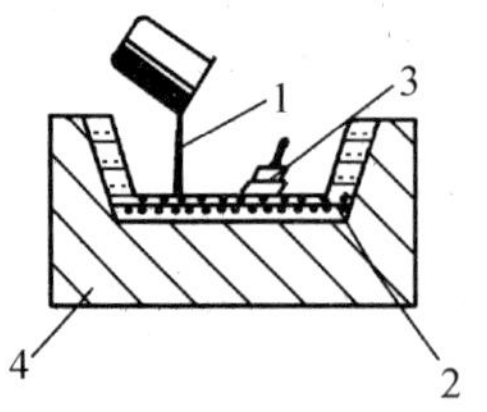

图 15.9　手糊成型示意图

1—树脂；2—玻璃纤维；

3—复合；4—模具

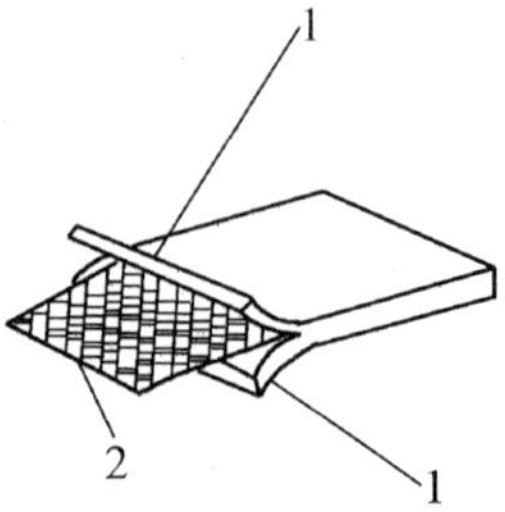

图 15.10　模压产品示意图

1—塑料与玻璃短纤维混合物；2—玻璃纤维

(2)模压成型

将热塑性树脂板预热后，将玻璃纤维层夹在塑料板中间，放在冷金属模内快速加压成型。制品的表面性能好、精度高，但制品尺寸受到模具的限制，成本较高，适合于大批量生产中小型制品。典型模压产品如图 15.10 所示。

(3)缠绕成型

将浸透树脂的连续纤维按一定规律缠绕在心模上，固化后脱模成型。缠绕成型可制造大型贮存罐、化工管道、耐压容器等。

2. 陶瓷基复合材料的成型

(1)浆料浸渍工艺

该方法过程如图 15.11 所示，长纤维经过浸渍浆料与陶瓷混合，然后根据需要预成型，最后经过烧结得到复合材料。为防止烧结温度过高导致纤维性能下降，浆料浸渍法主要用于形状简单的低熔点陶瓷基长纤维复合材料。

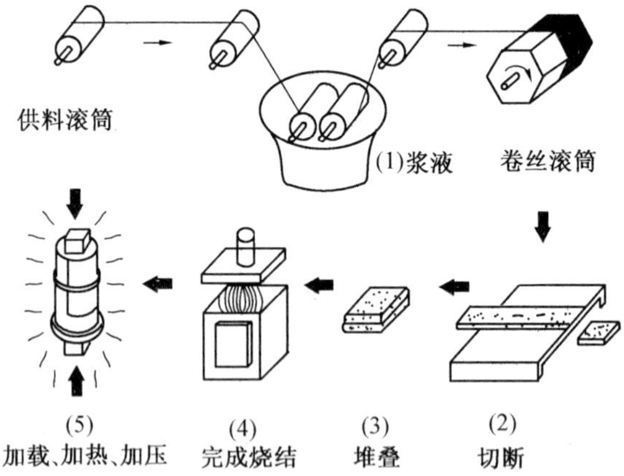

图 15.11　浆料浸渍成型示意图

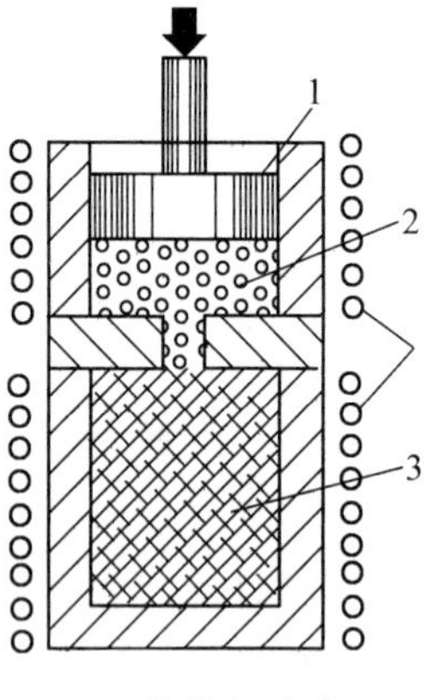

图 15.12　熔体浸渗成型示意图

1—活塞；2—增强材料；3—陶瓷熔体

(2)熔体浸渗法

熔体浸渗法是将短纤维浸渗入熔融的陶瓷，然后在一定压力下冷却成型，如图 15.12 所示。由于成型时温度高，容易使纤维性能下降，并且由于陶瓷熔体粘度大，浸渗速度缓慢。该方法一般用于制造碳化硅等晶须或颗粒增强的陶瓷基复合材料。其优点是组织致密,尺寸精度高,可制造形状复杂的制品。

(3)短纤维定向排列成型

该方法也属于浆料浸渍成型,只不过是改用短纤维为增强材料,并利用机械装置使短纤维定向排列、均匀分布,从而提高制品的性能。

(4)化学反应法

化学反应法是利用混合气体之间发生化学反应生成陶瓷粉末,并在纤维预制件上沉积成型。该方法优点是成型时温度、压力较低,制品密度高,并且成分均匀,可以用于制造形状复杂的产品。但其沉积速度慢,生产效率低。

3. 金属基复合材料的成型

(1)纤维增强金属基复合材料的成型

常用的方法是熔融金属浸透法,即将基体金属加热熔化后与增强纤维复合。根据复合工艺的不同,可分为毛细管上升法、压铸法和真空铸造法,如图 15.13 所示。

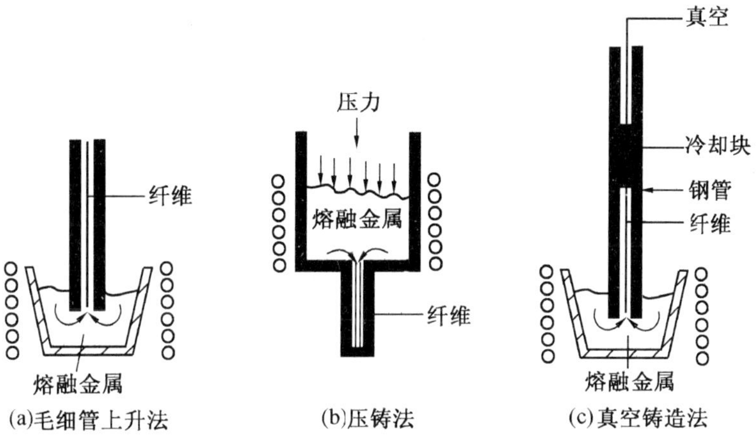

图 15.13　熔融金属渗透法示意图

毛细管上升方法适合于制造碳纤维增强镁、铝等低熔点金属复合材料。但纤维容易偏聚,纤维含量一般不足 30% 。

压铸法可使增强纤维分布均匀,并且含量高,可显著提高金属基体的强度和高温性能。如用陶瓷纤维增强铝合金已成功制造出高质量的发动机活塞。

(2)颗粒增强金属基复合材料的成型

利用颗粒增强成型时,最主要的是应使高熔点、高硬度的颗粒均匀分布。常用的方法有液态搅拌铸造成型、半固态复合铸造成型、喷射复合铸造成型和原位反应增强颗粒成型等。

液态搅拌铸造成型是将金属熔化后高速搅拌,然后逐步加入增强颗粒,当分散均匀后浇入金属模具铸造成型。

半固态复合铸造成型的特点是金属加热的温度控制在液相线和固相线之间,金属处于液、固两相混合状态。增强颗粒不易沉浮,分散均匀,并且由于温度低,含气量少,产品质量优于液态搅拌铸造法。

喷射复合铸造成型是在浇注液态金属的同时,以惰性气体为载体,把增强颗粒喷射于金属流上，随液体的流动而分散，冷却后铸造成型。该方法由于颗粒与液态金属接触时间短，可生产高熔点合金。

原位反应增强颗粒成型是利用在高温的液态金属中发生化学反应生成增强颗粒，然后铸造成型，是一种较新的生产复合材料的方法。该方法避免了外加颗粒，纯度高，并且基体相容性好，分布均匀，提高了强化效果。如生产复合铝合金时，向铝液中加入钛，并通入甲烷、氨气，发生反应后生成了 TiC、AlN、TiN 颗粒增强铝合金。

复习思考题

1. 常用的工程陶瓷有哪些种类？各有什么特点？
2. 陶瓷制品的生产有哪几个环节？粉末的制备有几种方法？
3. 试分析陶瓷的粒度对成型和烧结的影响。
4. 工程陶瓷有哪些成型方法，各适合于什么样的陶瓷制品？
5. 陶瓷的烧结对陶瓷的结构和性能有怎样的影响？
6. 什么是复合材料？按基体分类，常用的复合材料有哪些？
7. 常用的塑料基复合材料和陶瓷基复合材料有哪些成型方法？简述成型原理和特点。
8. 金属基复合材料常用的成型方法中，哪种方法产品质量较好？为什么？

第5篇

表面成型及强化技术简介

随着现代工业技术的发展,对各种机械设备、零件的表面性能要求越来越高。一些在高速、高温、高压、腐蚀介质等条件下工作的零件,大多数是从表面局部损坏或表面损伤(主要形式有表面疲劳、磨损、腐蚀)开始,然后扩展为整个零件的失效。正因为如此,表面成型及强化技术的研究越来越引起世界各国的重视,国内外都在努力研究提高零件的表面性能,改善零件表面质量的新技术及新工艺。

运用表面成型及强化技术能够在各种金属和非金属材料表面制备具有各种特殊功能的表面层,如耐磨、耐疲劳、耐蚀、耐热、耐辐射以及光、热、磁、电、视觉等特殊功能,从而提高产品质量,延长使用寿命。并且用极少量的材料就可起到大量、昂贵的整体材料所难以起到的作用,从而极大地降低产品成本。

表面成型及强化技术属于表面工程的范畴,开始于20世纪80年代,到目前已取得了很大发展。表面成型技术的发展促进了新型表面材料的应用,如各类合金粉末、堆焊焊条、热喷涂材料、化学粘涂材料及各种添加剂等。同时表面成型技术也为高科技的发展提供了具有特殊性能的材料,如超导材料、金刚石薄膜、固体润滑材料、太阳能转换材料等。随着工业技术的发展和需求,各种非金属材料得到越来越多的应用,如高分子材料、陶瓷材料及复合材料正在逐步替代部分传统的金属材料。因此,表面成型及强化技术的研究和应用有着广阔的前景。

表面成型及强化技术按提高材料表面性能的本质不同可分为表面涂层技术及表面改性技术两大类。

表面涂层技术是在零部件的材料表面制备一层与基体材料性能不同的,且能满足特定使用要求的材料覆盖层,这一技术要求覆盖层与基体有良好的结合,防止覆盖层脱落。常用的表面涂层技术包括:原子级微粒子沉积技术,如气相沉积、电镀和化学镀等;宏观颗粒沉积技术,如热喷涂、喷塑等。

表面改性技术是通过改变基体材料表面层的成分及组织结构而改变材料表面性能的。常用的表面改性技术包括:表面相变热处理、表面化学热处理、表面合金化、表面熔凝处理、表面熔覆等。

本篇主要介绍表面涂层技术中的热喷涂与气相沉积技术的原理、工艺特点和应用。

第 16 章　热喷涂与气相沉积技术

热喷涂与气相沉积技术是在零件表面制备一层具有特殊功能的薄膜，如耐磨、耐热、耐蚀等，在实际生产中应用越来越广泛，使用效果良好。

16.1　热喷涂技术

热喷涂是将涂层材料加热熔化，以高速气流将其雾化成极细的颗粒，并以极高的速度喷射到零件表面上，形成所需性能涂层的方法。

热喷涂是一种应用较为普遍的表面成型技术，具有广阔的选择材料和应用范围。无论是金属、合金，还是陶瓷、玻璃、水泥、石膏、塑料、木材都可作为喷涂的基体材料。喷涂材料也是多样的，金属、合金、陶瓷、复合材料都可选用。根据需要选用不同的涂层材料可以获得耐磨、耐蚀、耐热、抗氧化等特殊性能的涂层。热喷涂也可以用于恢复零件因磨损或其他原因而造成的尺寸不足。

16.1.1　热喷涂方法

热喷涂根据所用热源不同可分为火焰喷涂、电弧喷涂、等离子喷涂和爆炸喷涂。若按照喷涂材料的形状可分为粉末喷涂、金属丝喷涂、金属带喷涂和熔罐喷涂。目前广泛使用的是粉末喷涂，其次是金属丝喷涂。几种喷涂方法如图 16.1 所示。

16.1.2　热喷涂过程

热喷涂是一个非常复杂的物理、化学和冶金过程，它包括了喷涂材料的加热、熔融、雾化、高速传输、化学冶金和物理冶金等过程，这些过程直接影响着涂层的性能和质量。

1. 加热和熔融

加热与熔化过程要求喷涂材料熔化迅速、均匀，到达基体材料表面时仍能保持熔融状态，使涂层具有较高的结合强度和致密性。

对粉末喷涂材料，热量通过每个粉末粒子表面向内部传热，使其到达熔化状态。要考虑材料的熔点、导热系数、热容量以及粉末的粒度和送进量等因素选择不同的热源。表 16.1中列出几种常用热源的最高温度和能量密度。

表 16.1　常用热源的最高温度和能量密度

热源种类	最高温度/℃	能量密度/$W \cdot cm^{-2}$
火　焰	3 000	10^3
电　弧	4 200	10^4
等离子弧	10 000	10^5

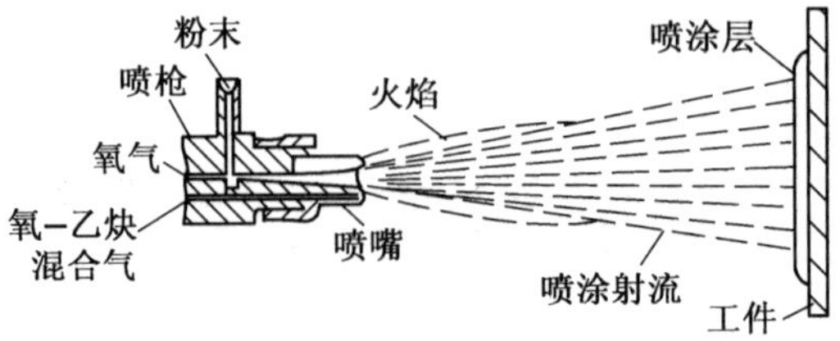

(a) 火焰喷涂

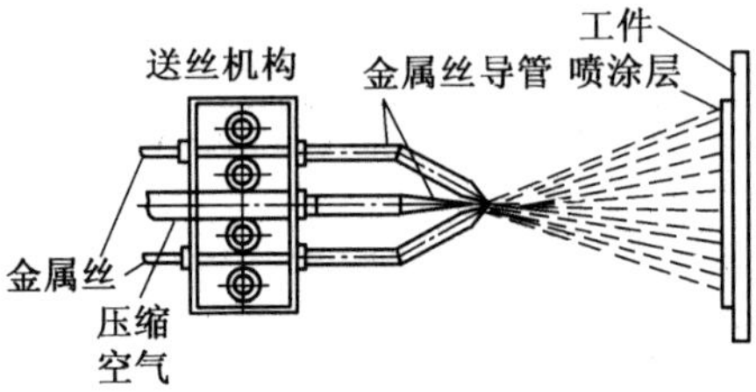

(b) 电弧喷涂

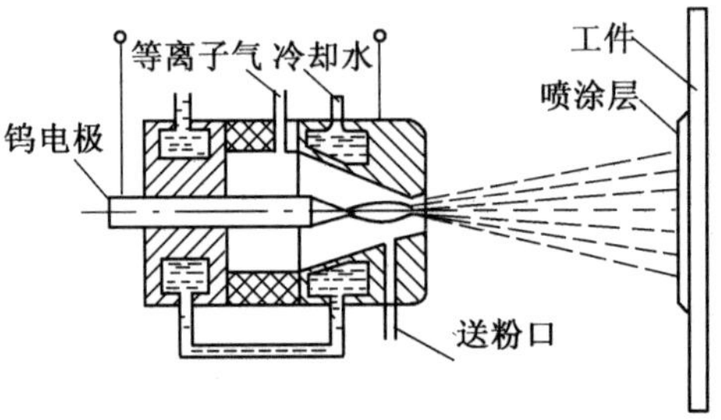

(c) 等离子喷涂

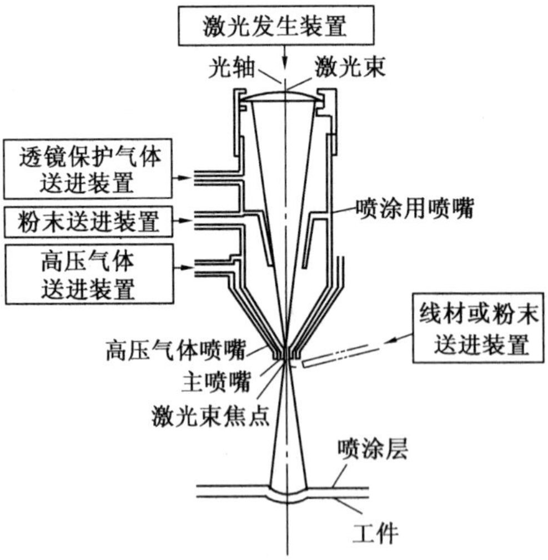

(d) 激光喷涂

图 16.1　各种喷涂方法示意图

由表 16.1 可见，等离子喷涂时的熔融率最高，适合于喷涂高熔点的金属氧化物和碳化物（如氧化锆、碳化钛等）。特别是采用低压等离子喷涂时，等离子弧显著扩张，比大气中普通的等离子弧长 6 ~ 8 倍，使粉末在飞行中加热的时间延长，熔融充分，涂层均匀、致密。

喷涂时粉末粒度越小，熔融越好，涂层的结合强度和致密度越高。喷涂时常用的粉末直径为 74 ~ 44 μm，或更小。

采用线料和棒料时，加热和熔化的情况较为简单，与电弧焊和气焊时一样，但必须有足够的热量保持雾化后的粒子在撞击基材前一直处于熔融状态。

喷涂过程中当熔融的颗粒离开喷枪的高温区后，在飞行过程中，由于对流、辐射等的作用使温度下降，如 2 500 K 的熔融粒子飞行 10^{-2} s 后，温度降到 2 144 K。因此，喷涂距离不能过长，但距离也不能过短，防止引起基体材料过热。在低压下进行等离子喷涂时，热量损失少，冷却慢，有利于涂层和基体的结合。

2. 喷涂冶金反应

（1）气相中氧、氮与熔融粒子的反应

在喷涂材料的加热、熔融和喷射过程中，不可避免地要与空气和工作气体相接触。在熔融粒子的飞行过程中，表面与氧和氮发生反应。例如，在用 $w(\mathrm{C}) = 0.14\%$ 的碳钢线材进行电弧喷涂时，涂层内氧化物和氮化物的体积分数分别为 10.5% 和 1.5% 。由于喷涂过程中氧化和蒸发的结果，使涂层的成分不同于原喷涂材料的成分。

为防止喷涂时喷涂材料与空气接触，可采用在低真空条件下进行的低压等离子喷涂。有时也可以利用气体与喷涂材料的反应提高涂层质量。如利用氮气和氢气的混合气体进行低压等离子喷涂钛粉时，氢在其中起到去除钛粉表面氧化膜，活化钛粉表面的作用；氮能与钛粉形成氮化钛（TiN）涂层，提高硬度和耐磨性。

（2）自粘结性复合粉末的放热反应

自粘结性复合粉末是用来强化涂层与基体之间结合的一种特殊粉末。其原理为利用喷涂过程中，粉粒组元间生成金属化合物时放出的大量热量，使涂料粒子在飞行和撞击基体表面时达到较高的温度，提高了涂层的结合强度和致密度。目前常用的自粘结性复合粉末主要有 Ni-Al 和 NiCr-A1。这种复合粉末一般采用包覆形式，如镍包铝和铝包镍两种类型。

（3）自熔性合金粉末的冶金反应

这种粉末的合金一般为铁、镍、钴基合金，加入强脱氧剂后具有熔点低，能自行脱氧造渣和润湿性好等特点。其脱氧原理为在合金中加入强脱氧剂 B 和 Si，当粉末颗粒熔融后，B 和 Si 扩散到颗粒的表面与氧直接进行反应或与 Ni，Co，Fe 等元素的氧化物进行脱氧反应，生成氧化物，形成熔点低、密度小、粘度小、易于浮出的硼酸盐复合物，达到很好的脱氧效果，有利于提高涂层的质量和性能。

16.1.3　热喷涂层的形成过程及结合机理

1. 喷涂层的形成过程

热喷涂时气流将熔融状态的涂料颗粒以每秒几十米到几百米的高速喷射到基体表面上，撞击成薄片，相互镶嵌，并迅速凝固，形成喷涂层特有的层状结构，如图 16.2 所示。由于熔融粒子从撞击表面到凝固的时间很短，有资料认为这一过程只有 $10^{-7} \sim 10^{-6}$ s，金属喷涂时的冷却速度为 $10^6 \sim 10^8$ ℃/s，陶瓷喷涂时为 $10^4 \sim 10^6$ ℃/s，因此在喷涂层中不可避免地存在熔合不良和大量缺陷，如层间氧化膜夹杂，封闭的和穿透的孔隙，未熔融的颗粒以及气孔和裂纹等。

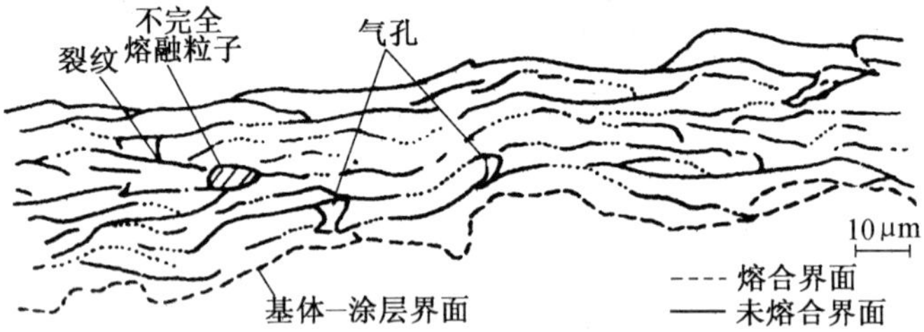

图 16.2　喷涂层结构示意图

2. 涂层与基体的结合机理

(1) 机械结合

当熔融粒子高速撞击到经粗化处理后的基体表面时，变形后的熔融粒子薄片紧贴在凹凸不平的表面上，冷凝收缩时咬住凸点，形成机械结合。这是热喷涂时的主要结合形式。

(2) 金属键结合

当基体表面非常干净或经活化处理后，高温、高速的熔融粒子撞击到表面时，接触的紧密程度达到了晶格常数的范围，形成金属键结合。

(3) 微扩散结合

当熔融粒子高速撞击到基体表面时，由于紧密接触、变形和高温等条件的作用，在涂层和基体的界面上有可能产生微小的扩散，以增强涂层和基体的结合。

(4) 微熔合

在用放热性强的自粘结性复合粉末或高熔点材料粉末进行喷涂时，由于放热反应的作用，或高熔点粒子的温度高于基材的熔点，使熔融粒子在高速撞击基体表面时，在接触的微区内，瞬时温度高达基体材料的熔点，因此有可能在熔融粒子与基体之间获得局部的熔合。

16.1.4　热喷涂层质量控制及应用

1. 涂层的结构特点及其性能

喷涂层形成过程的特点决定了它的结构为由大量变形粒子依次堆积而成的叠层结构。因此，涂层的性能具有明显的方向性，使涂层在平行和垂直于表面的两个方向的性能不一致。同时粒子间和层间存在孔隙,孔隙率与喷涂方法有关,如低压等离子喷涂的孔隙率小于 1%,一般喷涂情况下在 4% ~20% 之间。孔隙率大,会降低涂层的强度和耐腐蚀性能;但它也有可利用之处,如作为润滑涂层时,孔隙有贮存润滑油的作用,作为耐热层时,多孔性具有较低的导热性。涂层的化学成分不均匀,一般情况下,涂层中含有大量的氧化膜,这对涂层的耐腐蚀性有很大影响。另外,由于熔融粒子突然快速冷却凝固和收缩,会产生一定的内应力。涂层厚度越大,内应力越大。当内应力过大时,就可能会产生裂纹或导致涂层的剥离。

2. 涂层的质量控制

(1)涂层结合性能的控制

在一般热喷涂中,涂层以机械结合为主。因此,从加强机械结合性能出发,应对基体材料的表面进行喷丸粗化处理,增加接触表面。为实现熔融粒子与基体表面之间的紧密接触,应提高粒子撞击时的动能以及保持撞击时粒子处于良好的熔融状态,故加大功率和提高粒子喷射速度都有利。另外,从加强扩散结合和局部熔合考虑,应该保持基体表面的洁净,如在真空或惰性气体中进行喷涂;利用复合粉末的放热反应,当基体微区瞬间达到熔融时就能产生局部熔合。因此,可以采用自粘结性复合粉末作底层,提高涂层与基体的结合强度。

(2)涂层致密度的控制

由于涂层中的孔隙主要是粒子间结合不紧密造成的,因此,提高熔融粒子飞行速度,增加功率或扩大高温区使粒子熔融充分,都有利于涂层致密性的提高。如真空条件下的低压等离子喷涂时,由于等离子焰由常规的 4 ~5 mm 增加到 40 ~50 mm,大大地延长了加热区,使粒子熔融充分。另外,在负压下可将熔融粒子加速到很高的速度以及粒子表面不会氧化等,因此涂层均匀致密,孔隙率低于 1%。

(3)涂层中内应力的控制

为减小涂层与基体界面处的内应力,避免涂层的开裂和剥离,要防止涂层过热,限制涂层厚度,并对基体进行预热减小冷却速度。另外,采用梯度涂层或分级涂层是在制备与基体差别较大的涂层时常用的办法,如图 16.3 所示。

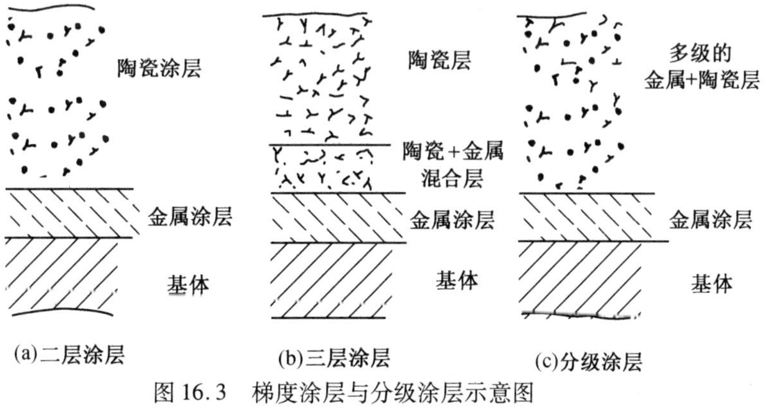

图 16.3　梯度涂层与分级涂层示意图

3. 热喷涂的特点及应用

热喷涂的加热温度较低，对工件的组织和性能影响较小，而且操作过程简单，被喷涂零件的大小不受限制。

热喷涂广泛应用于各工业领域，在发展航空、航天等尖端技术中作出了重要的贡献。它可用于制备各种耐磨、耐蚀、耐高温、隔热、抗氧化、导电、绝缘、密封、润滑、防辐射以及其他特殊性能的涂层。表 16.2 简要地介绍了各种喷涂方法及特点。

表 16.2　常用热喷涂方法特点和应用

喷涂方法	喷涂材料	喷涂量/$kg \cdot h^{-1}$	结合强度/MPa	空隙率/%
丝材火焰喷涂	金属、复合材料	2.5～3.0	10～30	5～20
粉末火焰喷涂	金属、陶瓷、复合材料	1.5～2.5(陶瓷) 3.5～10.0(金属)	30～50	5～20
电弧喷涂	金属丝	9～35	10～30	5～15
等离子喷涂	金属、陶瓷、塑料	6.0～7.5(陶瓷) 3.5～10.0(金属)	40～80	3～15
低压等离子喷涂	金属、碳化物	5～55	>80	<1

16.2　气相沉积技术

表面气相沉积技术是利用物理、化学方法或二者并用，在零件表面制备一层薄膜的表面成型方法。

气相沉积技术实际上是真空镀膜技术，其基本过程是：产生气相沉积粒子，粒子向零件表面输送，粒子在表面沉积成一定厚度的薄膜。气相沉积技术是非常重要的表面薄膜制备技术，气相沉积物以原子尺度的微粒输送到表面成膜，精度高，质量好。根据不同要求可制备不同功能的薄膜，按用途可分为两大类：一类是机械功能膜（如耐磨、耐蚀膜等），一般厚度超过 1 μm；另一类是特殊功能膜（包括光学、电子学和磁学膜），一般厚度在 1 μm 以下。

根据沉积过程中沉积粒子的来源不同可分为物理气相沉积（PVD）和化学气相沉积（CVD）两大类。PVD 技术是利用物理方法（如热蒸发和离子轰击等）来获得沉积粒子，而 CVD 技术是利用化合物的气相反应产生沉积粒子。

16.2.1　气相沉积原理

1. 化学气相沉积原理

化学气相沉积是利用运载气体将常温下不发生化学反应的单质气体或气体化合物输送到高温的基体表面附近，在表面上发生化学反应生成固态物质并沉积成膜。化学气相沉积的原理如图 16.4 所示。例如，沉积硅薄膜时，首先在 T_1 温度下将液态的沉积剂 SiCl 汽化，生成 SiCl 气体，然后通过运载气体 H_2 送到温度为 T_2（1 200～1 600 ℃）的反应室，在零件表面上发生如下置换反应

$$4SiCl+2H_2=4Si\downarrow+4HCl\uparrow$$

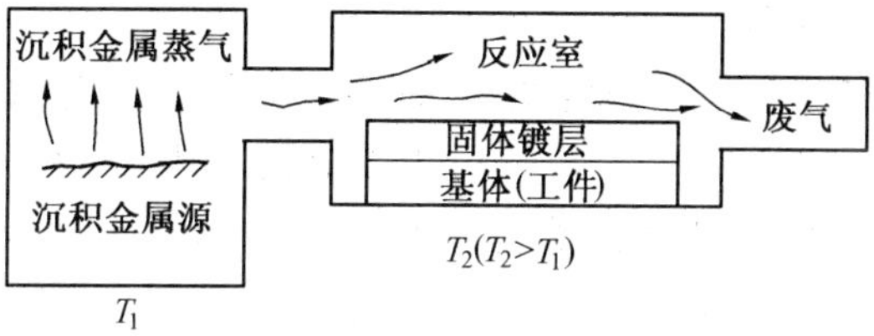

图 16.4　化学气相沉积原理

生成的 Si 沉积于零件表面形成薄膜，HCl 气体作为废气排出反应室。

2. 物理气相沉积原理

物理气相沉积是将被沉积的物质蒸发汽化，然后使蒸气在温度较低的基体表面冷凝沉积形成薄膜。根据汽化方法的不同，有真空蒸镀、溅射镀膜和离子镀等。真空蒸镀原理如图 16.5 所示。离子镀是发展最快的 PVD 技术，它将等离子技术和真空蒸发技术结合在一起，不仅提高了表面膜的性能，而且扩大了镀膜材料的范围。

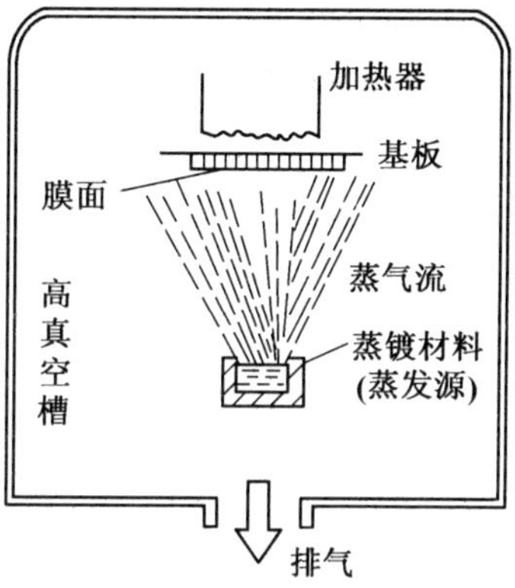

图 16.5　真空蒸镀原理

在物理气相沉积过程中，常根据需要，引入反应性气体与蒸发物质发生反应，生成新的物质沉积于基体表面。这类技术可称为反应性 PVD 法，一般仍称为 PVD 法。

气相沉积过程中，沉积的原子或分子首先被基体吸附，成为吸附原子。吸附的原子通过扩散形成原子团或分子团，超过临界尺寸的原子团或分子团会不断长大成膜，并通过物理吸附、化学吸附或扩散与基体结合。

16.2.2　气相沉积技术的特点及应用

1. CVD 技术的特点及应用

CVD 技术可以制备出高纯度、结构完整的结晶薄膜，并可在较大范围内准确控制薄膜化学成分及结构，薄膜厚度一般为 3 ~ 18 μm。各种工具钢、渗碳钢和轴承钢都可利用 CVD 技术制备 TiC，TiN，TiCN 薄膜，提高零件表面硬度和耐磨性，降低摩擦系数和粘着性。在微电子方面可制备绝缘膜、太阳能电池等。

CVD 技术的主要缺点是工作温度一般为 1 000 ℃以上，所需时间长，工件容易产生变形。

2. PVD 技术特点及应用

PVD 技术的主要特点是工作温度低于 600 ℃,沉积速度快,工件变形小,利用不同的方法可制备几微米到几十微米厚的薄膜,可用于金属、陶瓷、塑料等多种材料的表面镀膜。

在机械加工方面可利用 PVD 技术制备 TiC,TiN,TiCN 等薄膜,可提高零件、刀具、模具的硬度及耐磨性。在光学、磁学方面可制备镀镜、滤光片、透射膜、光盘、磁带、磁盘、磁头等。在太阳能电池、材料表面装饰等方面也有广泛应用。

与 CVD 技术相比较,PVD 技术的主要不足是价格较高,薄膜的耐磨性和结合强度较低。

复习思考题

1. 常用的表面成型及强化技术有哪些方法?
2. 简述热喷涂的原理及特点。
3. 简述热喷涂涂层的结构和性能特点。
4. 简述 PVD 和 CVD 的主要原理和应用,并比较二者的主要区别。

第6篇

材料成型方法的选择

随着科学技术的发展和实际生产的需要,工程材料的种类越来越多,除常用的金属材料外,非金属材料和复合材料发展迅速,应用越来越广泛。与之对应的是材料成型工艺发展也非常迅速,所有的材料只有通过一定的成型方法才能改变其形状或性能获得所需的毛坯或零件。任何一种成型方法都包含一系列基本过程,而每一个基本过程不仅影响毛坯或零件的精度和使用效果,而且对生产成本和生产率也有较大影响,材料的选择与材料成型方法的选择紧密相关,所以正确选择材料和材料成型方法是机械设计与制造中的重要任务之一。

本篇内容首先简要介绍机械零件的失效形式和材料的选择的一般原则,着重介绍各种常用成型方法的特点和选择原则,最后举例说明几种典型零件成型方法的选择。

第 17 章　工程材料的选择

在一般情况下,设计人员首先应根据产品的使用性能要求,确定出材料的主要性能指标,选择符合性能指标并且成本较低的材料,然后根据材料的力学性能、工艺性能和生产类型、生产条件等确定成型方法,最后根据成型方法的特点进一步确定工艺细节并绘制工艺图。

在实际生产中,根据零件使用条件和失效形式可判断出零件破坏的原因,为材料的选择提供一定依据。本章简要分析零件失效形式与原因,并重点介绍材料的选择原则。

17.1　零件的失效分析

17.1.1　失效的概念

零件的失效是指零件的使用性能不能满足设计的要求。

零件失效的具体表现有三种情况:

①完全破坏不能继续工作　如车轴断裂,发动机曲轴断裂等。

②严重损伤,不能安全工作　如锅炉安全阀失效、车辆刹车装置失灵等。

③虽能安全工作,但使用效果较差　如发动机活塞与油缸之间的间隙过大,动力下降,油耗增加。

17.1.2　失效的类型

根据零件工作失效的特点,失效的形式可分为如下三种类型。

1. 过量变形

当零件发生过量弹性或塑性变形时,会影响零件的自身位置和零件之间的配合关系,导致不能进行正常工作而失效。如车床的主轴如果发生过量弹性变形,会引起振动,影响工件的加工精度;车辆上的弹簧如果发生过量塑性变形会失去弹性。防止零件发生过量变形的主要措施是采用具有足够弹性极限的材料。

2. 断裂

断裂分为韧件断裂、脆性断裂和疲劳断裂。韧性断裂是零件在断裂前明显发生了塑性变形,断口呈暗灰色纤维状。脆性断裂断口平齐,有金属光泽,呈结晶状,如灰铸铁的断裂。为防止断裂一般要求材料有较高的抗拉强度、疲劳强度和韧性。疲劳断裂是零件在循环交变载荷作用下产生微裂纹引起的断裂,断裂时的应力往往低于材料的屈服强度,无论韧性材料还是脆性材料,断裂前都没有明显的塑性变形。

断裂往往造成严重事故,必须防止。为防止断裂,要求材料有足够的屈服强度、抗拉强度和疲劳强度。

3. 表面损伤

表面损伤包括表面磨损和腐蚀。表面磨损会造成材料的损耗，使零件的尺寸和表面状态发生变化。如火车轮缘与钢轨、滚动轴承的滚珠与内外圈、齿轮表面的磨损。腐蚀是金属表层在周围介质化学作用或电化学作用下遭到破坏的现象。腐蚀会减小零件的有效截面积并产生应力集中，使金属的强度、韧性、塑性等降低，影响设备的使用寿命和可靠性。

为防止表面损伤，一般要求零件表面耐磨性好、抗疲劳、抗腐蚀等。重要的金属零件往往需要进行表面处理。

17.2　机械零件材料选择的一般原则

正确选择工程材料是从事机械设计与制造的工程技术人员必需具备的基本技能。合理选择工程材料不仅可以保证产品的质量，而且可以简化成型工艺，提高经济效益。机械零件材料的选择应考虑以下原则。

17.2.1　使用性能原则

使用性能主要指零件在使用状态下的力学性能、物理性能和化学性能，零件的使用性能的确定与零件的失效形式有密切联系。使用性能是保证零件在使用状态下完成规定功能的必要条件，如果材料使用性能不能满足使用要求，零件往往会过早失效，轻者不能完成规定功能，严重者造成安全事故。因此，满足使用性能原则是选材的基本原则。

例如齿轮、主轴、连杆、螺栓等受力复杂的零件，要求具有较好的综合性能，当载荷和转速不高时，往往选用 45，50 中碳调质钢，承受的载荷较大时选用 40Cr，42CrMo，20CrMnTi 等合金调质钢制造；车辆用弹簧，要求弹性极限高，并具有足够的韧性，常选用 60Si2Mn 弹簧钢制造；钢轨要求耐磨、高强度，并具有一定韧性，一般采用 P71，P74 钢轨钢制造。铁路车辆，为提高使用寿命，目前大量采用 09CuPTi，09CuPTiXt 等耐大气腐蚀钢代替原先使用的碳素结构钢；曲轴，主要失效形式为疲劳断裂，采用球墨铸铁代替原先常用的调质钢锻件，不仅满足使用要求，而且降低成本。

当零件在特殊工作环境下工作时，还要考虑温度、介质等因素，选择非金属材料和复合材料。例如当工作温度超过 1 000 ℃时，应选用陶瓷或难熔金属（如钨、钼、钽等）；当介质腐蚀性强而受力较小时，可选用塑料或复合材料。

17.2.2　工艺性原则

材料的工艺性能是材料适应加工方法的能力。工艺性能的好坏与材料本身和成型方法有关，工艺性能好，可方便、经济地加工成型。在选材时，工艺性能原则的地位仅次于使用性能原则。如果有几种不同的材料都能满足使用性能要求，应选择工艺性能好的材料。

例如铸造材料，应选用接近共晶成分的合金，减少铸件缺陷，提高铸件质量；锻造材料应选用塑性好、屈服强度低的合金；焊接材料，尽量选用低碳钢和低合金钢。

17.2.3　经济性原则

经济性原则也是选材的重要原则之一，经济性原则是要求在满足使用要求的前提下，尽量降低产品总成本，提高经济效益。

在产品总成本中，材料本身成本占有较大比例（一般为30%～70%），因此应尽量选用质优价廉的材料，如常用材料中铸铁和普通碳素钢价格较低，是首选材料。工程塑料、复合材料的比强度大，其单位体积的成本比一般钢铁材料还低，而且还具有某些特殊性能，应用越来越多。如用聚甲醛代替锡青铜生产铣床上的螺母；用尼龙代替45钢生产车床上的传动齿轮；用塑钢代替铝合金生产门窗，使用效果良好。

此外，从经济性角度出发，还要考虑到材料的利用率、加工费用、管理等方面对产品成本的影响。

17.3　定量选材方法简介

在选择材料过程中会遇到大量的数据，定量方法是以某些具体的数据为依据进行计算、比较，得到最佳材料。定量方法选择材料直接、明确，而且可以比较容易地利用计算机从数据库或信息检索设备中进行自动选择。

17.3.1　单位性质成本法

单位性质成本法用于估算不同材料达到某一性能要求所需的费用。

单位抗拉强度成本计算公式为

$$c = \frac{P_m \times \rho}{\sigma}$$

式中　c——单位性质成本；

P_m——材料成本和加工成本之和；

ρ——材料密度；

σ——抗拉强度。

c值小，表示单位抗拉强度下材料成本低，并且重量轻，是优先选择的材料。

单位性质法的不足在于只把一个性质当作主要依据，忽略了其他性质，而在实际情况中，对材料性质的要求往往不止一个。

17.3.2　加权性质法

加权性质法是根据材料每种性质的重要程度，分配一定的加权值，材料性能的数值乘以加权因子α即得出材料的性能指数γ，γ值最高的材料即是最好的材料。为了把不同量纲的性质统一起来，引入定标因子，把材料的真实性质数值转化为无量纲数值。某种性质的定标值β为

$$\beta = (\text{材料真实性质数值} / \text{一组材料中该性质最高数值}) \times 100\%$$

当评定一组性质总数为n的材料时，每次考虑一个性质，该性质最好的材料定标值为100，其他材料的性质数β由上式得出，则材料的性能指数γ为

$$\gamma = \sum_{i=1}^{n} \alpha_i \beta_i$$

例如,轴类零件的选材。部分轴类零件材料性能及定标值见表 17.1,在较小冲击和较大冲击载荷情况下的加权因子见表 17.2。

表 17.1　部分轴类零件材料性能及定标值 β

材　料	屈服强度/MPa		疲劳强度/MPa		硬　度		韧　性/J		成本指数
	σ_s	β	σ_{-1}	β	HRC	β	A_K	β	
35	320	38	232	44	50	85	55	100	100
45	745	88	463	88	55	93	39	71	90
40Cr	800	94	485	92	55	93	47	85	70
40CrNi	800	94	485	92	55	93	55	100	40
20CrMnTi	850	100	525	100	59	100	55	100	20
QT600-3	420	50	215	41	55	93			100

表 17.2　不同工作条件下的加权因子 α

性　能	较小冲击	较大冲击
σ_s	0.20	0.10
σ_{-1}	0.15	0.10
HRC	0.35	0.25
A_K	0	0.40
成本	0.30	0.15

根据加权性质法,评定结果见表 17.3。

表 17.3　轴类材料的评定结果

材　料	较小冲击		较大冲击	
	γ	优先权次	γ	优先权次
35	37.95	6	84.45	4
45	90.35	1	82.75	5
40Cr	86.15	2	86.35	3
40CrNi	77.15	4	87.85	2
20CrMnTi	76	5	88	1
QT600-3	78.5	3		

由表 17.3 可见,对于承受弯曲、扭转载荷而冲击较小的轴,45 钢是首选材料,40Cr,

QT600-3 次之。在实际生产中，由于 45 钢锻造成本较高，也可选用 QT600-3。对于承受较大冲击载荷的轴，20CrMnTi 最好，40CrNi 次之。

复习思考题

1. 零件的失效有哪些类型，其原因是什么，如何防止？
2. 简述材料选择的一般原则。
3. 简述加权分析法选材的步骤。

第 18 章　材料成型方法的选择

一般情况下,零件材料确定后,其成型方法也就基本确定了,如铸造材料应选用铸造成型;薄板材料应选用冲压成型;塑料件可选用注塑成型;陶瓷则应选用压制、烧结成型。但往往一种材料可由一种或几种不同成型方法加工成型,每一种成型方法又有不同的工艺措施,成型工艺选择得是否合理,将影响到产品质量、经济效益和生产率。

本章重点讲述材料成型方法选择的依据,并以实际产品为例较为详细地进行了分析。

18.1　材料成型方法选择的依据

选择材料成型方法的原则是"优质、高效、低成本",具体来说,主要应考虑下列因素。

18.1.1　零件性能

1. 零件的使用性能

零件的使用性能不但是选材的主要依据,而且还是选材成型方法的主要依据。

例如材料为 45 钢的齿轮零件,当其力学性能要求一般时,可采用铸造成型工艺生产铸钢件,而力学性能要求高时,则应选压力加工成型工艺,使零件具有均匀细小晶粒的再结晶组织,并且可以合理利用流线,综合力学性能好。汽车齿轮要承受冲击载荷,要求齿轮材料具有更好的塑性、韧性,一般选用合金渗碳钢 20CrMnTi 等材料,闭式模锻成型,并且还要表面硬化处理。

当零件要求抗腐蚀、耐磨、耐热等特殊性能时,应根据不同材料选择不同成型方法。如耐酸泵的叶轮、壳体等零件,若选用不锈钢制造,则只能用铸造成型;如选用塑料,则可用注塑成型;如要求其既耐蚀又耐热,那么就应选用陶瓷材料制造,并相应地选用注浆成型工艺等。

2. 材料的工艺性能

材料的工艺性能也是决定成型方法主要因素。例如铁路道岔,材料为 Mn13,一般采用砂形铸造,而飞机发动机叶片,材料为镍基耐热合金,铸造性能很差,需采用熔模铸造;有色金属的焊接宜选用氩弧焊焊接工艺,而不宜用普通的焊条电弧焊;工程塑料中的聚四氟乙烯,尽管它也属于热塑性塑料,但因其流动性差,故不宜采用注塑成型工艺,而只宜采用压制加烧结的成型工艺。

18.1.2　零件的形状和精度

1. 零件的形状和尺寸

常见机械零件按其结构形状特征和功能,可以分为轴杆类、盘套类、机架箱体类等。

轴杆类、饼块盘套类零件形状较为简单，金属零件可采用塑性成型、焊接成型；塑料件可采用吹塑成型、挤出成型或模压成型，陶瓷制品多用模压成型工艺。机架箱体类零件往往具有复杂内腔，对金属零件一般需选择铸造成型；形状复杂的工程塑料制品多选用注塑成型工艺；形状复杂的陶瓷制品多选用注浆成型工艺。

2. 零件精度

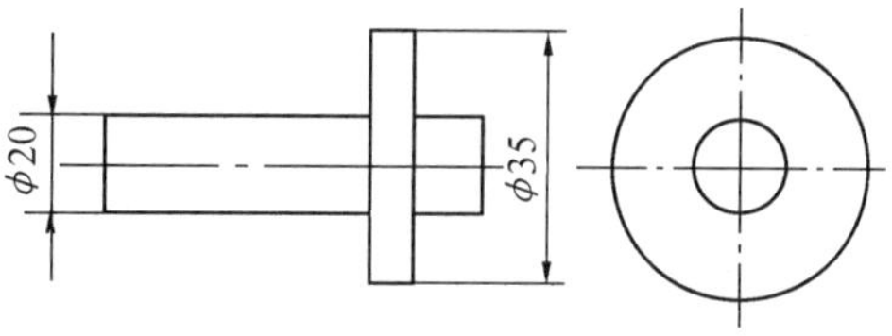

图 18.1　阶梯轴

不同的成型方法所能达到的精度等级是不同的，应根据零件的精度要求选择经济合理的成型方法。若产品为铸件，则尺寸精度要求不高的可采用普通砂形铸造；而尺寸精度要求较高的，可选用熔模铸造、压力铸造及低压铸造等成型工艺。若产品为锻件时，则尺寸精度要求低的多采用自由锻造成型；而精度要求较高的则选用模锻成型、挤压成型等工艺。若产品为塑料制件时，则精度要求低的多选用中空吹塑工艺；而精度要求高的则选用注塑成型工艺。

例如图 18.1 所示的小轴，其形状特点是带有局部凸起，如果力学性能和精度要求较高，应采用模锻或压力机上模锻；如果要求不高，生产数量较少，可采用图 18.2 所示的加工过程，即先采用圆钢加工出轴，再加工出套环，最后焊接成型。

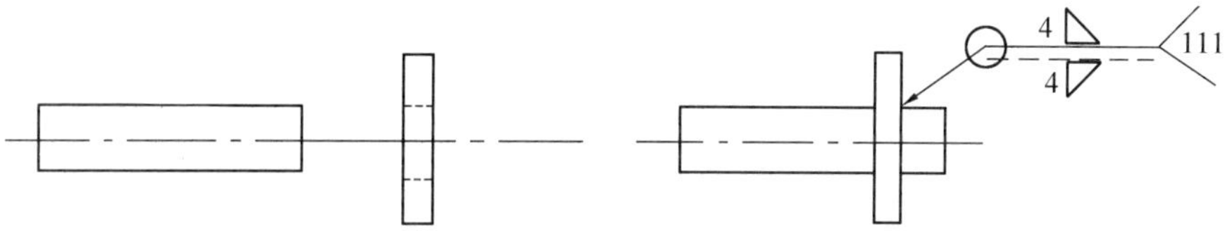

(a)轴体　(b)套环　(c)焊接结构图

图 18.2　阶梯轴的分体加工成型

18.1.3　生产类型和生产条件

1. 生产类型

生产类型一般根据零件年产量分为单件小批生产、成批生产和大批量生产。

一般来说，在单件小批量生产中，应选择常用材料、通用设备和工具、精度和生产率较低的生产方法。这样，毛坯的生产周期短，能节省生产准备时间和工艺装备的设计制造费用。铸件应优先选用灰铸铁材料和手工砂型铸造方法，对于锻件应优先选用碳素结构钢材料和自由锻造方法；选用低碳钢材料和焊条电弧焊方法制造焊接结构毛坯。

在大批量生产中，应选择专用材料、专用设备和工具、高精度高生产率的生产方法。虽然专用的材料和工艺装备增加了费用，但材料用量和切削加工量会大幅度下降，总的成本比较低，生产率和精度较高。对于有色合金铸件应优先选用金属型铸造、压力铸造及低压铸造；如大批量生产锻件时，应选用模锻、冷轧、冷拔及冷挤压等成型工艺；大批量生产尼龙制件，宜选用注塑成型工艺；对于焊接结构应优先选用低合金高强度结构钢材料和机械化焊接方法。

例如，重型机械的大齿轮，生产批量较小，采用焊接结构毛坯比较经济；而机床传动齿轮生产批量大，精度质量要求也较高，则应选择模锻成型。

2. 生产条件

生产条件是指生产产品的设备能力，人员技术水平等。只有实际生产条件能够实现的生产方案才是合理的方案。例如车床上的油盘零件(图 18.3)，通常该件是用薄钢板在压力机下冲压成型，但如果现场条件不够，既没有薄板材料，亦没有大型压力机对薄板进行冲压时，则不得不采用铸造成型来生产油盘件(其壁比冲压件应加厚)；当现场有薄板，但没有大型压力机对薄板进行冲压时，则可选用经济可行的旋压成型工艺来代替冲压成型。

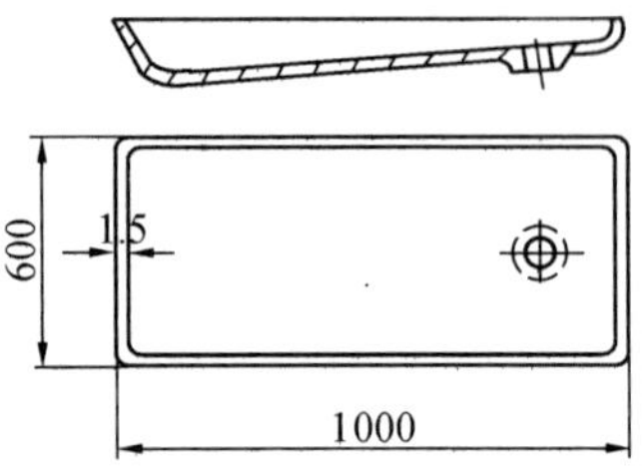

图 18.3 油盘零件

18.1.4 采用复合工艺

在实际生产中，可根据零件的特点采用复合工艺，如铸-焊、锻-焊、冲-焊等，简化生产工艺，提高经济效益。

例如，生产图 18.4 所示的万吨水压机立柱，长 18 000 mm，质量 80 t，对这样一件重型产品，在现场没有大容量的炼钢炉、大吨位的起重运输设备和压力机的条件下，很难整体铸造或锻造成型。可采用铸-焊联合成型的工艺，即先分成六段铸造成型，再用电渣焊焊接成整体，可用较小的设备和场地将其生产出来。

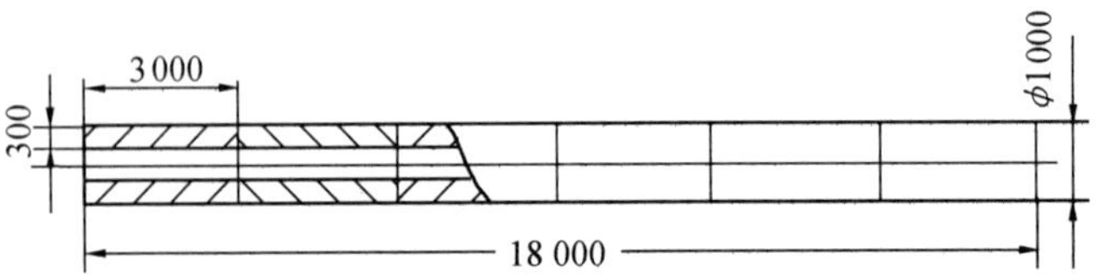

图 18.4 铸-焊结构水压机立柱示意图

图 18.5 所示的磨床顶尖，如果整体采用高速钢锻造成型，不仅材料成本高，而且高速钢锻造性能较差，淬火时容易变形和产生裂纹。如果尖头部分采用少量硬质合金或高速钢制造，柄部采用锻造性能良好的 45 钢锻造成型，然后将两部分焊接成整体，既能满足使用要求，又可提高经济效益。

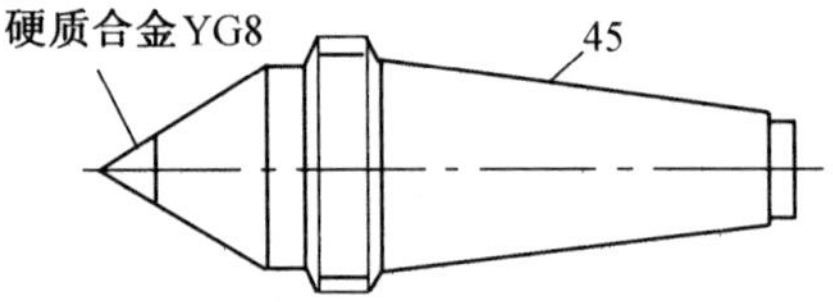

图 18.5 锻-焊结构磨床顶尖示意图

18.1.5 充分利用新材料、新技术和新工艺

随着工业市场的需求日益增大，用户对产品品种和质量更新的要求越来越高，扩大了新工艺、新技术和新材料应用范围，生产类型由大批大量变为多品种、小批单件生产。因此，为了缩短生产周期，更新产品类型，提高产品质量，增强产品市场竞争能力，在可能的条件下应大量采用新材料，并采用精密铸造、精密锻造、精密冲裁、冷挤压、液态模锻、超塑成型、注塑成型、粉末冶金、陶瓷等静压成型、复合材料成型等新技术、新工艺。

在实际生产中，上述各个方面应该综合考虑，根据实际情况确定最佳成型方法。

18.2　材料成型方法选择举例

18.2.1　发动机排气阀

发动机排气阀如图 18.6 所示，其材料为耐热钢，结构特点是头部尺寸 D 较大。试分析在不同生产条件下的成型方法。

根据零件性能要求和零件特点，采用的成型方法为压力加工。根据设备和原材料不同，可采用以下工艺。

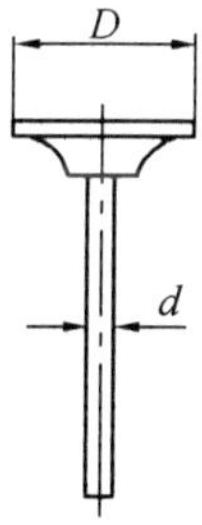

图 18.6　发动机排气阀

1. 胎模锻成型

将直径大于 d 的坯料加热后，在空气自由锻锤上拔长杆部，然后用胎膜锻墩粗头部。

2. 平锻机模锻成型

将直径等于 d 的坯料在平锻机上进行多次头部局部墩粗，然后终锻成型。

3. 摩擦压力机成型

将直径等于 d 的坯料头部电加热墩粗，然后在摩擦压力机上成型。

4. 热挤压成型

将直径大于 d 的坯料挤压杆部至 d，然后将头部闭式墩粗成型。

上述方法中，胎模锻成型劳动强度大，生产效率低，适合于小批生产。平锻机模锻成型需多次预成型，且设备和模具昂贵，适合于大批量生产。摩擦压力机成型采用电加热局部墩粗，墩粗效果好，并可采用通用夹具，适合于中小批量生产。热挤压成型的优点是坯料在三向压力下变形，产品内部质量高且废品率低。

轿车上使用的高转速(5 000 ~6 000 r/min)发动机的排气阀都采用热挤压成型。

18.2.2　承压油缸毛坯

承压油缸如图 18.7 所示，液压油缸材料为 45 钢，工作压力 15 MPa，要求水压试验压力为 3 MPa，年产量 200 件。两端法兰接合面及内孔要求切削加工，加工表面不允许有缺陷，其余外圆面不加工。现就承压液压缸毛坯的成型方法作如下分析：

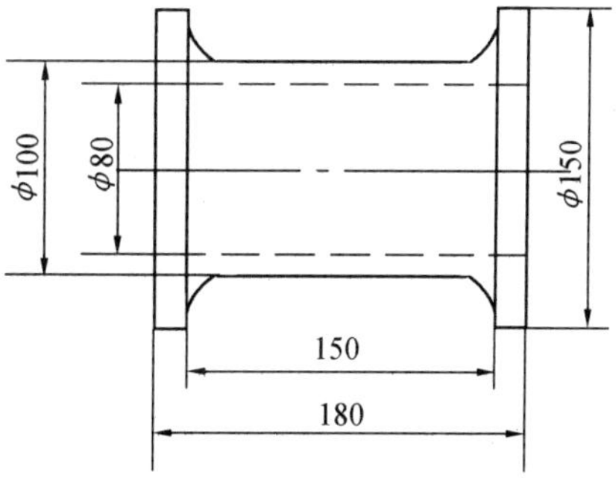

图 18.7　承压油缸

1. 圆钢切削加工

采用 45 钢 $\phi150$ mm 棒料，经切削加工成型，产品可全部通过水压试验，但材料利用率低，切削余量较大，生产成本高。

2. 砂型铸造

选用砂型铸造成型，可以水平浇注或垂直浇注，如图 18.8 所示。

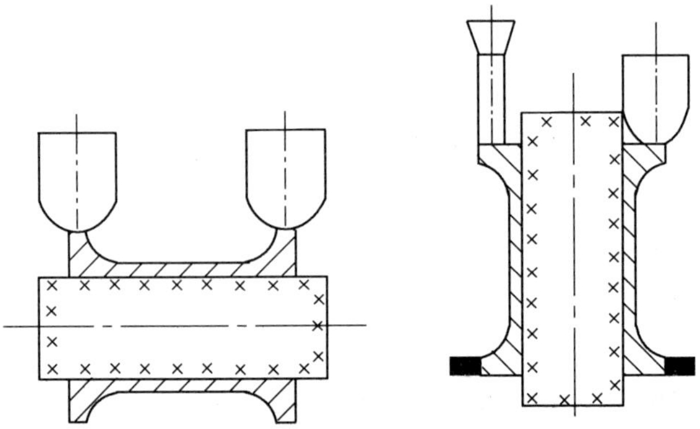

(a)水平浇注　　(b)垂直浇注

图 18.8　油缸铸造工艺简图

水平浇注时在法兰顶部安置冒口。该方案工艺简便，节省材料，切削加工余量小，但内孔质量较差，水压试验的合格率低。

垂直浇注时在上部法兰处安置冒口，下部法兰处安置冷铁，使之定向凝固。该方案提高了内孔的质量，但工艺比较复杂，也不能全部通过水压试验。

3. 模锻

选用模锻成型，锻件在模膛内有立放、卧放之分，如图 18.9 所示。

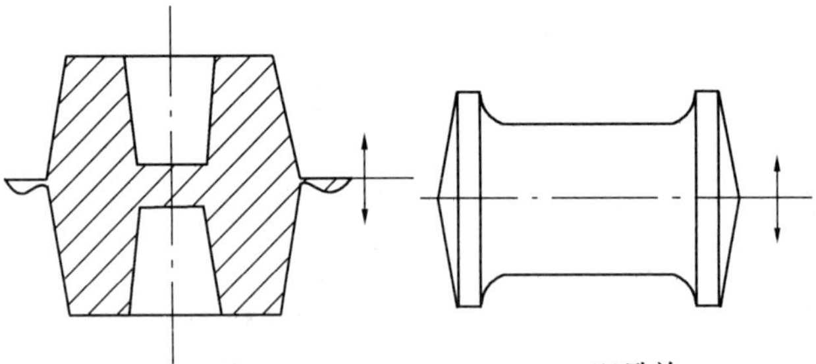

(a)立放　　(b)卧放

图 18.9　油缸模锻工艺简图

锻件立放时能锻出孔（有连皮），但不能锻出法兰，外圆的切削加工余量大。

锻件卧放时，能锻出法兰，但不能锻出孔，内孔的切削加工余量大。

模锻件的质量好，能全部通过水压试验，但需要模锻设备和模具，生产成本高。

4. 胎模锻

胎模锻件如图 18.10 所示。胎模锻件可选用 45 钢坯料在空气锤上经镦粗、冲孔、带心轴拔长等自由锻工序完成初步成型，然后在胎模内带心轴锻出法兰，最终成型。与模锻相比较，胎模锻既能锻出孔又能锻出法兰，设备简单，锻件能全部通过水压试验。但生产率较低，劳动强度较大。

5. 焊接成型

选用 45 钢无缝钢管，按承压液压缸尺寸在其两端焊上 45 钢法兰，得到焊接结构毛坯,如图 18.11 所示。采用焊接工艺既节省材料又简化工艺,但难找到合适的无缝钢管。

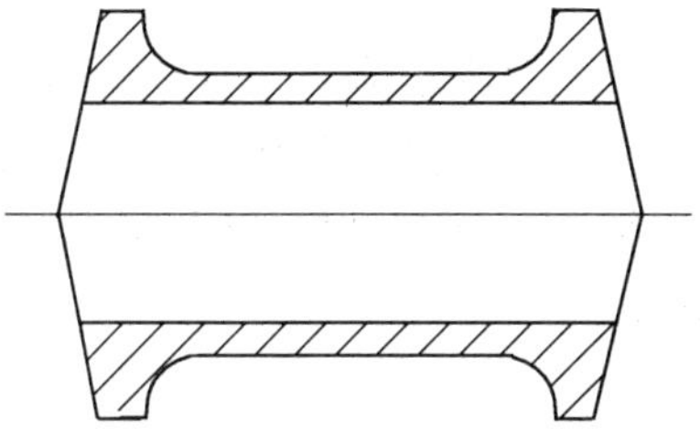

图 18.10　油缸胎模锻件图

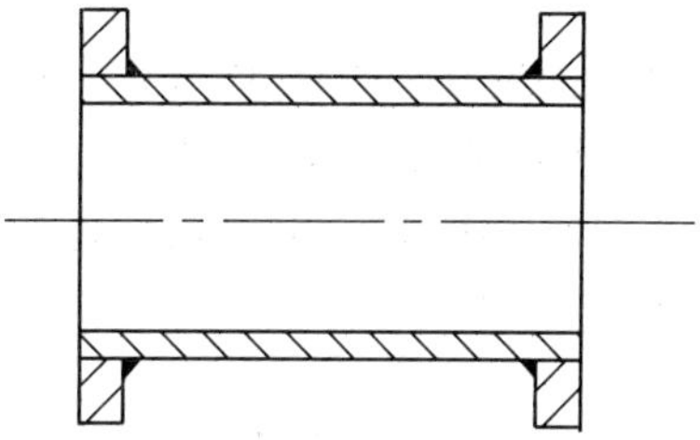

图 18.11　油缸焊接结构图

综上所述,采用胎模锻成型比较好,产品能满足使用要求,且成本较低。但若有合适的无缝钢管,采用焊接结构毛坯更经济方便。

18.2.3　螺旋起重器

螺旋起重器在检修车辆时经常使用,用起重器将车架顶起,以便更换轴承和轮胎等。其结构如图 18.12 所示,起重器的支座 1 上装有螺母 3,工作时转动手柄 5 带动螺杆 2 在螺母 3 中转动并上升,推动托杯 4 顶起重物。起重器主要零件的成型方法选择分析如下。

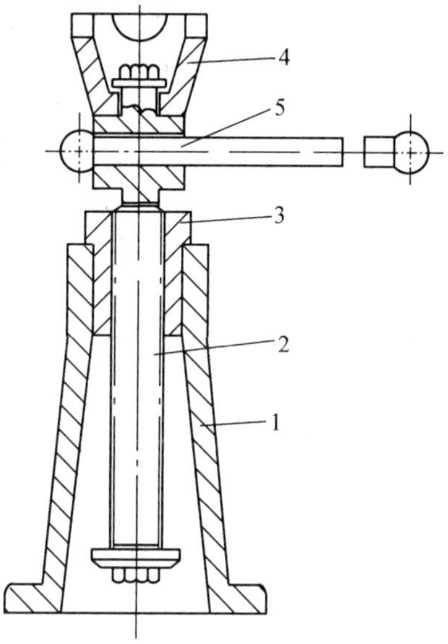

图 18.12　螺旋起重器示意图

1—支座;2—螺杆;3—螺母;4—托杯;5—手柄

1. 支座

支座是起重器的基础零件,承受静压应力。支座具有锥度及内腔,结构形状较复杂,宜选用 HT 200 材料,铸造成型。

2. 螺杆

螺杆工作时沿轴线方向承受压应力,螺纹承受弯曲应力及摩擦力,受力情况比较复杂。螺杆结构形状比较简单,宜选用 45 钢材料锻造成型。

3. 螺母

螺母工作时的受力情况与螺杆类似,但为了保护比较贵重的螺杆,宜选用较软的材料青铜 ZCuSnl0Pbl,铸造成型,螺母的孔直接铸出。

4. 托杯

托杯直接支持重物,承受压应力,且具有凹槽和内腔,结构形状较复杂,宜选用 HT 200 材料及铸件毛坯。

5. 手柄

手柄工作时承受弯曲应力,受力不大且结构形状简单,可直接在 Q235A 圆钢上截取。

18.2.4　小型汽油发动机

小型汽油发动机如图 18.13 所示，其主要支承件是缸体和缸盖。缸体内有汽缸，缸内有活塞（其上带活塞环及活塞销）、连杆、曲轴及轴承；缸体的右侧面有凸轮轴；背面有离合器壳、飞轮（图中未画出）等；缸体底部为油底壳。缸盖顶部有进排气门、挺杆、摇臂、机油滤清器；右上部为配电器；左上部为汽化器及火花塞。

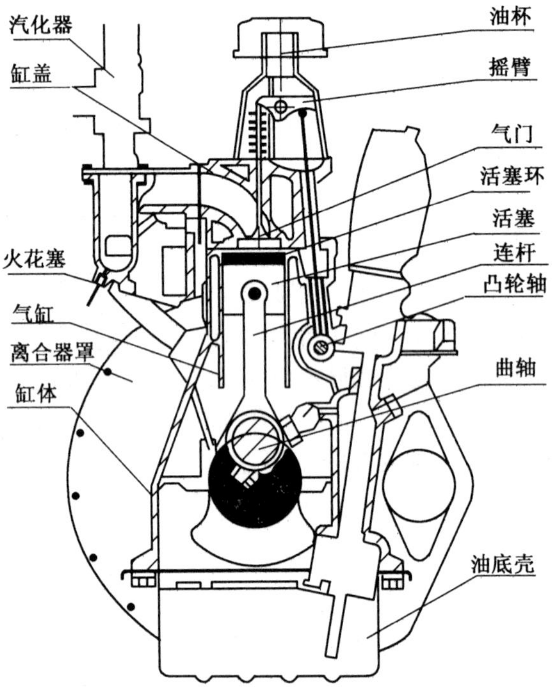

图 18.13　小型汽油发动机

发动机工作时，首先由配电系统控制汽化器及火花塞点火，使汽缸内的可燃气体燃烧膨胀，产生很大的压力，使活塞下行，借助连杆将活塞的往复直线运动转变为曲轴的回转运动，并通过曲轴上的飞轮储蓄能量，使其转动平稳连续，再通过离合器及齿轮传动机构，即可用发动机的动力驱动汽车行驶。发动机中的凸轮轴、挺杆、摇臂系统用来控制进、排气门的实时开闭，周期性地实现进气、点火燃烧、膨胀、活塞下行推动曲轴回转、活塞上升、排气等连续不断地进行工作循环。

发动机上各主要零件的材料及成型工艺选择如下。

1. 缸体、缸盖

它们具有复杂内腔，且为基础支承件，有吸震性的要求，在批量生产条件下，选用 HT 200灰铸铁材料，机器造型、砂型铸造成型工艺。

但如果是用在摩托车、快艇或飞机上的发动机缸体、缸盖，由于要求质量轻，则常选用铸造铝合金材料，并根据生产类型和耐压要求，选用低压铸造或压力铸造。

2. 曲轴、连杆、凸轮轴

一般采用珠光体球墨铸铁，机器造型、砂型铸造成型工艺。当毛坯尺寸精度要求高时,亦可选用熔模铸造成型;如果受冲击负荷较大,力学性能要求高时,可采用 45 钢模锻成型。

3. 活　塞

目前国内外生产汽车活塞最普遍的成型工艺是用铸造铝合金进行金属型铸造成型。对于船用大型柴油发动机的活塞常采用铝合金低压铸造成型,以达到较高的内部致密度和机械性能。

4. 活塞环

活塞环是箍套在活塞外圆表面的环槽中,并与汽缸壁直接接触,进行滑动摩擦的零件。

要求其有良好的减摩和自润滑特性,并应承受活塞头部点火燃烧所产生的高温和高压,而且其本身形状为薄片环形件,一般多采用经过孕育处理的孕育铸铁 HT 250,机器造型、砂型铸造成型工艺。

5. 摇臂

摇臂承受频繁的摇摆及点击气门挺杆的作用力,应有一定的力学性能和抗疲劳强度,并且与挺杆接触的头部要求耐磨,同时摇臂除孔进行机械加工外,其外形基本不加工,故要求毛坯的形状和尺寸精度较好,因此多选用铸造碳钢精密铸造成型。

6. 离合器壳及油底壳

它们均系薄壁件,其中油底壳受力要求低,但要求铸造性能好,可采用普通灰铸铁,而离合器壳多选用孕育铸铁或铁素体球铁,它们均用机器造型、砂型铸造成型。要求质量轻时,可用铸造铝合金,选用压力铸造和低压铸造成型,还可用薄钢板冲压成型。

7. 飞　轮

飞轮承受较大的转动惯量,应有足够的强度,一般采用孕育铸铁或球墨铸铁机器造型、砂型铸造成型。但对于高速发动机(如轿车上的发动机)的飞轮,因转速高,则需选用 45 钢闭式模锻成型。

8. 进、排气门

进气门承受温度不高,一般用 40Cr 钢材,而排气门则需在 600 ℃以上的高温下持续工作,多用含氮的耐热钢制造,其成型工艺目前国内仍以冷轧圆钢进行电镦头部法兰,并用模锻终锻成型的工艺。而先进的成型工艺为用热轧粗圆钢进行热挤压成型的工艺。

9. 曲轴轴承及连杆轴承

轴承为滑动轴承,多采用减磨性能优良的铸造铜合金(如 ZCuSn5Pb5Zn5 等)离心铸造或真空吸铸等成型工艺,或采用轧制成型的铝基合金轴瓦。

10. 汽化器

它是形状十分复杂的薄壁件,且铸造后不需进行切削加工就直接使用,因此对毛坯的精度要求高,多采用铸造铝合金压力铸造成型。

除此之外,发动机还用到了除金属以外的材料,如缸盖与缸体的密封垫,就是用石棉板冲压成型的,多种密封圈是采用橡胶压塑成型;一些在无油润滑工作条件下的活塞环可用自润滑性能良好的聚四氟乙烯塑料进行压制及烧结成型；对要求耐磨、耐热的气门座圈，采用粉末冶金压制成型等。

18.2.5　耐酸离心泵

耐酸离心泵结构如图18.14所示，其结构主要由泵体、叶轮、后座体和冷却夹套及机械端面密封所组成。其进、出口径分别为75、65 mm，流量20 m^3/h，转速2 900 r/min，功率3 kW，要求输送100 ℃以下的任意浓度的无机酸、碱、盐溶液，特别是输送氢氟酸时，应具有优良的耐腐蚀性。

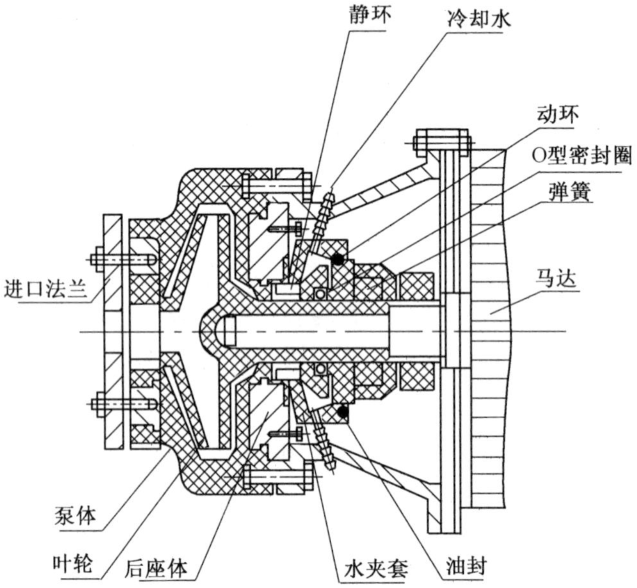

图18.14　耐酸离心泵

各部件材料及成型工艺选择如下。

1. 泵　体

采用聚三氟乙烯，因聚三氟乙烯具有优良的耐腐蚀性，尤其是输送氢氟酸时为耐蚀性能优于不锈钢或玻璃钢泵。因泵体形状复杂故采用注塑成型。

2. 叶　轮

采用聚三氟乙烯注塑成型与金属联轴节连接。

3. 后座体和冷却水夹套

因形状复杂采用耐蚀合金铸造成型，与酸接触的部分内衬聚三氟乙烯注塑成型。

4. 机械端面密封件

因端面密封件除要求耐蚀外，还要求耐磨，选用陶瓷和聚四氟乙烯材料，并分别选用陶瓷模压及塑料压制加烧结成型来制造。

但聚三氟乙烯不适于输送含微小固体颗粒的介质以及高卤化物、芳香族化合物，发烟硫酸和95%的浓硝酸等。如遇这种情况，则必须改用陶瓷材料，并根据其批量和质量要求选用灌浆成型或注塑成型等工艺制造陶瓷耐酸泵，方能满足使用要求。

复习思考题

1. 简述材料成型方法选择应考虑的因素。

2. 试为家用电风扇的扇叶选择两种材料及成型工艺，并加以比较。

3. 试为大型船用柴油机、高速轿车、普通汽车上的活塞选择材料和成型工艺。

4. 试为自行车上主要零部件选择材料和成型方法。如车架、车圈、链条、辐条、中轴、飞轮等。

5. 生产 1 000 mm×600 mm×500 mm 齿轮变速箱箱体，在单件、成批生产条件下，应分别选择哪种材料和成型工艺。

6. 生产 1 000 mm×600 mm×500 mm 矩形容器，厚度 2 mm，数量为 200 件，试选用合理的成型方法，如果只生产两件，应选用哪种方法？

7. 图 18.15 所示插接件，要求导电性能好，抗拉强度不低于 200 MPa，延伸率不低于 15%，每年生产 5 万件，选择合适的材料和成型工艺。

8. 图 18.16 所示不锈钢环套(2Cr13)，分别生产 25 件、2500 件、25000 件，应选用哪种成型工艺？

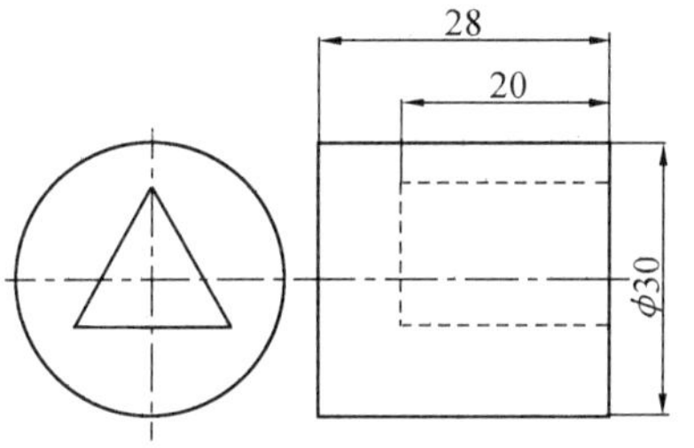

图 18.15　插接件

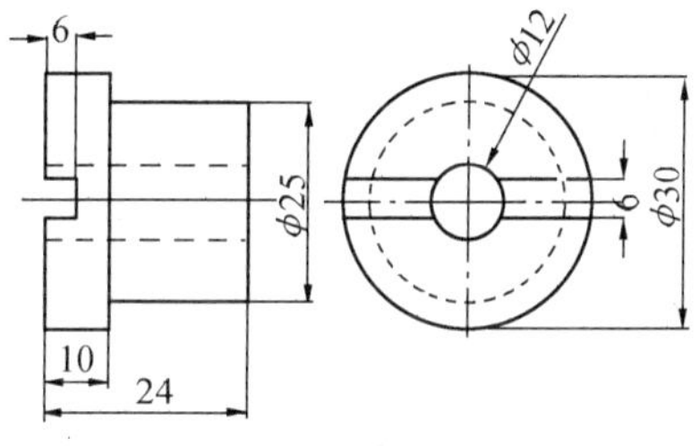

图 18.16　环套

9. 大批量生产图 18.17 所示的煤气罐，请合理选择材料和成型工艺。

10. 单件生产图 18.18 所示的重型机械上的大齿轮，应采用哪种成型方法？

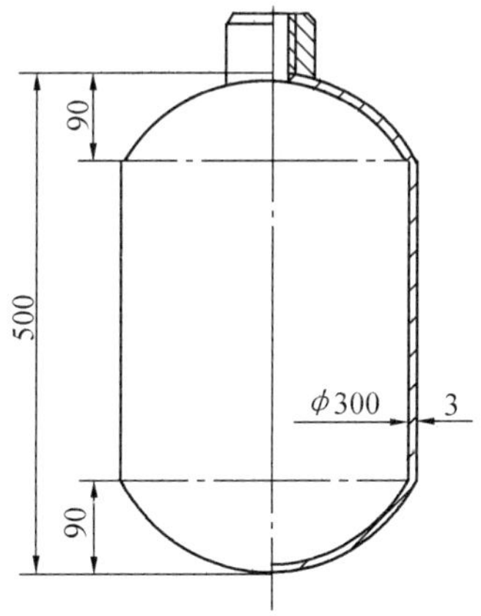

图 18.17　煤气罐

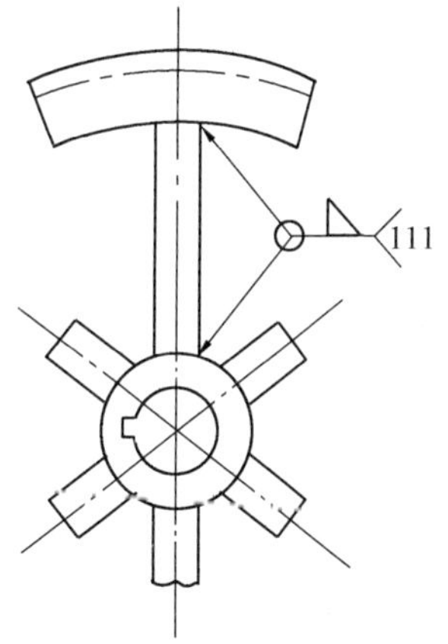

图 18.18　大形齿轮

11. 图 18.19 所示零件,要求头部耐热、耐磨,杆部有良好的塑性和韧性,并且零件精度要求较高。

在大批量生产条件下,选择零件的材料,并确定成型方法,画出工艺简图。

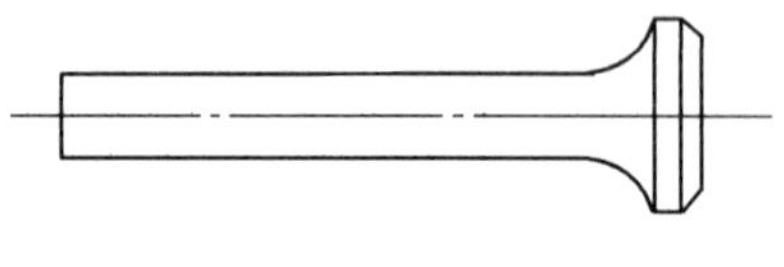

图 18.19

12. 图 18.20 所示拖拉机半轴零件,材料为 45 钢,年产量一万件。原来成型工艺为采用自由锻拔长,然后在摩擦压力机上锻造成型。但生产的毛坯左端为盲孔,无法在拉床上拉出花键孔,只能采用插削加工。零件精度较低,生产率低,切削加工成本高。试改进其成型方法,提高零件精度与生产率,并画出加工过程简图。

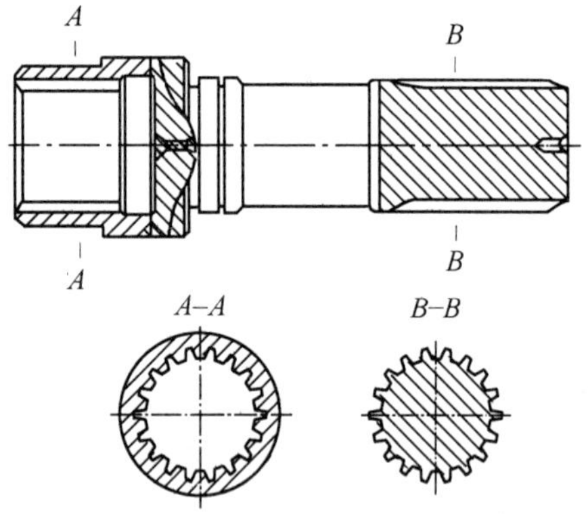

图 18.20　拖拉机半轴零件图

13. 试为下列齿轮选择材料和成型方法。

(1) 承受冲击的高速重载齿轮: $\phi 200$, 20 000件。

(2) 无冲击的低速中载齿轮: $\phi 250$, 50 件。

(3) 卷扬机大型人字齿轮: $\phi 1500$, 5 件。

(4) 小模数仪表用无润滑齿轮: $\phi 30$, 3 000件。

(5) 钟表用小模数传动齿轮: $\phi 15$, 10 万件。

14. 表 18.1 和表 18.2 所示分别为切削刀具材料主要性能和不同切削条件下各种性能的加权因子,试选择在不同切削条件下的最佳材料,并确定出该材料成型方法。

表 18.1　切削刀具材料的性能

材　　料	室温硬度		830K 硬度		韧　性		破裂倾向		成本指数
	HRC	β	HRC	β	A_K	β	1 ~ 9	β	
T10	63	15.85	10	1	68	71.6	8	88.9	100
Cr12MoV	62	10.9	35	40.9	30	31.6	7	77.8	98
W18Cr4V	66	30.7	52	67.1	61	64.2	8	88.9	84
W6Mo5Cr4V2	65	25.8	52	67.1	68	71.6	9	100	88
耐冲击钢	60	1	20	17	95	100	9	100	100
硬质合金	76	80.2	69	95.2	0.97	1.02	3	33.3	29
Al_3O_3陶瓷	80	100	72	100	0.7	0.74	1	11.1	80

注:规定最低硬度的 β 为 1,最高硬度的 β 为 100,中间值按比例取值。

表 18.2　不同切削条件下性能的加权因子

性　　能	表面粗糙并有夹杂物	高速切削
室温硬度	0.15	0.25
高温硬度	0.25	0.45
韧　　性	0.40	0.15
破裂倾向	0.10	0.10
成　　本	0.10	0.10

参考文献

[1]邓文英. 高金属工艺学[M]. 北京:高等教育出版社,2008.
[2]刘建华. 材料成型工艺基础[M]. 西安:西安电子科技大学出版社,2007.
[3]严绍华. 材料成型工艺基础[M]. 北京:清华大学出版社,2008.
[4]韩建民. 材料成型工艺技术基础[M]. 北京:中国铁道出版社,2002.
[5]王纪安. 工程材料与成型工艺基础[M]. 修订版. 北京:高等教育出版社, 2009.
[6]沈其文. 材料成型工艺基础[M]. 第3版. 武汉:华中科技大学出版社,2003.
[7]邢建东. 材料成型技术基础[M]. 北京:机械工业出版社,2007.
[8]何红媛. 材料成型技术基础[M]. 修订版. 南京:东南大学出版社,2004.
[9]司乃钧. 热成型工艺基础[M]. 第3版. 北京:高等教育出版社. 2008.
[10]中国机械工程学会焊接学会. 焊接手册[M]. 北京:机械工业出版社,2014.
[11]中国机械工程学会锻造学会. 锻压手册[M]. 北京:机械工业出版社,2013.
[12]中国机械工程学会铸造学会. 铸造手册[M]. 北京:机械工业出版社,2011.
[13]李云江. 特种塑性成型[M]. 北京:机械工业出版社,2008.
[14]钟翔山. 冲压工艺学[M]. 北京:机械工业出版社,2011.
[15]肖兵. 金属塑性成型理论与技术基础[M]. 成都:西南交通大学出版社,2013.
[16]刘会杰. 焊接冶金与焊接性[M]. 北京:机械工业出版社,2007.
[17]雷世明. 焊接方法与设备[M]. 北京:机械工业出版社,2013.
[18]全国无损检测标准化技术委员会. 表面检测方法[M]. 北京:中国标准出版社,2011.
[19]李德群. 现代塑料注射成型的原理方法与应用[M]. 上海:上海交通大学出版社,2005.
[20]杨川. 金属材料表面技术原理与工艺[M]. 北京:化学工业出版社,2014.
[21]张云洪. 陶瓷工艺技术[M]. 北京:化学工业出版社,2009.
[22]王荣国. 复合材料概论[M]. 哈尔滨:哈尔滨工业大学出版社,2011.
[23]韩霞. 快速成型技术与应用[M]. 北京:机械工业出版社,2012.
[24]李长河. 先进制造工艺技术[M]. 北京:科学出版社,2011.
[25]阮建明. 粉末冶金原理[M]. 北京:机械工业出版社,2012.